Juliana Alt

HELOS

In den Fängen des Todes

Dunkelstern Verlag

DunKel Stern Verlag

Dunkelstern Verlag GbR

Lindenhof 1

76698 Ubstadt-Weiher

http://www.dunkelstern-verlag.de

E-Mail: info(at)dunkelstern-verlag.de

Lektorat: Hannah Koinig

Korrektorat: Hannah Koinig

Satz und Layout: Dunkelstern Verlag

Illustrationen: Dunkelstern Verlag unter Verwendung von

Grafiken von www.unsplash.com und www.pixabay.com

Umschlagdesign: Fabula Design (www.julianafabula.de)

Druck und Vertrieb:

Nova MD GmbH, Raiffeisenstr. 4, 83377 Vachendorf/Germany

ISBN: 978-3-98595-242-7

Ungekürzte Taschenbuchausgabe.

TRIGGERWARNUNG

Dieses Buch nutzt Inhalte, die bei einigen Leserinnen und Lesern Unwohlsein hervorrufen oder eventuelle persönliche Trigger darstellen könnten. Eine genaue Auflistung der inbegriffenen Themen bzw. Szenen ist am Ende dieses Buches zu finden, da sie explizite Spoiler zur Geschichte enthält.

I run this maze, erase my steps, with lips that lie, with every breath.

Bad Wolves

„Ich liebte sie in jedem Augenblick. Die Art, wie wir uns ansahen, die Art, wie wir unsere Gaben vereinten und jeden Auftrag perfekt ausführten. Wir waren füreinander bestimmt – aber als er mir so viel Geld für ihren Kopf bot … seien wir ehrlich, ich liebte das Geld einfach mehr."

KAEMON

London, Dezember

Langsam schlendert er über die steinerne, mit Schneeflocken übersäte Brücke, die über den breiten Fluss führt. Es ist bereits sehr spät – das Mondlicht spiegelt sich auf der vereisten Wasseroberfläche, aber an manchen Stellen, an welchen das Eis feine Risse aufweist, dringt es in die Schwärze hinab, in der Hoffnung, den Grund zu erreichen. Doch noch nie hat jemand diesen Grund zu sehen bekommen.

Er hat schon als kleiner Junge den Glauben daran verloren, dass das Licht diesen dunklen Ort jemals erreichen wird. Selbst die Nixen und Nymphen, die den unvorsichtigen Bewohnern Londons in solchen Nächten wie diesen hier den Verstand rauben, meiden den Grund.

Er wendet sich ab und steckt die Hände in die warmen Taschen seines schwarzen Mantels. Seine Füße hinterlassen tiefe Abdrücke im Schnee, aber es dauert nicht lange, da sind auch sie wieder unter einer weißen Schicht begraben. Mit einem leichten Lächeln auf den schmalen Lippen betrachtet er die kleinen Flocken, die vom Himmel hinabfallen, beobachtet, wie sie auf den Spitzen seiner glänzenden Schuhe landen und sich dort in wenigen Sekunden auflösen. Er hat die andere Seite der Brücke schon fast erreicht, als ihn das leise Geräusch brechenden Eises stocken lässt.

Kein Mensch würde es wagen, sich in dieser Jahreszeit diesem Fluss zu nähern, nicht einmal die alten Droschken sind unterwegs. Es muss eines der Wesen sein, das das glänzende Wasser sein Zuhause nennt – er grinst und eilt zum Ufer.

Unter der Eisfläche regt sich etwas. Er kann die zuckenden Bewegungen ausmachen, vereinzelte Schuppen glänzen sehen, wenn sie sich so nah an der Oberfläche befinden, dass das Mondlicht sie erfassen kann. Da zerbricht das gefrorene Wasser bereits und ein Mädchen von überirdischer Schönheit erhebt sich aus dem Dunkeln. Von ihrer hellen Haut perlen die Wassertropfen herab und ihre langen, schwarzen Haare schmiegen sich um ihren schlanken Körper, als wären sie gemalt.

Das Wesen greift nach dem Ufer und zieht sich zu ihm. „Kaemon. Du wärst doch nicht gegangen, ohne auf mich zu warten?“ Das Wesen lächelt überheblich. Jetzt ist die lange, funkelnde Flosse zu erkennen, welche mit eleganten Bewegungen das Wasser zum Schäumen bringt.

Langsam lässt Kaemon sich auf einem der Steine nieder und lacht leise. „Oh Muriel, langweilen dich die armen Seelen, die in deinem Wasser umher geistern etwa schon? Erst gestern hast du einen tüchtigen Arbeiter dazu gebracht, sich in den Tod zu stürzen.“

Muriel verdreht mürrisch die Augen und beginnt damit, die Eisschichten, die sich auf den letzten Blumen gebildet haben, in ihr Haar zu stecken. „Der Winter hält die meisten Menschen von meinem Fluss fern und ihre Seelen erstarren in den kalten Fluten so schnell.“

Kaemon schüttelt belustigt den Kopf und beobachtet, wie Muriels Flosse einen Hauch blauer Farbe bekommt, wenn das Licht auf sie fällt. „Du bist zu wählerisch“, sagt er nur und hebt den Blick in den klaren Nachthimmel.

„Ich bin einsam!“, faucht Muriel und zieht sich aus den unruhigen Fluten. Sie ist ihm nun so nah, dass Kaemon ihren eisigen Atem auf seiner Haut spüren kann.

Auf ihrem zierlichen Körper haben sich bereits kleine Eiskristalle gebildet und er muss sich dazu zwingen, nicht nach ihnen zu greifen, so schön sind sie. Doch es ist immer besser, Muriel nicht zu nahezukommen, wenn sie nicht danach verlangt – das haben schon so viele vor ihm zu spüren bekommen.

„Wie viele deiner Verehrer sind jemals wieder an die Oberfläche gekommen, meine Liebe?“, fragt Kaemon gelangweilt und weiß, dass er im Begriff dazu ist, das zu tun, was Muriel ihm jedes Mal verübelt.

„Das weißt du selbst genau“, erwidert die Schwarzhaarige genervt und will nach dem kleinen Taschenbuch, das Kaemon in seiner Manteltasche trägt, greifen.

Geschickt weicht er zurück und hält ihr Handgelenk fest. Sein Blick ist nun grimmig, von der anfänglichen Belustigung ist kein Hauch mehr zu erkennen. „Dann geh sorgfältiger mit ihnen um. Lass sie ein-, zweimal wiederkommen. Ich kann dir nicht jeden überlassen. Meine Auftraggeber erwarten Beweise.“

Muriel faucht und reißt sich los. „Warum bist du nur so egoistisch!“

Kaemon erhebt sich und wendet sich zum Gehen. „Ich glaube nicht, dass ich dir schon wieder erklären muss, warum ich ihre Köpfe brauche. Du bist zwar gierig, aber nun wirklich nicht dumm.“ Damit entfernt er sich vom dunklen Ufer. Aus der Ferne vernimmt er noch die wütenden Flossenschläge Muriels, als sie zurück in ihre eigene Welt gleitet.

Oh, sie ist so wandelbar, in manchen Momenten so verführerisch und lieblich und im nächsten Augenblick so heimtückisch und tödlich, wie es keine andere Nixe Londons ist. Nie hatte Kaemon sie anders kennengelernt, aber im Gegensatz zu den anderen armen Seelen hat er sich niemals seinen Verstand rauben lassen. Vielleicht sein Herz, aber nicht seinen Verstand.

„Ich bestimme, was dein nächster Schritt ist, ich entscheide, wen du als Nächstes zu dir holst. Ich lasse dich deine Regeln verletzen, ich forme deinen Charakter – du glaubst, du kannst immer noch frei sein? Denk noch mal darüber nach. Deine Seele liegt in meinen Händen. Du kannst nicht dagegen ankämpfen.“

PANDORA

Italien, Dezember

So war es nicht geplant. Nachdem sie das Amulett aus seiner Kammer gestohlen hatte und nun wieder zurück in der Menschenwelt war, wollte Pandora dieses Leben hinter sich lassen und ein kleines Zimmer in der nächsten Stadt mieten.

Doch jetzt rennt sie nur davon, sie fühlt sich in diesen Städten einfach nicht sicher genug. Ihre Füße tragen sie über den vereisten Waldboden, wirbeln weiße Wolken auf und hinterlassen tiefe Abdrücke, die noch Tage später zu erkennen sein werden.

Krampfhaft schließen sich ihre Finger um das kleine Schmuckstück, dessen glühendes Gold seine Muster in ihre helle Haut brennt, aber sie lässt nicht los, im Gegenteil, packt es sogar noch etwas fester. Es zu verlieren, würde ihren sicheren Tod bedeuten.

So viele Gedanken schwirren in ihrem Kopf umher, dass ihr schwindlig wird. Gedanken, die sie aus dem Gleichgewicht bringen, aber Pandora kämpft sich weiter durch das dichte Gestrüpp. Sie ignoriert ihren lauten Herzschlag, versucht, sich auf das wesentliche zu konzentrieren, ohne entdeckt zu werden. Ihr ist klar, dass *er* nach ihr sucht – oder liegt er in diesem Moment seelenruhig in seinem Bett und wartet darauf, dass sie ihm ein weiteres Mal in die Arme läuft?

Sie schnappt laut nach Luft, schlingt den dünnen Mantel enger um sich, um dem eisigen Wind keine Möglichkeit zu geben, mit seinen gierigen, kalten Fingern nach ihr zu greifen. Verzweifelt unterdrückt Pandora ein Schluchzen. Ist sie im Begriff dazu, zu versagen oder verliert sie nur ein weiteres Mal ihren Verstand?

Nein.

Niemals, diesmal nicht.

Ihre Sicht klart sich wieder und ihr Herzschlag wird ruhiger. Inzwischen hat sie den kleinen Bach erreicht, der unterhalb des Gipfels in das weite, kalte Meer mündet – doch sie hat keinen Blick für diese Schönheit, nicht wirklich.

Seine Wasseroberfläche glänzt gespenstisch und wenn man genauer hinsieht, erkennt man die blassen Gesichter der Unglücklichen, die dort ihr Leben gelassen haben. Manche strecken ihre Hände nach dir aus, aber ihre Seelen sind bereits verloren, greifst du nach ihnen, ziehen sie dich nur mit in ihr nasses, verfluchtes Grab.

Doch sobald die ersten Strahlen des Mondes die Oberfläche berühren, ist auch noch etwas anderes in den Fluten zu entdecken – schimmernde Schwanzflossen, die das Meer mit geschmeidigen Bewegungen teilen und mit den Seelen in die Tiefe gleiten.

Am Rand der Klippe stoppt Pandora und wirft einen kurzen Blick hinter sich. Kein Mensch ist zu sehen, nicht einmal ein Waldtier huscht von einem Baum zum anderen.

Nervös streicht sie sich die schwarzen Strähnen, die der Wind ihr in das Gesicht bläst, beiseite und schluckt. Ihr einziger Weg in die Freiheit ist der Sprung – doch Nixen sind schon immer listige Wesen gewesen, daran hat sich in den vergangenen Jahrhunderten nichts geändert.

Pandora atmet tief durch, versteckt das Amulett sicher in ihren Kleidern und springt. Als sie auf dem Wasser aufkommt, fühlen sich die Fluten an wie viele kleine Nadeln, die sich in ihre Haut bohren und für den ersten Moment nimmt ihr die See den Atem. Sie schlägt um sich, versucht hektisch, der Dunkelheit zu entkommen, aber sie sinkt unaufhaltsam weiter in die Tiefe, findet keinen Halt. Um sich herum kann Pan verschwommen Bewegungen erkennen, Schatten, die so schnell verschwinden, wie sie kommen. Die Kälte dringt immer weiter in ihre Knochen vor, die Finger werden taub und die Luft weicht endgültig aus ihren Lungen.

Aber dann, als sie den Glauben an die alten Sagen beinahe vollkommen verloren hat, packt sie etwas an ihrem Handgelenk und zieht sie nach oben. Mit nur wenigen Schwanzschlägen erreicht die Nixe den nächstbesten Stein, der aus dem Wasser ragt und unter krampfhaftem Luftholen zerrt Pandora sich auf ihn.

Die Nixe bringt ein wenig Abstand zwischen sie. Ihre Augen sind grün – ein dunkles, trostloses Grün, ganz im Gegensatz zu ihren feuerroten Haaren, die sie sich mit einer langen Schlinge Seegras aus dem Gesicht gebunden hat.

„Mutig. Oder sollte ich eher sagen, töricht?“ Ihre Stimme ist sanft, aber auch misstrauisch und so scharf wie die Kanten des Felsen, auf welchem Pandora sitzt.

„Ich wusste, dass es funktionieren würde. Das Zeichen ist noch mächtig, hättest du mich nicht gerettet, hättest du gegen den Codex verstoßen“, erwidert sie mit starker Stimme, denn jetzt, da wenigstens ein kleiner Teil ihres Planes funktioniert hat, weiß sie, dass das Schicksal es doch nicht so schlecht mit ihr meint.

„Oh, meine Liebe… siehst du es nicht? Dieses kleine Königreich gehört nicht deiner Art, wir spielen nicht nach euren Regeln.“

Augenblicklich überkommt Pandora der Zorn, den sie all die Jahre in sich verschlossen hat und sie packt die Kehle der Nixe. „Ich warne dich. Vielleicht bin ich die Tochter eines Volkes, dessen Namen man langsam vergisst, weil man uns hintergangen hat, aber ich kann dein Leben schneller beenden, als dir lieb ist.“

Die Nixe zischt leise und mit rasendem Herzen lässt Pandora sie los.

„Was willst du überhaupt hier?“

„Weg. Bring mich auf irgendein Schiff, Hauptsache ich komme weg von hier.“

Das Wasserwesen sieht sie finster an und Pan weiß, dass die Nixe sie am liebsten ertränken würde, aber trotzdem legt diese ihre Hand sanft auf das unruhige Wasser und runzelt konzentriert die Stirn.

Nach ein paar Atemzügen hebt sie den Kopf. „Ein Schiff, ein paar hundert Meter entfernt von uns. Nimm es oder ertrinke."

Erleichterung strömt durch Pandoras Körper, als die Nixe wirklich ihre Hand nimmt und sie ins Wasser zieht. Das Zeichen des Codex' auf ihrem Arm wird warm, schon fast heiß, aber es stört sie nicht im Geringsten – es ist ihre Versicherung, zu überleben, ein wunderschöner Fluch.

Das Wasser rauscht an ihr vorbei, kleine Fische kommen aus ihren Verstecken und allmählich sieht Pandora die Schönheit, die sich unter diesen dunklen Wellen verbirgt. Auf den ersten Blick wirken sie so trostlos, doch wenn man loslässt, erreichen einen die wundervollen Geschöpfe und die Schatten alter, prachtvoller Bauten ziehen an einem vorbei. Die Zeichen, die in ihr Gestein geritzt wurden, sind schon vor langer Zeit von den Wasserpflanzen überwuchert worden. Trotzdem ragen so manche Spitzen noch darunter hervor und entführen die, die das Glück haben, sie zu Gesicht zu bekommen, in fremde Welten.

Für einen kurzen Moment schließt Pan die Augen und konzentriert sich auf das Gefühl, wie das Wesen sie ohne Mühe durch das Meer zieht, darauf, wenn ein kleiner Fisch ihre Hand streift oder eine Luftblase ihre Wange berührt. Ist dieses Gefühl die Freiheit, die sie all die Jahre vermisst hat?

Pandora öffnet die Augen und schaut in die Tiefe. Auf einmal kommt ihr die weite Schwärze der See gar nicht mehr so bedrohlich vor, viel mehr mystisch und anziehend. Sie lässt sich weiter von der Nixe durch das Wasser ziehen und schon bald erkennt sie die Silhouette eines riesigen Schiffes, das die gewaltigen Wellen teilt.

Ihr Herz beginnt schneller zu schlagen und Pandora spürt, wie die Aufregung durch ihren Körper gleitet. Wohin dieses Schiff sie wohl führen wird?

Auf einmal stoppt die Nixe, lässt ihr Handgelenk so hastig los, als hätte sie sich daran verbrannt und deutet auf den Bug des Schiffes.

„Viel Glück. Du wirst es brauchen." Ein hässliches, fieses Grinsen zieht sich urplötzlich über ihr schönes Gesicht und Pandora erstarrt, doch bevor sie die Nixe fragen kann, was sie damit meint, stößt diese sie schon auf die Oberfläche zu.

Zitternd schließt Pan die Augen und lässt sich ganz von den wilden Wellen tragen. Sie versucht, sich nicht an der Gischt, die ihr in das Gesicht schlägt, zu verschlucken und so leblos zu wirken, wie nur möglich, aber trotzdem spürt sie die Panik, die sich in ihrem Herzen ausbreitet, deutlich.

Es dauert nur wenige Sekunden, da durchschneidet eine tiefe, laute Männerstimme die Stille und Pandora hört schwere, eilige Schritte, die über das Deck hasten. „Da treibt jemand im Wasser!"

„Ist es eine Meerjungfrau?" Grölendes Lachen.

Das ungute Gefühl in Pandoras Magengegend verstärkt sich, aber sie traut sich nicht, die Augen zu öffnen, um zu sehen, wer da an der Reling steht und zu ihr hinabblickt.

„Lasst sie uns hochholen, wenn sie bereits tot ist, können wir sie immer noch zurück zu den Haien werfen", ruft eine andere, jüngere Stimme und Pan hört, wie neben ihr etwas in das kalte Wasser gelassen wird – vermutlich eines der kleinen Beiboote, die so riesige Schiffe wie dieses hier oft haben.

Sie versucht, sich zu entspannen und nur daran zu denken, wie es wohl sein wird, wenn sie in einem kleinen Haus am Rande einer Stadt in Frieden lebt, aber als zwei starke, raue Hände sie grob am Handgelenk packen und nach oben ziehen, krampfen sich ihre Muskeln doch ein wenig zusammen. Dumpf lässt man sie auf dem Holzboden des Bootes aufkommen. Pandora weiß, dass sie noch nie eine gute Schauspielerin war, trotzdem zieht sie sich zusammen und beginnt zu husten, in der Hoffnung, die Männer würden ihr glauben, dass sie erst jetzt zu Bewusstsein gekommen wäre.

„Doch kein Haifutter", bemerkt einer der Männer, die mit ihr in dem Boot sitzen, kurz angebunden.

Pan kann keinerlei Emotionen in seiner Stimme ausmachen und erst, als sie jemand auf das Schiff hebt, öffnet sie langsam die Augen. Und würde sie am liebsten gleich wieder schließen.

Die zwanzig Männer, die sie erwartungsvoll anschauen, sind allesamt heruntergekommen, als hätten sie schon seit Jahren kein Land mehr gesehen. Die meisten von ihnen haben einen langen, zotteligen Bart, tragen einen abgewetzten, braunen Ledergürtel um ihre Hüften, in welchem eine Reihe von Messern stecken. Auf der haarigen, schmutzigen Brust prangt ein großes, schwarzes Tattoo, ein Tattoo, das nur bestimmte Leute tragen. Pandora wird schlecht.

Menschenhändler.

Dieses Miststück von Nixe hat sie direkt auf eines der gefürchtetsten Schiffe des Meeres gebracht. Der Mann, der sie hergebracht hat, lässt sie los, doch Pandoras Beine brechen augenblicklich unter ihr zusammen. Kann es denn noch schlimmer werden? Zitternd hält sie sich an der Reling fest und überlegt, ob sie nicht lieber wieder zurück in das tröstende Wasser springen soll, denn sie ist davon überzeugt, dass es ihr mehr Freiheit bieten würde, als wenn sie mit dieser Mannschaft segelt. Aber sie weiß auch, dass sie nach einiger Zeit ertrinken würde – und sterben ist keine Option. Pandora schweigt und wartet ab.

Einige der Männer machen sich schon wieder an die Arbeit, als hätten sie das Interesse verloren, aber der größte von ihnen und die zwei, die sie aus dem Wasser gezogen haben, rücken sogar etwas näher, um sie genauer zu mustern. Es ist ihr unangenehm, wie sie dasteht, zitternd und mit blassen Wangen, aber Pan weiß, dass sie keine andere Wahl hat, als still zu bleiben und sich nicht zu wehren, was auch immer passiert.

„Was machen wir mit ihr, Kapitän?" Schon allein die Art, wie er sie ansieht und wie er sich an den dreckigen Armen kratzt, während er spricht, lässt Pandora die Hände zu Fäusten ballen.

Diese Menschen sind so abstoßend und Pandora verspürt den Drang dazu, ihre Herzen zum Stillstand zu bringen, aber in alte Muster zu verfallen, würde sie nur wieder zu *ihm* führen, vor dem sie doch so verzweifelt versucht zu fliehen. Also beißt sie sich auf die Zunge, um sich von ihren Gedanken abzulenken und beobachtet scharf jede Bewegung, jeden Gesichtszug der Händler, immer darauf bedacht, keine Fehler zu machen. Davon lasten ihr inzwischen genug auf dem Gewissen.

Der größte der Männer zuckt mit den Schultern und packt Pan unsanft am Kinn. Ein fauliger Geruch steigt ihr in die Nase und sie muss aufpassen, nicht zu würgen. Grob dreht er ihr Gesicht zur Seite und mustert die helle, makellose Haut. Als seine Finger auf ihrem Kinn schier unerträglich werden, reißt Pandora sich los und stolpert das kleine Stück, das ihr noch bleibt, zurück. Angst, aber auch Ekel pulsieren durch ihre Adern. Ein Grinsen schleicht über das Gesicht des Menschenhändlers und Pans Herzschlag setzt für einen kurzen Moment aus. „Bringt sie zu den anderen, aber an einen Platz, an dem man sie gut sieht – wenn uns keine Makel auffallen, kriegen wir morgen bestimmt einen sehr guten Preis für sie."

Erneut kocht Wut in Pandora hoch, doch sie versucht, sich darauf zu konzentrieren, dass sie wohl bald an Land sein werden.

„Aber Käpt'n, wir wissen doch nicht einmal, wer sie ist", wendet einer aus der Besatzung ein. Er scheint nicht der intelligenteste der

Mannschaft zu sein, denn die beiden anderen Männer, die neben ihr stehen, verdrehen nur die Augen und einer von ihnen packt sie am Arm, ohne auf die Antwort des Kapitäns zu warten.

„Na und? Geld bringt sie allemal und wer weiß, vielleicht erzählt sie ja noch etwas über sich, sobald wir Venedig erreicht haben."

Venedig also. Pandoras Mundwinkel verziehen sich zu einem aufgeregten Grinsen und ihr Herz macht einen Sprung. Sie kann sich noch daran erinnern, wie sie als kleines Kind in einer der Gondeln gesessen ist und begeistert die Menschen beobachtet hat, die an ihr vorbeizogen und sich eilig durch die kleinen Gassen drängelten. Oder an den kleinen Vorgarten, in dem sie reife Äpfel von den Bäumen holte und sich immer einen in ihr Kleid steckte, um ihn später heimlich zu essen.

Schwermütig bei den Gedanken daran, wie sorglos dort alles gewesen war, damals, vor all diesen Jahren, merkt Pan gar nicht, wie der Mann, der sie gepackt hält, eine Luke aufklappt. Stickige Luft schlägt ihr entgegen und instinktiv dreht sie ihren Kopf zur Seite. Mit einer schnellen Handbewegung greift der Matrose nach einer Lampe, die an der Decke gefährlich hin und her schwingt. Sie verbreitet nur ein sehr schwaches, trostloses Licht und Pandora kann gerade einmal die schäbigen Holztreppen, die in den Schiffsbauch hinab führen, erkennen. Sie nimmt das schwere Rasseln von einigen Eisenketten wahr, aber was genau sich im Dunklen befindet, kann sie nur erahnen.

Damit der Menschenhändler sie nicht länger anfasst, setzt Pandora ganz von selbst einen Fuß vor den anderen und mit zitternden Händen hält sie sich an den dicken Schiffsbalken fest. Das Schiff schwankt gefährlich auf den wilden Wellen der See, wilder als vor wenigen Minuten, als Pandora den unheilvollen Boden betreten hat. Ganz so als würde das Meer sie zurückfordern wollen, denn sie weiß, dass es nicht gerne hergibt, was ihm geschenkt wurde. Allmählich haben sich ihre Augen an das schlechte Licht gewöhnt und ihr Herzschlag setzt für einen kurzen Moment aus.

Die Mädchen, die unter dem Deck kauern, sind jünger, als sie erwartet hat – manche von ihnen höchstens zwölf Jahre alt, andere gerade einmal neun oder zehn. Als Pandora an ihnen vorbeischleicht, heben die meisten nicht einmal mehr ihren Kopf, um ihr nachzusehen, aber die, deren Gesichter Pan erkennen kann, wirken blass und erschöpft. Der Glanz in ihren Augen ist erloschen und dort, wo die kalten Handschellen die Haut der Mädchen berühren, sind dunkle Abdrücke zu erkennen. Pandora will gar nicht erst darüber nachdenken, wie lange sie schon hier unten sitzen, ohne richtiges Essen oder die Möglichkeit, einmal an die frische Luft zu kommen.

Schnell wendet sie sich von ihnen ab und starrt stur gerade aus. Sie will das Ganze nicht länger mitansehen und hofft, dass der Mann sie in eine leere, dunkle Ecke schafft. Denn Pan weiß, dass Einsamkeit manchmal die bessere Wahl ist. Allerdings geht ihr Wunsch nicht ganz in Erfüllung – der Menschenhändler schubst sie grob zum Ende des Raumes, zu einem jungen Mädchen.

Ihre roten Haare fallen ihr zerzaust auf die bebenden Schultern und ihre Handgelenke sind so dünn, dass Pandora Angst hat, die schweren Ketten würden sie jeden Moment zertrümmern.

Ein scharfer Schmerz schießt durch ihren Körper, als man sie auf den Boden stößt und sich viele kleine Holzsplitter in ihre Hand bohren. Pandora wirft dem Matrosen einen zornigen Blick zu, aber er interessiert sich nicht sonderlich dafür. Langsam beginnt er, ein dickes Seil aus einer der schweren Holzkisten zu holen und es um Pandoras Hände zu wickeln. Sie zuckt jedes Mal ein wenig zusammen, wenn das raue Material sich um ihre Haut schlingt.

Mit pochendem Herzen sitzt Pan da, wissend, dass sie sich so leicht befreien könnte, damit aber ihr Leben aufs Spiel setzen würde. Und das ist es bei Gott nicht wert, denn diese Männer sind ihre einzige Chance, das Festland zu erreichen. Trotz des ganzen Hasses, der sich in ihren Augen widerspiegelt und durch ihre Adern fließt, ist die Hoffnung noch etwas größer. Die Hoffnung, ihr altes Leben hinter sich lassen und normal sein zu können. Sie würde die Vergangenheit begraben und vielleicht ein paar der Mädchen helfen, einer Knechtschaft zu entkommen. Auch wenn sie noch nicht genau weiß, wie. Pandora weiß, wie Sklavenverkäufe ablaufen, hat sie es doch oft genug miterlebt, als sie noch klein war.

Als Tochter einer reichen Familie war es nichts Besonderes, Bedienstete zu haben – auch wenn sie es damals noch nicht verstanden hatte, was es bedeutet, ein Sklave zu sein. Der Schmerz an ihren Handgelenken, als der Menschenhändler ein letztes Mal an dem Seil zieht, holt Pandora aus ihren Gedanken.

Ein leises, genervtes Zischen kommt ihr über die Lippen, aber der Mann interessiert sich nicht sonderlich dafür. Er grinst sie nur dreckig an und macht sich dann wieder auf den Weg nach oben. Als die schwere Luke nach unten kracht und den letzten Lichtschimmer, der hinunterdringt, erlischt, herrscht Stille.

Vorsichtig lehnt Pandora sich an den Holzbalken hinter sich. Die Fesseln an ihrer Haut jucken, sie findet es unangenehm, dass kein einziges Geräusch ertönt und die Dunkelheit versetzt sie in Panik. Schon damals konnte sie es nicht leiden, wenn sie nichts gesehen hat. Geändert hat sich das bis heute nicht. Sie ballt die Hände so weit es geht zu einer Faust und atmet tief durch.

Nach der ganzen Euphorie, *ihm* entkommen zu sein, ist da wieder diese Unsicherheit, die sich tief in ihr Herz bohrt. Die Angst, mit der sie so lange leben musste. Sie schließt die Augen und atmet tief durch. Dann dreht sie ihren Kopf zur Seite und beobachtet das junge, rothaarige Mädchen neben sich.

„Wo haben sie dich denn jetzt her?“

Pan zuckt zusammen – sie hat nicht damit gerechnet, dass hier irgendjemand mit ihr reden würde.

„Aus dem Wasser gezogen“, antwortet sie leise und langsam kriecht die Kälte ihres nassen Kleides durch ihren Körper.

„Wärst du nur lieber ertrunken“, murmelt das Mädchen und wendet sich wieder von der jungen Frau ab.

Pandora schnaubt kaum merklich. Wenn sie nur wüsste, dass es nichts Schlimmeres gibt als den Tod. „Ich bin übrigens Pandora.“

„Rubina.“

„Freut mich.“

„Das würde es mich auch, wenn die Umstände etwas anders wären.“

Pan merkt, wie das Mädchen stark sein möchte, aber der ängstliche, verbitterte Ton in ihrer Stimme verrät sie. Und Pan merkt auch, dass ihr rein gar nichts einfällt, um Rubina etwas aufzumuntern. Schließlich befindet sie sich selbst in dieser verzwickten Situation, mit dem einzigen Unterschied, dass sie den schlimmsten Teil ihrer Reise bereits hinter sich hat.

„Woher haben sie dich?“

Die Angesprochene seufzt leise. „Meine Familie hat einen kleinen Bauernhof an der Küste Frankreichs. Wir waren gerade im Wald Holz sammeln, als …“ Ihre Stimme versagt.

„Schon gut“, murmelt Pandora beschwichtigend, „du musst nicht weiterreden.“

Rubina nickt leicht. Schweigend wendet Pan sich ab. Sie hat das Gefühl, unter all den traurigen Geschichten zu ersticken.

„Na ja, bald sind wir in Venedig“, murmelt sie mehr zu sich selbst.

Das junge Mädchen wirft ihr einen kurzen, zweifelnden Blick zu. „Und du glaubst, dort wird es besser werden?“

Es dauert eine Weile, bis Pandora ihr antworten kann. „Weißt du, manche Städte bergen einen wunderschönen Zauber, der die mit sich nimmt, die ihren verloren haben."

Ein schmales Lächeln schleicht sich auf Rubinas Lippen. „Vielleicht hast du recht und alles kommt wieder in Ordnung."

Doch als Pandora sich umsieht, hat die Hoffnung nur Rubinas Augen erreicht. Die anderen Mädchen starren weiter geradeaus, der Blick leer, die Gesichtszüge wie eingefroren. Sie seufzt leise. Pandora hat schon so viel Unglück über manche Leute gebracht, früher, als sie noch unter *seinen* Befehlen stand, dass dieser Anblick nichts Neues ist. Trotzdem würde sie den anderen doch so gerne helfen. Im selben Moment entfacht dieser Gedanke eine ungeheure Wut auf sich selbst.

Pandora presst die Lippen zu einem schmalen Strich zusammen und schluckt. Sie weiß nicht, wie es für sie weiter gehen wird, also sollte sie aufhören, sich um das Wohl anderer zu sorgen. War ihr das nicht all die Jahre beigebracht worden? Sich nicht um die Gefühle anderer zu kümmern?

Ein kleiner Teil von ihr will vergessen, was sie da denkt, aber alte Angewohnheiten sind schwer loszuwerden. Pan holt tief Luft. Ihr ist klar, dass sie unbedingt hier raus muss, sonst würden ihre Gedanken sie langsam auffressen, bis keine Hoffnung mehr übrigbleibt. Jeder Schlag der Wellen gegen das morsche Holz des Schiffes hallt in ihrem Kopf wider. Ein wenig beruhigt sie dieses Geräusch, hat sie sich doch schon immer in der Nähe des Wassers wohlgefühlt.

Es müssen Stunden vergangen sein, bis der schwere Anker, der sich in einem der Steine am Meeresboden verfängt, das Schiff stoppt. Der Aufprall wirft einige der Mädchen nach vorne und auch Pandora kann sich nur geradeso aufrecht halten. Ihr Herz macht einen kleinen Sprung.

Sie sind da, endlich.

Aufgeregt lauscht sie den eiligen Schritten an Bord. Nur zu gut kann sie sich vorstellen, wie die ersten Waren an Land gebracht und die Besatzung von ihren Geschäftspartnern empfangen wird. Wahrscheinlich errichtet man bereits die Podeste, auf denen sie und die anderen Mädchen zur Schau gestellt werden sollen – bei diesem Gedanken läuft es Pan eiskalt den Rücken hinunter.

Tief durchatmend versucht sie, sich das Deck des Schiffes in Erinnerung zu rufen. Man würde sie direkt auf dem Markusplatz verkaufen. Wenn Pandora einmal von den Menschenhändlern loskommen würde, wäre es eine Leichtigkeit, in den Menschenmassen zu verschwinden. Aber dazu muss es erst einmal kommen und genau das ist es, was ihr Kopfschmerzen bereitet.

Der laute Knall der sich öffnenden Luke reißt Pandora aus ihren Gedanken. Dieselben Männer, die sie aus dem Wasser gezogen hatten, beginnen nun, die gefesselten Mädchen nach oben zu zerren. Bei einigen geben die Knie nach, saßen sie doch so lange unbewegt im Dunklen, anderen machen die schweren Ketten zu schaffen. Doch die Besatzung hat kein Mitleid und schleift die, die nicht mehr aufstehen können, grob weiter. Schon bald wird der Frachtraum immer leerer und die einzigen, die noch hier unten sitzen, sind Pan und Rubina.

Pan wirft ihr einen schnellen Blick zu. „Viel Glück."

Das junge Mädchen nickt und lächelt schwach. „Dir auch."

Und da wird sie auch schon am Arm gepackt und nach oben gebracht. Der Knoten in Pandoras Magen wird immer stärker. Jeden Moment könnte das passieren, was ihr ermöglicht, zu fliehen. Oder ihren Untergang besiegelt. Nach wenigen Minuten betritt jemand den Raum, den Pandora hier noch nicht gesehen hat. Seine Haare fallen ihm unordentlich auf die breiten Schultern und über das fahle Gesicht zieht sich eine lange, frische Narbe.

Pan verzieht das Gesicht. Er sieht nicht ansatzweise so schlimm aus wie die anderen Männer, aber dafür strahlt er etwas viel Gefährlicheres, Unheimlicheres aus. So langsam beschleicht sie das Gefühl, dass sie sich vor diesem Mann viel mehr in Acht nehmen sollte, als sie bereits ahnt.

Gekonnt bindet er Pandoras Seil von dem Holzbalken los, doch anstatt sie sofort mit nach oben zu ziehen, verharrt er einen Moment hinter ihr. „Du musst jetzt ganz still sein. Für unser beider Wohl."

Pandora spürt seinen warmen Atem deutlich an ihrem Ohr und verwundert dreht sie sich zu ihm. Sie kennt ihn nicht, das ist ausgeschlossen. Aber warum bringt er sie nicht zu den anderen? Retten wollen, wird er Pandora wohl kaum, das kann sie sich nicht vorstellen. Trotzdem hält sie ganz still und gibt keinen Ton von sich.

„Sind alle draußen, Sylas?", ertönt eine tiefe, laute Stimme vom Deck.

Der Gerufene streckt sich. „Ja, keine mehr hier. Ich räume noch kurz alles beiseite und komme dann nach!"

Pandora glaubt, zustimmendes Gemurmel von oben zu vernehmen. Auch wenn sie nicht weiß, was Sylas vorhat, merkt sie, wie sich ihre Muskeln langsam entspannen.

Mit einem zufriedenen Gesichtsausdruck mustert der fremde Mann sie.„Jetzt sollte uns keiner mehr im Weg stehen."

Ein Grinsen schleicht sich über seine Lippen, aber es ist kein gutes, das ahnt Pandora. Trotzdem bleibt sie ruhig und lässt sich gehorsam von Sylas nach oben bringen.

Er bewegt sich geschmeidig und lautlos, kaum zu glauben, dass er ein Menschenhändler auf hoher See ist. Eher würde Pandora ihn für einen königlichen Auftragsmörder halten – was bei mächtigen Familien in dieser Zeit nichts Besonderes ist. Doch Pan hat schon seit langem gemerkt, dass man nicht nach dem ersten Eindruck urteilen sollte.

Vorsichtig schleicht dieser fremde Mann mit ihr über das Deck. Er weiß genau, welche der alten Holzdielen unter ihnen knarzen würden und schlängelt sich geschickt an ihnen vorbei, um keine Aufmerksamkeit zu erregen. Aber die beiden Männer seiner Mannschaft, die das Schiff bewachen sollen, sind ohnehin abgelenkt.

Tausende schöne Mädchen, reich und Fremden zugetan, laufen lachend an ihnen vorbei. Und da verschwindet Pan schon zwischen den vielen Menschen. Aus dem Augenwinkel kann sie das Podest sehen, auf dem die anderen Mädchen stehen, jedoch schließt sich schon bald eine Menschentraube um sie und verdeckt Pandora die Sicht. Trotz der schützenden Massen verringert Sylas sein Tempo nicht.

Er eilt stur über den Markusplatz, ohne der Schönheit dieses Ortes eines Blickes zu würdigen. Die Sonne fällt weich auf die hohen, hellen Gebäude, Tauben mit weißem Gefieder tummeln sich auf den filigran geschwungenen Laternen, die sich über die Köpfe der Menschen erheben. Huscht man an einem der Cafés vorbei, vernimmt man sogar den Klang der Geigen und das sachte Klimpern des Klaviers.

Genüsslich atmet Pandora die Luft ein, die sie schon so lange vermisst hat und genießt die Sonnenstrahlen auf ihrer Haut. Es fällt ihr leicht, Sylas und die Fesseln um ihre Hände für einen Moment zu vergessen. Sie lässt sich einfach nur treiben. Doch dann wird es plötzlich kälter.

Die Sonne ist verschwunden und er zerrt Pandora in eine kleine, leere Seitengasse. Hier verliert Venedig seinen Zauber. Die Wände sind verschmutzt, ein übler Geruch steigt Pandora in die Nase und auf dem Boden liegt vergammeltes Gemüse. Eine Gänsehaut legt sich über ihre Arme.

Sylas bleibt stehen und schubst sie gegen die Wand. Augenblicklich weicht Pandora beiseite, aber er hält ihre Fesseln fest im Griff und zieht sie zurück. „Ich rette dich vor dem Podest und so dankst du es mir? Indem du wegrennen willst?“

Sie schluckt, weiß nicht, was sie ihm darauf antworten soll.

Sylas zuckt mit den Schultern und streicht Pandora langsam über die glatte Haut. Angewidert hält sie die Luft an.

„Ich glaube, dass hinter dir viel mir steckt, als der Boss vermutet. Bist du eine der verschwundenen Töchter der Adelsfamilien?“ Er zögert einen Moment, dann gleitet ein siegessicheres Lächeln über sein Gesicht. „Selbst wenn nicht, du lässt dich sicher gut verkaufen. So makellos. So jung.“

Mit vor Gier glänzenden Augen beugt sich Sylas zu ihr hinunter und als sein heißer Atem ihre Haut trifft, dreht Pandora panisch ihren Kopf beiseite. Sie will weg hier, fort von diesem Widerling, wieder in der Menschenmenge verschwinden. Mit klopfendem Herzen beobachtet sie jede seiner Bewegung, überlegt, wie sie Sylas entfliehen kann. Aber als er sich zu ihr hinunterbeugt, die schmalen, rauen Lippen auf ihre senkt, weiß sie, dass sein Schicksal besiegelt ist.

Pandora schließt die Augen und ein weiteres Mal schmeckt sie die Bitterkeit in ihrem Mund. Die Bitterkeit, die sie immer schmeckt, wenn sich jemand von diesen Gefühlen leiten lässt.

Kaum berühren seine Lippen ihre, verkrampft sich Sylas, er wird bleich und Pans Fesseln fallen ihm aus der Hand. Mit weit aufgerissenen Augen stolpert er. Sein Mund öffnet sich zu einem letzten, stummen Schrei, dann gleitet er die kalte Hauswand hinab und bleibt reglos auf dem verschmutzten Boden liegen.

Benommen starrt Pandora auf seinen toten Körper. Wie sehr sie es hasst. Wie gerne würde sie den Schleier des Todes, der unaufhaltsam über ihr schwebt, abschütteln. Kein Monster mehr sein. Ihre Gedanken versetzen ihr einen kleinen Stich im Herzen und schnell versucht sie sich von ihren Fesseln zu befreien. Von jemandem gesehen zu werden, wäre ihr Todesurteil, man würde sie hängen lassen. Ein Schicksal, das sie nicht ereilen durfte.

Pans Herz macht einen kurzen, erfreuten Sprung, als das Seilende ihre Hände freigibt und den Staub auf dem Boden aufwirbelt, als es dort aufkommt. Wenige Sekunden später erstarrt sie.

„Mord!" Die hohe, aufgebrachte Stimme, die über den Platz hallt, lässt die Musiker verstummen und die Verkäufer innehalten.

Pandoras Kopf fühlt sich elend schwer an, während sie ihn hebt und direkt in die eisblauen, geweiteten Augen der älteren Dame starrt. Hatte sie sich eben noch so weit von der Menschenmenge entfernt gefühlt, weiß sie nun, dass man niemals so allein ist, wie man denkt. Pandora schluckt. Und dann rennt sie.

Die Zeit scheint still zu stehen, als sie die enge Gasse entlang eilt, sie spürt den sachten Wind, der ihr über die Wangen streicht, nicht mehr. Sie fühlt sich wie betäubt, ihre Beine stolpern so unbeholfen über das Pflaster, dass es ihr so vorkommt, als würde eine unbekannte, starke Macht sie zurückhalten. Die schweren, schnellen Schritte dringen Pan an die Ohren. Sie weiß, dass sie nur Unheil bringen. Sie will schreien, endlich aus diesem Teufelskreis ausbrechen.

Pan versucht, einen klaren Gedanken zu fassen, aber sie entgleiten ihr jedes Mal wieder. Sie rennt einfach nur, wählt unwillkürlich ihre Richtung, von der sie hofft, dass sie ihr Sicherheit bringt. Aber egal, wohin sie läuft, immer mehr Menschen treten ihr in den Weg. Sie wissen, wie es ist, einem Flüchtigen zu begegnen und in dem Glauben, ihre Straßen sicherer zu machen, tun sie alles dafür, diese zur Strecke zu bringen. Dabei entgeht ihnen die Tatsache, dass die wahren Verbrecher in teuren Häusern sitzen, sich von ihren Dienern hochwertigen Wein bringen lassen und diese Stadt unter ihrer Kontrolle haben, ohne das Beste für sie zu wollen.

Pandora schnaubt verbittert, ist ihr doch bewusst, dass sie selbst einmal zu diesen Leuten gehört hat. Schnell schüttelt sie diesen Gedanken ab und versucht sich auf die Gegenwart zu konzentrieren.

Könnte sie nicht flüchten, würde das ihr letzter Tag gewesen sein und Pan fand keinen Gefallen daran, mit *ihm* zu sterben. Ohne *ihn* noch eher, aber nicht mit *ihm*, es gibt zu viele schmerzende Erinnerungen, die damit verbunden sind.

Schon bald zeigt sich, dass die Wachen in all den Jahren nur aufmerksamer geworden sind. Sie halten Ausschau nach dem jungen, zitternden Mädchen mit den schmutzigen Kleidern und der blassen Haut. Pandora kennt ihre Vorgehensweise nur zu gut, trotzdem zuckt sie jedes Mal wieder zusammen, wenn sie an einem von ihnen vorbeihuscht. Nicht ohne bemerkt zu werden, wie sie feststellen muss.

Als kleines Mädchen war es für sie ein Leichtes gewesen, aus dem großen Anwesen zu verschwinden und sich in der Stadt herumzutreiben. Auch später noch behielt sie diese Eigenschaft, aber heute ist sie einfach zu erschöpft, um den Kopf nicht zu verlieren.

Die Menschen schreien, wenn Pan sie zur Seite stößt, um sich Platz zu schaffen und stellen ihr ein Bein, um sie zum Fallen zu bringen. Obwohl sie sich in Venedig auskennt, hat sie inzwischen die Orientierung verloren.

Hektisch läuft sie auf das Wasser zu, um einen besseren Überblick zu haben. In ihren Ohren rauscht das Blut und ihr Atem geht flach. Sie rennt weiter, die Leute in den Booten nicht beachtend, doch dann sticht ihr ein großer, junger Mann ins Auge.

Pandora weiß nicht, was es ist, aber er strahlt etwas aus, das sie in ihren Bann zieht. Er ist gerade dabei einen Beutel voller Münzen von einem mageren, aber gut angezogenen Burschen entgegenzunehmen und weist auf eine schmale Holzkiste.

Als Pandora an ihm vorbeirennt, wirft er ihr nur einen gelangweilten, sporadischen Blick zu. Trotzdem hat sie das Gefühl, dass alles um sie herum verschwindet, die Wachmänner, die hinter ihr her sind, die Händler. Es bleiben nur der Unbekannte mit den pechschwarzen Haaren und sie, zwischen den vielen Schiffen und den alten Kutschen.

Früher wäre ihr das nie passiert. Niemals hätte sie sich durch jemanden ablenken lassen und ihr Ziel aus den Augen verloren.

Kaum ist der Fremde aus ihrem Blickfeld, stolpert sie und fällt. Einen Wimpernschlag später packen die Wachmänner sie an den Armen und zerren sie fort. Panisch versucht Pan sich zu wehren, aber sie kann sich nicht aus ihren Griffen befreien. Sie schnappt nach Luft. Jetzt ist alles vorbei, da ist sie sich sicher. Sie muss heftig blinzeln, um die aufsteigenden Tränen zu vertreiben. So eine Chance wird es nie wiedergeben, Pandora weiß, dass sie *ihm* nicht ein zweites Mal entfliehen kann. Das Amulett in ihrem Kleid wird plötzlich schwerer, als würde es sie schadenfroh daran erinnern wollen, dass es ihr immer Pech bringen wird.

Die Menschen, an denen sie vorbeigeschleppt wird, werfen ihr abwertende Blicke zu. Mit vor Zorn funkelnden Augen senkt Pandora den Kopf. Sie hat das alles hier nicht verdient, nein, es ist unfair, dass es gerade sie trifft. Es gibt so viele schlechte Menschen in diesen Ländern, Diebe, Betrüger und Mörder und ausgerechnet sie bringt man nun fort, durch all die Massen, wie ein zur Schau gestelltes Tier. Dabei wissen sie doch noch nicht einmal, wer sie eigentlich ist, was sie ist. So viele Dinge, die Pan in ihrer lang ersehnten Freiheit hatte erledigen wollen, und nichts davon wird erfüllt. Der Zorn, die Sehnsucht und der Durst nach Rache würden sie nun auf ewig begleiten.

Pandora schließt die Augen, als sie merkt, dass die Last sie zu erdrücken scheint. Erschöpfung fließt durch ihre Adern und sie lässt sich widerstandslos von den beiden Männern an ihrer Seite auf das gewaltige, umzäunte Gebäude zuziehen. Pandora hat es schon einmal gesehen, damals, aus sicherer Entfernung, als Venedigs gefürchtetster Serienmörder geschnappt wurde. Keiner weiß, was danach mit ihm passiert war. Jetzt wirkt der Bau umso gefährlicher.

Er ragt in den Himmel hinauf und auf seinen dunklen Dächern sitzen tausende von Tauben. Dieser Ort hier ist so verkümmert, dass es niemanden mehr interessiert, ob er von Plagen heimgesucht wird oder das Dach undichte Stellen hat, durch welches die Regentropfen hindurchfließen. Solange keine unerwünschte Gestalt hinein- oder hinauskommt, gibt die Stadt kein Geld für einen Ort wie diesen aus. Trotzdem spendet es Pandora ein wenig Trost, dass sie hier sterben wird. In der Stadt, wo alles angefangen hat.

Wenn sie die Augen schließt, ziehen die Erinnerungen an ihr vorbei – wie sie mit ihrem Kindermädchen die Tauben gefüttert oder mit ihrem Onkel fangen gespielt hat, wie sie ihre Eltern tagelang in ihr Zimmer gesperrt hatten, weil sie versucht hatte, einem Wachmann den Hut zu klauen. Nie ist diese Geschichte an die Oberfläche gekommen. Das großzügige Schmiergeld ließ alle Akten darüber verschwinden.

Pandora seufzt leise. Ob all diese Menschen noch lebten? Ob diese sie erkennen würden? Wahrscheinlich würden sie an Pan vorbeilaufen, ohne, dass sie diese überhaupt bemerkte. Sie war sehr jung, als sie diese Welt verließ und *er* gab ihr nie eine Gelegenheit dazu, einen flüchtigen Blick nach Venedig zu werfen. Diese Aufgabe übernahmen immer die anderen.

Die Wachmänner an ihrer Seite bleiben vor dem schmiedeeisernen Tor stehen. Ungeduldig halten sie ein kleines Stück Papier in die Höhe. Ein Ausweis, vermutet Pan, aber sie erkennt es nicht genau und sie hatte sich nie so weit hergewagt, um es erforschen zu können. Der grimmige, bärtige Mann hinter dem Tor mustert das Papier kurz, dann nickt er und öffnet die quietschende Tür. Die beiden Wachmänner stoßen Pandora hindurch und das Tor fällt krachend hinter ihnen ins Schloss.

Nervös beobachtet Pan die Umgebung. Der schmucklose Platz ist menschenleer, aus dem vertrockneten Brunnen in der Mitte sprudelt schon lange kein Wasser mehr und der eisige Wind fegt rücksichtslos über den Boden, die dreckigen Taubenfedern umherwirbelnd.

„Wohin bringen wir sie?“, durchbricht der Wachmann zu Pans linker Seite die unheimliche Stille.

Der andere zuckt gleichgültig mit den Schultern. „Zu den Mördern natürlich. Auch wenn es mir eigentlich egal ist, wo sie am Ende landet.“

„Aber wir wissen doch noch gar nicht, was passiert ist. Sollten wir sie nicht zuerst in einen Verhörraum bringen?“, wirft der andere ein und Pandora verdreht die Augen.

Wo auch immer man sie hinbringen würde, sie würde den Tag nicht überleben. Dafür war die italienische Regierung bekannt.

„Pah. Schau sie dir an, keinen wird es stören, wenn sie gehängt wird. Bezweifle, dass sie jemand vermisst.“

Ärger blitzt in Pandoras Augen auf. Sie hasst es, auf ihr Äußeres reduziert zu werden, auch wenn es ihr manche Aufträge erleichtert hat.

Der schmalere Wachmann seufzt. „Wie du meinst“, beendet er die Diskussion geschlagen.

Der Griff um Pans Arm hat sich inzwischen ein wenig gelockert, trotzdem werden seine Finger Abdrücke auf ihrer Haut hinterlassen. Ohne zu zögern, schleppt man sie durch einen langen, kahlen Gang. An seinen Wänden hängen die Bilder bedeutender Männer, unter deren Hand tausende Verbrecher und Unschuldige gestorben sind. Man vergöttert sie, obwohl man weiß, dass die Assassinen der Stadt die eigentliche Anerkennung verdient hätten. Sind sie es doch, welche die Gauner von den Straßen und die schwarzen Schafe der Adligen aus der Öffentlichkeit halten.

Je weiter sie gehen, desto kälter wird die Luft. Eine Gänsehaut überzieht Pandoras Arme und schon bald dringt das Geräusch von vor Angst klappernden Zähnen an ihr Ohr. Die Gefangenen, die hier in den Zellen sitzen, sind Mörder. Mörder, die zur falschen Zeit am falschen Ort waren oder nicht das Glück besitzen, dass jemand eine schützende Hand über sie hält. Die Habgier steht ihnen in das Gesicht geschrieben, die Furcht vor dem, was mit ihnen passieren wird und die Hoffnungslosigkeit, die ihnen so lange eingeredet wurde, bis sie es glaubten. Sie allesamt sind arme, gebrochene Leute und Pan bedauert, dass sie schon längst zu ihnen gehört. Das Blut, das an ihren Händen klebt, lässt sich mit keinem Wasser abwaschen und nüchtern betrachtet, ist es schon längst ein Teil ihres Körpers. Leises Wimmern liegt in der Luft und auch, wenn sie weiß, dass viele es verdient haben, würde sie den Insassen so gerne die Freiheit schenken.

Mit pochendem Herzen zwingt Pan sich dazu, ihren Blick starr zu halten und nicht zu den Gefangenen zu schauen. Als sie das Ende des Ganges fast erreicht haben, bleiben die Wachmänner ruckartig stehen. Einer von ihnen zieht einen bronzenen Schlüsselbund heraus – er scheint so schwer zu sein, dass man damit jemanden mit Leichtigkeit erschlagen könnte. Es dauert eine Weile, bis er den richtigen Schlüssel gefunden hat, dann sperrt er die Zelle auf und schubst Pandora grob hinein. Die Tür schließt sich und schlagartig umgibt Pan nur noch ein schwacher, trostloser Lichtschimmer. Eine Weile steht sie nur starr in der Mitte, nicht wissend, was sie tun soll, bis ihre Augen die Inschriften auf der Steinwand erfassen. Neugierig tritt sie näher.

Helos

N

Im Auftrag des Todes

Blitzartig weicht Pandora zurück. Sie wird blass, muss aufpassen, dass ihr kein hysterischer Schrei entweicht. Es ist eine Botschaft von *ihm*, da ist sie sich sicher. Niemand sonst würde es wagen, dieses Symbol an diesen verschmutzen Wänden zu hinterlassen. Sie widersteht dem Drang, das Amulett hervorzuholen, um es sicherheitshalber mit dem darauf abgebildeten Symbol zu vergleichen, denn sie hat zu viel Angst vor der sicheren Wahrheit.

Schwer atmend lässt Pan sich auf die heruntergekommene Pritsche fallen, die linke Hand fest an das klopfende Herz gepresst. Nicht, dass es irgendeinen Unterschied macht, wenn sie heute noch stirbt, findet *er* sie ohnehin, aber die Gewissheit, dass *er* bereits auf sie wartet, bringt sie um den Verstand.

Mit zitternden Händen tastet Pandora die Pritsche ab. Es ist nicht selten, dass Verbrecher spitze Gegenstände in ihre Zelle schmuggeln, in der Hoffnung, ihrem Schicksal entgehen zu können und sie im Nachhinein ihrem Nachfolger hinterlassen. Doch Pan findet nichts und enttäuscht lässt sie sich an die eiskalte Wand sinken. Fieberhaft lässt sie ihren Blick durch den kahlen Raum wandern, die Inschrift außer Acht lassend, aber es gibt nichts, mit dem sie das schwere Schloss knacken könnte. Schluckend durchsucht sie den dünnen Stoff ihres Kleides. Vielleicht hatte Pandora dort etwas hineingesteckt, ohne es zu realisieren oder es ist ihr einfach entfallen. Als sie das goldene Amulett berührt, zuckt sie heftig zurück.

Ihr ist klar, dass sie sich zusammenreißen muss, wenn sie aus dieser Zelle entfliehen will, aber es fällt ihr schwer, sich zu konzentrieren. Trotz Pans sorgfältiger Suche fällt ihr kein passender Gegenstand in die Hände. Sie schließt die Augen und reibt sich über die schmerzenden Schläfen. Die dunklen Haare fallen ihr zerzaust auf die bebenden Schultern und Pan vermutet, dass sie furchtbar aussehen muss. Die Ereignisse der letzten Stunden stecken ihr tief in den Knochen und sie hasst es, wie der letzte Hoffnungsschimmer immer wieder aufkeimt, um wenig später zu verlöschen.

Wie lange würde man sie hier sitzen lassen?

Wie lange würde es dauern, bis der Henker den festen Strick verknotet und über den Galgen gehängt hat?

Bei dem Gedanken daran wird ihr schlecht. Als sie hier lebte, war es üblich, Hinrichtungen beizuwohnen. Pandora kann sich noch genau daran erinnern, wie die Gauner mit vor Furcht verzerrtem Gesicht auf ihrem Podest standen und dass es nur wenige Sekunden dauerte, bis ihr Gezappel ihnen den Hals brach. Dass sie selbst einmal dort hängen würde, hätte sie damals nie zu denken gewagt und sie beschließt, wenigstens ein wenig eleganter zu sterben als all die anderen Verbrecher. Ihre Gedanken zaubern ein verzerrtes Grinsen auf ihre Lippen. Wie viele Menschen wohl in diesen Zellen verrückt wurden?

Langsam zieht Pandora ihre Knie zu sich und rollt sich zusammen. Die eisige Luft lässt sie frieren und sie hört die unruhigen Schritte der anderen Insassen. Sie hallen unheilvoll von den Wänden wider, ein bedrohliches Echo. Sollen sie doch froh sein, wenn sie noch laufen können, denkt Pan sich, als sie die frustrierten Stimmen hört, die sich über ihren Aufenthalt beschweren.

Sie streckt ihre Beine aus und legt sich hin, die Augen starr auf die Decke gerichtet. Plötzlich merkt sie, wie gut es tut, wieder liegen zu können, so unbequem ihr Quartier auch sein mag. Ihre Muskeln entspannen sich ein wenig und sie schließt die Augen. Ihre Gedanken ziehen an ihr vorbei, aber Pan achtet nicht sonderlich auf sie. Sie liegt einfach da, regelmäßig atmend und in der Hand hält sie ein kleines Bild ihrer Mutter. Immer schon hat sie es eng bei sich getragen, aber nie hat es jemand anderes zu Gesicht bekommen. Pandora seufzt leise und lässt die Zeit ruhig vorbeistreichen.

Als sie schwere Schritte auf dem Gang hört, die unaufhaltsam näherkommen, erhebt sie sich elegant, steckt das Foto in ihren Ausschnitt und reckt den Kopf stolz in die Höhe.

Wer auch immer ihr Henker ist, er soll nicht wissen, wie sehr sie sich vor ihm fürchtet. Er soll nicht die Möglichkeit bekommen, sich an ihrer Angst zu ergötzen. Vielleicht würde sie eine kleine Rede vor ihrem Publikum halten, beschließt Pandora, sollen sie ruhig wissen, was für erbärmliche Menschen ihre Stadt regieren. Doch als die Männer die rostige Eisentür aufschließen, folgt ihnen kein Henker, nicht einmal eine große Waffe tragen sie bei sich.

„Mein Name ist Sir Donavan, Signora. Folgen Sie mir bitte ohne großen Aufstand. Jenes Unterfangen sollte diese Mauern nicht verlassen“, erhebt der breitschultrige, braunhaarige Mann vor ihr die Stimme.

Sein britischer Akzent ist nicht zu überhören. Er trägt eine saubere, teure Uniform, die denen gleicht, die den königlichen Beratern zu Verfügung steht. Sie ist in einem dunklen, klaren Blau gehalten und die Schulterblätter sind geziert mit goldenen Mustern.

Verwirrt starrt Pandora ihn an. „Werden Hinrichtungen nicht mehr öffentlich praktiziert?“

Sir Donavans Mundwinkel kräuseln sich zu einem Lächeln. „Oh, Signora, dies hier ist keine Hinrichtung.“

Pans Augen verengen sich zu misstrauischen Schlitzen. Sie weiß nicht, was sie von all dem halten soll, auch wenn sich Erleichterung in ihrer Brust ausbreitet. Keine Hinrichtung, gut, aber was ist es dann? Sie ist eine gewöhnliche Mörderin und Venedig hatte noch nie etwas von diesen gehalten. Sie kann sich schwer vorstellen, dass man sie urplötzlich verschont.

Sir Donavan macht eine einladende Handbewegung in Richtung Ausgang. „Folgen Sie mir nun? Ich möchte ungern ungemütlich werden." Er zögert, dann grinst er verschmitzt. „Anordnung von ganz oben, Signora."

Einen Moment verharrt Pandora noch an der Stelle, doch etwas später nickt sie und tritt aus ihrer Zelle heraus. Sie würde nicht sterben – zumindest vorerst. Das ist nun das wichtigste, was auch immer sie jetzt erwartet. Oder wer.

Sir Donavan legt ihr sanft eine Hand auf die Schulter – seine weißen Handschuhe heben sich kaum von ihrem mit Salz durchtränktem Kleid ab. Auch wenn er einen recht freundlichen Eindruck macht, fühlt Pandora sich nicht sonderlich wohl. Sie kann es nicht leiden, wenn sie nicht weiß, was mit ihr passiert. Trotzdem schleicht sie widerstandslos vor dem Dunkelhaarigen her, darauf bedacht, kein Geräusch von sich zu geben.

Wenn man nicht will, dass jemand merkt, wie sie mitgenommen wird, muss das heißen, dass jemand Mächtiges seine Hände im Spiel hat. Ansonsten wäre so etwas wohl kaum möglich. Sir Donavan führt sie zu einer schmalen, steinernen Tür. Von den Zellen aus ist es unmöglich, sie zu entdecken und sie lässt sich auch nur einen kleinen Spalt öffnen. Wäre er nur ein wenig dünner, würde selbst Pan nicht hindurchpassen, aber so kann sie genau durch den Schlitz schlüpfen.

Der andere Gang ist um einiges weiter als der vorherige. Er ist mit einem dunkelblauen, samtigen Teppich ausgelegt, über welchen sich goldene Ranken zieren. Sie setzen sich die Wand hinauf fort, als würden sie unentwegt wachsen und verschwinden in der dunklen, mit Holz verlegten Decke. Das Licht der Kronleuchter spiegelt sich in den Bilderrahmen der landschaftlichen Gemälde, die Venedig in seinen prachtvollsten Stunden zeigen.

Fasziniert bleibt Pandora vor jedem der Bilder einen kurzen Moment stehen und zu ihrer Überraschung hat Sir Donavan nichts dagegen. Er lässt ihr jede Zeit der Welt, steht einfach nur hinter ihr und wartet, bis sie weiter geht.

Nach all der Zeit fühlt sich Pan endlich wieder sicher. Es ist ein eigenartiges Gefühl, so ungewohnt, aber sie genießt es. Gelöst streicht sie über die alte, gepflegte Holzfassade. Obwohl der Gang keine Fenster hat, wirkt er nicht bedrohlich, eher verwunschen, als würde sie in ein altes Märchen eintauchen.

Stumm schreitet Pandora ihn weiter entlang, bis zu einer breiten, dunklen Tür. Sie ist überzogen mit aufwendigen Schnitzereien, Rosen, Eichen und den verschiedensten, kleinen Tieren.

Sir Donavan räuspert sich. „Signora, bevor wir durch diese Tür gehen, müssen wir einige Verhaltensregeln besprechen."

Neugierig wendet sich Pandora ihm zu und nickt leicht.

„Ihr werdet nur reden, wenn es von Euch verlangt wird", holt Sir Donavan Luft, doch Pan unterbricht ihn mit einer sachten Handbewegung.

„Schon gut", sagt sie leise, „ich weiß, wie man sich Adligen gegenüber verhält. Und bitte nennen Sie mich nicht Signora, ich heiße Pandora, Sir."

Sie lächelt zaghaft. Auch wenn es schon einige Zeit her ist, kann sie sich noch gut daran erinnern, wie es ist, wie jemand besseres behandelt zu werden.

Sir Donavan zuckt überrascht mit den Schultern. „Wie Sie meinen, Signora."

Einen kurzen Moment schaut er sie noch an, wahrscheinlich überlegend, woher ein Mädchen, dass so heruntergekommen aussieht, die adligen Etiketten kennt, aber vermutlich kommt er zu dem Schluss, dass es ihm egal sein kann, denn er öffnet ohne ein weiteres Wort die lautlosen Tore.

Der Saal, der sich vor Pandora erstreckt, ist weitläufig. Es gibt kaum Möbel, die ihn drückend erscheinen lassen und die großen, hellen Fenster durchfluten den Raum mit glänzendem Licht. Staunend hebt Pan ihren Blick. Die Decke ist geziert mit verschiedensten, bunten Malereien. Sie zeigen junge Mädchen, die gelassen über saftig grüne Wiesen laufen, Waldtiere, welche sich an einem ruhigen Bach niederlassen, um aus ihm zu trinken. Freiheit ist es, was Pandora in diesen Bildern sieht und sie fragt sich, wer in diesem Haus wohl das Sagen hat, verbreitet es doch so eine herzliche und ungezwungene Atmosphäre.

Langsam schiebt Sir Donavan sie durch eine weitere, prächtigere Tür. Der Raum dahinter ist zwar etwas kleiner, aber genauso schön – durch die vielen aufgestellten Vasen mit den bunten Blumen wirkt er sogar noch behüteter und ein wenig verspielt. Doch als Pandora zu der langen Tafel schaut, muss sie schlucken.

Am Tisch sitzt eine zierliche, eindrucksvolle Frau. Sie trägt ein weißes, aus silbrig glitzerndem Garn gefertigtes Kleid, aber es lässt sie nicht blass aussehen, nein, es bringt ihre dunkelblauen, klaren Augen zum Strahlen. Ihre hellblonden Haare sind ihr hochgesteckt worden, trotzdem lösen sich einige gewellte Strähnen und fallen ihr sanft in das makellose Gesicht. Mit einer kaum wahrzunehmenden Handbewegung bedeutet Sir Donavan Pan stehenzubleiben.

Er räuspert sich. „Salome. Dies hier ist das Mädchen, das man beobachtet hat.“ Obwohl er eine leichte Verbeugung andeutet, ist sein Ton freundschaftlich.

Salome. Natürlich weiß Pandora sofort, wer sie ist. Die Frau des mächtigsten Mannes von Venedig. Aber was will sie von ihr, einer einfachen Mörderin? Sie kann wohl kaum von all den Geheimnissen wissen, die Pandora umgeben. Sie würde das Übernatürliche doch ohnehin nicht begreifen können. Schnell, aber elegant lässt sich Pandora in eine kurze Verbeugung fallen, aber nicht zu lange, sie möchte nicht zu unterwürfig erscheinen. Der Grat zwischen Untergebenheit und Selbstbewusstsein ist schmal, aber Pan wandelt schon immer auf diesen Wegen, also ist es nichts Neues für sie.

Die Frau nickt Sir Donavan knapp zu, dann richtet sie ihren Blick auf Pandora. Sie lächelt, aber es erreicht ihre Augen nicht und auch, wenn sie gütig erscheint, ist da diese Kälte, die man nicht außer Acht lassen sollte. Stumm bedeutet sie Pan, sich zu setzen.

Langsam kommt diese ihrer Bitte nach. Sie reibt sich nervös die Hände und schluckt. Was auch immer Salome von ihr will, es kann nichts Gutes sein.

„Ich muss ehrlich zugeben, dass es mich überrascht hat, von dir zu hören", erhebt Salome ihre Stimme.

Mit gerunzelter Stirn mustert Pandora sie. Ihr ist nicht ganz klar, worauf sie damit hinauswill.

„Ein Mann, der urplötzlich tot zusammenbricht, ohne sichtbare Verletzungen? Weißt du, Kind, ich habe lange die mächtigen, verzauberten Wesen unserer Welt studiert", fährt Salome fort und Pan weicht jegliche Farbe aus dem Gesicht. „Da war es für mich leicht zu erkennen, was du bist."

Nein, das darf nicht sein. Niemand soll hinter Pans Geheimnis kommen, es hat sie bisher nur in Schwierigkeiten gebracht, wenn Außenstehende davon gewusst haben. Sie widersteht dem starken Drang, aufzustehen und zu laufen. Ihre Fingernägel bohren sich panisch in ihre kalte Haut, ihr Atem geht flach.

Ein Lächeln huscht über Salomes Lippen. „Auch wenn ich nie gedacht hätte, einmal einer Serva zu begegnen, die Nixen haben euch doch beinahe ausgerottet, nicht wahr?"

Doch Pandora hört schon nicht mehr genau hin. Die Bewegungen um sie herum erscheinen ihr wie in Zeitlupe, die Stille schwillt zu unglaublichem Lärm heran, den nur sie hören kann und ihr Herzschlag setzt für einen Moment aus.

Erst als sich Salome erhebt, klingt die Benommenheit etwas ab.„Schon als kleines Kind fand ich euch schon faszinierend. Die Fähigkeit, Menschen mit einem einzigen Kuss zu töten, wenn die Abneigung gegen diese Person groß genug ist. Obwohl ich mich frage, wie viele von euch es bereut haben, keine vollständigen Nixen zu sein, sondern nur deren Verwandten, ihre verhassten, nicht akzeptierten Verwandten."

„Fähigkeit", murmelt Pandora leise. Sie schnaubt. „Ein Fluch ist das, mehr nicht."

Salome schaut sie mit schief gelegtem Kopf an. Pan weiß, dass sie mit ihr spielt, aber trotzdem hat sie das Gefühl, unter der Last zu ersticken.

Ein Lächeln schleicht sich über Salomes Lippen, dann wird sie wieder ernst. „Wie auch immer man es nennt, du bist eine Mörderin und als jene wird man gehängt, dessen bist du dir hoffentlich bewusst?"

Pan nickt schwach. *Mörderin.* Obwohl sie weiß, dass es wahr ist, hinterlässt dieses Wort einen kleinen Stich in ihrem Herzen, wenn es über die Lippen eines anderen kommt.

„Gut. Dann mache ich dir nun ein Angebot, dass du nur ablehnen kannst, wenn du ein sehr törichtes Mädchen bist: Ich sorge dafür, dass man dich verschont, dafür stellst du dich in meine Dienste. Es gibt da eine dringende Angelegenheit in London, die erledigt werden muss."

Perplex starrt Pandora sie an. Sie würde *ihm* entgehen, aber ob die Aufgabe, die sie für Salome verrichten müsste, sie nicht weitaus mehr an ihre Grenzen bringen würde, weiß sie noch nicht.

Zögernd hebt sie den Kopf. „Welche Aufgabe?", fragt sie mit brüchiger Stimme – sie kann sich nicht mehr stärker zeigen, als sie ist und Pan merkt, wie die Erschöpfung ihre Gedanken vernebelt.

Mit zufriedenem Gesichtsausdruck greift Salome in eine dunkle Kommode und zieht einen Fetzen Papier heraus. Als Pandora ihn entgegennimmt, wird ihr warm ums Herz. Es ist ein Ausschnitt aus einer Zeitung, die sie so oft gelesen hat, als sie klein war. Aber in dem Moment, in dem ihr Blick auf die Überschrift fällt, verdunkelt sich ihre Miene und ihr wird bitterkalt.

Neues Opfer
Londons Killer schlägt erneut zu

„Das ist schon das dritte Opfer in zwei Wochen und diesmal hat es jemanden von uns erwischt", sagt Salome leichtfertig und nimmt Pan das Blatt aus der Hand. Auch wenn sie sich gefasst zeigt, sieht Pandora die Sorge in ihrem Gesicht. Ihre Finger verkrampfen sich.

Wie hat Pan nichts davon wissen können? Zu diesem Zeitpunkt war sie noch tief in derartige Ereignisse verstrickt gewesen. Hat *er* sie etwa mehr unter Kontrolle gehabt, als sie dachte? Hat *er* seine Finger im Spiel? Pandora beschleicht das unangenehme Gefühl, dass seine Pläne immer noch über ihrem Kopf schweben wie ein großes, schwarzes Spinnennetz, aus dem es kein Entrinnen gibt. Ihr wird schlecht. Nervös krallt sie sich an ihrer Stuhllehne fest.

„Also, wenn du bereit bist, dich dieser Sache anzunehmen, werde ich dir alles genauer erklären – solltest du den Galgen bevorzugen, lasse ich dich unverzüglich hängen." Die Festigkeit in Salomes Stimme lässt keine Zweifel übrig, dass sie in der Lage dazu ist.

Pandora schließt die Augen, ihr ist schwindelig, es ist zu viel für sie, trotzdem weiß sie, dass sie zu einer Entscheidung kommen muss, und dafür bleiben ihr nur wenige Minuten.

Sie holt tief Luft und verbeugt sich vor der Frau, die ihr Leben rettet und sie wahrscheinlich in etwas noch Schlimmeres hineinzieht. „Ich akzeptiere das Angebot."

Diese Worte hallen Pandora immer noch im Kopf wider, als eine junge Magd sie in ein Badezimmer führt, in dem Pan sich waschen soll.

Eigenartige Muster ziehen sich über den hellen Boden und von der Decke hängen aufwendig bestickte Wandteppiche. Sie sind bunt, spiegeln die Freuden des Lebens wider und zeigen den Wohlstand des Adels.

Während die Magd eine Wanne mit heißem Wasser füllt, streift Pandora sich das schmutzige Kleid vom Körper. Der leichte Luftstoß, der durch das halb geöffnete Fenster dringt, streicht über ihre helle Haut und lässt sie frösteln. Mit einem Knicks verschwindet die Magd aus dem Zimmer und Pan steigt in die Wanne. Im ersten Moment schmerzt das heiße Wasser, aber schon bald ist es eine Wohltat für ihre Gelenke und Pan lässt ihren Körper immer tiefer sinken. Sie schließt die Augen, spürt, wie sich der Schmutz löst und zum ersten Mal seit einer Ewigkeit fühlt sie sich vollkommen befreit.

All ihre Sorgen fallen von ihr ab, bis es einige Minuten später an die Tür klopft. Pandora schnellt hoch und starrt dorthin. Es ist die Magd, die Pan bereits hierhergeführt hat. In der Hand hält sie ein schweres, dunkelblaues Kleid. Über den matten Stoff ziehen sich silberne Muster und es hat wunderschöne Puffärmel, die königlicher wirken, als es für Pan angemessen wäre.

„Sie werden erwartet, Signora, und man bittet Sie, dieses Kleid zu tragen", räuspert die Magd sich mit heller, schüchterner Stimme.

Den Blick lässt sie gesenkt und Pan ist sich nicht sicher, ob das Mädchen höflich sein möchte, oder ob es die Angst ist, die sie ihren Blick meiden lässt.

Leise seufzend steigt sie aus der Wanne. Die Tropfen perlen langsam an ihrem Körper hinab und ohne Eile wickelt Pan sich in eines der bereitgelegten Tücher. Sie fühlt sich etwas besser als zuvor, trotzdem ist ihr nicht wohl bei dem Gedanken, im Auftrag des Adels einen Serienmörder in London zu fassen, besonders, da Salome ihr bisher alle Einzelheiten verschwiegen hat.

Wie viel weiß sie eigentlich über Pan? Ihre Vergangenheit müsste immer noch im Dunklen liegen, aber wird erst ein Geheimnis aufgedeckt, dauert es selten lange, bis auch die anderen ans Tageslicht kommen.

Pandora hat schon immer eine Schwäche für schöne Kleider gehabt und so kann sie es nicht verhindern, dass ein zaghaftes Lächeln über ihre Lippen schleicht, als die Magd ihr in die Robe hilft. Sie passt wie angegossen, als hätte man sie allein für sie angefertigt. Vorsichtig streicht sie über den ausladenden Rock, schwelgt in den Erinnerungen, als sie diese Kleider noch tragen konnte. Stumm greift die Magd hinter ihr nach einer Bürste und beginnt, Pans dunkle Haare zu entwirren. Sie sind glatt wie ihre eignen, aber nicht im Geringsten so widerspenstig. Es ist ein Leichtes für das Mädchen sie zu einem Zopf zu flechten und wenig später tritt sie zufrieden einen Schritt zurück.

„Danke." Pan schenkt ihr ein Lächeln.

„Freut mich, wenn es gefällt, Signora", erwidert die Magd schüchtern und öffnet die Tür.

Schnell schlüpft Pan in das bereit gestellte Paar Schuhe, dann begibt sie sich mit hocherhobenem Kopf auf den Gang. Sie fühlt sich wie eine Prinzessin. Ein hochmütiges Grinsen schleicht über ihr Gesicht. Sie weiß, wie es ist, zu fallen, aber sie nimmt es in Kauf, genießt sie das Fliegen doch zu sehr. Sie wollte es noch nie zugeben, aber ihr gefallen die ehrfürchtigen Blicke, mit denen man ihr nachschaut. Wäre alles anders gekommen, hätte sie einmal einen reichen Mann geheiratet und wäre in den höchsten Adel aufgestiegen. Natürlich, ihre Familie ist nicht arm, aber wie ihr Hauslehrer ihr immer eingeprägt hatte – es geht immer höher. Aber jetzt bleibt Pandora nichts anderes übrig, als nur diesen einen Moment zu genießen, denn so schnell würde man ihr keine teuren Kleider mehr in die Hand drücken. Sie runzelt die Stirn. Wenn sie diesen Auftrag gut ausführte, wer weiß, vielleicht würde Salome sie in ihre Kreise aufnehmen oder ihr zumindest eine gute Zukunft in Aussicht stellen.

Der Magd widerstandslos folgend schreitet Pan den langen, glänzenden Gang entlang, vorbei an den vielen, prächtigen Spiegeln. Die Serva kann nicht anders, als sich in jedem zu mustern. Stolz begutachtet sie jeden Zentimeter ihres Körpers, genießt, wie das Licht sich in ihrem Kleid bricht und der helle, schimmernde Schein ihre Haare glänzen lässt.

Der Raum, in den die Magd sie führt, ist Pan bereits bekannt, doch jetzt ist der Tisch mit teurem Besteck gedeckt und die Diener sind gerade dabei, die vielen Kerzenleuchter zu entzünden. Salome, gehüllt in ein gelbes, glitzerndes Kleid, sitzt schon auf einem der Stühle. Neben ihr ist Sir Donavan, der unermüdlich auf sie einredet. Als er Pandora entdeckt, verstummt er ganz plötzlich und lehnt sich mit grimmigem Blick zurück.

Salome empfängt sie mit einem beeindruckten Lächeln, aber es strahlt keine Wärme aus. Vielmehr lässt es sie misstrauisch wirken, als würde sie Pan nicht trauen, was, das muss die junge Frau zugeben, keine schlechte Idee ist. Sie weiß selbst gut genug, wozu sie fähig ist und die Umstände ihrer Entdeckung tragen sicher ihren Teil dazu bei. Auch wenn es Pan etwas irritiert – wirkte Salome zuvor noch nicht so verschlossen.

„Setz dich“, erhebt Salome ihre Stimme und deutet auf einen Stuhl neben sich. „Die Speisen werden schon bald aufgetragen.“

Sofort steigt gute Laune in Pandora auf. Ein köstliches Essen ist jetzt genau das, was sie braucht, um bei Kräften zu bleiben. Vergiften wird man sie wohl kaum, dafür ist das, was sie ist, zu wichtig. Bei diesem Gedanken muss Pan sich ein belustigtes Schnauben verkneifen.

Sie setzt sich elegant, dann wendet sie sich fordernd an Salome. „Also, um was geht es bei diesen Morden genau?"

Salome seufzt leise und bedeutet Sir Donavan mit einer schwachen Handbewegung, zu reden.

Sir Donavan räuspert sich und hebt seinen Blick. „Bei deinen Manieren hast du gute Erziehung genossen und weißt somit sicher über die Auftragsmörder, die wir in unserem Dienst haben, Bescheid, liege ich mit dieser Vermutung richtig?"

Pandora nickt leicht und Sir Donavan fährt fort. „Nun, es ist so, dass wir vor einigen Jahren ein Abkommen mit dem englischen König geschlossen haben. Sollte die Verbrecherbekämpfung zu einem bestimmten Zeitpunkt schwierig erscheinen, schicken wir Assassinen zur Verstärkung. Sobald der Auftrag erledigt ist, werden die Assassinen wieder in ihre Städte zurückgeschickt. Natürlich gilt das andersherum genauso."

Er verzieht das Gesicht und fährt sich über die Schläfen. Mit wachsamen Augen beobachtet Pan seine Gesichtszüge. Sie sieht ihm deutlich an, dass er sich nicht wohlfühlt. Etwas bedrückt ihn, das man nicht auf die leichte Schulter nehmen sollte.

„Als diese Morde anfingen, erfuhren wir sehr schnell von der englischen Krone, dass man Hilfe benötige, um dem Ganzen ein schnelles Ende zu bereiten. Also schickten wir eine unserer Besten – Jill – um die Sache zu erledigen."

Salomes Augen verdunkeln sich und Pandora sieht, wie sie sich schnell abwendet. Auch Sir Donavans Augen werden von Schatten heimgesucht. „Man fand sie mit durchgeschnittener Kehle am Straßenrand.“

Pandora muss schlucken. Ihr Mund ist staubtrocken. Nervös verschränkt sie die Hände, spürt den Druck an ihren Knochen. Sie weiß, dass sie ihr Todesurteil unterschreibt, wenn sie nicht tut, was von ihr verlangt wird, aber die Befürchtung, dass diese Morde ihre Seele zerreißen werden, wird immer stärker. Es wird sie an all das Blut, all die Tränen und diese fürchterliche Dunkelheit erinnern, die sie so lange umgeben haben, bis sie die Entscheidung getroffen hat, zu fliehen. Und nun treibt man sie wieder in *seine* Arme, denn auch, wenn sie ihn nicht sieht, seine Stimme nicht hört, weiß sie, dass er allgegenwärtig ist.

Fahrig suchen ihre Finger nach dem Glas Wein, das ein Diener vor ihr abstellt. Sie kippt es hinunter, ohne seinen Geschmack wahrzunehmen. Pandora will *ihm* doch nur entfliehen, diesen Albtraum vergessen. Oder hat er überhaupt nichts damit zu tun und ihr von Panik getriebener Verstand beginnt, zu fantasieren?

„Wer auch immer er ist, der Mörder dieser Leute ist gefährlich und wir tragen die Verantwortung, ihn schnell aus dem Weg zu schaffen, bevor London im Chaos versinkt“, findet Salome ihre Stimme wieder und hebt selbstbewusst das Kinn.

Stirnrunzelnd heftet Pan ihren Blick auf diese mächtige, schöne Frau. „Und welchen Nutzen soll ich dabei haben? Ich kann weder Gedankenlesen noch bin ich allwissend. Ich kann töten, aber das können eure Leute doch auch, oder etwa nicht?“, fragt Pan mit schneidernder Stimme.

Sie hat das Gefühl, man erzähle ihr etwas nicht, sonst würde es keinen Sinn ergeben, eine Mörderin zu retten, die einen rätselhaften Tod bringt, stellt man Verbrecher doch so gerne zur Schau, um die anderen dort draußen an das Schicksal zu erinnern, das sie ereilt, wenn sie sich über die Reichen erheben. Die Wut und das Misstrauen brodeln so plötzlich in ihr auf, dass sie überrascht zusammenzuckt. Sie weiß, dass sie ruhig bleiben muss, wenn sie Salomes Vertrauen erlangen will. Sie kann es sich nicht leisten, dass ihr aufbrausendes Wesen all das zerstört.

Salome seufzt leise, aber sie klingt so voller Sorge, weswegen Pandora einen Hauch Mitleid verspürt. „Deine Herkunft aber ist unbekannt, dein Name ein Rätsel. Ganz einfach: Du bist entbehrlich", ihre Stimme wird hart, „was unsere anderen Leute nicht sind. Dass Jill umgekommen ist, zeigt, wie gefährlich die Suche nach dem Mörder wirklich ist. Ich kann und will meine Leute nicht für diese Sache opfern."

Sie macht eine kurze Pause, aber Pandora ist nicht in der Lage dazu, etwas zu sagen. Diese Ehrlichkeit ist so ungewohnt, dass sie einen Moment braucht, um es zu verarbeiten, auch wenn sie insgeheim weiß, dass Salome recht hat.

„Und als Serva hast du mit großer Wahrscheinlichkeit schon früh gelernt, was es heißt, tödlich zu sein. Ein angenehmer Nebeneffekt, der deine Nerven gestärkt hat, immerhin hast du den Mann, den du ermordet hast, ohne zurückzublicken, liegen lassen."

„Außerdem wissen wir nicht, wer hinter alldem steckt, und manche Aufträge verlangen es, unbemerkt ausgeführt zu werden", fügt Sir Donavan schnell hinzu.

Tief durchatmend streicht sich Pandora eine Strähne aus dem Gesicht. Kann sie es sich verzeihen, ein letztes Mal Henker zu spielen? Allein dafür zu existieren, ein Herz zum Stillstand zu bringen, wenn sie genug Abneigung für denjenigen empfindet, damit ihr Fluch sich entfaltet? Und bei Gott, den Hass kennt Pan schon zur Genüge und mit der Zeit hat sie auch gelernt, so zu fühlen, wenn ihr Herz anders empfindet als ihr Kopf. Sie hat Jahre damit verbracht, sich zu studieren, alles über ihre Art herauszufinden. Die junge Serva ist zu einer perfekten Waffe geworden, wenn man das Mysteriöse, das Ungewisse liebt oder braucht. Darauf angewiesen ist, Dinge zu erledigen, die niemandem ungewöhnlich erscheinen sollen. Andererseits, was bleibt ihr schon anderes übrig. Tot würde sie ein größerer Albtraum einholen. Immer und immer wieder drängen sich die gleichen Gedanken in ihren Kopf und Pandora merkt, wie es sie langsam in ein tiefes, schwarzes Loch zieht.

„Rettet mich vor dem Galgen und ich tue alles, was von mir verlangt wird", sagt sie schlicht, in der Hoffnung, dieser Unterhaltung zu entgehen.

So neugierig sie am Anfang auch gewesen ist, jetzt ist es ihr größter Wunsch, allem zu entfliehen. Dies hier sind ihre ersten ruhigen Minuten, in denen Pan sich halbwegs entspannen kann. Sie streicht den glänzenden Stoff ihres Kleides glatt und konzentriert sich auf diesen Gedanken, umklammert ihn, um ihn ja nicht zu verlieren.

„Dann würde ich vorschlagen, wir genießen die Speisen, bevor man mit dir nach London reist", wirft Salome leichthin ein und klatscht elegant in die Hände.

„So viele Stimmen, die
sagen, ich wäre ein Verräter.
Aber ich weiß es besser.
Ich habe nur getan,
was ich tun musste."

KAEMON

Venedig

Als er den Gang entlangläuft, weichen sie vor ihm zurück, als wäre er der wandelnde Tod. Es gefällt ihm, auch wenn er dieses Gefühl tief in sich verankern muss. Es ist gefährlicher, als sie ahnen.

Er ist bisher nicht oft hier gewesen, aber trotzdem fällt es ihm leicht, den Weg zu finden – Londons Gebäude sind so viel verwinkelter, als dieses hier. Ohne anzuklopfen, stößt der Mann die prächtige Türe auf. Plötzlich überkommt ihn das Gefühl, dass er es hätte wissen müssen. Er hätte wissen müssen, dass er ihr wieder begegnet, diesem verängstigten Mädchen unten bei den Booten. Und jetzt sitzt sie hier mit Salome an einem Tisch und wirkt nicht minder überrascht als er. Seine Miene verdüstert sich. Wenn Salome sie bei sich behält, anstatt sie zu hängen, muss mehr hinter ihr stecken.

„Kaemon“, ruft Salome und erhebt sich. Ihre Augen funkeln verschmitzt. Trotz ihres Alters ist sie eine attraktive Frau, aber der eingetroffene Mann schenkt ihr nur wegen ihrer hohen Stellung die Beachtung, die sie von ihm verlangt.

Das junge Mädchen würdigt er keines Blickes. Als er an ihr vorbeigeht, spürt er sofort diese Ausstrahlung, die ihm verrät, sich von ihr fernzuhalten. Besitzergreifend nimmt Salome seine Hand und zieht ihn zu sich.

„Das, Pandora, ist Kaemon. Er arbeitet für den englischen König und wird in dieser Sache dein Partner sein“, eröffnet sie dem jungen Mädchen stolz.

Pandora.

Ihre Augen beginnen zu funkeln, als Salome seinen Namen sagt, aber er wirft ihr nur einen kurzen, unbedeutenden Blick zu. Er weiß, dass er niemanden braucht, um diesen Mörder zur Strecke zu bringen, aber er muss sich diesen Wünschen beugen. Er würde nicht mehr als nötig mit ihr reden, das sollen die anderen für ihn übernehmen.

„Dann würde ich vorschlagen, wir machen uns gleich auf den Weg. Je früher wir wieder in London sind, umso besser", durchbricht Kaemon die Stille und beobachtet, wie Pandora sich nervös über die glatte Haut streicht.

Sie erhebt sich elegant von ihrem Stuhl, hebt mutig den Kopf, als wolle sie ihm zeigen, dass sehr viel hinter ihr steckt, dass es sich lohnt, mit ihr zu reden. Aber Kaemon muss sich auf seine Ziele konzentrieren. Schnell deutet Salome auf die Tür.

„Ein Mädchen wird dir praktischere Kleider bereitlegen", weist sie Pandora an und mit einem leisen Seufzen verlässt diese den Raum.

Augenblicklich wendet sich Salome wieder an den jungen Mann. „Was hältst du von ihr?", fragt sie blinzelnd.

Er zuckt mit den Schultern und streicht sich über die dunklen Haare. „Du wirst schon wissen, was du damit bezweckst."

Sie seufzt. „Natürlich tue ich das." Ihre hellen Haare schwingen sanft um ihr Gesicht, als sie den Kopf schüttelt. „Gib auf sie Acht, vielleicht kann man etwas aus ihr machen, wenn wir mehr über sie wissen."

Kaemon schnaubt. „Ich bin nicht ihr Babysitter, Salome. Dieses Mädchen kann auf sich selbst aufpassen, hinter ihr steckt viel mehr, als wir wissen, selbst wenn eine Serva etwas Besonderes ist."

Er runzelt die Stirn und denkt viel mehr über diesen Satz nach, als er sollte. In ihrem Blick kann er sehen, dass sie aufgegeben hat. Sie würde das Unterfangen einfach dem Schicksal überlassen und sehen, wie es sich entwickelt. Er streckt sich und schnappt sich ein Stück

Obst. Der Auftragsmörder hasst es zu warten, aber schon wenige Minuten später huscht Pandora wieder durch die Tür.

„Gehen wir", sagt sie mit fester Stimme.

Kaemon nickt leicht. „Du wirst uns doch durch das Portal schicken, Salome?", erkundigt er sich zur Sicherheit, schlägt aber trotzdem bereits die Richtung ein, in der sich der wertvollste und mächtigste Gegenstand dieses Hauses, wenn nicht sogar ganz Venedigs, befindet.

Aus den Augenwinkeln sieht er den überraschten Gesichtsausdruck der jungen Frau. Er grinst.

„Natürlich, anders würde es ja viel zu lange dauern", faucht Salome und Kaemon merkt, dass er sie damit beleidigt hat.

Er seufzt. „Mir war klar, dass du diese Entscheidung getroffen hast, schließlich bist du nicht umsonst so mächtig, ich wollte mich nur noch einmal vergewissern", antwortet er schnell und sieht belustigt, wie Pandora heimlich die Augen verdreht.

Ein zufriedenes Lächeln schleicht sich über Salomes Gesicht. Er kennt sie lange genug, um zu wissen, was er sagen muss, um sie bei Laune zu halten – anders kann es schnell ungemütlich werden.

Der Teil des Hauses, den sie jetzt betreten, wirkt erdrückend. Die Decken sind tief und von einem dunklen Grau. An der Wand hängen alte, vergilbte Schriftstücke und der einzige Lichtstrahl, der den Gang beleuchtet, stammt von beinahe vollkommen heruntergebrannten Kerzen. An jeder Tür stehen stumme Wächter, die sich nicht von der Stelle rühren, wenn Salome an ihnen vorbeiläuft. Er kann sich noch gut an die Zeiten erinnern, in denen sie ihn aufgehalten und ausgefragt haben, wenn er diesen Weg beschritten hat, aber inzwischen kennen sie selbst ihn und sehen keine Bedrohung mehr.

Mit einem kurzen, unauffälligen Seitenblick sieht er, dass Pandora sich nervös an ihrem Kleid festklammert. Sie scheint diesen dunklen Ort nicht zu mögen, fühlt sich eingesperrt – aber er hat kein Mitleid,

Ängste existieren für ihn, um sie zu überwinden. Schnell beschleunigt der Auftragsmörder seine Schritte, um nicht so nah neben ihr laufen zu müssen, je näher er ihr kommt, umso mehr hat er das Gefühl, sich an dieser weißen Haut zu verbrennen.Salome bemerkt dies alles nicht, sie konzentriert sich ganz darauf, die richtigen Schlüssel aus einer geschwungenen, roten Schale zu fischen, während Pandora ihren Blick immer und immer wieder durch den Gang gleiten lässt.

Das Klicken, das von den Wänden widerhallt, sagt Kaemon, dass die Hausherrin die Tür endlich aufgeschlossen hat und schnell eilt er durch sie hindurch. Er saugt die frische Luft auf, schließt für einen kurzen Moment die Augen, um die magischen Wellen, die durch den Raum pulsieren, zu genießen.

*„Die Albträume suchen
mich immer wieder
heim und allmählich
weiß ich nicht mehr, was
die Wirklichkeit ist.“*

PANDORA

Venedig

Pandora will nicht zeigen, dass sie sich unwohl fühlt, solche Zeichen der Schwäche können so schnell das Verderben bedeuten, aber sobald sie den mysteriösen Raum betritt, fällt jegliche Angst von ihr ab.

Fasziniert schaut sie sich um, doch dann bleibt ihr Blick an dem riesigen Spiegel hängen. Er flimmert in den verschiedensten, bunten Farben und strahlt so hell, dass es gar nicht mehr nötig ist, eine Lampe zu entzünden. Wie in Trance geht sie auf ihn zu, fühlt sich magisch angezogen von den vielen Lichtern, bis Kaemon sie grob am Arm zurückzieht.

„Erste Regel: Lass nicht zu, dass dich das Portal beeinflusst, sonst zieht es dich in deine schlimmsten Albträume“, murmelt er ihr ins Ohr und seine raue, tiefe Stimme, verursacht ein Kribbeln auf ihrer Haut.

Sachte nickt Pan und tritt wieder einen Schritt zurück.

Sonst zieht er dich in deine schlimmsten Träume. Und was, wenn sie sich schon längst in diesem befindet? Sie schüttelt kaum merklich den Kopf und konzentriert sich auf Kaemon.

Er starrt stur geradeaus, als würde er auf etwas warten und sie bemerkt die Kälte, die er ausstrahlt, als würde es ihm gar nicht passen, sie mitnehmen zu müssen. Doch Pandora hat nicht viel Zeit, sich darüber Gedanken zu machen, denn Salome klatscht auffordernd in die Hände.

„Na los, worauf wartet ihr noch“, ruft sie und Pan merkt, wie ihr schwindelig wird.

Sie weiß nicht, was sie erwarten wird, dort drüben, in London und was Kaemon mit sich bringen würde. Die Serva kann nicht anders, als ihm einen verstohlenen Blick zuzuwerfen. Er strahlt Ruhe aus, aber ist so verschwiegen, dass es ihr schwerfällt, ihn einzuschätzen.

Ihr zukünftiger Partner nickt leicht und nimmt, auch wenn seine Gesichtszüge deutlich zeigen, dass er gerne darauf verzichten würde, Pandoras Hand, um sie neben sich zu ziehen. Seine Haut ist angenehm kühl und ihr Herzschlag setzt für einen kurzen Moment aus.

„Wenn wir gleich das Portal durchschreiten, musst du ganz fest die Augen schließen. Es sind schon viele erblindet, bei dem Versuch, ihre Umgebung zu sehen. Und lass auf gar keinen Fall meine Hand los, sonst …"

Kaemon spricht nicht weiter, aber das ist auch gar nicht nötig – Pandora kommt erst gar nicht in den Sinn, sich von ihm zu entfernen.

„Gehen wir", murmelt sie leise, aber bestimmt und wirft Salome einen letzten Blick zu.

Diese Frau ist ihre Rettung, aber könnte zugleich zu ihrem Untergang werden. Kaemon hingegen läuft stur auf das Portal zu, ohne sich von Salome zu verabschieden. Für einen kurzen Moment überlegt Pan, wie gut sich die beiden wohl kennen, doch dann muss sie bereits die Augen schließen und eine vollkommene Dunkelheit umgibt sie.

Blind lässt sie sich von Kaemon zu dem Portal hinziehen, aber sobald sie durch das farbenfrohe Geflimmer hindurchtritt, spürt sie die starken Mächte, die an ihren Kleidern reißen, durch ihr Haar fahren und an ihren Wangen entlang gleiten, nur zu gut. Sie necken sie, wollen sie dazu bringen, die Augen wieder zu öffnen, aber obwohl sie ihn noch nicht lange kennt, vertraut sie Kaemon. Es ist beinahe eine Qual, nicht sehen zu können, was um sie herum passiert. Ihr Herzklopfen dröhnt in Pandoras Ohren, ihr Atem geht flach, als würde die Atmosphäre um sie herum versuchen, ihr die Luft zu nehmen. Sie spürt, wie sie sich verkrampft und drückt die Hand ihres Wegbegleiters ein wenig stärker, auch wenn sie weiß, dass sie es später bereuen wird. Er darf nicht denken, sie wäre schwach, nein, das würde sie niemals zum Ziel bringen, also schluckt Pan, versucht, sich zu entspannen und lockert ihren Griff wieder.

Wenige Augenblicke später ist alles vorbei. Pandora landet etwas unbeholfen auf einer menschenleeren, gepflasterten Straße, welche nur von einer hohen, verrosteten Laterne beleuchtet wird. Ihr Licht flackert unheilvoll und wirft tanzende Schatten auf den Boden. Pan kann es sich nicht erklären, aber der Himmel ist tiefschwarz und nur von wenigen, schwachen Sternen versehen.

Kaemon steht vor ihr, gehüllt in einen langen, schwarzen Mantel und das Gesicht unter einem dunklen Hut verborgen. Schnell lässt er Pandoras Hand los und lässt seine eigene in seinen tiefen Taschen verschwinden.

„Willkommen in London“, murmelt er nur stumpf und wendet sich zum Gehen.

Die junge Frau schnaubt. Viel lieber wäre sie in einem geheizten Palast gelandet, nicht in so einer verdreckten, gruseligen Straße.

„Und wohin gehen wir jetzt?“, ruft sie ihm nach und muss sich anstrengen, Schritt zu halten.

„Etwas trinken“, antwortet er ihr schlicht und geht weiter.

Pandora verdreht die Augen. Er hat vielleicht eine ungewöhnliche Ausstrahlung, aber sonderlich gesprächig scheint Kaemon nicht zu sein.

„Ich bin nicht durstig.“

„Hier geht es auch nicht um dich“, erwidert er sofort und zieht sich den Hut etwas weiter in das Gesicht, als würde er nicht wollen, dass sie seine Augen sieht.

Sie wirft ihm einen vorwurfsvollen Blick zu, sagt aber nichts darauf. Was würde es schon bringen? Zudem kann Pandora es sich nicht leisten, seine Unterstützung zu verlieren. Sie seufzt. Ihr heißer Atem verursacht weiße Wolken in der klaren Nachtluft. Die hohen Gebäude

Londons ragen in den Himmel hinauf und Pan lässt ihren Blick über die wunderschönen Arbeiten gleiten. Vielleicht würde sie sich damit abfinden können, ein wenig länger in dieser Stadt zu bleiben. Sie trottet Kaemon stumm hinterher, versucht, sich die kleinen Gassen, durch die sie schlängeln, einzuprägen, aber vergeblich. Allein Venedigs dunkle Ecken bleiben ihr im Gedächtnis und Pandora erwischt sich dabei, wie sie beginnt, London damit zu vergleichen. Wachsam mustert sie die Menschen, die an ihnen vorbeikommen, auch wenn es nicht gerade viele sind. Sie scheinen heruntergekommen und auf der Suche nach einem Schlafplatz, aber im Gegensatz zu ihr würdigt Kaemon sie keines Blickes.

Trotzdem merkt Pandora, dass ihr Herzschlag immer ruhiger wird, je länger sie diesem Mann folgt. Überraschenderweise fühlt sie sich recht sicher, obwohl die Gestalten und die Dunkelheit jedes Mädchen dazu bringen sollten, so schnell wie möglich in die Arme ihrer Eltern zu laufen. Nicht dass Pandora ein normales Mädchen wäre, aber im Grunde gilt für sie dasselbe. Aber was ist schon normal bei all den Nixen, Dämonen und anderen Wesen, die auf dieser Welt ihr Unwesen treiben.

Langsam streicht sich Pan einige dunkle Strähnen aus dem Gesicht. Ihr Zopf hat sich bereits ein wenig gelöst und nach kurzen Überlegen zieht sie das dünne Band ganz aus ihrem Haar. Während sie das tut, bemerkt sie, wie Kaemon sich kurz zu ihr umdreht und ihr einen flüchtigen Blick zuwirft. Sie kann nicht beurteilen, ob er es tut, weil er sich vergewissern möchte, dass Pandora noch hinter ihm ist oder ob da ein Hauch Interesse in seinem Gesicht aufblitzt. Ihr Herz macht einen kleinen Sprung, es tut gut, ein wenig Aufmerksamkeit zu bekommen. Sie unterdrückt den Drang, sich dafür zu schlagen. Stattdessen beißt sie sich auf die Lippe und konzentriert sich darauf, einen halbwegs vernünftigen Plan aufzustellen.

Wie fängt man einen Mörder, der sich in Luft auflösen kann? Da sie es bisher immer selbst gewesen ist, fällt es Pan schwer, diese Frage zu beantworten. Und wenn *er* dafür verantwortlich ist, ist es ohnehin unmöglich, den Schuldigen zu fassen, aber das kann sie Kaemon ja schlecht sagen. Sie seufzt stumm. Sie würde ihm einfach folgen und auch wenn sie es hasst, die Dinge nicht selbst in die Hände zu nehmen, würde Pan vorerst abwarten und erst, wenn ihr eine gute Idee kommt, selbst handeln.

Erst einmal muss sie sich eingewöhnen und Kontakte schließen, bevor sie etwas ausrichten kann. Die Serva muss nur dafür sorgen, dass ihre Gedanken sie nicht vernichten und sie in dieser Stadt, mit all den Geheimnissen um ihre Vergangenheit, nicht den Verstand verliert. Dass sie selbst ihr größter Feind ist, ist ihr schon lange klar.

Gerade, als sie ihren Partner fragen möchte, wie lange sie noch gehen würden, bleibt er vor einer kleinen, unscheinbaren Tür stehen und stößt sie auf. Er geht hindurch und Pandora folgt ihm blind. Sie steht in einer gut gefüllten Bar, mit lachenden Menschen und gemütlicher Einrichtung. Viele runde Tische stehen im Raum verteilt, es gibt die verschiedensten Arten von Lampen, die den Raum in ein warmes Licht tauchen und ein paar Musiker spielen fröhliche Lieder auf ihren Instrumenten. Aber da ist noch etwas anderes, das Pandora wahrnimmt. Das Zeichen des Codex' auf ihrem Arm beginnt so stark zu brennen, dass es ihr für einen kurzen Moment den Atem verschlägt. Schlagartig wird ihr klar, was das bedeutet und Panik überkommt sie.

Schnell packt sie Kaemons Ärmel und hält ihn zurück.

„Ich warte draußen", stößt sie hervor, aber bevor sie sich wieder zur Tür wenden kann, kommen schon zwei wunderschöne, schlanke Mädchen auf sie zu – Nixen.

Kaemon mustert Pan mit gerunzelter Stirn, dann lächelt er die beiden Mädchen an und breitet die Arme aus.

„Galene, Eris. Wie nett, euch zu sehen", begrüßt er sie und zum ersten Mal hört Pandora tatsächliche Freude aus seiner angenehmen Stimme heraus.

Sie will erst gar nicht daran denken, was aus dieser Partnerschaft werden wird, wenn Kaemon vorhat, mit Nixen Geschäfte zu machen.

Die Nixe mit den dunklen, langen Haaren berührt sachte seinen Arm und grinst. „Die Freude ist ganz auf unserer Seite. Was können wir für dich tun? Die übliche Auskunft?" Bei ihrem letzten Satz verdunkeln sich ihre Augen und überrascht erkennt Pan so etwas wie Unruhe in ihrem makellosen Gesicht.

Der Auftragsmörder nickt leicht. „Ja, bitte, Galene. Der Druck wird stärker und ich brauche alle Informationen, die ich kriegen kann", erwidert er und mit Erleichterung stellt Pandora fest, dass er keine Anstalten zeigt, sie den beiden vorzustellen.

Was gut so ist, so kann sie vielleicht stumm in der Menge untergehen und den feindlichen Blicken, die man ihr zuwerfen würde, entgehen. Trotzdem muss sie zugeben, dass es keine schlechte Idee ist, die Nixen nach neuen Erkenntnissen zu fragen, schließlich ist es ihre Natur, ihre Augen und Ohren immer überall zu haben. Nervös spielt sie an ihrem Kleid herum und versucht nicht aufzufallen, während der Schmerz an ihrem Arm sie beinahe um den Verstand bringt. Diese Bar muss voll von Nixen sein, anders kann die Serva es sich nicht erklären, dass das Zeichen sich so stark bemerkbar macht.

Gerade als Galene Kaemon zu einem abgelegenen Tisch führen will und Pandora in Richtung Tür davonhuschen möchte, wird Eris auf sie aufmerksam. Mit zu kleinen Schlitzen verengten Augen tritt die Nixe mit den schwarzen Haaren näher.

„Was haben wir denn hier?“, haucht sie leise, aber Pan kann den spöttischen Unterton in ihrer Stimme deutlich hören.

Sie atmet tief durch, versucht, die aufkeimende Wut klein zu halten. Sie darf nicht die Beherrschung verlieren. Plötzlich wirkt der Raum wie in schwarz-weiß getaucht. Die Stimmen klingen so unglaublich fern und das Lachen dringt nur schwach an Pandoras Ohren.

„Ich bin nur seinetwegen hier, beachte mich einfach nicht“, murmelt sie verkrampft und atmet tief durch.

Ein Grinsen schleicht sich über das Gesicht von Eris, ein Grinsen, das Pan auch schon bei der Nixe, die sie auf das Sklavenschiff schickte, entdeckt hatte.

„Trotzdem hätte ich nie gedacht, dass eine Serva sich traut, in eine Bar voller Nixen zu gehen.“ Sie lacht leise. „Als hätten wir euch nicht schon vor hunderten von Jahren gezeigt, dass ihr nun mal keine vollblütigen Nixen seid. Lediglich Verwandte, nicht mehr.“

Jetzt ist auch Galene darauf aufmerksam geworden, dass etwas nicht stimmt. Mit erhobenen Augenbrauen wirft sie Pandora einen verwunderten Blick zu. Auch Kaemon, der ein wenig abseits steht, betrachtet das Geschehen interessiert – glücklicherweise sind die anderen Gäste zu betrunken, um irgendetwas zu bemerken.

„Das ist aber eine Überraschung. Wie kommt Kaemon denn dazu, eine Serva zu uns zu bringen?“, fragt Galene, aber immerhin wirkt sie nicht so arrogant, wie die anderen Nixen, denen Pan bisher begegnet ist.

„Ich soll ihm bei der Suche nach dem Killer helfen“, erwidert die Angesprochene mit fester Stimme und hebt das Kinn ein wenig.

Galene runzelt die Stirn, zuckt dann aber mit den Schultern. „Nichts, was uns zu interessieren hat“, entscheidet sie und wirft Eris einen bedeutenden Blick zu.

Pandora entspannt sich ein wenig. Anscheinend ist Galene ihrer Art nicht so feindlich gesinnt, wie die anderen – oder es liegt einfach an Kaemon, der sich inzwischen hinter sie gestellt hat. Eris mustert sie noch ein letztes Mal abwertend, dann führt die Nixe sie zum Tisch

Pandora lässt sich auf den einzigen Stuhl nieder, der so gut wie vollkommen im Schatten steht, während ihr Auftragspartner sich neben sie setzt.

Die Möbel sind aus dunklem, geschmeidigem Holz, aber man sieht ihnen an, dass sie schon lange hier stehen. Tiefe Kerben haben sich über die Jahre in die Oberfläche gefressen und so manches Stuhlbein wackelt unsicher, wenn man sich bewegt.

Galene räuspert sich und reißt Pandora damit aus ihren Gedanken. „Es gibt kaum etwas Neues. Seit dem letzten Opfer gibt es keine Spur unseres mysteriösen Killers."

Enttäuscht presst Pan die Lippen zu einem dünnen Strich zusammen. Neben ihr zieht Kaemon scharf die Luft ein und fährt sich mit der Hand über das Gesicht. Sie kann deutlich den Frust in seinen Augen erkennen und auch, wenn die Serva ihn erst seit wenigen Minuten kennt, ahnt sie, dass so etwas nicht oft vorkommt. Er wirkt so selbstsicher auf sie, als würden seine Pläne immer aufgehen – etwas, das sie beeindruckt.

„Dann müssen wir wohl auf das nächste Opfer warten und hoffen, dass wir zufällig zur Stelle sind", sagt sie langsam und es überrascht sie nicht, wie leicht ihr diese Worte über die Lippen kommen.

Kaemon nickt zustimmend, obwohl sie ihm ansehen kann, dass er verblüfft über ihren Einwand ist. „Scheint so", brummt er leise und steht auf.

Seine breiten Schultern verdecken das Licht und sein Schatten fällt bedrohlich auf den runden Tisch. Langsam erhebt sich Pan, immer mit einem wachsamen Blick auf Eris. Sie traut der Nixe ohne

Zweifel zu, ihr einen Dolch zwischen die Rippen zu stoßen, wenn sie einen Augenblick unaufmerksam ist. Doch die ganze Bar an sich wirkt auf Pandora wie eine schleichende Bedrohung – sie fühlt sich nicht wohl, bei dem Gedanken, welche Trunkenbolde hier ihr Bier bestellen und was für Wesen diesen so versteckten Ort für krumme Geschäfte nutzen. Ihr pochendes Herz verstummt erst, als sie wieder in die eiskalte Nacht hinaustritt.

Die Stille ist wie Balsam für ihre Seele. Sie nimmt einen tiefen Atemzug, wendet sich Kaemon zu und da ist es wieder, diese Anziehung, die Pan verspürt, wenn sie in seine Augen blickt. Sie funkeln mysteriös und schaut sie genauer hin, glaubt sie sich in ihnen verlieren zu können, als würden sie unendlich viel Türen für sie offenhalten. Die junge Frau kann es sich nicht erklären, ja, sie würde sogar so weit gehen zu sagen, dass es ihr unangenehm ist. Trotzdem kann sie dieser Anziehung nicht widerstehen.

Kaemon räuspert sich. „Ich bringe dich jetzt erst einmal zu unserer Unterkunft. Danach sehen wir weiter, vielleicht hatten die anderen inzwischen Glück."

Irritiert legt Pandora den Kopf schief. „Die anderen?", fragt sie verwundert, aber Kaemon wendet sich schon wieder ab.

„Du wirst schon sehen", erwidert er nur und es legt sich wieder die Stille über sie, die er mit sich schleppt, seit sie ihm bei Salome das erste Mal begegnet war.

So gerne würde sie wissen, weshalb er lieber schweigt und nur das Nötigste sagt. Als würde er vermeiden wollen, ein Wort zu viel zu sagen, ihr zu viel zu verraten. Aber vielleicht verändert er sein Verhalten, sobald er seine Auftragspartnerin näher kennenlernt und vielleicht kommt irgendwann der Moment, in dem sie Geheimnisse erfährt, die er so tief in sich trägt, dass niemand sonst darüber Bescheid weiß. Pandora sieht es in seinen Augen, diese Last, kennt diese Schatten darin von ihren eigenen. Schaut sie in den Spiegel, nur einen flüchtigen Augenblick, spiegeln sich all die Narben ihrer Seele in ihrer Iris wider – so kommt es ihr zumindest vor. Und wenn sie so gefährlich wären wie ihre eigenen, würde Pan möglicherweise sogar jemanden haben, dem sie sich anvertrauen kann.

Schon oft hat sie von Leuten gehört, die sich geheilt haben, indem sie dem Richtigen von ihren Lastern erzählt haben, aber so wirklich nachvollziehen kann sie noch nicht, wie das gehen soll.

Wird man nicht immer wegen seiner Taten in der Vergangenheit verurteilt?

Gibt es überhaupt noch Menschen mit der Gabe, sich auf jemanden einzulassen, ohne seine Schatten zu lesen?

Trotzdem ist sie sich sicher, dass mehr hinter Kaemon steckt. Es ist diese Ausstrahlung, die von ihm ausgeht, die ihr von denjenigen Sündern bekannt vorkommt, deren Blick sie bereits gestreift hat. Pandora seufzt leise und streicht sich die Haare aus dem Gesicht. In ihren Gedanken gefangen, folgt sie dem Auftragsmörder stumm eine kleine Gasse entlang, bis sie eine wie leergefegte Hauptstraße erreichen

Kein Mensch ist zu sehen, einzig und allein zwei schwarze Droschken stehen unter den Laternen. Würde das Licht nicht auf sie fallen, würde man sie wahrscheinlich gar nicht erkennen, so dunkel ist es bereits, da ist sich Pan sicher.

„Fahren wir mit einer von denen?“, erkundigt sie sich, aber Kaemon schüttelt den Kopf und eilt weiter, als würde er Angst haben, zu etwas zu spät zu kommen.

„Nicht sicher genug, wir dürfen nicht auffallen.“

Pandora schnaubt leise. „Das tun wir jetzt doch auch schon“, murrt sie und verschränkt die Arme.

Es gefällt ihr kein bisschen, nicht zu wissen, wohin dieser Mann sie führt, aber ihr ist klar, dass ihr keine andere Wahl bleibt, als ihm zu folgen. Alleine würde sie nicht wissen, wohin mit ihr.

„Wenn du dich nicht so aufführen würdest, würde man uns vielleicht weniger Aufmerksamkeit schenken", erwidert Kaemon scharf, dreht sich aber nicht zu ihr um, nein, er legt sogar noch einen Schritt zu, bis es ihr schwerfällt, ihm zu folgen. Sie muss darauf achtgeben, nicht zu stolpern, so ungleichmäßig sind die Straßen gepflastert.

„Was soll das eigentlich? Wir sollten doch Partner sein?", flucht sie nun etwas lauter und rennt beinahe gegen ihren Begleiter, als dieser plötzlich stehen bleibt.

„Ich bin nicht sonderlich scharf darauf, mich um dich zu kümmern, also geh mir nicht weiter auf die Nerven", sagt er mit fester Stimme und Pan reißt ungläubig die Augen auf.

„Bitte? Wie wäre es, wenn du aufhören würdest, mich wie ein kleines Kind zu behandeln?"

Während Kaemon sich ihr zuwendet, erkennt sie das Interesse, welches plötzlich über seine Gesichtszüge huscht. Verwundert hebt sie die Augenbrauen. Er schaut sie noch einen Moment lang an, dann setzt er seinen Weg jedoch normal fort, ohne ein Wort zu sagen. Pandora schüttelt den Kopf und setzt sich hastig in Bewegung.

Während sie sich genauer umsieht, spürt sie eine gewisse Atmosphäre, die diese Stadt ausstrahlt. Anziehend und geheimnisvoll, so würde Pandora sie beschreiben. Mit wachsamen Augen mustert die Venezianerin jedes Gebäude, an dem sie vorbeilaufen. Sie könnte sich in den hohen Kirchentürmen verlieren, in der Bautechnik, in dieser Stadt, aber der Zauber, der auf Venedig liegt, ist mit diesem hier nicht zu vergleichen.

Ihr Blick gleitet weiter zu Kaemons breiten Schultern. Er ist ungewöhnlich groß, aber trotzdem ist jede Bewegung so elegant wie die eines Panthers, der auf seinen leisen, schwarzen Pfoten durch die Nacht schleicht. Ein geborener Killer, wie es ihr scheint. Nachdenklich runzelt Pandora die Stirn. Wie er wohl zu diesem grausamen Dienst gekommen ist?

Sie seufzt. Es wird noch etwas dauern, bis er ihr so etwas erzählen wird, wenn überhaupt. Eigentlich liegt es nicht in Pans Natur, so neugierig zu sein, aber scheinbar bringt Kaemon Facetten ihres Charakters in ihr hervor, die sie selbst nicht kennt. Er ist ihr nicht geheuer, kennt sie ihn doch noch nicht lange. Sie sollte aufhören, darüber zu grübeln. Schnell konzentriert sich Pan wieder auf ihre Umgebung.

Kaum haben sie eine prunkvolle Umgebung betreten, verlassen sie diese Schönheit schon wieder und nach wenigen Minuten merkt Pandora, wie arm die Leute sein müssen, die hier leben. Die Straßen stinken, der Mist der Tiere wurde unachtsam auf den Asphalt gekippt und viele der Fenster sind über all die Jahre hinweg gebrochen, aber nie repariert worden. Riesige Löcher klaffen in dem verschmutzten Glas und vor manchem Haus liegen noch die scharfen Scherben. Niemand hat sich die Mühe gemacht, sie beiseitezuräumen. Türen hängen aus den schäbigen Eingängen, Stimmengemurmel dringt aus kleinen Räumen, in denen sich mehrere Menschen aufhalten müssen, wenn sie nicht in der Kälte erfrieren wollen.

Unverzüglich zieht Pan den Mantel, den Salome ihr überlassen hat, enger. Die Schwärze scheint hier erdrückender zu sein als in anderen Teilen Londons, selbst ihr Partner wirkt noch wachsamer als zuvor. Trotzdem dreht er sich kein einziges Mal um, um zu sehen, ob bei ihr alles in Ordnung ist. Wahrscheinlich ist er es nicht gewöhnt, auf jemanden zu achten. Zähneknirschend ertappt Pandora sich dabei, wie sie schon wieder über ihn nachdenkt. Verärgert über sich selbst runzelt sie die Stirn und wischt sich grob eine glänzende Strähne aus dem Gesicht. Ihre Finger sind kalt, beinahe taub und bei dem

Gedanken daran, sich gleich an einem warmen Kaminfeuer wärmen zu können, geht ihr das Herz auf.

So war es zumindest immer, als sie sich noch bei *ihm* aufhalten musste, wenn sie einen schwierigen Auftrag erfolgreich erledigt hatte. Sie saß dann immer auf dem gemütlichen Lammfell und erzählte, wie sie die Anweisung befolgt und die Aufgabe erledigt hatte. Schlagartig wird Pandora schwindelig und sie holt krampfartig Luft. Ihr Herz beginnt wie wild zu schlagen, wenn sie sich daran erinnert, und der Schmerz, der durch ihren Körper jagt, betäubt sie. Zitternd krallt sie sich an ihrer Kleidung fest und kneift für einen Moment die Augen zusammen, in der Hoffnung, es würde so schneller vorbeigehen.

Wenige Sekunden später ist es schon wieder vorbei und Pandora hebt hochmütig ihren Kopf, als wäre nichts passiert. Diese Angst und diese Panik, die sie soeben überrollt haben, scheinen so fern, als könnten sie ihr nichts mehr tun. Tief im Inneren weiß Pandora es besser, aber da ist etwas, das sie ablenkt. Aus dem Augenwinkel nimmt sie eine unscheinbare Bewegung wahr, die mit den Hausdächern Londons verschmilzt. Misstrauisch legt Pan einen Schritt zu.

„Kaemon, da ist etwas“, bringt sie nur heraus, schließlich kann sie selbst nicht wirklich erklären, was genau sie da gesehen hat.

Er bleibt stehen und wendet sich ihr zu. Seine braunen Augen fixieren sie, als wäre sie seine Beute und Pan glaubt ein rotes Glänzen zu entdecken – doch es ist so schnell wieder verschwunden, dass sie sich nicht sicher ist, ob sie es sich nicht nur eingebildet hat, also denkt sie nicht weiter darüber nach.

„Was hast du gesehen?“, erhebt Kaemon seine Stimme.

„Ich weiß es nicht genau“, gibt sie zögernd zu, „eine schnelle Bewegung, aber ich konnte nicht sehen, ob es ein Mensch oder ein Tier ist.“Sie verstummt kurz. „Eher ein Tier, ein Mensch kann sich auf diesen Dächern wohl kaum so flink bewegen“, fügt sie noch hinzu und Kaemon bricht in ein leises, raues Lachen aus, wird aber sofort wieder ernst.

„Halte nie etwas für unmöglich, Pandora."

Sie nickt knapp und kommt sich so unglaublich dumm vor. Sagt er das doch genau zu ihr, die so viel erlebt hat, dass es einem normalen Menschen den Verstand rauben würde. Kaemon wendet sich wieder ab, aber sie sieht, wie er mit seinen Blicken die Dächer absucht.

„Vor allem hier in London. Hier kommen die unglaublichsten Wesen beisammen, man darf seinen Augen ruhig trauen, wenn man auf den Straßen unterwegs ist", sagt er langsam und ein verzerrtes Lächeln stiehlt sich auf seine Lippen.

„Ach und Pandora, begrüße lieber keine Fremden im Dunklen – sie könnten Dämonen sein und dir deine Seele stehlen." Seine Stimme klingt jetzt so spöttisch, dass die junge Frau sich nicht sicher ist, welche seiner Worte ernst gemeint waren.

Verärgert kneift sie die Lippen aufeinander. In seiner Gegenwart wirkt sie wie ein kleines Kind, obwohl ihr Schicksal wahrscheinlich sogar noch schlimmer ist als seines. Sie schnaubt und verschränkt die Arme.

„Gehen wir weiter oder wollen wir noch ein bisschen in der Kälter herumstehen?", faucht sie, auch wenn der ruppige Ton nicht unbedingt beabsichtigt ist.

Ihr Begleiter grinst süffisant, dann nickt er und setzt seinen Weg fort – nicht ohne eine gewisse Vorsicht bei jedem Schritt, den er macht. Pandora selbst ist viel zu verärgert, um auf ihre Umgebung zu achten.

Soll Kaemon sie doch nicht ernst nehmen, sie hält ohnehin nicht viel auf die Meinung anderer. Ist sie doch meistens verfälscht und voreingenommen, weil sie nicht mehr in der Lage sind, das Ganze zu betrachten. Sie starrt stur geradeaus, würdigt den Auftragskiller, der zügig neben ihr läuft, keines Blickes, auch wenn sie merkt, dass er immer wieder in ihre Richtung schaut.

„Wir sind bald da“, murmelt er und es wirkt, als wolle er ein Gespräch anfangen, aber Pan nickt nur knapp und geht nicht weiter darauf ein. Dafür hat sie heute keine Nerven mehr, nicht wirklich, soll er es morgen wieder versuchen.

Als ein lautes Rascheln die Stille durchschneidet, muss Pandora sich zusammenreißen, um nicht erschrocken nach etwas zu greifen, das sie als Waffe entfremden könnte. Sie versucht stur geradeaus zu schauen, aber Kaemon bleibt ruckartig stehen und zieht blitzschnell ein kleines, silbernes Messer aus seinem Mantel.

Einen Wimpernschlag später stürzt sich auch schon eine große, verhüllte Gestalt auf ihn. Mit einem lauten, erschrockenen Keuchen stolpert Pan zurück, um Kaemon nicht im Weg zu stehen. Mit einer beeindruckenden Bewegung hechtet dieser beiseite, nur um sich im selben Moment seinem Gegner zu stellen und nach dessen Arm zu greifen. Obwohl er sie nicht zu fassen bekommt, stolpert die Gestalt überrascht nach hinten und Pandora nutzt ihre Gelegenheit, um dem Wesen ein Bein zu stellen. Nicht sehr elegant, das ist ihr bewusst, aber es verfehlt seine Wirkung nicht – der Angreifer schlägt dumpf auf dem inzwischen durchnässten Asphalt auf.

Pandora hat gar nicht bemerkt, wie es angefangen hat, zu stürmen, aber jetzt zucken gewaltige, grelle Blitze über den Himmel und die Regentropfen fühlen sich an wie feine Stacheln, wenn sie auf ihre Haut treffen. Doch noch etwas anderes lässt Pan erstarren und jagt ihr eine eisige Gänsehaut über den Körper – der Blick, mit dem Kaemon sich über die kauernde Gestalt beugt.

Seine Augen glänzen feurig, sein Gesicht wirkt verzerrt, als würde er sich darauf freuen, seinen Dolch in das weiche Fleisch seines Angreifers zu stoßen und er wirkt so bedrohlich, dass es selbst Pan ein wenig Angst einjagt. Trotzdem kann sie nicht richtig einordnen, was hier passiert, es ist, als würde sich ein dichter Nebelschleier auf die beiden herabsenken und ihr die Sicht versperren. Ihre Gedanken überschlagen sich, ohne dass sie einen davon festhalten kann, der Regen wird immer stärker und es scheint, als würden schwarze Schatten Kaemon umgeben.

Was passiert hier nur?

Trägt der Auftragsmörder womöglich Kräfte in sich, die nicht von dieser Welt sind?

Sie huschen um ihn herum, tauchen in seinem Mantel ein und erscheinen doppelt so düster, als sie verschwunden sind. Oder ist das nur der Wind, der den Dreck vom Boden aufwirbelt?

Pandora weiß nicht mehr, ob sie ihren Augen trauen kann, aber das Ganze legt sich so schnell, wie es aufgekommen ist – Kaemon erstarrt für einen Moment, der Nebel verschwindet und die Gestalt nutzt die Gelegenheit, um sich in atemberaubender Geschwindigkeit aufzurappeln und in der Dunkelheit zu entfliehen. Pans Brustkorb hebt und senkt sich unregelmäßig und der durchnässte Mantel liegt schwer auf ihren Schultern.

„Kaemon?“, wagt sie es nach einer Weile, die Stimme zu heben.

Dieser zuckt überrascht zusammen, als hätte er vergessen, dass sie hinter ihm steht. Mit zu Fäusten geballten Händen und einem starr auf den Boden gerichteten Blick läuft er, ohne ein Wort zu sagen, an ihr vorbei. Er strebt auf ein hohes, aber unscheinbares Gebäude zu – Pandora würde es für eine Kirche halten, wären die Mauern nicht so verschmutzt und die Türen morsch. In Venedig kümmert man sich selbst um die am meisten gemiedenen Kirchen, die für Bettler und Kranke. Etwas Einzigartiges, bedenkt man die Ignoranz, die sonst in den Köpfen der Mächtigen spukt – aber genug davon.

Schnell folgt Pandora ihrem Partner, aber sie ist auf einen gewissen Abstand bedacht. Ihr Gefühl täuscht sie selten und obwohl sie spürt, wie ihr Atem schneller geht, wenn er sie auch nur für einen kurzen Moment betrachtet, glaubt sie, dass sich ein schwarzer Schleier über ihn gelegt hat, den sie mit Vorsicht betrachten sollte. Die Tür quietscht bedrohlich, als er sie aufstößt und vorsichtig huscht Pan in den sich dahinter befindenden Raum.

Es ist tatsächlich eine Kirche und überrascht dreht Pan sich im Kreis. Das Mondlicht scheint grell durch das einzige, bunte Fenster, aber in der Dunkelheit wirkt es so grau, dass es sich kaum von den Wänden abhebt. Der Marmorboden ist von wunderschönen, aber leider kaum zu erkennen Mustern überzogen und an einem kleinen Altar flackern einige schwache Kerzen. Sie werfen ein gespenstisches, aber auch anziehendes Licht auf die weißen, glänzenden Stufen, die zu ihnen hinaufführen.

Verwundert beobachtet Pandora, wie Kaemon sich auf ihnen niederlässt, die Augen schließt und die Finger ineinander verschränkt.

„Jetzt ist doch wohl kaum die Zeit zu beten?“, stößt sie fassungslos hervor. Ihre Stimme hallt laut von den hohen Mauern wider und sofort verspürt sie winzige Gewissensbisse, diesen heiligen Ort mit ihrem ungezügelten Temperament zu entweihen. Aber im Vergleich zu all den anderen Problemen, die auf ihren Schultern lasten, scheint ihr dieses hier zu gering, um weiter darüber nachzudenken.

Doch Kaemon reagiert nicht darauf. Frustriert fährt sich die junge Frau über das Gesicht und steckt sich die vielen losen Strähnen hinter das Ohr. Jede ihrer Bewegung ist deutlich in den verstaubten Ecken des Gebäudes zu vernehmen und es wirkt, als würden die Wasserspeier, die auf sie herabblicken, nur auf diese Geräusche warten, um sie in sich aufzusaugen.

Ungeduldig mustert Pandora die alten, dunklen Bänke, die Grabinschriften und mit schief gelegtem Kopf bleibt ihr Blick ein weiteres Mal an Kaemon hängen – das gleißende Licht fällt schimmernd auf ihn und lässt seinen schwarzen, langen Mantel beinahe leuchten. Er bewegt sich kein bisschen, man könnte ihn leicht mit einer Statue verwechseln, verdammt dazu, für ewig Gott zu dienen, aber dann richtet er sich abrupt auf und wendet sich vom Altar ab.

„Ich bin eben religiös", sagt er knapp und Pan muss erst überlegen, was er damit meint.

„Du bist ein Mörder. Das passt doch nicht zusammen", erwidert sie dann mit gerunzelter Stirn. Das Ganze leuchtet ihr nicht ein und doch steckt eine gewisse Ironie dahinter. „Außerdem hättest du dir auch einen anderen Zeitpunkt aussuchen können, wir hätten da draußen sterben können", fügt sie noch patzig hinzu, aber der Mörder verdreht nur die Augen und läuft an ihr vorbei.

Er wirkt wieder völlig normal, so wie Pan ihn kennengelernt hat. „Wir sollten uns beeilen, die anderen warten bestimmt schon auf uns", sagt er mit einer Gleichgültigkeit, als wäre nichts von all dem passiert, als hätte Pandora sich das Ganze nur eingebildet.

„Welche anderen?", faucht sie sichtlich schlecht gelaunt und glaubt ein schwaches Grinsen über Kaemons Gesicht schleichen zu sehen, was sie noch wütender macht.

„Sei nicht so ungeduldig", erwidert er nur und Pandora atmet tief ein, um sich zu beruhigen. Niemand, wirklich niemand, der sie nicht kennt, würde es wagen, so mit ihr zu reden und trotzdem tut er es ohne einen Funken schlechten Gewissens oder Unsicherheit in seiner Stimme. Sie spürt ein leichtes Kribbeln in ihren Fingern. Irgendwie reizt es sie, jemanden vor sich zu haben, der keine Angst vor ihr hat. Sie seufzt geräuschlos und verwischt diesen Gedanken lieber wieder.

Aufmerksam folgt sie ihm und diesmal lässt sie nicht zu, dass ihre Gefühle sie ablenken. Wachsam beobachtet Pan ihre Umgebung, aber nicht ein einziger Vogel lässt sich blicken und keine Ratte huscht in ihr rettendes Loch, um dem Sturm, der draußen tobt, zu entgehen.

Nach wenigen Minuten stößt Kaemon die Tür eines unscheinbaren Wohnhauses auf. Der Raum ist nicht besonders geräumig. In der Mitte steht nur ein einziger, runder Tisch, auf andere Möbel wurde beinahe vollkommen verzichtet und eine dünne, hölzerne Wendeltreppe führt in den oberen Stock.

Im schummrigen Licht erkennt Pandora zwei Personen – ein Mädchen, das mit verschränkten Beinen an dem sonst leeren Tisch sitzt und ein großer Junge, der locker an der Wand lehnt, den Blick starr an die Decke gerichtet. Dichte Rauchschwaden wabern durch die Luft. Sie stammen von der kleinen Pfeife, welche das Mädchen in der schmalen Hand hält. Pandora kennt den Geruch nicht, aber es ist kein Tabak, da ist sie sich sicher.

Misstrauisch schließt sie die Tür hinter sich, bleibt aber dicht bei dieser, um verschwinden zu können, wann immer sie es möchte. Warum versucht sie es eigentlich nicht einmal? Zu fliehen, dieser Geschichte den Rücken zu kehren? Sie presst die dünnen Lippen aufeinander. Nein, sie hat genug vom Weglaufen. Mitspielen ist die einzige Option, wahrhaftig frei zu sein, ob es ihr nun gefällt oder nicht.

„Illeron, Attis“, begrüßt Kaemon die beiden Leute und Pan kann ein wenig Wärme in seiner Stimme ausmachen, als würden die Drei sich schon etwas genauer kennen.

Das Mädchen schaut auf. Sie hat rote, feine Haare, blasse, mit Sommersprossen überzogene Haut und ist so extrem dünn, dass Pandora sich kaum vorstellen kann, dass sie eine gute Auftragskillerin ist – wenn nicht sogar die Beste, hat man doch ganz besondere Gestalten für diese Mission ausgesucht. Sie lächelt kurz, obwohl es eher erzwungen scheint, denn in ihren Augen glänzt Gleichgültigkeit, doch sobald sie Pan erblickt, erstarrt sie, als hätte sie etwas gesehen, dass sie für unmöglich hält.

Schon wird Pandora heiß, obwohl der Wind eisig durch die Wände fährt, und Panik überkommt sie. Was sieht dieses Mädchen in ihr, das sie so erschreckt? Kann sie womöglich in ihre Vergangenheit schauen, weiß, welch düsterer Macht ihr auflauert? Weiß sie für wen Pandora getötet hat und was sie hinter sich lassen will? Dass das hier ihre einzige Chance auf Freiheit sein könnte?

Aber im nächsten Moment entspannt sich Attis schon wieder und schaut, als wäre nichts gewesen. Der Junge, Illeron, mustert sie sofort besorgt und nickt Kaemon dann knapp zu.

Attis löscht ihre Pfeife und steht auf. „Wer ist sie?“, fragt sie, obwohl es sich nicht so anhört, als hätte sie wahres Interesse an der Antwort.

„Pandora, aus Venedig. Eine Serva“, antwortet Kaemon ihr leichtfertig und greift nach dem Handgelenk der Venezianerin, um sie vorsichtig nach vorne zu ziehen.

„Das“, er deutet auf die Rothaarige, „ist Attis. Sie und ihr Bruder, Illeron, sind heute früh aus China angereist. Die Beiden werden uns bei der Suche unterstützen“, erklärt er und lässt sich lässig auf den Stuhl fallen, auf dem Attis bis eben noch saß.

Ihr Bruder wirft ihr einen kurzen Blick zu, äußert sich allerdings nicht dazu. Pandora kann nicht erkennen, was er denkt. Auch Attis zuckt einfach nur mit den Schultern.

„Ah“, sagt sie und wendet sich ab. Zu gerne würde Pan wissen, was genau die Beiden auszeichnet, was ihre Gaben sind.

„Willst du den Beiden nicht gleich einmal von unserer angenehmen Begegnung mit dem Unbekannten berichten?“, erkundigt sie sich stattdessen bei Kaemon und verschränkt fordernd die Arme.

Dieser seufzt tief und fährt sich durch die dunklen, nassen Haare. „Wir wurden angegriffen, kurz vor der Kirche. Keine Ahnung wer es war, aber ich bezweifle, dass es ein normaler Mensch war – darum wirst du dich kümmern müssen, Attis. Wir brauchen Gewissheit, dass Übernatürliches im Spiel ist.“

Besorgnis huscht über Illerons Gesicht, aber er bleibt stumm.

Attis nickt leicht. „In Ordnung, und was wirst du tun? Ich habe meine Reise nach China nicht verschoben, nur, um deinen Anweisungen zu folgen“, entgegnet sie schnippisch, urplötzlich beinahe euphorisch und Pandora muss unwillkürlich grinsen.

Kaemon verdreht die Augen. „Pandora und ich werden herausfinden, wer wusste, dass wir hierherkommen würden. Ich kann mir nicht vorstellen, dass dieser Angriff zufällig war“, erwidert er und das Herz der Serva macht einen kleinen Hüpfer.

Ihr gefällt es, wie er von ihnen redet. Als wären sie ein altes Team. Genau das Gegenteil von dem, was vor wenigen Minuten in der Kälte geschehen war.

„Stimmt, wirkte gezielt“, pflichtet sie ihm bei, um nicht teilnahmslos zu wirken. Obwohl es ihr im Innersten widerstrebt, merkt sie, wie sie versucht, einen guten Eindruck bei den Geschwistern zu hinterlassen.

„Gut.“ Zufrieden lässt sich Attis an der Wand hinabgleiten und lehnt sich entspannt zurück. „Auch wenn ich nicht garantieren kann, dass ich bei dem Wetter morgen noch hilfreich bin.“

Kaemon winkt ab. „Ein Versuch ist es wert.“

Verwundert mustert Pandora Attis. Was kann sie, das wetterabhängig ist? Sie würde Kaemon später danach fragen. Schließlich muss sie sich auch auf die beiden einstellen, um gute Arbeit leisten zu können und das würde schwierig werden, ohne zu wissen, welche Talente die zwei haben, warum man sie überhaupt ausgewählt hat.

„Danke." Kaemon erhebt sich und schlendert gemütlich auf die Treppe zu. „Dann werde ich Pandora jetzt ihr Zimmer zeigen, ich glaube, sie braucht jetzt ein wenig Ruhe. Oder?"

Wenn er nur wüsste. Sie nickt zustimmend und während sie ihm folgt, schluckt sie kaum merklich. Zu sehr sucht sie die Angst heim, die Angst, dass die Stille sie verrückt macht, auch wenn sie es nie offen zugeben würde.

Die Treppenstufen knarzen unter ihren vorsichtigen Schritten und als Pandora ihre Hände über das Geländer gleiten lässt, merkt sie, wie spröde es bereits ist. Trotzdem ist sie ein wenig neugierig, was sie dort oben erwarten wird.

Ist dies alles nur Fassade und es erwartet die junge Frau ein riesiges, weiches Himmelbett? Schließlich arbeitet Kaemon für den König und soweit Pan weiß, werden seine Assassinen stets fürstlich belohnt und ihr Aufenthalt in Verstecken so angenehm wie möglich gestaltet. Wie gerne würde sie sich jetzt in eine kuschlige Decke hüllen und ihren frierenden Körper aufwärmen. Aber der größte Wunsch, der ihr auf dem Herzen liegt, ist weitaus einfacher zu erfüllen – Pandora kann es kaum erwarten, die nassen Klamotten loszuwerden, sie hasst es, wie sie auf ihrer Haut kleben und ihr das Atmen schwermachen.

Der obere Flur ist genauso schmucklos, wie der Eingang und die Hoffnung auf ein königliches Bett schwindet. Der eisige Wind fegt auch hier durch die feinen Löcher, die das Dach undicht machen und es ist kühler, als Pandora erwartet hat.

„Ich hoffe, hier gibt's einen Ofen", murmelt sie und Kaemon stößt ein leises Lachen aus.

„Da muss ich dich wohl enttäuschen, wir sind in einem der ärmsten Stadtteile Londons. Hier gibt es sowas nicht", entgegnet er und Pandora stöhnt leise.

„Aber", ihr Partner bleibt vor einer Tür stehen und ein amüsierter Funken blitzt in seinen Augen auf, „wir haben viele Decken."

„Na danke", murmelt Pan und schon beim Aufstoßen der Tür beginnt sie sich einen Träger von der Schulter zu streifen. Ihr einziger Gedanke gilt dem Loswerden ihrer Kleider. Plötzlich spürt sie Kaemons Blicke auf ihrem Rücken und Hitze überkommt sie. Sie weiß ganz genau, wie ihre Wangen eine rötliche Farbe annehmen und fieberhaft schiebt sie die Träger wieder nach oben, um sich schamlos zu ihm umdrehen zu können – im nächsten Moment kann sie nicht anders, als über sich selbst zu lachen. Seit wann interessiert es sie, ob jemand ihre nackte Haut sieht? Er ist nicht gerade ein Gentleman, was schert Pan es, was er über ihre Manieren denkt?

„Mach bitte die Tür zu, wenn du gehst", sagt sie gelassen und kurze Zeit später hört sie diese in das Schloss fallen.

Tief ausatmend schält Pandora sich aus ihrem Kleid und lässt sich auf das Bett fallen. Es ist kalt, hart und der ganze Raum wirkt ungemütlich, aber es ist ihr egal. Allein zu wissen, dass sie in diesem Moment nichts von *ihm* zu befürchten hat, entspannen kann, reicht ihr, um sorglos die Augen schließen zu können.

Das Leinentuch umspielt ihren kühlen Körper und sie lässt ihren Kopf in die großen Kissen sinken. Das Licht flimmert und Pandora weiß nicht, ob es an der Laterne neben ihrem Bett liegt oder daran, dass sie langsam in eine andere Welt gleitet, aber sie ist zu müde, um weiter darüber nachzudenken. Plötzlich fühlt sie sich wie erschlagen, sogar ihr Kopf ist völlig leer. Aber in manchen Situationen ist es sinnvoll, nachzugeben und so rollt sie sich ein letztes Mal in die Decke ein, bevor sie die Zeit um sich herum vergisst.

Pandora ist es gewohnt, unsanft geweckt zu werden, aber der laute Knall, der durch den Raum hallt, als jemand schwungvoll die Tür aufreißt, lässt sie erschrocken in die Höhe fahren. Hektisch nach Luft schnappend drückt sie das Leinentuch an ihre Brust und ihr Blick fällt auf Kaemon, der sie erwartungsvoll mustert. Über dem Arm hängt ein unscheinbares, aber schönes Kleid – nichts zu Adliges, um in dieser Umgebung nicht aufzufallen, aber dennoch so gehoben, um nicht von den Orten, an denen sie sich aufhalten mussten, verjagt zu werden.

Er selbst trägt beinahe dasselbe wie vergangene Nacht. Eine dunkle Hose, ein weißes Oberteil und seinen schwarzen, dicken Mantel. Seine Haare stehen in alle Richtungen ab, als hätte er noch keine Gelegenheit dazu gefunden, sie zu kämmen und unter seinen Augen zeichnen sich sichtbar dunkle Schatten ab. Er muss nicht viel Schlaf bekommen haben und besorgt runzelt Pandora die Stirn.

„Deine Kleider", sagt Kaemon nur und legt sie über ihr Bett.

„Du hast nicht viel geschlafen", spricht die Serva ihn direkt auf seine Augenringe an, auf die Kleider geht sie gar nicht ein.

„Ist nicht so wichtig", erwidert er nur und Pan presst unzufrieden die Lippen aufeinander. Natürlich ist es wichtig, aber was kann sie schon tun, wenn er es ihr nicht jetzt erzählt, wird er es wohl kaum machen, wenn sie ihn damit nervt.

„Zieh dich einfach schnell um, wir müssen uns den letzten Tatort anschauen und sind danach bei König George eingeladen", fügt Kaemon noch hinzu und läuft zum Fenster, um es zu öffnen, doch als der beißende Geruch von Mist in das Zimmer dringt, schlägt er es augenblicklich wieder zu und verzieht das Gesicht, was Pan schmunzeln lässt.

Dann fällt ihr die Frage ein, die ihr gestern im Kopf herumgespukt ist. „Wofür genau sind Attis und Illeron hier?"

Kaemon zuckt mit den Schultern. „Na, um mit uns diesen Mörder zu finden", erwidert er, aber Pan weiß ganz genau, dass er sie absichtlich missverstanden hat.

„Nein, du weißt schon. Was können sie?"

Er seufzt. „Attis hat ein ausgeprägtes Gespür für Übernatürlichkeit. Es liegt in der Luft, wie ein, wie sie es immer beschreibt, süßlicher Duft, wobei viele Spezies wohl eine ganz eigene Duftnote haben."

Erstaunt reißt Pandora die Augen auf. „Sie kann es also riechen?"

Wieder ein Nicken. Beeindruckt wischt sich die junge Frau einige Strähnen aus dem Gesicht, runzelt aber augenblicklich wieder die Stirn.

„Das heißt doch auch, dass ihr fest damit rechnet, dass hier etwas nicht mit rechten Dingen zugeht? Ich meine, dass hier kein Mensch seine Finger im Spiel hat?"

„Genau." Kaemon setzt sich vorsichtig auf die Kante ihres Bettes und für einen kurzen Moment muss Pandora den Atem anhalten. Schon lange ist sie keinem Mann mehr so nahe gewesen, nur mit ein paar Decken bedeckt und dann ist es auch noch einer, der mehr Faszination auf sie ausübt als gedacht.

„Einer der Gründe, weshalb wir dich brauchen. Der Kuss einer Serva ist nicht nur für Menschen tödlich und du weißt ja sicher, wie schwer manche Wesen zu beseitigen sind", fügt er noch hinzu und Pandora verzieht das Gesicht.

„Na danke", murmelt sie mehr zu sich selbst, aber trotzdem überkommt Kaemon ein leises, amüsiertes Lachen.

„Es besteht immer noch die Möglichkeit, dass wir uns irren."

Pandora brummt zustimmend, aber tief im Innersten hat sie das eigentlich schon längst ausgeschlossen. Wenn der Angriff gestern wirklich speziell ihnen galt, wovon sie fest überzeugt ist, ist das der eindeutige Beweis, denn das war bestimmt kein normaler Mensch.

„Also dann", Kaemon erhebt sich langsam und geht zur Tür, „wir warten unten auf dich."

Als er fort ist, braucht Pan noch einen Moment, bis sie sich aus dem Bett quält und in das Kleid schlüpft. Es passt nicht so gut, wie das Letzte, ist aber völlig ausreichend. Der Stoff betont ihre Brüste, sitzt an der Taille jedoch etwas locker. Schnell schnappt sie sich den Kamm, um ihre widerspenstigen, dunklen Haare etwas zu entwirren. Als ihr Magen knurrt, blinzelt Pandora genervt. Sie weiß gar nicht, ob es etwas zum Frühstück gibt, geschweige denn, was es in London überhaupt zum Essen gibt.

Es ist bestimmt ein Fehler, es mit dem Festmahl zu vergleichen, das sie bei *ihm* bekommen hat, aber sie kann nicht anders. Jede neue Seele, die aufgenommen wurde, durfte sich an dem Mahl ergötzen, das ihretwegen zubereitet wurde. Ente, jegliche Arten von Gemüse, Leber oder eine diverse Auswahl von Meeresfrüchten, es gab nichts, was nicht auf der großen Tafel seinen Platz hatte.

Augenblicklich fällt das zufriedene Lächeln auf ihrem Gesicht zusammen und sie erinnert sich wieder daran, wer sie ist und warum sie hier ist. Der Appetit vergeht ihr und tief durchatmend verlässt Pandora das Zimmer.

„… vertrauen?“, dringt eine leise, aufgebrachte Stimme zu ihr hinauf und Pandora stockt.

„Ich denke schon, aber trotzdem, irgendetwas verheimlicht …“, die zweite Stimme, Pan glaubt zu erkennen, dass sie von Attis stammt, verstummt abrupt und die Serva schreitet die Treppe hinab.

Geht es in diesem Gespräch um sie? Ahnte Attis etwas von ihrer Vergangenheit mit *ihm*? Aber woher sollte sie? Eine Gänsehaut überkommt sie. Dieses Thema darf niemand anschneiden, keiner darf diese Geschichte erfahren, wie sollte sie sonst selbst damit abschließen können, wenn sie immer wieder an die Oberfläche dringt?

Schnell fasst sie sich an den Hals, um welchen das unscheinbare Amulett hängt, das schon beinahe wieder in Vergessenheit geraten ist. Sie wird es ewig mit sich tragen müssen, das einzige Laster, das ihr aus der Vergangenheit bleiben soll.

„Morgen", murmelt sie, ohne Attis und Illeron wirklich anzusehen und betet, dass schnell jemand etwas sagt, um diesen unangenehmen Moment schnell verstreichen zu lassen.

„Gehen wir", erbarmt sich Kaemon und Pan atmet erleichtert auf. Sie hält sich dicht an ihn, als sie auf die belebte Straße hinaustreten.

Anders als vergangene Nacht laufen beschäftigte Frauen den Weg entlang, in der Hand einen Bastkorb, in dem nur wenig Gemüse liegt, aber sie scheinen schon froh über das, was sie erbeutet haben. Heruntergekommene Bettler sitzen auf den verschmutzten Straßen, Kinder mit nur einem Schuh schlängeln sich zwischen den Beinen der Erwachsenen hindurch und hin und wieder entdeckt Pandora eine zierliche Hand, die in den Taschen unaufmerksamer Leute nach etwas Brauchbaren stöbert. Egal welche Richtung sie einschlägt, immer steht ihr jemand im Weg und Pandora kann es gar nicht vermeiden, irgendjemanden anzurempeln.

Müde, kranke Augen starren sie an, merken ihren erschrockenen Blick – sie ist es nicht gewöhnt, in solch einer Armut ihre Aufträge zu erledigen. Vielmehr wurde sie in die wohlhabenden Viertel von Paris oder in die vielen Villen einer anderen, angesehenen Stadt geschickt. Angeekelt weicht sie den schmutzigen Händen der Bettler aus, die gierig nach ihrem Kleid greifen, in der Hoffnung, sie würde ihnen Geld oder Essen geben.

Zum ersten Mal bevorzugt Pandora die Nacht, die klare, leere Nacht, in der kein solcher Trubel stattfindet. Beinahe greift sie sogar nach Kaemons Mantel, damit dieser nicht ohne sie zwischen den Menschen verschwindet, aber sie kann sich gerade noch rechtzeitig in das Gedächtnis rufen, wie kindisch solch ein Verhalten doch wäre, also reckt sie nur hochmütig den Kopf, um ihre Unsicherheit zu überspielen. Attis und ihr Bruder schlendern ihr ganz locker nach, ihnen scheint das Ganze nichts auszumachen. Hin und wieder werfen sie den Verlorenen sogar Geldmünzen zu und zaubern ihnen somit ein erfreutes, dankbares Lächeln auf die Lippen.

Ein wenig ekelt Pandora sich vor sich selbst. Wie kann sie nur so verwöhnt und egoistisch sein, den armen Leuten hier einen angewiderten Blick zuwerfen? Die meisten haben sich ihr Leben schließlich nicht so ausgesucht. Sicher würden sie lieber in einem warmen, sauberen Bett liegen und sich ihren Frühstückstee an das Bett bringen lassen, anstatt auf diesen verseuchten Straßen zu sitzen und täglich um ihr Leben zu kämpfen.

Angespannt rückt Pan ihren Rücken gerade und krallt sich an ihrem Kleid fest. Und je länger sie durch den Schmutz laufen, umso mehr bestätigt sich einer ihrer Gedanken. Dieses Leben ist die Hölle und mag vielleicht sogar um einiges schlimmer sein als ihres.

Kurze Zeit später biegt Kaemon auch schon in eine Gasse ein, in der sich kaum Menschen aufhalten. Die Grausamkeit, die hier stattgefunden hat, mag die meisten noch immer von hier fernhalten und Pandora spürt den eiskalten Hauch des Schreckens in der Luft liegen.

Die Kreide, mit der die Position der Leiche auf den Boden gemalt ist, ist trotz der verstrichenen Stunden noch gut zu erkennen. Sie wirkt grotesk verdreht und Pan kann sich nur zu gut vorstellen, mit welch einer Grausamkeit man das arme Mädchen, das hier gefunden wurde, um ihr junges Leben gebracht hat. Doch es lässt sie beinahe kalt, den Tod ist sie gewohnt, nur das Leid der Lebenden geht ihr unter die Haut.

Aufmerksam tritt Attis nach vorne, schließt die Augen und hebt den Kopf. Niemand bewegt sich und auch Pandora beachtet das Mädchen mit den roten Haaren fasziniert, wie sie sich auf ihre Umgebung konzentriert. Die Zeit scheint still zu stehen. Die Serva wagt es nicht einmal, einen tiefen Atemzug zu machen, es fühlt sich an, als würde jegliche Störung Attis aus dem Gleichgewicht bringen und ihre Chancen, den Mörder zur Strecke zu bringen, für immer zunichtemachen. Plötzlich zieht sich ein wissendes Grinsen über ihr Gesicht und ein seltenes Funkeln erreicht ihre matten, grünen Augen.

„Ich weiß nicht, was es ist“, beginnt sie und greift in ihre Manteltasche, „aber es ist eindeutig nichts Menschliches, das hier umgeht. Anwesende sind natürlich ausgenommen, der Geruch ist mir nicht bekannt.“

Kaemon klatscht zufrieden in die Hände und Illeron nickt anerkennend.

„Und jetzt?“, platzt es aus Pandora heraus, sie versteht nicht, was daran so wunderbar sein soll. „Ein Mensch wäre sicher einfacher zum Überführen gewesen.“ Panik überkommt sie, muss sie doch gleich an *ihn* denken, wenn es um ungeklärte Mordfälle geht, bei denen höhere Mächte vermutet werden.

Illeron runzelt grübelnd die Stirn, sagt aber nichts, seine Schwester zieht unbeteiligt ihre Pfeife hervor und Kaemon fährt sich zerknirscht durch die Haare. Die hohen Mauern wirken erdrückend und Pandora verschränkt skeptisch die Arme, während sie ihren Blick über den Boden wandern lässt, in der Hoffnung, etwas Brauchbares zu entdecken, das übersehen wurde.

„Je mehr wir ausschließen können, umso höher ist unsere Chance bald mehr über den Täter zu wissen“, versucht Kaemon zu erklären, aber sonderlich überzeugt ist Pandora von dieser Tatsache nicht.

Sie seufzt leise und beobachtet, wie Attis ihre Pfeife anzünden will, aber bevor die Flamme sich entfalten kann, steht ihr Bruder bereits neben ihr und nimmt sie ihr weg. Überrascht legt Pan den Kopf schief.

„Du hast deine Dosis heute schon gehabt“, murmelt er ihr mit ruhiger, vernünftiger Stimme zu, aber über Attis‘ Augen legt sich ein verärgerter Schatten. Sie scheint nicht sehr begeistert von der Fürsorge ihres Bruders, doch bevor Pan sich darüber Gedanken machen kann, von welch einer Dosis die beiden reden, lenkt Kaemon ihre Aufmerksamkeit auf sich.

Er fixiert sie mit seinen grau-blauen, großen Augen und Pandora kann nicht anders, als seinen Blick zu erwidern, kann sich nicht von ihnen losreißen.

„Ich glaube, hier gibt es vorerst nichts mehr für uns zu erledigen", unterbricht er irgendwann die merkwürdige Stille, die sich über die Gasse gelegt hat.

Pan nickt leicht. „Ich wüsste auch nicht, was es uns bringen würde, weiter hier zu stehen", stimmt sie ihm zu und auch Illeron nickt.

Er greift sanft nach dem Arm seiner Schwester und zieht sie zurück zur Straße. Für einen Moment steht Pandora noch an Ort und Stelle, dann folgt sie den beiden. Kaemon geht dicht hinter ihr und sie kann seinen warmen Atem in ihrem Nacken spüren. Sie hätte nicht erwartet, dass er so nahe bei ihr läuft. Während er sein Tempo ein wenig erhöht, um sich an ihr vorbeizuschieben, streift ihre Schulter seinen Brustkorb und sein Duft steigt ihr in die Nase.

Mit einem aufgeregten Lächeln auf den Lippen drängen sich die Vorstellungen, wie es wäre, wenn er ihre Hand berühren würde, in ihren Kopf und auch wenn sie es nicht möchte, kann Pan nicht anders, als darüber nachzudenken. Und auf einmal beschleicht sie das Gefühl, dass sie sich selbst verliert. Keine Reaktion ist ihr so unbekannt, wie diese und vor allem nicht in solch einer Situation, eine Situation, in der sie mit ihrem eigenen Leben bezahlen könnte, das ohnehin nur eine zweite Chance ist.

Schnell beschleunigt sie ihre Schritte und versucht darüber nachzudenken, was sie als Nächstes tun könnten, wobei ihr der Angreifer von letzter Nacht nicht aus dem Kopf geht. Sofort wird sie wieder unruhig. Jemand hat versucht sie zu töten, nur wenige Stunden nachdem sie eine Stadt betreten hat, die sie nie zuvor gesehen hatte, nur weil ein großer Zufall ihrem Schicksal einen neuen Pfad gezeigt hat. Pandora hasst Unwissenheit, aber zu ihrem Leidwesen merkt sie, dass hinter diesen Morden etwas Großes stecken muss, etwas, mit dem diese Welt nicht rechnet. Und dass man sie und Kaemon eindeutig als Bedrohung einstuft. Vielleicht sollte sie ihn noch einmal daran erinnern, deswegen nachzuforschen. Sie muss grinsen. Irgendwie schmeichelt ihr der Gedanke, gefürchtet zu werden, so schrecklich er auch ist.

„Weißt du, wie man sich einem König gegenüber verhält?“, reißt Kaemon sie aus den Gedanken.

Pan nickt leicht. „Ich denke schon“, bestätigt sie mit fester Stimme und blickt an sich herunter. „Aber sind wir für einen Besuch beim König nicht etwas zu … normal angezogen?“

Ihr Begleiter grinst. „Uns werden passende Kleider gebracht, sobald wir im Schloss sind. Man würde uns zwar auch empfangen, wären wir angezogen wie Bettler, aber das würde meinen Stolz zu sehr verletzen.“

Ein Lächeln schleicht über Pandoras Lippen. Sie beginnt damit, sich auszumalen, welches Kleid man ihr geben würde. Ein dunkles Grün, das würde ihr gefallen, mit freien Schultern oder … gerade noch rechtzeitig bemerkt sie die Droschke, die vor ihnen hält und zuckt zurück. Sie muss aufhören, so unachtsam zu sein, früher hat ihre Fantasie Pan nie beeinflusst. Kaemon wechselt einige Worte mit dem Kutscher, dann steigen die Geschwister ein. Gerade als Pandora ihnen folgen will, hält Kaemon sie zurück.

„Wir werden einen kleinen Umweg machen“, murmelt er und Pan blinzelt verwundert.

„Wohin?“, fragt sie, während sich die Droschke langsam von ihnen entfernt. Sie tut sich schwer damit, durch die Menschenmengen zu kommen, die die Straße blockieren.

„Ich will sehen, ob die Nixen etwas Genaueres wissen“, erwidert er, aber die Serva merkt, dass da noch etwas anderes in seiner Stimme liegt, als gäbe es da etwas, dass er nur nicht aussprechen möchte.

Neugierig lässt sie ihren Blick über sein markantes Gesicht gleiten, beobachtet, wie sich seine Züge verändern, wenn er spricht. Da sind so viele Geheimnisse, die sie erkunden möchte, aber Pan ist sich nicht sicher, ob sie jemals die Chance dazu bekommen wird. Seine dichten Augenbrauen ziehen sich verärgert zusammen, trotzdem schweigt er.

„Na dann“, murmelt Pan und wartet darauf, dass ihr Partner eine Richtung einschlägt, aber er bewegt sich nicht vom Fleck. „Kaemon, ich kenne mich hier nicht aus.“

Er zuckt zusammen. „Ja, natürlich …“, murmelt er und sein Blick wird wieder klar. Wo auch immer er gerade in seinen Gedanken war, es muss etwas sein, das ihn zutiefst beunruhigt, denn seine Stirn ist immer noch von Sorgenfalten geziert. Zu gerne würde Pandora wissen, was seine Stimmung so abrupt verändert hat, woran er gedacht hat und ob es etwas mit seinem Auftrag zu tun hat. Stumm setzt er einen Fuß vor den anderen und Pan folgt ihm, ohne auch nur den Hauch einer Idee, wohin er sie bringen würde. Erst nach einer gefühlten Ewigkeit erkennt sie die Umgebung wieder und die Luft weicht aus ihrer Lunge.

Die Bar, in der sie bereits letzte Nacht auf die Nixen getroffen ist, liegt vor ihr, genauso unscheinbar, wie auch gestern.

Pandora bleibt wie angewurzelt stehen. „Geh besser allein, ich warte draußen.“

Erst ist sein Blick verwundert, dann schleicht sich ein spöttischer Schimmer in seine Augen. „Hast du etwa Angst vor Eris und Galene?“

Wut strömt durch Pandoras Körper und sie ballt die Hand. „Natürlich nicht“, faucht sie mit verletztem Stolz und stolziert mit hocherhobenem Kopf durch die Tür. Niemals würde sie es zulassen, dass er denkt, sie hätte kein Rückgrat.

Die stickige Luft nimmt sie kaum wahr, dafür sind ihre Nerven zu angespannt. Dieser plötzliche Ausbruch verklingt erst, als Kaemon sie sachte an der Schulter berührt, wobei er trotzdem wachsam bleibt. Ein Hauch von Interesse spiegelt sich in seinem Gesicht wider und Pandora beißt beschämt die Zähne zusammen. Sie muss wieder die Kontrolle über ihre Gefühle bekommen, so viel ist klar, sonst würde das ganze kein gutes Ende nehmen.

Ihr Begleiter tritt auf die Tür zu und hält sie auf, damit Pandora hindurchschlüpfen kann. Sie versucht, ihre Umgebung soweit es geht nicht zu beachten und den Wesen, die sich das Bier hinunterstürzen, keine Aufmerksamkeit zu schenken. Sie unterdrückt den Drang, nach Luft zu schnappen, als der Pfeifenrauch ihr in das Gesicht schlägt und schon jetzt sehnt sie sich nach der kühlen Luft, die durch Londons Straßen zieht. Kaemon, überraschenderweise darauf achtend, dass Pan dicht hinter ihm läuft, bewegt sich zielstrebig auf den Barmann zu.

Der Kleinwüchsige trägt ein dunkles, schmutziges Leinenoberteil, eine dunkle, unordentlich gebundene Hose und in seiner Glatze spiegeln sich die vielen Krüge wider, die über ihm auf einem schiefen, wackligen Regal stehen.

„Johnny, wo sind Eris und Galene?“

Dieser zuckt mit den Schultern, während er Kaemon nicht anschaut, sondern mehr damit beschäftigt ist, einer älteren Dame nachzuschenken.

„Wahrscheinlich oben“, entgegnet er nur und lässt mit einem Zwinkern den zerknitterten Geldschein in seiner Hose verschwinden, den Kaemon ihm reicht.

Schnell manövriert dieser sich durch die Besucher und Pan hält sich dicht an seinen Fersen. Sie fühlt sich so falsch hier, dass ihr

Herz sich anfühlt, als würde es sich in ihrer Brust verkrampfen und nicht mehr schlagen wollen. Sie versucht selbstbewusst den Kopf zu recken, es soll schließlich niemand sehen, wie unsicher sie ist. Bei Gott, was ist nur mit ihr passiert.

Neue Situationen scheinen ihr immer mehr zuzusetzen. So allmählich glaubt sie, dass von ihrem ursprünglichen Charakter nichts mehr übrig ist – *er* hat sie gebrochen und wer auch immer dafür verantwortlich ist, dass es so kommen musste, wird dafür büßen, so viel ist sicher. Hinter ihrer Schläfe breitet sich ein stechender Schmerz aus und Pandora verzieht für einen Moment das Gesicht. Hastig streicht sie sich eine Haarsträhne aus diesem.

Das Treppenhaus, das sie betreten, ist beinahe menschenleer. Nur hinter einigen, schmalen Türen dringt hohes Lachen hervor, das von den Wänden widerhallt. Plötzlich bleibt Kaemon stehen und wendet sich einer der Türen zu. Ohne anzuklopfen, drückt er die Türklinke hinunter. Sein dunkler Schatten legt sich bedrohlich über das Bett und den Stuhl, der in der Mitte des Raumes steht. Er ist nicht gerade groß, aber auf den Regalen stehen bunte Blumen und eine Menge dicke Decken liegen auf dem Boden.

Überrascht zieht Pandora eine Augenbraue nach oben, denn was sie dort sieht, wäre ihr nie im Traum eingefallen – Eris, gekleidet mit einem knappen, schicken Kleid, beugt sich über einen älteren, gepflegten Herren, der mit geschlossenen Augen auf dem Stuhl sitzt. Ein Träger ist ihr von der Schulter gerutscht und ihre Wangen glühen rot. Galene hingegen sitzt elegant auf dem Bett, allerdings trägt sie nichts weiter als ein dünnes Tuch, das sie sich um den Körper gewickelt hat.

„Die beiden sind Nutten?“, entfährt es Pandora geschockt und sie muss blinzeln, um sich zu vergewissern, dass sie sich das Schauspiel nicht einbildet. Das ist keine Arbeit, die zu diesen schönen, edlen Geschöpfen passt. Obwohl …

Ein Schauder fährt Pandoras Rücken hinab. Wer weiß, was die beiden mit ihren Kunden anstellen, sie kann sich kaum vorstellen, dass sie ihrer Natur widerstehen können.

Als Kaemon die Tür hinter sich in das Schloss fallen lässt, schlägt der arme Kerl entsetzt seine Augen auf, schnappt sich seine Kleider und rennt mit hochrotem Kopf aus dem Zimmer. Auch wenn es ihm unangenehm ist, Pan ist sich sicher, dass sie dadurch sein Leben gerettet haben. Überrascht erkennt sie, wie sich ihr Begleiter mit verschränkten Armen vor Galene aufbaut. Sie wird blass und richtet sich auf, während Eris sich gegen die Wand drückt.

„Habt ihr uns nicht etwas zu sagen?“, erhebt Kaemon seine Stimme und es ist deutlich zu hören, dass er seine Wut unterdrückt.

Sie kommt so plötzlich, dass es Pandora noch schwerer fällt, zu begreifen, was hier überhaupt vor sich geht. Sie sieht, wie Galene hastig mit dem Kopf schüttelt. Auch wenn Pandora zu wissen glaubt, dass sie die klügere und stärkere von den beiden ist, wirkt sie jetzt so schwach, so unglaublich schwach. Und irgendwie merkt Pan, dass es ihr gefällt. Ein tückisches Grinsen zieht sich über ihr Gesicht und auf einmal fühlt sie sich wieder wie früher, so unbesiegbar, so mächtig und furchteinflößend, als würde jede Angst an ihr abprallen. Sie macht einen unscheinbaren Schritt auf Eris zu.

„Hör verdammt noch mal auf, mich zu belügen, Galene“, setzt Kaemon nach und seine Hand legt sich bedrohlich auf den Knauf seines Messers.

„Ich weiß nicht, worauf du hinauswillst“, antwortet diese, aber das Zittern in ihrer Stimme ist kaum zu überhören.

Kein einziger Ausdruck huscht über Kaemons Gesicht. „Natürlich nicht. Bestimmt ist es nur ein großer Zufall, dass man uns umbringen wollte, kurz nachdem wir euch verlassen haben.“

Jetzt versteht Pandora, warum sie hier her zurückgekommen sind. Sie ballt ihre Hände zu einer Faust und ihr Blick verdüstert sich. Weshalb ist sie nicht schon selbst darauf gekommen, es gibt keine bessere Erklärung für den Überfall als Verrat. Und Verrat liegt den Nixen im Blut. Doch da beginnt Eris zu lachen. Ein hohes, überlegenes Lachen, das Pandoras Blut zum Rauschen bringt.

„Wir haben doch nichts damit zu tun, Kaemon. Du kennst uns doch schon so lange, denkst du wirklich, wir würden dich hintergehen?", sagt die junge Nixe schnippisch und bringt damit das Fass zum Überlaufen.

Ohne wirklich zu wissen, was sie da tut, läuft Pandora auf sie zu und drückt ihr ihre Fingernägel in die olivfarbene Haut. Sie genießt den Schrecken in Eris' Augen, ihren stockenden Atem. Sie hat genug von dieser schleimerischen, hinterhältigen Art.

„Ihr widert mich an", faucht sie und verstärkt ihren Griff an Eris Kehle, „also sag, was du weißt, dann gibst du deinem erbärmlichen Leben vielleicht noch einen Sinn."

Sie nimmt kaum wahr, wie Kaemon ein überraschter Laut entweicht und Galene aufspringt, um ihrer Freundin zu helfen, aber diese von Kaemon zurückgehalten wird. Wahrscheinlich ist er viel zu sehr daran interessiert, wie weit Pandora gehen würde.

„Schon gut!", presst Eris panisch hervor und als die Serva blitzartig ihre Hand zurückzieht, als hätte sie sich verbrannt, beginnt sie zu stark zu husten. Zufrieden nimmt Pan etwas Abstand von ihr und verschränkt die Arme. Sie fühlt sich so verdammt gut, als könnte sie es mit jedem aufnehmen, sogar der Gedanke an *ihn* berührt sie nicht.

„Es war jemand hier. Ein … Kunde", beginnt Galene und Eris nickt zustimmend.

„Er hat uns für einen", Eris lächelt kurz, „Aufpreis gefragt, ob ihr beiden hier wart."

Schon möchte Pandora der Nixe ein weiters Mal die Luft abschnüren, da hält ihr Begleiter sie mit einem eindringlichen Blick zurück.

„Wie hieß er?"

Galene zuckt mit den Schultern. „Wir verlangen nie die Namen unserer Besucher. So läuft das Geschäft besser."

Pan schnaubt abwertend und beginnt, langsam im Raum auf und ab zu schreiten. Nie im Leben hätte sie Galene das geglaubt, doch Kaemon wirkt zufrieden mit dieser Antwort und streicht sich grübelnd durch das dunkle Haar.

„Wie sah er aus? Vielleicht eine Ahnung, wer er war?"

Galene schüttelt nur mit dem Kopf. „Er war recht groß. Trug einen schwarzen Anzug, aber nicht zu teuer. Und er hatte einen bauschigen, dunkelbraunen Schnauzer. Mehr können wir euch nicht sagen."

Kaemon seufzt. „Gut, gut. Sollte er hier wieder einmal auftauchen, oder wenn ihr Hinweise darauf habt, wer er sein könnte, erwarte ich, dass ihr mir sofort Bescheid gebt." Er wendet sich zum Gehen, stoppt jedoch noch einmal. „Und das nächste Mal denkt nach, bevor ihr Auskünfte gebt, wenn ich euch umbringen muss, weil ihr mir im Weg steht, werden euch zusätzliche Münzen auch nichts mehr bringen."

Es wirkt ein wenig unheimlich, wie er dasteht und so leichtfertig davon redet, jemanden zu töten, den er doch eigentlich recht gut leiden kann. Wie ausgewechselt schaut er die beiden Nixen an und Pandora glaubt ihm sofort, dass er nicht nur leere Drohungen ausspricht. Sie würde nicht mit den beiden tauschen wollen, ganz bestimmt nicht. Die herrschende Stille wirkt beklemmend und nervös nestelt Pan an dem Stoff ihres Kleides herum, darauf wartend, was Kaemon als Nächstes tut.

Schnell eilt sie zur Tür und ist gerade dabei, die Klinke hinunterzudrücken, als Galene noch einmal aufsieht. „Muriel ist verschwunden."

Verwirrt runzelt Pandora die Stirn. Wer ist Muriel? Doch Kaemon weiß anscheinend ganz genau, wer das sein soll, denn er versteift sich augenblicklich.

„Ah", erwidert er nur knapp und geht an Pan vorbei – sein Gesicht kann sie dabei nicht erkennen.

KAEMON

Erinnerung

„Kaemon!“ Lautes Lachen verfolgt ihn durch die Gasse, doch er blickt nicht zurück. Es interessiert ihn nicht weiter, was Eris noch zu sagen hat. Konzentriert weicht er den dreckigen Bettlern aus, achtet darauf, seinen Mantel nicht zu beschmutzen und biegt um die nächste Ecke.

Die Sonne sinkt bereits auf London hinab – sein schönes, geheimnisvolles London. Er kann es sich kaum vorstellen, einem anderen Land zu dienen als England, kann sich kaum vorstellen, jemand anderem seine Treue zu schwören. Dies hier ist der Ort, den er vor dem Bösen beschützen will.

Kaemon zieht eine Grimasse. Vor dem Bösen schützen. Gibt es doch so viele Gefahren, vor denen er diese Stadt nicht bewahren kann. Er wischt eine dunkle Strähne aus seiner Stirn und damit verflüchtigte sich auch dieser Gedanke. Mit ruhigem Blick beobachtet er das Treiben vor ihm. Obwohl er den Ort, den Eris ihm beschrieben hat, beinahe erreicht haben müsste, sind noch sehr viele Seelen unterwegs, die ihre unterschiedlichsten Leiber aneinander vorbei schieben.

Ruhig späht Kaemon in die Ferne und kneift die Augen zusammen. Er glaubt, die Brücke bereits zu erkennen, den Treffpunkt, der ausgemacht war. Je näher er kommt, umso lauter wird auch das Rauschen des Baches und bald weiß er, dass es der richtige Weg ist, denn dreht er sich um, hat er die letzten Menschen bereits hinter sich gelassen.

Kaum jemand besucht diesen Ort, weshalb es so perfekt für sein Vorhaben ist. Kaemon atmet tief durch. Hoffentlich ist sie auch pünktlich – eine Verspätung würde ihn ziemlich verärgern. Die Falten an seiner Stirn werden tiefer. Wenn sein Plan so funktioniert, wie er ihn akribisch vorbereitet hat, wird diese Verbindung sowohl für ihn als auch für seine baldige Partnerin ein großer Gewinn.

Er lässt seinen Nacken knacken und entschließt sich, den schweren Mantel abzulegen. Es ist ein warmer Sommertag in London, inzwischen warm genug, um seine Kleider abzulegen. Mit jedem Schritt nimmt er seine Umgebung stärker wahr, bis er den ersten Sockel der weißen Brücke erreicht hat. Zwei geschwungene Laternen erheben sich neben ihm in den hellen Himmel. Auf ihnen haben sich zwei dunkle Vögel niedergelassen, um ihre Federn in den letzten Sonnenstrahlen zu trocknen. Das Licht lässt die Oberfläche des Flusses majestätisch funkeln, als würde sie aus tausenden Diamanten bestehen.

Er wirft einen Blick auf seine goldene Taschenuhr. Noch eine Minute. Kaemon legt den Kopf in den Nacken und atmet die frische Luft ein. Sie ist eine Wohltat für seine Lunge und die Stille wie Musik in seinen Ohren. Gelassen lässt er seinen Blick zum Ufer schweifen und entscheidet sich dazu, Platz auf einem der Steine zu nehmen. Langsam schlendert er auf sie zu und lässt sich nieder. Die kühle Oberfläche fühlt sich gut auf seiner erhitzten Haut an.

Ein weiterer Blick auf seiner Uhr sagt ihm, dass seine Verabredung unpünktlich sein wird – und dass er seine Umgebung länger beobachtet hat als wahrgenommen. Aber die Schönheit dieser Landschaft hat ihn dermaßen abgelenkt, dass ihn eine Verspätung ausnahmsweise nicht stört.

Während Kaemon sein Notizbuch aufschlägt, um sich seinen Tagesplan in Erinnerung zu rufen, bemerkt er nicht, wie das Wasser vor ihm unruhig wird. Kleine Luftblasen steigen nach oben, irgendetwas scheint sich seinen Weg an die Oberfläche zu bahnen. Aus dem Augenwinkel nimmt er eine zuckende Bewegung wahr. Ein Grinsen schleicht über sein Gesicht. Räuspernd schlägt er das kleine, lederne Buch zu und verstaut es in den Taschen seines Mantels. In genau diesem Augenblick erhebt sich eine junge Frau aus den Fluten. Für einen Moment bleibt Kaemon die Luft weg. Obwohl er stets einen klaren und nüchternen Gedanken hat, kann er nicht anders, als ihre Schönheit zu bewundern.

Die blasse Haut hebt sich von den schwarzen, langen Haaren ab, welche sich um ihren schmalen Körper schlingen. Unterhalb ihrer Hüfte erkennt Kaemon einen blauen, schimmernden Fischschwanz. Majestätisch zieht das Wesen sich ans Ufer, die dunklen, großen Augen immer auf ihn gerichtet. Kaemon muss einige Male blinzeln, um wieder zu klarem Bewusstsein zu kommen.

„Du musst Kaemon sein." Eine engelsgleiche Stimme dringt zu ihm durch und er nickt leicht.

„Muriel, nehme ich an", erwidert er und gibt sich alle Mühe, unbeeindruckt zu klingen.

Sie kichert leise. Der Schalk blitzt in ihren Augen auf.

„Eris sagte, du würdest nach einem Verbündeten in den Gewässern suchen", fängt sie gleich an und Kaemon neigt beeindruckt den Kopf.

„So ist es." Er schätzt es, gleich zum Punkt zu kommen.

„Je mehr Augen an den unterschiedlichsten Orten, umso besser. Und du wirst belohnt werden", erwidert er und wartet eine Reaktion ab.

Muriel lacht leise.

„Natürlich." Sie zieht sich weiter zu ihm, bis ihr Gesicht direkt vor Kaemons ist. Ihre Schwanzflosse wippt sachte im Wasser auf und ab. Verstohlen mustert er die langen Wimpern der Nixe, die kraftvollen, aber zierlichen Arme und die schmale Taille.

„Menschen. Du bringst mir Menschen", vervollständigt Muriel sein Angebot. Ihre Stimme klingt wie ein betörendes Mantra in ihren Ohren wieder.

„Ja, im Gegenzug lenke ich Seelen zu dir, mit denen du machen kannst, was du möchtest", führt Kaemon weiter aus, doch seine

Gedanken sind viel mehr bei der Vorstellung, wie sich ihre nasse Haut wohl unter seinen Fingern anfühlt. Was ist nur mit ihm los? Vielleicht hätte er sich mehr vor dieser Nixe in Acht nehmen sollen. Er hat nicht mit dieser Schönheit gerechnet.

Als Muriel ihre Hand über sein Knie streifen lässt, zuckt er zusammen. Ein leises Stöhnen entweicht seiner Kehle.

„In Ordnung." Die Nixe klimpert mit den Wimpern, streift sich über das glänzende Haar und schenkt ihm ein Lächeln.

Doch es besteht nicht nur aus purer Freundlichkeit, so viel kann Kaemon erkennen. Es strahlt eine gewisse Warnung aus. Gefahr. Trotzdem zieht er sich nicht zurück. Obwohl es ihm nicht passt, derartigen Gefallen an dieser Kreatur zu finden, bleibt er. Und da schlingt Muriel ihre Arme um seinen Hals.

„Lass uns den Pakt besiegeln", haucht sie ihm ins Ohr, bevor sie ihn in das kühle Wasser zieht.

Kaum haben die Wellen ihre Köpfe verschlungen, finden ihre Lippen Kaemons. Eine unnatürliche Wärme breitet sich in seinem Brustkorb auf. Ihre Hände krallen sich in seine Haare, wollen ihn gar nicht mehr gehen lassen, bis er seine Augen aufschlägt. Obwohl er noch genug Luft in seinen Lungen hat, löst er sich von der Nixe, deren Griff nur sehr schwach ist und lässt sich nach oben treiben – denn in seinen Gliedern spürt er, dass dieser Kuss ein Fehler war. Er hat die Kontrolle über seine Gefühle verloren, was ihm nicht hätte passieren dürfen.

Scheiße.

Sein Fluch kommt im Stillen über die Lippen, erreicht die Außenwelt nicht mehr. Hastig rollt er sich auf dem Ufer ab und krümmt sich. Sein ganzer Körper scheint zu brennen, er wird taub. Kaemon schnappt nach Luft, presst die Hände an die Ohren, bevor er seine Finger hastig ineinander verschränkt und zu beten beginnt. In seinem

Inneren spürt Kaemon den Kampf, die Kälte versucht die Hitze zu verdrängen. Je hastiger er seine Worte murmelt, umso heftiger wird das Ziehen in seinem Brustkorb. Wieso hatte er Muriel auch so nah an sich herangelassen? Er muss das Ziehen in sich zum Stillschweigen bringen. Fieberhaft beginnt der Geküsste sein Gebet von neuem – was um ihn herum passiert, bekommt er gar nicht mit. Das Einzige, was nun zählt, ist bei sich zu bleiben und das in ihm wieder zum Schweigen zu bringen.

Kaemon stellt sich vor, vor dem Pastor in seiner Kirche zu knien, dessen Hände auf seinen Schultern zu spüren. Je verkrampfter er betet, versucht, klare Gedanken zu fassen, umso leichter wird die Hitze in ihm. Sein Herz hört auf, sich anzufühlen, als würde es reißen und allmählich merkt er, wie er zu sich zurückfindet. Zitternd schließt er die Augen, erhebt sich schwankend. Das war knapp. Er würde sofort seinen Weg zur Kirche einschlagen, nur um sicher zu sein.

Kaemon würdigt Muriel keines Blickes mehr, obwohl er genau spürt, wie ihre Augen interessiert auf ihm ruhen. Selbst wenn sie noch etwas zu sagen hätte, gerade ist es ihm egal. Vollkommen bei sich zu bleiben, ist nun wichtiger.

PANDORA

Straßen von London

Eigentlich hatte Pandora erwartet, dass die Droschke, die Kaemon zu ihnen gewunken hat, sie zum König bringen soll, umso überraschter ist sie, als er den Fahrer bittet, sie zur nächsten Kirche zu bringen. Während der Fahrt spricht er kein Wort mit ihr, aber Pan sieht, wie er die Hand ohne Pause zu einer Faust geballt hat. Sie erkennt deutlich die Muskelstränge, die seinen Arm hinauf reichen und die dunkelblauen Adern, die sich wegen der Anstrengung von seiner hellen Haut abheben.

Liegt es an dieser Muriel? Wer ist dieses Mädchen, dessen Name ausreicht, um ihn derart aus der Fassung zu bringen? Seine Freundin? Schnell verdrängt sie diesen Gedanken, er versetzt ihr einen kleinen Stich im Herzen. Sie versucht, einen Blick in seine Augen zu erhaschen, aber Kaemon starrt mit gesunkenem Kopf aus dem Fenster.

Es ist klein, trotzdem dringt spärliches Licht in die einfache Droschke. An manchen Stellen ist das Leder, mit der die Sitze überzogen sind, bereits abgewetzt und der Dreck auf dem Boden stinkt bestialisch, umso erleichterter ist Pandora, als der Fahrer hält. Schnell springt Kaemon aus der Droschke, hinterlässt etwas Geld und verschwindet in dem prunkvollen Gotteshaus.

Für einen Moment zögernd, ob sie ihm folgen, oder hierbleiben soll, beobachtet Pandora die Menschen, die hier vorbeilaufen. Die meisten von ihnen sehen reich aus und ihr fällt auf, dass die Häuser und Straßen hier um einiges gepflegter sind als in dem Viertel, in welchem ihr Quartier liegt. Sofort merkt sie, dass ihr dieser Wohlstand gefällt und elegant lässt Pandora sich von ihrem Sitz gleiten. Mit einem kurzen Blick in das Fenster kontrolliert sie ihre Frisur und ihr Kleid, dann betritt sie mit einem strahlenden Lächeln die Straße und die Droschke verschwindet zwischen den Massen. Langsamer als nötig schreitet Pan auf die Kirche zu. Die Kirchentür quietscht noch nicht einmal, als sie sie öffnet und ihr ist bewusst, dass ihre Schuhe einen schrecklich lauten Ton hinterlassen würden, würde sie die Steinplatten betreten, deshalb bleibt sie direkt am Eingang stehen.

Diese Kirche hier ist um einiges bunter als die letzte und die wenigen Sonnenstrahlen, die sich durch die Wolken kämpfen können, fallen perfekt auf den aufwendig ausgelegten Steinboden.

Kaemon kniet auf einer der dunklen Bänke. Das Licht bedeckt genau die Hälfte seines Gesichtes, doch die andere ist in den Schatten getaucht, als würde jede Seite seinen Anteil an ihm fordern. Seine Augen sind geschlossen und seine geschwungenen Lippen murmeln unaufhaltsam vor sich hin.

Geduldig wartet Pandora darauf, dass er sein Gebet beendet, denn allmählich steigt ihre Neugierde auf den König und den Reichtum, den er besitzt. Ob er genauso lebt wie Salome? Welche feinen Unterschiede sie wohl zwischen Venedig und London entdecken würde? Glücklicherweise erhebt sich Kaemon schon bald wieder und ein friedlicher, schon beinahe freundlicher Ausdruck hat sich auf sein Gesicht gelegt.

„Gehen wir“, murmelt er Pan leise zu und hält ihr die Tür auf. Als sie die Straßen Londons wieder betreten, steht eine leere Droschke genau zu ihren Füßen und Kaemon eilt die Treppenstufen hinab, um den Fahrer zu bitten, sie mitzunehmen.

Seine Begleiterin lässt sich Zeit. Sie mag es, wie die gut gekleideten Herren ihr wunderschönes Haar betrachten und ihre dunklen Augen für einen Moment länger anschauen als nötig. Sie fühlt, dass ihr dieses Leben vorausbestimmt war. Ein Leben in Wohlstand und Sorglosigkeit. Vorsichtig zieht sie sich in die Droschke und nimmt

Kaemon gegenüber Platz. Als der Fahrer die Pferde antreibt, fixiert der Auftragsmörder sie mit einem forschenden Blick. Unruhig weicht Pandora ihm aus. Weshalb schaut er sie so an, er hat sie eben noch ignoriert.

„Es hat mich beeindruckt, wie du mit Eris umgesprungen bist."

Überrascht hebt sie den Blick.

„Danke", erwidert sie zögerlich und wartet darauf, dass Kaemon fortfährt, was er auch tatsächlich tut.

„Weshalb hasst du sie so sehr, die Nixen? Selbst ein Blinder erkennt, dass zwischen euch Zwietracht herrscht. Ich kann dir die Besuche leider nicht ersparen, es ist wichtig, dass du die erhaltenden Informationen selbst hörst."

Pandora schluckt. Sie ist sich nicht sicher, ob es das richtige ist, Kaemon davon zu erzählen, aber irgendwie schmeichelt ihr das Interesse, das er ihr entgegenbringt, also räuspert sie sich.

„Die Serva sind entfernt mit den Nixen verwandt", beginnt sie und er beugt sich interessiert vor, „und als die Nixen die Fähigkeit entwickelten, an Land zu gehen, haben die wenigen Serva, die existierten, ihnen geholfen, sich dort zurechtzufinden." Pandora stockt für einen Moment. „Und im Gegenzug gaben sie uns das hier."

Mit zitternden Händen krempelt sie den Ärmel des Kleides an der Stelle, an welcher sich das Zeichen des Codex in ihre Haut gebrannt hat, nach oben. Noch nie hat es jemand anderes außer *ihm* zu Gesicht bekommen und Pan spürt, wie ihr schlecht wird. Was, wenn es ein Fehler ist, sich Kaemon so zu öffnen, ihm so viel über sich zu erzählen?

Doch das faszinierte Funkeln in seinen Augen wirkt so echt, dass sie gar nicht anders kann, als fortzufahren, dafür lässt es ihr Herz zu hochschlagen. Es fühlt sich zu gut an, seine Aufmerksamkeit zu bekommen, zu gut an, zu sehen, dass er sich für sie zu interessieren scheint. Während sie jede seiner Bewegungen beobachtet, entbrennt in ihr der Wunsch, mehr über ihn zu erfahren.

„Trifft dieses Zeichen auf die See, merkt eine Nixe es sofort. Es verpflichtet sie, einer Serva in Seenot zu helfen.“ Sie schließt die Augen. „Es war ein Geben und Nehmen.“

Gänsehaut breitet sich auf ihrem Körper aus, als sie merkt, wie Kaemon über das Mal streicht. Zögerlich hebt er den Blick, als wolle er fragen, ob es für sie auch in Ordnung ist, aber als er in ihre funkelnden Augen blickt, scheint er die Antwort selbst zu erkennen und fährt fort. Seine Finger sind so kalt, dass sie Angst hat, er würde sich an ihrer erhitzten Haut verbrennen, aber der Wunsch, dass er nicht aufhört, die Linien sorgfältig nachzufahren, wird immer stärker. Seine Berührung entfacht ein ungewohntes Gefühl in ihrer Magengegend.

„Was ist dann passiert?“, haucht Kaemon leise und seine Hand verharrt an der kleinen Spitze des Zeichens.

„Sie haben uns hintergangen und alle ausgerottet, die nicht schnell genug rannten.“ Pandoras Stimme beginnt zu zittern, aber sie versucht, die Fassung zu bewahren.

Die Kälte an ihrem Arm verschwindet und als die junge Frau ihre Augen wieder öffnet, lehnt Kaemon tief in den Sitz gesunken an der Droschkenwand, als wäre nichts passiert.

„Das Ganze ist doch bestimmt schon Jahre vor deiner Geburt passiert, warum trägst du den Hass deiner Vorfahren in dir?“

Pandora richtet sich kerzengerade auf und verschränkt die Arme.

„Du tötest für Geld und verurteilst mich für meinen Hass?“, erwidert sie scharf und beißt sich verärgert auf die Lippe.

Doch Kaemon seufzt nur. „Und du mich für meinen Beruf, obwohl du selbst eine Mörderin bist.“

Pandora kann sich nicht erklären, weshalb, aber diese Tatsache aus seinem Mund zu hören, macht es noch schlimmer.

„Ich habe es mir nicht ausgesucht, ein Monster zu sein", keift sie, aber weiß, dass Kaemon aufmerksam genug ist, um zu hören, wie sehr es sie verletzt hat.

Er schnaubt leise und schließt die Augen. „Was weißt du schon über Monster?"

Sie sollte ihm diesen Satz verzeihen, weiß er doch nicht, was die Vergangenheit für sie bereitgehalten hat. Was sie alles getan hat, wie viel Blut an ihren Händen klebt. Weiß er doch nicht, dass sie kein Stück besser ist als er.

Dass London Venedig nicht übertreffen würde, überrascht Pandora nicht, trotzdem muss sie zugeben, dass der Buckingham Palace, der sich über ihren Kopf erhebt, eindrucksvoll ist.

Über den weiten, perfekt angelegten Platz stolzieren stumm die Soldaten und als Kaemon und sie durch das Tor gelassen werden, wirft man ihnen nur einen kurzen Blick zu – nicht was Pandora erwartet hat. Selbst Salome hat sie prachtvoller empfangen und nach all dem, was ihr einmal zu Ohren gekommen ist, hätte sie gedacht, dass man sie nicht so einfach in den Palast stolzieren lassen würde.

Aber der Einzige, der sie begrüßt, ist der Butler, der ihnen die Tür öffnet, um sie zum König zu führen. Zwischen all den edel gekleideten Bediensteten und Beratern fühlt sich Pandora mehr als unwohl, beachtet man das einfache, schmucklose Kleid, das sie trägt. Hatte Kaemon nicht gesagt, man würde ihnen passende Kleider zur Verfügung stellen, bevor sie auf den König treffen?

Aufgeregt lässt sie den Gang, den sie gerade durchschreiten, auf sich wirken. Er ist hell, die Wände sind mit einer grünen Tapete überzogen und golden umrahmte Bilder verzieren sie. Obwohl die Einrichtung schlicht gehalten ist, ist sie majestätisch und Pan entgeht der Reichtum, der in diesen Gemäuern steckt, nicht.

Der Butler führt sie in einen kleinen, schlichten Raum. Er ist vollgestellt mit alten, hohen Kleiderständern, die mit den teuersten Gewändern behängt sind. Überall glitzert und schimmert es, Juwelen, Diamanten und Goldschmuck liegen gebettet in roten Samtkissen.

Staunend lässt Pandora ihre Hand über die ausladenden Röcke und die bestickten Ausschnitte gleiten. Wie gerne würde sie einen Kleiderschrank mit solch prunkvollen Kleidern besitzen. Sie seufzt leise und bekommt gar nicht mit, wie eine rundliche, junge Dame das Zimmer betritt. Ihr Räuspern lässt sie erschrocken zusammenzucken und schnell zieht Pan ihre Hand zurück.

„Man hat mich beauftragt, euch einzukleiden“, sagt die Dame mit heller, kräftiger Stimme und schickt den Butler mit einer leichten Handbewegung weg.

Kaemon macht einen Schritt auf sie zu, auf den Lippen ein sanftes Lächeln und Pan kann nicht genau sagen, ob es nun ihr oder dem Dienstmädchen verschuldet ist.

„Martha, wie schön dich zu sehen.“

Martha grinst verschmitzt. „Ach Kaemon.“

Er lacht und wendet sich den Hemden zu. „Ich darf mir sicher wieder aussuchen, was ich anziehe?“ Fragen zieht er die Augenbrauen nach oben und es wirkt schon beinahe süß, wie er dasteht, ganz brav auf eine Antwort wartend.

Pandora ist überrascht, ihn so zu sehen, bei allem, was sie bisher mit ihm erlebt hat, hätte sie nie vermutet, einmal an das Wort *süß* zu denken.

Martha nickt leicht und richtet ihren forschenden Blick auf Pan. „Für dich, na lass mich überlegen.“

Sie streicht Pans Haare energisch nach hinten und mustert sie eindringlich, dann huscht ein begeistertes Lächeln über ihr Gesicht. „Ja, genau. Das wird sehr gut an dir aussehen.“

Martha verschwindet hinter einigen Kleidern, während Pandora stumm an ihrem Platz stehen bleibt und wartet, bis sie wiederkommt. Neugierig beobachtet sie, wie Kaemon ein paar Hemden herauszieht, um sie wenige Augenblicke später mit gerunzelter Stirn zurückzustecken.

Zögernd beißt Pandora sich auf die Lippe, dann nimmt sie allen Mut zusammen und huscht neben ihn, um eine klare, dunkelblaue Weste zwischen all den anderen herauszuziehen.

„Ich glaube, diese hier könnte dir stehen", sagt sie vorsichtig und hält sie ihm hin.

Kaemon zuckt überrascht mit den Schultern und nimmt sie ihr ab. „Dann probiere ich sie doch mal", erwidert er und das Lächeln kehrt in sein Gesicht zurück.

Doch bevor Pan noch etwas dazu sagen kann, kommt Martha auf sie zu und zieht sie hinter eine Trennwand. Über ihrer Schulter hängt ein weißes, schlichtes Kleid.

„So, Mädchen, dann ziehen wir dich mal um", ruft sie gut gelaunt und klatscht in die Hände.

Wenige Minuten später tritt Pandora hinter der Trennwand hervor und begutachtet sich in dem großen, silbernen Spiegel. Das Kleid passt perfekt. Obwohl es so hell ist, lässt es sie nicht blass wirken. Sie liebt die langen, enganliegenden Ärmel, deren einzige Verzierung kleine, silberne Stickereien am Handgelenk sind, die nur auffallen, wenn das Licht auf sie fällt. Der Stoff ist weich und leicht und zum Abschluss hat Martha ihr ein langes, dunkelblaues Band um die Taille gebunden, das als Schleife an ihrem Rücken endet. Das Blau spiegelt sich in Kaemons Weste wider, die er sich über ein Rüschenhemd gezogen hat. Seine Augen funkeln amüsiert, als Pandora sich schnell eine Strähne aus dem Gesicht streicht.

Mit einem lobenden Nicken zu Martha hakt er sich bei Pandora ein und richtet sich auf. Schnell verbessert diese ihre Haltung ebenfalls und legt ihre Hand elegant auf seinen Arm.

„Bereit, Mylady?“ Sie muss grinsen.

„Natürlich, Mylord.“ Mit federleichtem Schritt schreitet sie auf den Gang hinaus.

Martha folgt ihnen, immer darauf bedacht, dass sie den richtigen Weg einschlagen, aber es scheint, als würde Kaemon nur zu gut wissen, wohin sie müssen. Er zögert an keiner Ecke und schon bald erreichen sie einen weiten, rot-goldenen Raum. Riesige Kronleuchter hängen von der geschwungenen, verspielten Decke und die lange Tafel ist mit einer hellroten Tischdecke überdeckt.

Zuerst fällt Pandoras Blick auf Attis – sie trägt ein dunkelgrünes, weit ausgestelltes, samtiges Kleid mit hochgeschlossenem Kragen. Sie wirkt so königlich, wie sie auf dem goldenen Stuhl sitzt, den Rücken geradegerichtet, aber ihr Blick geht in die Leere, als würde sie nicht wirklich anwesend sein. Illeron steht ruhig hinter ihr, eine Hand auf ihrer Schulter und die beiden erinnern Pandora beinahe schon an ein Gemälde.

Ein nervöses Kribbeln mach sich in ihrem Bauch breit, als sie einen schmalen, in eine fliederfarbene Weste gekleideten Mann entdeckt. Auf seinem Kopf thront eine goldene, über und über mit Diamanten und Edelsteinen übersehene Krone.

Der König.

Pan schluckt. Je besser der Eindruck ist, den er von ihr erhält, umso besser würde ihre Zukunft aussehen.

Mit einem Lächeln auf den Lippen zieht Kaemon sie auf ihn zu und verbeugt sich tief, als sie nur wenige Meter vor ihm zum Stehen kommen. Schnell verfällt auch Pandora in einen tiefen, eleganten Knicks.

„Eure Exzellenz, ich möchte Pandora aus Venedig vorstellen, gesandt von Salome“, beginnt Kaemon und schiebt sie kaum merkbar vor sich.

Hastig knickst Pan ein weiteres Mal. „Es ist mir eine Ehre, in diesem Palast empfangen zu werden“, sagt sie mit einem liebreizenden Lächeln und huscht zurück an ihren Platz dicht neben Kaemon.

Sie fühlt sich etwas sicherer in seiner Nähe, als würde er ihr so die richtigen Worte in den Mund legen können. König George mustert sie mit zufriedenem Blick und zeigt anschließend auf die Frau neben sich.

Ihre dunkelblonden, gewellten Haare sind künstlerisch zusammengesteckt und mit etlichen Smaragden versehen. Sie spiegeln das Glänzen in ihren grünen, strahlenden Augen wider. Das kleine, goldene Diadem passt perfekt zu ihrem hellblauen, mit weißen Streifen durchbrochenen Kleid – es hat eine lange, mit kleinen Rosen gemusterte Schleppe und ergießt sich von ihren Nacken hinab bis mehrere Meter auf den Boden. Sie ist wunderschön, so edel und anders als bei Salome spürt Pandora das Vertrauen, das sie allein mit ihrem Blick aufbaut.

„Meine Frau, Königin Jennifer.“ Die Königin neigt leicht ihren Kopf und obwohl sich ihre geschwungenen Lippen nicht bewegen, um zu lächeln, erreicht ihre Augen ein freundliches Glänzen.

Der König selbst wirkt um einiges älter als seine Frau. Durch sein Gesicht ziehen sich tiefe Falten, die von Erfahrung und Krieg erzählen und seine Haare sind an wenigen Stellen schon ergraut. Trotzdem ist er ein Mann von großer, kräftiger Statur und obwohl Pandora ihn nicht gerade als schlank bezeichnen würde, glaubt sie, dass er sich flink bewegen kann, wenn er einem Feind gegenübersteht.

König George will gerade den Mund aufmachen, da wird die Saaltür mit einem lauten Krachen schwungvoll aufgerissen und ein junger, weißhaariger Mann betritt den Raum. Er trägt eine silberne, auffallende Weste und eine lange, glänzende Kette um den Hals. Seine Nase ist hochnäsig gerümpft.

„Ich halte es nicht für angebracht, gewissen Besuchern freie Auswahl aus unserem Ankleidezimmer zu gewähren!“, ruft er empört, doch sobald sein Blick auf Pandora fällt, verstummt er und beginnt dümmlich zu grinsen.

Skeptisch mustert Pan ihn und spürt, wie Kaemon sich neben ihr anspannt.

„Ein neues Gesicht, wie überaus erfreulich“, sagt der Mann langsam und bückt sich, um der jungen Frau einen Kuss auf die Hand zu hauchen. „Prinz Edward, meine Dame.“

Schnell versucht Pandora den angewiderten Ausdruck, der sich auf ihr Gesicht schleicht, zu unterdrücken und lässt ihren Blick starr auf den Boden gerichtet.

Unauffällig packt Kaemon sie am Arm und zieht sie ein Stück zurück – er muss Prinz Edward bereits kennen und wissen, dass ihm nicht zu trauen ist, anders kann sich seine Partnerin dieses Verhalten nicht erklären.

Doch der Prinz lässt sich nicht davon beirren, im Gegenteil, als er es bemerkt, bietet er Pandora sogar noch einen Stuhl neben sich an. Hastig schüttelt sie den Kopf.

„Mein Prinz, jemandem aus Ihrem Stand so nahe zu sein, würde sich für ein einfaches Mädchen wie mich nicht gehören“, versucht sie, zu erklären und ist überrascht, wie einfach ihr diese Lüge von den Lippen geht.

Geschmeichelt nimmt Prinz Edward ihre Antwort hin und setzt sich.

„Nun gut“, räuspert sich der König, „nehmt Platz, damit wir anfangen können.“

Langsam kommt Pan dieser Forderung nach und wartet gespannt darauf, was jetzt wohl besprochen werden würde. „Also, gibt es schon Neuigkeiten?“

Kaemon ergreift das Wort. „Ja, da gibt es etwas, mein König. Es ist zwar nicht sonderlich viel, aber ich denke, dass es uns voranbringen kann: Durch Attis haben wir herausgefunden, dass hier definitiv ein übernatürliches Wesen im Spiel ist.“

Er wirft dem rothaarigen Mädchen einen fragenden Blick zu, als würde er eine Bestätigung von ihr wollen und erst, als Illeron seine Schwester sachte an der Schulter rüttelt, nickt diese.

Pandora runzelt die Stirn. Irgendetwas stimmt mit Attis nicht und Pan sieht, wie sie fahrig an ihren Oberschenkel greift, an die Stelle, an welcher sie normalerweise ihre Pfeife in einer kleinen Tasche aufbewahrt. Sie hält Tabak oder was auch immer es sein mag, das Attis nimmt, für eine gefährliche Sache, aber dass es solch Entzugserscheinungen mit sich bringt, hätte sie nicht vermutet.

„So, so.“ Der König legt grübelnd seine Hand an das Kinn. „Und was schlagt ihr nun vor?“

Für einen Moment schweigt Pandora, dann hebt sie vorsichtig den Kopf. „Vielleicht“, sie zögert, aber als Kaemon ihr zunickt, fährt sie fort. „Wurde denn schon genau untersucht, wer mit Jill zuletzt Kontakt hatte? Was hat sie an ihrem Todestag gemacht? Vielleicht hat sie etwas herausgefunden und musste deshalb sterben. Denn ehrlich gesagt, kann ich mir nicht vorstellen, dass es reiner Zufall war, dass der Mörder sie erwischt hat.“

Schweigen legt sich über den Saal und für einen kurzen Moment hat Pandora Angst, etwas Falsches gesagt zu haben, doch dann atmet Illeron tief durch.

„Das könnte ein guter Anfang sein", gibt er zu und es ist das erste Mal, dass er seine Meinung zu etwas äußert, was Pan umso mehr darin bestärkt, dass sie sich nicht schlecht schlägt.

„Ich habe Briefe von ihr erhalten, kurz bevor man sie gefunden hat. Ich habe nichts Besonderes daraus herauslesen können, aber vielleicht sagen sie euch mehr." Königin Jennifer mischt sich ein. „Ich werde sie in euer kleines Quartier bringen lassen", fügt sie noch hinzu und Kaemon nickt dankbar.

„Dann sollten wir dem erstmal nachgehen, wer weiß, was wir finden", erwidert er und erhebt sich.

Doch in diesem Moment zuckt Attis wie in Trance zusammen und Pandora merkt, wie ein dunkelhäutiges Mädchen in einfachem Kleid und mit schwarzen, feinen Locken den Raum betritt, um zu Königin Jennifer zu laufen. Während Attis etwas von „süßlicher Duft" murmelt, erkennt Pandora mit zusammengepressten Lippen, was los ist. Schon wieder eine Nixe. Sie schnaubt leise. Dass sie diesen Wesen nicht aus dem Weg gehen kann … Nein, London scheint von ihnen verseucht zu sein. Sie wirft dem Mädchen einen kurzen, grimmigen Blick zu und wendet sich schnell ab, um sie nicht weiter ansehen zu müssen.

Kaemon zieht sie genervt nach oben und verbeugt sich vor den königlichen Herrschaften. „Wir werden Sie auf dem Laufenden halten", sagt er knapp und führt Pandora hinaus.

Vor der Türe muss sie sich ein Lachen verkneifen. Sollte das wirklich der Besuch beim König gewesen sein? Dieses kurze, beinahe schon unwichtige Gespräch? Haben sie nicht Besseres zu tun? Sie zuckt kaum merklich mit den Schultern. Vermutlich wollte sich der König nur ein wenig wichtigmachen.

„Du solltest aufhören deine Abneigung gegen Nixen so deutlich zu zeigen, das Mädchen ist Königin Jennifers liebste Zofe", herrscht er sie an, sobald Pan und er weit genug von dem prachtvollen Saal entfernt sind.

„Hör auf mir vorzuschreiben, was ich zu tun oder zu lassen habe!“, faucht sie verstimmt und verschränkt die Arme vor der Brust.

„Doch, das werde ich, schließlich soll ich ja auch auf dich aufpassen!“, erwidert Kaemon scharf und Pandora zuckt zurück.

Sie beißt sich auf die Unterlippe und atmet tief durch. „Okay, gut“, sagt sie schlicht, weil sie weiß, dass diese Diskussion zu nichts führen würde.

Mit zusammengepressten Lippen nickt ihr Begleiter und wendet sich ab. „Wir werden die Kleider jetzt zurückbringen und uns unsere eigenen wieder anziehen.“

Pandora grinst. „Aber warum denn? Wir könnten sie uns doch noch ein wenig ausleihen, sie sind so schön“, sie lacht, „und außerdem steht dir diese Weste einfach zu gut.“

„Ich stehle nicht“, entgegnet Kaemon nur.

Auf den letzten Satz geht er erst gar nicht ein und Pandora versucht abzustreiten, dass sie es sich gewünscht hätte. Innerlich seufzend richtet sie ihren Blick wieder auf den Weg vor sich und genießt die letzten Minuten in diesem Kleid, in dem sie sich so königlich fühlen kann.

Sie vernimmt die Stimmen der Geschwister hinter sich, dreht sich aber nicht zu ihnen um. Die beiden diskutieren über etwas und Illeron wirkt, das erste Mal, seitdem sie ihm begegnet ist, etwas ärgerlich. Obwohl es sie interessieren würde, um was es geht, versucht Pandora den Anstand zu haben, nicht hinzuhören und überlegt lieber, was sie tun sollten, wenn Jills Briefe nichts Neues ergeben würden. Doch sie muss zugeben, dass ihr nichts Brauchbares einfällt – schließlich ist sie immer die Gesuchte gewesen, jetzt jemanden suchen müssen, ist eine völlig neue Perspektive. Irgendwie ironisch, kommt es ihr in den Sinn und Pandora muss schmunzeln.

Die ganze Zeit über, während sie sich in den Ankleideraum begibt und ihre Kleidung wechselt, überlegt sie, was sie tun würde, wäre sie dieser Mörder. Eine Gänsehaut zieht sich über ihren Körper und ihre Schläfen beginnen schmerzvoll zu pochen. Das ist nicht zu vergleichen, *seine* Macht war so groß, dass sie nie nur einen Gedanken daran verschwendet hat, einmal erwischt zu werden. Und wenn *er* selbst dahintersteckt? Ihr wird übel. Schon anfangs hat sich diese schreckliche Vermutung in ihren Kopf geschlichen, aber sie hat sie erfolgreich verdrängt. Es hätte zu viele Konsequenzen, wenn sie es den anderen mitteilen würde.

Sie nimmt einen tiefen Atemzug, um sich zu entspannen und spürt, wie nahe sie Kaemon nun ist. Er überragt sie um eine gewaltige Kopflänge. Zum ersten Mal fallen ihr die Narben auf, die sich über seine Arme ziehen. Sie sind die Zeugen schrecklicher Taten, Nächte, die niemand in seinen Gedanken durchleben möchte.

„Wir haben noch etwas zu klären, fahrt ihr schon einmal vor", ruft Illeron hinter ihr, aber Pandora hört es gar nicht mehr richtig.

Viel mehr hadert sie mit dem inneren Drang, der ihr Herz umhüllt, Kaemon zu berühren, ihre Finger in seinem Nacken zu vergraben. Sie weiß nicht, woher dieses Verlangen stammt, es kommt so plötzlich, dass es ihr beinahe den Atem nimmt. Nie zuvor hat sie sich so gefühlt, so benebelt, nicht in der Lage dazu, einen richtigen Gedanken zu fassen – und das alles nur wegen eines Menschen, einem einfachen, sterblichen Menschen. Sie bleibt stehen und hält Kaemon an seiner Hand zurück.

Auch er merkt, dass ihre Gefühle ihr einen Streich spielen, aber das Interesse an dem, was sie wohl vorhat, ist so stark, dass er es zulässt. Pan zieht ihn vorsichtig an sich heran. Ihr Kopf pocht so stark, dass sie es aufgibt, zu überlegen, was hier passiert. Sie streckt sich, hebt ihren Blick und bewundert seine klaren, wachsamen Augen. Doch als ihre Finger seine glatte Haut berühren und sie seinen Atem an ihren Wangen spüren kann, zuckt Kaemon schlagartig zurück.

Erschrocken taumelt Pandora.

„Was ist?“, stammelt sie und ihr Herz verkrampft sich, als sie sieht, mit welch einem kühlen, distanzierten Blick er sie betrachtet.

„Versuch so etwas nicht noch einmal.“ Damit dreht er sich um und geht. Nein, eher wirkt es, als würde er vor ihr fliehen.

Stumm bleibt Pandora zurück, vor ihren Augen beginnt alles zu verschwimmen. Er hat sie abgestoßen. Wie hatte sie nur denken können, dass er etwas anderes machen würde? Wegen der wenigen Momente, in denen er nett zu ihr war? Wegen dieser Momente, in denen er ihr dieses Lächeln schenkt, das eine Hitze in ihr entfacht? Scheinbar hat sie sich einfach einen Moment zu sehr wohl bei ihm gefühlt.

Sicher.

Sie greift sich an den Kopf und verkrümmt sich, die Zurückweisung schmerzt sie mehr, als vermutet. Nur wenige Sekunden verstreichen, dann verblassen die Erinnerungen allerdings schon wieder und dieses Gefühl des Realitätsverlustes schwindet.

erwirrt umfasst Pan ihren Arm und sieht den leeren Gang hinab. Sie weiß nicht, weshalb sie es überhaupt probiert hat, sich diesem Mann mit den vielen Geheimnissen so überraschend zu näheren, aber blitzte da nicht ein Hauch Interesse, ein Hauch Gefallen in seinen Augen auf? Sie schluckt und stößt sich von der kalten Wand ab. Als hätte er etwas in ihr gesehen, vor dem er Angst hat. Über diesen unsinnigen Gedanken muss Pandora selbst lachen. Sie wischt sich eine Haarsträhne aus dem Gesicht, hebt den Kopf und verlässt den Palast mit anmutigen Schritten.

Kaemon wartet draußen auf sie. Er steht vor eine Droschke und hat den Blick starr in die Ferne gerichtet. Auf seiner Stirn haben sich tiefe Falten gebildet und er ist so in seinen Gedanken versunken, dass er gar nicht merkt, wie Pandora mit einem sicheren Abstand hinter ihm zum Stehen kommt.

„Wir können los“, presst sie nur schlicht hervor und verschwindet sofort in der Droschke, um den Blick, mit dem er sie anschauen würde, nicht ertragen zu müssen.

Sie ringt mit sich selbst, weiß nicht, ob sie schweigen oder ganz normal mit ihm reden soll. Unbewusst hält Pan die Luft an, als er einsteigt und sich so weit entfernt wie möglich setzt. Unangenehme Stille herrscht den ganzen Weg über und Pan konzentriert sich auf die Häuser, die an ihr vorbeiziehen.

Es ist erschreckend, wie klar sich die Viertel von Arm und Reich unterscheiden. Im einen Moment beobachtet Pan lachende, schick angezogene Damen mit lustigen Hüten, dann lauern plötzlich halb verhungerte, nach Essen bettelnde Kinder am Straßenrand und werfen denen, die Glück haben, etwas Geld in der Tasche zu haben, wütende Blicke zu. Pandora schließt die Augen. Das Ganze geht nicht gerecht zu.

Bedrückt presst sie die Lippen aufeinander und wagt einen kurzen, unauffälligen Blick zu Kaemon. Sein Gesicht ist überschattet, aber sie bemerkt, dass sein Atem schneller geht, als er es normalerweise tut. Er wirkt immer noch abwesend, unruhig und in Gedanken in seiner eigenen Welt. Hat sie ihn mit dem Versuch, sich ihm zu nähern, wirklich so aus dem Konzept gebracht?

PANDORA

Quartier, London

Als Pandora den kühlen Raum ihrer Unterkunft betritt, hat Kaemon immer noch kein Wort mit ihr geredet. Er lässt sich stumm auf einen Stuhl fallen und greift nach einer filigranen Glaskaraffe – das einzig Teure, das Pan im ganzen Haus erspähen kann und ein wenig verwundert es sie, dass sie hier steht. Als er den Deckel abnimmt und die bräunliche Flüssigkeit seine Kehle herabrinnen lässt, nimmt Pandora den starken Alkoholgeruch deutlich wahr.

„Besauf dich nur nicht, wir brauchen dich noch“, versucht sie die Stimmung aufzulockern und ein falsches, hohes Lachen entweicht ihr, aber der Angesprochene mustert sie nur einen Augenblick und wendet sich wieder schweigend ab.

Pan schluckt und verschränkt die Arme vor ihrer Brust, als würde sie versuchen, das schlechte Gefühl, das sich in ihr ausbreitet, in Schach zu halten. Sie kann nur hoffen, dass Illeron und Attis bald hier sind, damit sie sich in ihre Arbeit stürzen und ihre Gefühle verdrängen kann. Die Serva greift an ihren Hals, doch dann fällt ihr ein, dass sie das Amulett abgelegt und sicher in ihrem Zimmer verstaut hat. Sie hat beschlossen, dass es zu ihrem Neuanfang gehört, es auch einmal aus den Augen zu lassen. Natürlich, es ist riskant, findet es jemand und *er* bekommt es in die Hände, wäre alles vorbei, aber in diesem Moment hatte sie das Risiko die Macht ergreifen lassen.

Früher war es ein großer Reiz gewesen, mit dem Schicksal zu spielen, aber Pandora weiß, dass sie erst wieder lernen muss, sich fallen zu lassen. Sie muss einsehen, dass sie mit diesem Auftrag beginnt, sich selbst aufzubauen, den Mut in sich entdeckt, ihre alten Stärken, die sie ausgemacht hatten, bevor er sie für sich verwendet hatte, wieder findet. Dieser so plötzlich aufkeimende Hoffnungsschimmer lässt sie aufstehen, Kaemon die Karaffe aus der Hand reißen und selbst einen Schluck nehmen. Als sie seinen verdutzen Blick sieht, muss sie grinsen.

„Was denn?“, sagt sie schnippisch und nimmt gut gelaunt auf einem der Stühle Platz. Sie schlägt die Beine übereinander und richtet ihren Blick wartend auf die Tür. Ihre plötzliche Stimmungsschwankung überrascht sie selbst etwas, aber sie weiß, dass sie es genießen muss, bevor dieses Gefühl wieder verschwindet und Angst oder Verzweiflung diesen Platz wieder einnehmen.

Die Geschwister lassen nicht lange auf sie warten. Illeron schiebt seine Schwester fürsorglich durch die Tür, während sie eher unzufrieden wirkt. In der Hand hält sie die Briefe, die Königin Jennifer ihnen versprochen hat.

„Wir haben sie doch gleich vom Palast mitgenommen, es hätte keinen Sinn gemacht, extra auf einen Boten zu warten.“

Pandora nickt und bietet ihr den Stuhl neben sich an. Während Attis sich setzt und beginnt, das weiße Band, das die Briefe zusammenhält, zu lösen, bleibt Illerons Blick misstrauisch an Kaemon hängen.

„Warst du heute schon bei der Beichte?“, fragt er urplötzlich und dieser schüttelt den Kopf.

Bestimmt zieht Illeron ihn nach oben. „Dann geh, der Priester hat bestimmt Zeit für dich.“

Pandora will etwas sagen, Kaemon kann sich jetzt doch nicht einfach aus dem Staub machen, aber Illeron wirft ihr einen bittenden Blick zu und sie schließt ihren Mund wieder. Es scheint ihr, als würde Illeron wissen, was er tut, auch wenn sie es sich nicht erklären kann. Kaemon stellt die Karaffe auf den wackelnden Tisch und verlässt das

Haus. Als die Tür hinter ihm ins Schloss fällt, fegt ein kalter Wind durch den Raum.

Schnell wendet Pandora sich wieder den Briefen zu – trotzdem kann sie nicht anders, als noch einmal verwundert zur Türe zu schielen. Wieso ist Illeron so erpicht darauf, dass Kaemon beichtet? Ja, er ist scheinbar sehr religiös, doch haben die Briefe jetzt nicht vor Rang?

„Vielleicht teilen wir die Stapel auf uns drei auf", schlägt sie vor und Attis nickt.

Während sie ihr ein paar Briefe überreicht, muss Pan sich auf die Zunge beißen, um nicht zu fragen, wie lange sie diesen religiösen Mann schon kennt, aber als das kühle Briefpapier ihre Finger berührt, gibt sie nach.

„Wie lange kennt ihr ihn eigentlich schon?"

Attis schaut sie an. „Kaemon?"

Pan nickt zögerlich.

„Schon sehr lange", antwortet Illeron ihr nur kurz angebunden und setzt sich zu ihnen.

Pan belässt es bei dieser Antwort, und nickt leicht. Sie zupft ihr Kleid zurecht, streckt ihren Rücken durch und räuspert sich. „In Ordnung, dann lasst uns mal anfangen."

Der erste Brief, den sie öffnet, ist nicht sehr spannend. Jill erzählt Königin Jennifer darin, dass sie gut in diesem Haus angekommen ist und sie am nächsten Tag besuchen werde.

Pandora runzelt die Stirn. „Warum schreibt Jill eigentlich der Königin Briefe und nicht dem König?"

„Die beiden haben sich schon einmal auf einer Mission getroffen und sind Freunde geworden", erklärt Illeron ihr, während Attis weiter auf die Zeilen starrt. Sie verzieht ihr Gesicht kein bisschen, gerade so, als hätte sie Pans Frage überhaupt nicht mitbekommen.

Seufzend nimmt die Serva sich den nächsten Brief – doch auch hier steht nichts geschrieben, das ihnen bei der Suche nach dem Mörder helfen könnte. Frustriert lässt sie den Kopf in die Hände fallen.

Aufmunternd klopft Illeron ihr auf den Rücken. „Na komm, wir schaffen das schon", sagt er und in seiner weichen Stimme liegt tatsächlich Optimismus.

Irgendwie bauen sie seine Worte auf und allmählich kommt ihr der Gedanke, dass er deshalb hier ist – um sie alle vor dem Zerbrechen zu bewahren. Kümmert er sich nicht rund um die Uhr um seine Schwester? Hat er Kaemon nicht gerade zum Beichten geschickt, damit er den Boden unter den Füßen nicht verliert?

Ein schwaches Lächeln gleitet über ihre Lippen und sie öffnet den nächsten Brief, der federleicht in ihren Händen liegt. Obwohl Jill auch hier nichts Wichtiges beschrieben hat, lässt sie sich die Hoffnung nicht nehmen. Sie blickt neugierig zu Attis, ob diese denn schon etwas gefunden hat, aber die Art und Weise, wie sie die Stirn runzelt, lässt Pan daran zweifeln. Doch da schaut Illeron neben ihr auf, mit einem Brief in den Händen. In seinen Augen glänzt Begeisterung und ein Strahlen legt sich über sein Gesicht.

„Ich habe etwas!", ruft er.

Pandora kennt ihn gar nicht so stürmisch.

„Hört zu." Er fährt sich kurz durch die roten, verwuschelten Haare. „Jill schreibt hier, dass sie einen Tipp bekommen hat und hat eine kleine Karte aufgezeichnet. Der Ort scheint versteckt zu sein, sonst wäre das wohl kaum nötig gewesen."

Attis zuckt nur mit den Schultern und steht auf. „Dann lasst uns gehen."

Doch Pandora zögert. „An welchem Tag hat sie diesen Brief geschrieben?"

Illeron mustert das Papier grübelnd. „Ein Datum gibt es hier nicht, warum?"

Bedächtig starrt Pan auf den Brief. „Was, wenn der Tipp eine Falle war, um sie dort zu ermorden?"

Illeron wendet sich Pan interessiert zu. „Das kann natürlich sein, aber es gehen keine Anhaltspunkte dafür aus ihren Briefen hervor und ansonsten haben wir keine Spur."

Pandora nickt leicht und steht seufzend auf. „Du hast schon recht. Versuchen sollten wir es. Steht auch dabei, von dem sie diesen Tipp bekommen hat?"

Illeron schüttelt den Kopf.

„Wäre auch zu einfach gewesen", murmelt sie mehr zu sich selbst und räumt die Briefe in eine kleine Schublade eines Schrankes. Sie zögert. „Sollen wir auf Kaemon warten oder schon gehen?"

„Wir warten, es sollte nicht mehr allzu lange dauern", entscheidet Illeron und wirft seiner Schwester einen prüfenden Blick zu. „Nicht wahr, Attis?"

Diese nickt leicht, während sie nach der Pfeife greift, die vor ihr auf dem Tisch liegt, aber bevor sie sie anzünden kann, nimmt Illeron sie ihr weg.

„Nicht jetzt", warnt er seine Schwester und Pandora beobachtet die beiden verwirrt. Ein weiters Mal fragt sie sich, weshalb es Illeron so sehr darauf bedacht ist, dass Attis nur raucht, wenn er es ihr erlaubt. Aber sie hat keine Zeit, weiter darüber nachzudenken, denn Kaemon betritt den Raum.

Er wirkt ein wenig entspannter, aber trotzdem meidet er ihren Blick. Pandora strafft die Schultern und versucht, es so weit wie möglich zu ignorieren.

„Dann können wir ja jetzt", sagt sie und während sie hinaus in die frische Luft tritt, erklärt Illeron Kaemon kurz, was sie gefunden haben. Attis hält sich stumm hinter ihnen, ihre Gesichtszüge sind ausdruckslos, wie so oft.

Die Straßen sind wie schon am Vortag überfüllt mit Menschen. Sie laufen schreiend durch den Dreck, bieten Vorbeigehenden fauliges Gemüse oder handgemachtes Gewand an. Wie verzweifelt sie sich über Wasser halten wollen, aber über einigen lauert der Schatten des Todes und Pan weiß, dass sie nicht mehr lange durchhalten werden. Was ist das überhaupt für ein Leben? Mit der ständigen Angst, die Augen am nächsten Tag nicht mehr zu öffnen, schuften sie, um ihre Familien zu ernähren. Pandora fragt sich, ob diese Menschen einen Hauch von Glück spüren. Andererseits, ist gerade sie die Richtige, um so etwas zu beurteilen?

Der Saum ihres Kleides ist schon nach wenigen Schritten durchtränkt mit dem schmutzigen Regenwasser, das sich auf den Straßen angesammelt hat. Mitleidig bleibt ihr Blick an einem kleinen Kind hängen, das in einer dieser Pfützen sitzt und darauf wartet, dass ein Wunder geschieht. Zu gerne würde sie es in ihrem Bett schlafen lassen und ihm ein wenig Geld für Nahrung geben, aber sie weiß, dass sie nichts gegen diese Umstände ausrichten kann. Ist sie doch selbst nur eine Geisel dieses Universums, die sich behaupten muss. Schnell reißt sie sich vom Anblick des Kindes los.

„Wart ihr schon öfter hier in London?“, beginnt sie ein Gespräch mit Attis.

Die Rothaarige nickt. „Schon einige Male, ja. Wir waren gerade in China unterwegs, als uns die erste Nachricht erreichte, man würde uns hier brauchen“, beginnt sie und Pandora lauscht ihr gespannt.

„Dabei haben wir Kaemon kennengelernt“, fügt Attis noch hinzu und Pan ist überrascht, wie gesprächig sie ist.

„Kommt ihr viel rum?“

Die Angesprochene lächelt schief. „Oh ja. Viele unserer Jobs sind in wenigen Tagen erledigt und wir müssen uns den nächsten suchen. Die Aufträge verteilen sich über die gesamte Welt.“

Fasziniert lauscht Pan ihren Worten. Würde so etwas für sie in Frage kommen? Sie legt den Kopf schief. Sie kann es sich nicht beantworten, dafür muss sie diese Aufgabe hier erst einmal beenden. Zu gerne würde sie von Attis wissen, was sie dazu gebracht hat, Killer zu werden, was Kaemon dazu gebracht, königlicher Assassine zu werden, aber diese Frage liegt so schwer auf ihrer Zunge, dass sie sie nicht stellen kann. Fürchtet sie sich vor der Antwort? Sie selbst hat sich nicht ausgesucht, zu einem Monster zu werden, aber was, wenn die drei wirklich Spaß daran haben und es nicht nur tun, weil sie dazu gezwungen sind, welche Motive auch immer dahinter stehen? Würde sie es akzeptieren können, wenn es so wäre?

Für einen kurzen Moment muss Pandora die Augen schließen, um ihre Gedanken einzudämmen, dann konzentriert sie sich wieder auf den Weg vor sich.

Illerons dunkler Mantel, den er sich um die Schultern gelegt hat, hebt sich kaum von den Wänden der Häuser ab, nur die helle Hose verhindert, dass er mit ihnen verschmilzt. Seine Haare sind wild durcheinander gewuschelt und von der Seite erkennt sie eine feine Narbe, die sich über sein Ohr zieht. Er ist beinahe so groß wie Kaemon, aber nicht annähernd so breit gebaut, wie dieser. Eher schmal, um sich durch kleine Türspalte zwängen und geheime Schächte entlang kriechen zu können, aber nicht so kraftlos, wie man es bei seiner Schwester vermuten würde.

Verstohlen mustert Pan Attis Körper. Wie oft sie sich wohl schon ihre Knochen gebrochen hat? Sie wirken so dünn, so verletzlich. Sie wendet sich ab. Pandora weiß, dass es ein Fehler ist, Menschen aufgrund ihres Aussehens zu beurteilen, also hört sie lieber auf, darüber nachzudenken.

„Wie lange müssen wir eigentlich laufen, bis wir an diesem Ort sind, von dem Jill geschrieben hat?“, erkundigt sie sich lieber und blinzelt stark, als der von ein paar Pferden aufgewirbelte Dreck in ihr Auge fliegt.

Eigentlich hätte Pan erwartet, dass Kaemon ihr antwortet, ist er es doch meistens, der die Gruppe anführt, stattdessen dreht sich Illeron kurz zu ihr um.

„Sind gleich da“, ruft er ihr über die Schulter zu und sie nickt leicht.

Der Nixenfreund zeigt keinerlei Reaktion, weder auf sie noch auf Illerons Antwort. Sie presst die Lippen aufeinander und ignoriert das schlechte Gefühl in ihrem Magen. Was er dem Priester wohl erzählt hat? Sie schnauft unzufrieden. Schon wieder driften ihre Gedanken zu ihm.

Gerade hebt Pandora den Kopf, um den Himmel zu mustern, da dringt ein markerschütternder Schrei durch die Gassen. Erschrocken zuckt Pandora zusammen und versucht hektisch, den Ursprung des Schreies zu entdecken. Als sie die Richtung einigermaßen lokalisiert hat, beginnt sie zu rennen. Es ist ihr egal, was sie dort erwartet, auch wenn sie mit dem Schlimmsten rechnet. Die anderen drei folgen ihr rasch, sie vernimmt ihr eiligen Schritte.

Pans Füße wirbeln Dreck auf, der auf dem Asphalt liegt, aber schon nach wenigen Metern vermischt er sich mit rotem, frischen Blut. Es bahnt sich seinen Weg unerbittlich durch das verdorbene Stroh, schlängelt sich durch die Risse am Boden und der metallische Geruch steigt Pandora so rasch in die Nase, dass sie würgen muss. Ja, sie ist eine Mörderin, aber sie verabscheut Blut, sie ist schließlich darauf spezialisiert, ihre Aufträge sauber zu erledigen. Das Gemetzel hingegen, das sich vor ihren Augen abgespielt hat, nimmt ihr für einen Moment den Atem.

Der junge Mann, der vor ihr liegt, trägt nichts weiter als eine schlichte Hose und ein Arbeiterhemd, welches die Metzger anhaben. Aber das Blut darauf stammt ganz sicher nicht von einem Tier, es rinnt aus einer tiefen Wund an seinem Hals heraus. Das Hemd saugt es unaufhaltsam auf, aber es ist zu viel, um alles aufzunehmen. Die Augen des Mannes starren leblos geradeaus und in ihnen ist die Überraschung zu erkennen. Die Überraschung über sein eigenes Ende. Langsam beginnt das Bild vor ihren Augen zu verschwimmen, aber Pan bleibt fest auf ihren Füßen stehen und zwingt sich dazu, nicht wegzusehen. Allmählich nimmt sie auch wahr, weshalb dieser Platz der beste gewesen sein musste, um das Opfer zu ermorden – es gibt keine Fenster oder Türen, keinen Weg zu einer Hintertür.

Neben dem Toten steht eine ältere Frau. Sie zittert am ganzen Körper und sieht aus, als würde sie jeden Moment umfallen, weshalb Illeron sie beiseite zieht und wegführt. Pandora schluckt. Ein einziger Schnitt durch die Kehle, aber so viel Blut, so viel rotes, warmes Blut. Sie sinkt auf die Knie und hält die Luft an.

„Das war unser Killer, definitiv“, dringt Kaemons Stimme schwach an sie heran, aber er redet mit Attis, nicht mit ihr, weshalb sie nicht darauf reagiert. Sie weiß selbst, dass dieser Mord keine alltägliche Nachbarrivalität ist, die ein grausames Ende genommen hat.

„Ja, eindeutig“, pflichtet Attis ihm bei, „ich werde mich mal umsehen, vielleicht finde ich ihn ja noch.“

Doch bevor sich ihre Schritte entfernen können, stoppt ihr Anführer sie.

„Nein!“, sagt er viel zu schnell und Pan glaubt, sogar einen Hauch Panik in seiner Stimme hören zu können. Er will um keinen Preis mit ihr allein sein, das spürt sie sofort und es versetzt ihr einen tieferen Stich im Herzen, als erwartet. Wie konnte sie es nur so weit kommen lassen?

„Ich gehe. Ich bin ein guter Beobachter, wenn da jemand ist, mit dem etwas nicht stimmt, merke ich das. Außerdem komme ich etwas schneller als ihr zum König – er muss sofort hiervon erfahren."

Pan späht nach hinten und sieht, wie Attis nickt, doch sie wirkt nicht sonderlich überzeugt. Als Kaemon sich entfernt, kommt diese zu ihr und kniet sich neben sie in den Dreck – dass das Blut sich augenblicklich in ihr Kleid frisst, scheint ihr nichts auszumachen.

„Genau wie Jill", stellt sie mit belegter Stimme fest, aber es bleibt auch schon ihre einzige Reaktion.

„Und was machen wir jetzt?" Pandora weiß, wie dumm sich diese Frage anhört, aber ihr fällt nichts anderes ein, sie fühlt sich wie gelähmt. Attis zuckt mit den Schultern.

„Warten, bis Scotland Yard die Leiche wegschafft, herausfinden, wer er war", erwidert sie und erhebt sich.

Nachdenklich starrt Pan auf den Mann vor ihr. Er hätte noch so viel erleben können. Sie schaudert – wie oft sie das schon gedacht hat, wenn sie ein derart junges Leben beendet hat. Sie muss sich wegdrehen.

„Wir dürfen nicht vergessen, nach Jill zu fragen." Attis nickt nur. Sie zieht ihren Mantel aus und wirft ihn lieblos über die Leiche.

Für einen kurzen Moment wundert Pandora sich, weshalb sich nicht einmal eine Gänsehaut über ihre Arme zieht, aber sie beschließt, dass es gerade schwerwiegendere Fragen gibt, weshalb sie nicht weiter darüber nachdenkt.

„Lass uns zu Illeron gehen, es gibt keinen anderen Weg hierher als an ihm vorbei, deswegen können wir uns sicher zu ihm stellen."

Stumm folgt Pan ihr. Illeron ist gerade dabei, die Neugierigen zu vertreiben, hat aber stets einen Blick auf die verstörte Dame, die an der Hauswand lehnt.

„Geh zu ihr und frag sie ein wenig aus“, Attis verzieht das Gesicht, „ich bin nicht so gut darin, mit Menschen zu reden.“

Pandora schnaubt belustigt. Weil sie so etwas besser kann. Aber sie widerspricht nicht, sondern versucht, ein freundliches Lächeln aufzusetzen und geht mit selbstbewusstem Schritt auf die Dame zu. Mit ihren Fingern umklammert sie einen selbst geflochtenen Korb, gefüllt mit ein wenig Gemüse.

„Wie heißen sie?“, spricht Pan sie an und streicht ihr beruhigend über den Arm.

„Elide“, antwortet sie schwach.

„Ich heiße Pandora.“

Elide nickt leicht, aber Pan merkt, dass es nicht wirklich zu ihr durchgedrungen ist.

„Gehst du hier öfter vorbei, Elide?“

Wieder ein Nicken. „Ich kaufe Essen am Markt und bringe es meinen Söhnen.“

Pan lächelt schwach. „Ich weiß, dass es nicht einfach ist, aber kannst du mir erzählen, was du gesehen hast?“

Ein aufgeschrecktes Wimmern ist die einzige Antwort und Pan merkt, wie Ungeduld in ihr aufsteigt. Illeron sollte das hier machen, nicht sie. Hilfesuchend sucht sie seinen Blick und er versteht sofort. Hastig eilt er zu ihr hinüber.

„Ihr Name ist Elide“, informiert Pandora ihn und er wendet sich der alten Dame zu.

„Hilf Attis und“, Illeron grinst verlegen, „achte bitte darauf, dass sie ihre Pfeife nicht raucht“, bittet er sie noch schnell und Pan blinzelt verwirrt.

„Warum…“, setzt sie an, doch er beginnt bereits, sachte auf Elide einzureden.

Schulterzuckend trottet Pan zu seiner Schwester.

„Geht ihr hier öfter vorbei?“, beginnt sie damit, eine kleine Gruppe Jugendlicher anzusprechen, welche sich schaulustig vor ihr tummeln.

Der größte Junge nickt leicht, während er versucht, an ihr vorbeizuspähen.

„Gut.“ Sie packt ihn an Kragen und schiebt ihn ein Stück zurück, um zu verdeutlichen, dass es nichts für ihn zu sehen gibt. „Habt ihr hier in letzter Zeit ein junges Mädchen gesehen?“

Pan wendet sich an Attis, schließlich weiß sie überhaupt nicht, wie Jill eigentlich aussah.

„Schmal, braune, lange Haare, rundes Gesicht, Narbe am Hals?“, beschreibt Attis, aber die Gruppe verneint.

Enttäuscht schickt Pandora die vier weiter und schaut sich nach dem nächsten Schaulustigen um. Ihr Gedanken gleiten dabei immer wieder zu der Leiche, die hinter ihrem Rücken liegt und der Tod wiegt schwer auf ihren Schultern. Das alles hat bestimmt viel mehr Bedeutung, dahinter steckt kein einfacher Wahnsinniger. Als sie merkt, wohin sie ihre Gedanken führen, nimmt sie sich zusammen und konzentriert sich auf ihre Arbeit.

PANDORA

Quartier, London

„Nichts. Niemand, der in den letzten Wochen dort vorbeigekommen ist, hat Jill gesehen. Wir haben rein gar nichts gefunden und mussten mit leeren Händen gehen!", frustriert vergräbt Pandora ihre Hände in ihren Haaren und schließt die Augen.

„Wir können mit dieser Spur nichts weiter anfangen", setzt Attis hinzu und nimmt einen starken Zug aus ihrer Pfeife. Trotz der schlechten Nachricht wirkt sie nicht sonderlich bekümmert, eher gelöst.

Illeron, der im Schatten an der kalten Wand lehnt, seufzt leise. „Elide konnte uns weder zu dem Mann, den sie gefunden hat, noch zu Jill etwas sagen."

„Informationen über die Leiche erhalten wir so schnell wie möglich vom König, wir sollen uns währenddessen eine andere Taktik überlegen", mischt sich Kaemon ein. Er sitzt zusammengekrümmt auf einem der Stühle und wickelt sich grübelnd eine dunkle Strähne um den Finger.

Seit er vom König zurückgekommen ist, hat er Pandora nur einmal eine schnelle, kühle Anweisung gegeben, was zu tun sei, aber angesehen hat er sie nur, wenn sie seinen Blick nicht erwidern konnte.

Illeron stößt sich von der Wand ab und streckt sich. „Ich werde uns erst einmal etwas zu essen machen, vielleicht fällt uns etwas Brauchbares ein, wenn unsere Mägen gefüllt sind", schlägt er vor und erst jetzt bemerkt Pandora, wie lange ihre letzte Mahlzeit schon her ist.

Verwundert darüber, dass es ihr nicht schon früher aufgefallen ist, nickt sie begeistert.

„Mach das." Sie entspannt sich, lehnt sich zurück und streckt ihre Beine aus. Mit geschlossenen Augen lässt sie die Stille, die um sie herum entsteht, auf sie wirken. Einzig und allein das Rascheln, das Illeron verursacht, dringt an ihre Ohren. Er zerschneidet gerade etwas und sie ist froh darüber, dass man während dem ganzen Chaos daran gedacht hat, ihnen etwas zu Essen zur Verfügung zu stellen. Langsam streicht Pandora sich die Haare aus dem Gesicht und lässt sie über die Stuhllehne fallen. Sie genießt den Moment der Ruhe, fühlt sich sicher, als wäre das ein gemütliches Treffen mit alten Freunden.

PANDORA

Erinnerung, Kindheit, Venedig

Majestätisch erheben sich die Türme der hunderten, alten Bauwerke in den von dunklen Wolken bedeckten Himmel. Die von goldener Farbe gesäumten Spitzen werden verschluckt von der gräulich-schwarzen Masse, während kalter Regen an ihnen herabrinnt. Der Schatten des kleinen Mädchens spiegelt sich in den flachen Pfützen wider, ihr Körper allerdings verschmilzt mit der beinahe schwarzen Hausfassade. Die ebenfalls dunklen Haare fallen ihr auf die dünnen, bebenden Schultern – wo auch immer sie gerade lieber wäre, dieser Ort hier ist es sicher nicht.

Würde sie ihren Blick heben, würde ihr fahles, kindliches Gesicht Aufsehen erregen. Dieses Dorf, für dessen Namen sie sich nicht interessiert hat, wird hauptsächlich von alten Menschen bewohnt. Hin und wieder verirrt sich ein junges Ehepaar hier her, auf der Suche nach einem neuen Zuhause, doch wagen sie es genauer hinzusehen, erkennen sie, dass hier keine Zukunft mehr herrscht. Dieses Dorf ist ein wandelnder Sarg, der Friedhof zählt mehr Leiber als die uralten Häuser Jahre.

Frustriert wischt sich das junge Mädchen – sie ist höchstens 12, vielleicht 13 – eine Träne aus dem Gesicht und stapft trotzig die schmale Gasse entlang. Ihr dünner Körper, umspielt von einem viel zu langen Mantel, hält die Kälte nur schwer aus. Die bereits tauben Finger klammern sich fest an den weichen Stoff, während ihre Augen den kleinen Platz absuchen, der sich vor ihr eröffnet. Ganz langsam schleicht das Mädchen weiter, immer darauf bedacht, unentdeckt zu bleiben. Jeder Schritt ist eine Qual, jeder Schritt lässt sie noch blasser werden.

Obwohl sie noch so jung ist, ist ihr die Konsequenz ihres Handelns bewusst, ist ihr bewusst, was sie hier tut. Und trotzdem bleibt ihr keine Wahl. Ein Schluchzer dringt aus ihrer Kehle. Sie stolpert weiter, immer auf der Suche nach ihrem Opfer. Er wird wütend sein, wenn sie zu lange bleibt, das ist ihr klar, also verschnellert sie ihr Tempo, bis sie beinahe rennt.

Wo sie die alte, garstige Schneiderin findet, ist dem Mädchen durchaus bewusst, aber es ist ihr Geist, der gegen ihre Beine ankämpft. Für einen kurzen Augenblick schließt sie die Augen, besinnt sich darauf, was ihr beigebracht wurde.

Gleichgültigkeit.

Gleichgültigkeit.

Gleichgültigkeit.

Wenn sie all das hinter sich hat, erwartet sie ein neues schönes Kleid oder eine Puppe, die ihren Gedanken entsprungen ist. Verzweifelt klammert sie sich an diesen einen Hoffnungsschimmer und nach wenigen Metern steht sie bereits vor der Stube der alten Dame. Kein Geruch von leckerem, frischem Brot oder anderem Gebäck dringt nach draußen – oh nein, als das junge Mädchen die Türe aufschiebt, schlägt ihr nur eine Eiseskälte entgegen. Und Schreie. Das Mädchen zuckt heftig zusammen, zieht den Kopf ein und lugt um die Ecke.

Die Schneiderin steht mit erhobenem Nudelholz vor einem Jungen, welcher die Hände hocherhoben hat. Zitternd kniet er am Boden, neben ihm die Scherben einer Messingschüssel. Ihr dampfender Inhalt hat sich über die Hände des Jungen ergossen. Mit geweiteten Augen sieht das Mädchen zu, wie die Schneiderin ihr Nudelholz auf ihn herabsausen lässt – immer und immer wieder, bis der Junge vollkommen zusammenbricht. Seine Schmerzensschreie sind verstummt. Eine rote Flüssigkeit schlängelt sich an dem Nudelholz herab.

Verächtlich schnaubend lässt die Schneiderin es vor sich fallen und wendet sich ab. Jetzt oder nie, denkt sich das Mädchen und schiebt sich in den kahlen Raum. Sie hat die Hände zu Fäusten geballt, was sie gerade mit ansehen musste, hat ihr Blut in Wallungen gebracht. Wut brodelt in ihrem Herzen. Wut und Ekel, vor solch einem Menschen wie der Schneiderin. Sie hat nichts anderes verdient als den Tod.

Das Mädchen krallt sich an ihren Gefühlen fest, bekommt gar nicht mehr mit, wie die Schneiderin überrascht nach Luft schnappt und ihren Mund öffnet, um eine Frage zu stellen. Während das Mädchen ganz gefangen in ihren Gefühlen ist, rauscht die Zeit nur an ihr vorbei.

In wenigen Sekunden ist sie bei der alten Dame angelangt, presst ihre dünnen Lippen auf ihre und sieht zu, wie die verdutzte Schneiderin sich mit einem lauten Schrei an den Hals greift. Ihr wird die Luft knapp, sie versucht verzweifelt, Halt zu finden, während ihr Körper auf dem Boden auftrifft. Ihr Körper zuckt noch einige Wimpernschläge, bis sie vollkommen zur Ruhe kommt. Stumm blickt das Mädchen auf sie herab – jegliche Gefühle sind von ihr gewichen, während sie begreift, dass diese bösartige Seele bereits auf dem Weg in die Unterwelt ist.

Sie hat ihren Auftrag erfüllt.

PANDORA

Quartier, London

Als das Gemüse und die wenigen Fleischstücke, die man ihnen gebracht hat, auf dem Tisch liegen, greift Pan beherzt zu. Leere herrscht in ihrem Kopf und sie muss gestehen, dass es nicht schlecht ist, diese Pause zu haben. Ruhig nimmt sie einen Schluck Wasser aus dem Holzkrug, der in der Mitte des Tisches steht.

Von draußen klingen die klappernden Hufe der Pferde und die lauten Stimmen der Marktverkäufer herein. Spärliches Licht dringt durch die verschmutzten Fenster und Pandora beobachtet, wie sich die Sonnenstrahlen in dem kleinen Ring spiegeln, den Attis am Finger trägt, als ihr ein Gedanke durch den Kopf schießt. Abrupt lässt sie das Fleischstück, das sie zwischen den Fingern hält, fallen und richtet sich auf.

„Wir könnten versuchen, ihm eine Falle zu stellen. Mit einem Köder“, platzt sie heraus und ein aufgeregtes Blitzen erreicht ihre Augen.

Interessiert wendet Kaemon sich ihr zu, Illeron hebt überrascht die Augenbrauen und Attis hebt nur müde den Kopf. Adrenalin fließt durch die Adern der Serva, als sie aufspringt und beginnt, im Raum auf und ab zu laufen.

„Wir kennen sein ungefähres Revier. Was würde ihn anlocken?“

Kaemon runzelt die Stirn. „Bisher hat es nur Leute erwischt, die in guter körperlicher Verfassung waren“, murmelt er und verschränkt die Arme.

„Angestellte, alle, die Aufträge ausführen“, fügt Illeron hinzu und beginnt zu nicken.

„Ich glaube, daraus könnte etwas werden.“

Ein Grinsen schleicht sich über Pandoras Gesicht. Sie ist dabei, etwas zu erschaffen, etwas, das einen Mörder schnappen könnte. Man würde ihr ewig dankbar sein und bei Gott, was für eine Zukunft könnte sie erwarten – keine Leben mehr beenden, keine Angst mehr haben müssen. Überschwänglich fährt sie sich durch die Haare.

„Allerdings glaube ich, dass wir frühestens morgen jemanden auf die Straße schicken können. Ob es ihn reizen würde, wenn sich jemand auf die Suche nach ihm begibt und es überall herumerzählt? Illeron?"

Dieser legt seine Hände zusammen und starrt an die Decke. „Es würde irgendwie von Mut zeugen", er zögert kurz, „ich würde es nicht ausschließen."

„Also denkst du, es wäre einen Versuch wert?", hakt Pan nach und er nickt.

„Man darf ihn nur nicht mit uns in Verbindung bringen", gibt Kaemon zu bedenken. Er fährt sich über den Hals. „Überlassen wir das Eris und Galene, die beiden können das Ganze mit am besten verbreiten."

Pan kneift die Lippen aufeinander, hält sich aber zurück. Mit einem schwachen Lächeln klopft Illeron ihr auf den Rücken.

„Du musst sie nicht mögen, Hauptsache sie arbeiten gut."

„Ich vertraue ihnen aber nicht", brummt sie, winkt aber ab. „Wie auch immer. Die Nixen suchen einen vertrauenswürdigen Köder, erzählen überall herum, dass derjenige den Killer überführen wird und wir passen währenddessen auf ihn auf."

Doch Kaemon schüttelt den Kopf. „Wir beide müssen uns fernhalten, uns kennt er auf jeden Fall. Es sollte nur Attis dicht an ihm dranbleiben, sie weiß am besten, wenn unser Köder in Gefahr ist und allein kann man sich besser vor ungebetenen Blicken verstecken."

Erleichtert stellt Pandora fest, dass er ihr zwar noch nicht in die Augen blickt, aber zumindest wieder halbwegs normal mit ihr redet.

Illeron breitet zufrieden die Arme aus. „Der Plan ist wacklig und es kann gut sein, dass er nicht funktioniert, aber es ist zumindest schon einmal ein Anfang", stellt er fest und mit einem Hauch von Stolz lässt sich Pan wieder zurück auf ihren Stuhl sinken.

Gleichzeitig steht Kaemon auf und verschwindet wortlos nach oben. Verwirrt schaut Pan ihm nach, doch das Glücksgefühl in ihrer Brust überschattet alles andere und sie wendet sich wieder ab.

„Kennt ihr die Nixen auch?", wendet sie sich zögerlich an die Geschwister.

Illeron nickt. „Nicht so gut wie Kaemon, aber ein bisschen, ja."

„Würdet ihr den beiden von unserem Vorhaben erzählen?" Beinahe hätte Pandora gesagt, *ich möchte nicht, dass er sich ihnen nähert*, aber sie hält sich gerade noch zurück und verzichtet auf eine Erklärung. Für einen Moment verengt Illeron wachsam die Augen, aber dann zuckt der mit den Schultern.

„Klar, warum nicht, oder, Schwester?"

Diese reagiert nicht – sie wirkt ein wenig benebelt.

Illeron seufzt leise und zieht sie hoch. „Wir machen uns gleich auf den Weg."

„Gut", sagt Pandora leichthin und erhebt sich. „Ich gehe mich ein bisschen ausruhen."

Als sie die Treppe nach oben schlendert, hört sie die Tür in das Schloss fallen und eine Gänsehaut breitet sich auf ihren Armen aus. Jetzt ist sie mit Kaemon allein – ganz allein in diesem kleinen, ruhigen Haus. Mit zitternden Händen nimmt sie eine Treppenstufe nach der anderen. Sie würde sich in ihr Zimmer setzen und für ein paar Minuten die Augen schließen, ganz ungeachtet davon, ob sie nun allein ist, oder nicht.

Die knarzenden Stufen hallen von den brüchigen Wänden wider und Pandora nimmt den Geruch von vermodertem Holz wahr. Er beißt sich so penetrant in ihre Nase, dass sie sich wundert, weshalb sie ihn erst jetzt wahrnimmt. Es ist beinahe totenstill, bis auf ein leises Rumpeln in ihrem Zimmer – Pan stockt. Ihre Muskeln verkrampfen sich und für einen kurzen Moment fühlt sie sich wie gelähmt, doch dann reißt sie sich schnell wieder zusammen. Tief durchatmend drückt sie sich gegen die Wand und überlegt.

Sie ist kein Feigling, bestimmt nicht, aber sie hat Respekt vor dem Wesen, das hier sein Unwesen treibt und sofort erinnert sie sich wieder an die Gestalt, die sie bei ihrer Ankunft in London überfallen hat. Ihr wird heiß. Wer auch immer sich in diesem Raum aufhält, sie kann nicht riskieren, dass ihr Amulett gefunden wird oder dass Kaemon sie verängstigt hier stehen sieht. Das würde alles zerstören.

Pandora strafft die Schultern und schluckt ein letztes Mal, bevor sie schwungvoll die Tür aufreißt. Ein geschockter Laut entweicht ihr.

„Was zur Hölle tust du da!", schreit sie und schlägt die Tür hinter sich so kräftig zu, dass sie beinahe aus den Angeln bricht.

Vor ihr steht Kaemon. Auf dem Bett liegt das Kleid, dass sie bei ihrer Ankunft getragen hat und in den Händen hält er das Amulett. Wut keimt in ihr auf.

„Lass es mich erklären ...", setzt er an, aber Pandora kann sich nicht zurückhalten.

„Wie kannst du es wagen!", schreit sie, stürmt auf ihn zu und reißt ihm das Amulett aus den Fingern. Das Herz schlägt ihr bis zum Hals und sie kann das Gefühl, das sich in ihr aufstaut, kaum bändigen. Eine Mischung aus Angst, Schock und Zorn spiegelt sich in ihren Augen wider.

„Raus hier, verdammt, raus!" Zitternd drückt Pan das Amulett an ihre Brust.

„Pandora ...", versucht es Kaemon ein weiteres Mal, aber sie unterbricht ihn.

„Nein, du hattest kein Recht dazu!“, faucht sie, aber der Blick, mit dem er sie ansieht, lässt sie zögern.

Bittend hebt er die Hände und Pandora merkt, wie sich eine tiefe Sorgenfalte über seine Stirn zieht. Sein Verhalten macht sie rasend und verzweifelt schnappt sie nach Luft. Ein weiterer Wutanfall überfällt sie. Weiß er etwas über die Bedeutung dieses Schmuckstückes?

„Wer hat dir befohlen, es zu stehlen?“ Sie schlägt den Stuhl, der ihr im Weg steht, beiseite. Pandora ist sich bewusst, dass sie dabei ist, den Verstand zu verlieren, aber sie kann sich nicht dagegen wehren.

„Steckst du mit *ihm* unter einer Decke? War das von Anfang an dein Plan?“, rastet sie aus und überrumpelt tritt Kaemon einen Schritt zurück, dann fängt er sich wieder.

„Verdammt, reg dich ab!“, herrscht er sie an und packt Pandora an den Schultern.

Ein lautloses Wimmern kommt über ihre Lippen. Ihre Hände gleiten zu ihrem Kopf und sie lässt sich auf das Bett gleiten.

„Oh Gott.“ Bringt sie nur heraus und schluckt.

„Ich habe dein Zimmer durchsucht, weil ich Salome in Venedig versprochen habe, mehr über dich herauszufinden. Vorher hatte ich noch keine Gelegenheit dazu. Was dir an diesem dämlichen Amulett liegt“, er macht eine Pause, „weiß ich nicht, aber es geht mich auch nichts an und es interessiert mich auch nicht.“

Pan weiß nicht, was sie darauf erwidern soll, weshalb sie einfach stumm bleibt und nach einem Anzeichen in seinen faszinierenden Augen sucht, dass er lügt, aber sie kann nichts erkennen. Allmählich wird ihr klar, dass es besser gewesen wäre, wäre sie nicht so ausgerastet, das alles wird ihn nur neugierig gemacht haben.

„Von wem hast du geredet?“ Mit unergründlichem Blick fixiert Kaemon sie.

„Von niemandem“, stammelt sie, „niemandem.“ Seine Mundwinkel zucken amüsiert.

„Du glaubst nicht wirklich, dass ich mich mit dieser Antwort zufriedengebe?“ Er legt den Kopf schief und setzt zu einem neuen Satz an, als laute Rufe ihn unterbrechen.

Sie schallen zu ihnen hinauf und verwundert erhebt Pan sich. Mit neugierigem Blick wartet sie darauf, dass die Tür aufgezogen und sie sehen kann, wer so viel Aufsehen erregt, aber als sie sieht, dass es Galene ist, gefrieren ihre Gesichtszüge. Sollte Illeron nicht bei ihr und Eris sein?

„Was will die denn hier?“, murmelt sie skeptisch und rümpft die Nase.

Allerdings ist etwas anders an der Nixe, etwas, das sie stutzen lässt. Tiefe Augenringe zieren ihr hübsches Gesicht, es wirkt eingefallen und ihre Augen glänzen nicht ansatzweise so wachsam, wie die letzten Male, nein – es ist pures Entsetzen, das in ihnen lodert.

„Sie haben sie gefunden, Kaemon“, haucht sie, Pandora völlig ignorierend, „sie haben Muriel gefunden.“ Die Nixe schwankt. „Sie ist tot.“

Die Zeit bleibt stehen. Es fühlt sich an, als würde man sie zerteilen, ihr einen tiefen, unheilbaren Schnitt versetzen. Pan nimmt kaum wahr, wie Galene in Tränen ausbricht, sie hat nur Augen für Kaemon. Seine Augen verdunkeln sich und seine Muskeln beginnen zu zucken, als würde er seine Gefühle mit großer Mühe zurückhalten, aber sie sieht, wie er die Luft anhält. Für wenige Sekunden ballt er seine Hände zu einer Faust, dann reckt er den Kopf, um zu überspielen, was in ihm vorgeht und deutet auf die Tür.

„Du solltest jetzt gehen.“ Seine eiskalte Stimme jagt ihr einen Schauer über den Rücken.

„Sie haben ihr die Augen rausgeschnitten!“, ruft Galene entsetzt. „Sie war deine Freundin! Wie kannst du nur …“

Mitleid keimt in Pandora auf. Vorsichtig führt sie Galene hinaus, ihr eigener Ärger ist schon wieder vergessen.

„Gib ihm etwas Zeit“, redet sie auf die Nixe ein und sie sieht, wie hin- und hergerissen Galene ist, ob sie Pandora anbrüllen oder einfach nur gehen soll. Kurz zögert sie noch, dann wendet sie sich stumm zum Gehen. Pandora schaut ihr nicht nach, sie kehrt sofort um und schließt hinter sich leise die Tür.

Kaemon sitzt zusammengesunken auf dem Bett. Er hat das Gesicht in den Händen vergraben und seine dunklen Haare kleben ihm schlapp an der Schläfe. Es zerreißt Pan beinahe, als sie ihn so sieht, so kraftlos.

Langsam geht sie zu ihm und lässt sich neben ihm auf das Bett gleiten. Pandora weiß, dass es ein Fehler ist, trotzdem streicht sie mit ihren kalten Fingerspitzen über seinen angespannten Nacken. Ihr Herz bebt, als sie ihr Kinn auf seine Schulter legt und ihren Körper an seinen schmiegt.

Ein kleiner Teil von ihr hasst sie dafür, dass sie seine Situation so schamlos ausnutzt, doch da ist wieder dieser unbestimmte Drang, dem sie nicht widerstehen kann. Das hier, der Moment, in dem er einmal schwach ist, könnte ihre Chance sein, zu bekommen, wonach sie sich so sehnt. Sie schließt die Augen und lauscht seinem unregelmäßigen Atem. Als er unter ihrer Berührung zusammenzuckt, lächelt Pandora schwach.

„Ist schon gut“, murmelt sie leise und verschränkt ihre Hände mit seinen. „Es wird wieder besser werden.“

Ein kehliges, verzweifeltes Lachen entweicht seiner Kehle. „Du weißt so wenig“, sagt er nur, aber Pandora schüttelt sachte mit dem Kopf.

„Es interessiert mich nicht“, lügt sie, obwohl ihr so viele Fragen auf der Zunge brennen, und mit weichem Blick mustert sie seine sich unrhythmisch bebende Brust.

Den Atem anhaltend schlingt sie ihre Arme um seinen Bauch, aber wider Erwarten stößt er sie nicht von sich, nein, lehnt sich sogar zu ihr.

Vorsichtig beginnt Pan, mit ihren Fingern über seine Haut zu streichen. Jede Berührung fühlt sich an wie ein seichter Stromschlag, der sich seinen Weg zu ihrem Herzen bahnt und es schneller schlagen lässt.

Stumm dreht Kaemon seinen Kopf zu ihr. Seine Pupillen sind geweitet, sein Leinenhemd liegt schief auf seinen Schultern auf. Es scheint keine Spur mehr von dieser Abweisung zu existieren, die er ihr das erste Mal entgegengebracht hat, ganz im Gegenteil. Er wirkt in diesem Moment schon beinahe gelöst, als wäre er in der Lage dazu, seine Gedanken zum Schweigen zu bringen, vollkommen abgelenkt von der normalerweise herrschenden Vernunft.

Fahrig, sich von seinen Gefühlen leitend, schiebt er seine Hand unter den hellen Stoff ihres Kleides und lässt sie dort für einen Augenblick verweilen, bevor er sich zu ihr hinunterbeugt und seine Lippen auf ihre legt. Sie sind rau, gezeichnet von den kalten Wintern Londons.

Pandora schließt die Augen, konzentriert sich auf das aufregende Kribbeln, das seine Berührungen in ihr auslösen. Es fällt ihr so leicht, sich auf einen Mann einzulassen, den sie erst seit kurzem kennt, aber sie kann es sich nicht anders vorstellen, kann sich nicht vorstellen, dass es anders sein sollte.

Seine Bewegung ist vorsichtig, schon beinahe schüchtern, als würde er etwas Verbotenes, etwas Gefährliches tun. Die Zeit scheint stehen zu bleiben, als Kaemon seine Finger in ihren Haaren vergräbt, doch gerade, als Pandora ihn ein weiteres Mal küssen möchte, unterbricht das laute Hallen einer aufgerissenen Tür die Stille des Gebäudes.

Illerons Stimme dringt zu ihnen herauf und enttäuscht presst Pan die Lippen aufeinander. Seufzend steht Kaemon auf und fährt sich über das blasse Gesicht.

„Vermutlich ist es besser so", murmelt er mit leiser Stimme und ein verschmitztes, unsicheres Lächeln gleitet über seine Lippen.

Eine Weile beobachtet die junge Frau ihn nur, sie kann nicht einschätzen, was hier gerade passiert. Dann nickt sie einfach und macht sich auf den Weg nach unten.

Als Illeron die beiden sieht, hebt er skeptisch eine Augenbraue, wie er es immer tut, wenn er merkt, dass etwas passiert ist, geht zu Pans Erleichterung allerdings nicht weiter darauf ein, sondern lässt sich nur auf den Stuhl vor ihm fallen.

„Galene war nicht da", durchbricht er die Stille, „aber Eris hat geschworen, sich darum zu kümmern. Sie lassen uns eine Nachricht zukommen, wenn sie einen Freiwilligen gefunden haben."

Pan streicht sich müde ein paar Strähnen aus dem Gesicht und beobachtet, wie sich die wenigen Sonnenstrahlen, die sich durch das Fenster kämpfen können, in der Glaskaraffe spiegeln, die auf dem Tisch steht. Ihr Herz schlägt ruhig und gleichmäßig und sie hat das Bedürfnis, einfach nur hier zu sein, ohne ihre Stimme zu benutzen.

Währenddessen gleitet Attis auf den Stuhl neben ihren Bruder und Kaemon berührt ihn sachte an der Schulter. Mit einem Kopfnicken deutet er auf eine dunkle Ecke am Ende des Raumes. Illeron erhebt sich und steuert mit großen Schritten auf sie zu.

Mit gerunzelter Stirn schaut Pandora dem Mann nach, den sie vor kurzem geküsst hat. Er folgt seinem Freund dicht auf den Fersen und als die beiden anfangen zu reden, wenden sie sich ab, um ihr den Blick auf ihre Gesichter zu verwehren. Sie kann kein Wort verstehen, aber das Gespräch dauert nur wenige Sekunden, dann setzt Illeron sich wieder, als wäre nichts passiert.

Eine unangenehme Gänsehaut zieht sich über Pans Arme. Ob Kaemon ihm erzählt hat, was passiert ist? Sie spannt ihren Kiefer an. Sie kann jetzt nicht darüber nachdenken, es gibt wichtigeres. Das Ganze ist nicht von Bedeutung.

PANDORA

Quartier London

Die Menschen sind unruhig. Mit gehetzten Blicken schleichen sie über die Plätze, hoffen, möglich unauffällig zu wirken. Lässt man seine Augen einen Moment zu lange auf ihnen weilen, weiten sich ihre Pupillen verängstigt und sie versuchen hastig, zu entkommen, ob deine Absichten gut oder böse sind. Auch die Tiere merken den Umschwung des Schicksals und kaum ein Vogel wagt es, seine Schwingen in den von dunkeln Wolken überzogenen Himmel zu erheben.

Vielleicht hätte Pandora sich leichter getan, die Situation einzuschätzen, wäre sie schon öfter in London gewesen, doch so fühlt sie sich zwischen der Angst verloren. Sie weiß nicht, welches Verhalten normal und was davon den Morden verschuldet ist. Grübelnd sitzt sie an einem der Fenster und starrt gedankenverloren nach draußen.

Vorhin noch hatte sie das alte Glas so gut wie möglich gesäubert, um das Treiben auf der Straße beobachten zu können. Illerons Lachen dringt an ihre Ohren. Er sitzt mit Kaemon und Attis an dem brüchigen Tisch und spielt ein altes, englisches Kartenspiel.

„Pandora", Kaemons Stimme durchbricht ihre Gedanken, „komm neben mich, ich erklär dir das Spiel."

Leise seufzend erhebt sie sich und lässt sich auf dem Stuhl neben ihm nieder. Das schelmische Lächeln auf seinen Lippen bringt seine Augen zum Glänzen.

„Na gut", sagt Pan und strafft die Schultern.

Anfangs hat sie es nicht eingesehen, aber irgendwann hat Illeron sie überzeugt, dass es im Moment nichts für sie zu tun gibt, außer auf eine Nachricht der Nixen zu warten. Letztendlich musste sie sich eingestehen, dass der Plan, den sie geschmiedet hatten, ohne diese Nachricht nicht ausgeführt werden kann.

Mit einem konzentrierten Räuspern drückt Kaemon Pan die Karten in die Hand, lässt diese jedoch nicht los, sondern umfasst sie weiterhin unauffällig. Vielleicht will es das Schicksal auch so, vielleicht gibt es Pandora einmal die Chance, sich wie ein normales Mädchen fühlen zu können, das mit ihren Freunden Zeit verbringt. Sie muss lächeln und lässt sich hektisch die Haare in das Gesicht fallen.

„Also“, beginnt Kaemon und sein heißer Atem kitzelt an ihrem Ohr, „du musst jetzt erst einmal eine Karte ziehen.“

Pan nickt und nimmt eine Karte vom Deck. Die Ecken sind geknickt und die dunklen Verfärbungen lassen sie nur ahnen, in wie vielen Händen diese schon gelegen haben müssen.

Mit Kaemons Hilfe ist es für Pandora ein Leichtes, Attis und ihren Bruder zu besiegen und als sie die letzte Karte aus der Hand legt, klopft er ihr anerkennend auf die Schulter. Pan fühlt sich wahnsinnig leicht, als würde sie jeden Augenblick in den Himmel schweben, doch dann klopft es energisch an der Tür und sie sackt in sich zusammen, als würde ein Stein sie nach unten ziehen.

Eris betritt den Raum. Sofort verschwindet die Leichtigkeit, mit der sie alle diese Minuten genossen haben.

„Wir haben jemanden“, eröffnet sie das Gespräch und verschränkt die Arme. „Einen Mann namens Aldrich. Er arbeitet als Schlachter und das erste Opfer war seine Frau.“

Für einen Moment ist es still, bis Kaemon sich erhebt.

„Warum nicht“, sagt er und bietet Eris seinen Stuhl an, welche jedoch dankend ablehnt. „Wann würde er sich bereit erklären, anzufangen?“

Ein Grinsen schleicht über Eris Gesicht. „Die Nachricht verbreitet sich bereits vortrefflich.“

Kaemon nickt leicht.

„Dann können wir Attis heute Abend gleich auf seine Fersen heften", murmelt Pandora und ein Hauch von Nervosität liegt in ihrer Stimme.

Eigentlich erwartet sie eine Bestätigung von ihr, allerdings starrt diese weiterhin auf die Karten, die ausgebreitet vor ihr auf dem Tisch liegen und rührt sich nicht, dafür atmet Illeron tief ein.

„In Ordnung. Danke, Eris", sagt er mit fester Stimme und berührt seine Schwester flüchtig an der Schulter.

„Wer ist gerade bei ihm?", erkundigt sie sich bei Eris. „Galene und ein paar weitere Nixen."

Kaemon nickt zufrieden. „Gut. Er darf nicht allein gelassen werden, bis Attis ihn beobachtet", weist er Eris an und schickt sie aus dem Raum. Er lässt sich auf einen Stuhl sinken und fährt sich grübelnd mit der Hand durch die verwuschelten, dunklen Haare.

„Du glaubst nicht, dass es funktioniert, oder?", murmelt Pandora zerknirscht und nestelt an dem Stoff ihres Kleides herum.

„Das ist es nicht", Kaemon nimmt einen Schluck aus der Karaffe, „es ist viel mehr die Frage, was wir machen, wenn es schiefgeht."

Pandora bleibt stumm. Auch wenn sie es sich wünscht, sie kann ihm diese Sorge nicht nehmen.

Illeron klatscht aufmunternd in die Hände. „Wird schon gut gehen. Und selbst wenn nicht, wir sind die Besten von allen, wir kriegen ihn." Sein Optimismus zaubert Pan ein schiefes Lächeln ins Gesicht.

Sie seufzt leise und ignoriert die dunkle Vorahnung, die sich wie ein Schatten über sie legt.

PANDORA

Quartier London

„Attis, reiß dich zusammen!", dringt Illerons Stimme zu Pandora durch.

Sie steht draußen in der Kälte und die sinkende Sonne taucht das alte Haus in ein verwunschenes Licht. Die Straßen sind beinahe leergefegt, als die ersten Strahlen hinter den Gebäuden verschwinden, flüchten die Leute in ihre Wohnungen und nur die armen Seelen, die noch nicht genug Geld für eine Unterkunft haben, streunen durch die Gassen. Sie können keine Rücksicht darauf nehmen, dass es ihr Todesurteil sein könnte. Unruhig wartet Pan darauf, dass die Tür aufgeht und Illeron mit einem zuversichtlichen Glänzen in den Augen zu ihr tritt.

Kaemon steht neben ihr und sie kann in seinem Gesicht ablesen, dass es ihm genauso geht. Er schließt nervös die Augen und schluckt.

„Lass es einfach! Das ist alleine meine Entscheidung", glaubt Pandora von Attis zu hören und ihr wird schwindelig, als sie bemerkt, wie wütend sie klingt.

„Ein schlechter Zeitpunkt, um sich zu streiten", murmelt sie und blinzelt heftig.

Verzweiflung schleicht sich durch ihre Adern. Attis ist der Schlüssel dieses Plans, wenn irgendetwas mit ihr ist, wäre alles vorbei.

Vorsichtig streckt Kaemon seine Hand nach Pandora aus und berührt sie sachte am Rücken. „Mach dir keine Gedanken. Dieser kleine Streit hat sicher nichts zu bedeuten."

Sie nickt leicht. „Ja, das wäre wohl das Beste."

Zufrieden wendet sich Kaemon wieder der Tür zu. Kurz darauf wird sie schwungvoll aufgerissen und Attis kommt heraus, die Stirn in wütende Falten gelegt. Pandora schluckt erneut, als sie Illerons sorgenvolles Gesicht erblickt. Der letzte Hoffnungsschimmer in ihrer Brust beginnt zu erlöschen, so verzweifelt sie sich auch an ihn klammert.

„Gehen wir", drängt Kaemon und wendet sich an Attis. „Also, du folgst ihm, wir versuchen, in deiner Nähe zu bleiben, ohne dass es auffällt. Wenn etwas ist, schrei, Illerons Ohren sind ja gut genug. Du weißt noch, wo du Aldrin das erste Mal über den Weg laufen wirst?"

Die Angesprochene nickt, obwohl es ein wenig gezwungen wirkt.

„Gut. Viel Glück."

Stumm dreht Attis sich um und verschwindet im Dunklen. Pandora reibt sich über den versteiften Nacken, während sie ihr gedankenverloren nachschaut. Mit einer unauffälligen Berührung lenkt Kaemon ihre Aufmerksamkeit auf sich.

„Wir sollten uns auf den Weg machen." Sie seufzt leise. „Ich hoffe, er hält sich an den Weg, den wir ausgemacht haben", murmelt sie, aber Kaemon schenkt ihr ein aufmunterndes Lächeln.

„Bestimmt", erwidert er und ihr fällt auf, wie ehrlich es wirkt, auch wenn sie nicht weiß, ob es einfach daran liegt, dass er es zuvor so selten getan hat.

Erinnerung eines Unbekannten

Er weiß nicht, woher das Messer kommt, doch es schmiegt sich so perfekt in seine Hand, als wäre es aus seinen eigenen Knochen geformt. Die Eiseskälte des Metalls färbt seine Fingerspitzen rot, das Zittern seiner Hände ist kaum zu übersehen. Während seine schweren Stiefel über den Asphalt schaben, beobachtet er wie in Trance die Blutstropfen, die an der Klinge hinabtropfen, sich durch den Schmutz auf dem Boden fressen.

Er hat keine Ahnung, warum er hier ist, geschweige denn, wieso er es getan hat, aber sein Herz schlägt befriedigend schneller und er mustert voller Zufriedenheit sein Werk. Der leblose Körper vor ihm löst etwas in ihm aus, das er nicht verstehen kann, doch der einzige Gedanke, der immer wieder durch seinen Kopf wabert, hat sich hartnäckig eingebrannt.

Töten.

Du musst töten.

Die Stimme ist leise, aber präsent. Er weiß nicht, woher sie kommt, aber er weiß, dass sie etwas in ihm verändert. Allerdings ist da noch etwas ganz anderes, wenn er sein Werk verrichtet: Er kennt seinen Namen nicht. Das Gesicht, das sich in den dreckigen Fenstern widerspiegelt, kommt ihm nicht bekannt vor. Er hat nicht die geringste Ahnung, wer er ist, dieser Mörder, getrieben von seiner barbarischen Lust.

Jetzt, nachdem sein Messer die Kehle des Mannes durchtrennt hat, fressen ihn diese Fragen auf. Er will schreien, aber darf es nicht. Will laufen, kann sich aber nicht von der Leiche lösen, denn er möchte an dem festhalten, was auf der Hand liegt: Er braucht all die Tode, sie dämpfen seinen Schmerz. Als wäre er dazu bestimmt, die Leben zu nehmen, als wäre es seine Aufgabe in diesem Universum.

Während er sich über sein Opfer beugt, hört er entfernte Schritte. Sofort sind all seine Sinne wieder klar. Hastig steuert er auf eine kleine Gasse zu und verschwindet lautlos in den dunklen Schatten – dass das Mädchen, dessen Umrisse sein Blick erhascht, ihn nicht gesehen hat, wird ihm schlagartig bewusst, als er ihre zuckenden Muskeln sieht.

Den Blick starr in die Ferne gerichtet, geht sie in dem unter, was mit ihr geschieht. Selbst wenn er ihr ein Messer an die Kehle halten würde, sie würde nicht dazu in der Lage sein, etwas dagegen zu tun.

Ihr Geist weilt diese Sekunden nicht mehr unter ihnen.

PANDORA

Straßen von London

Illeron geht voran, dicht hinter ihm Kaemon. Pandora bleibt ein Stück zurück, sie genießt die Stille, die über der Stadt liegt und atmet die kühle Abendluft tief ein. Hin und wieder wirft Kaemon ihr einen prüfenden Blick zu, aber er respektiert ihren Abstand.

Ein wenig erwärmt es ihr Herz, dass er so auf sie achtet, obwohl sie weiß, dass es zu einem Teil Salome verschuldet ist. Aber diese Tatsache ignoriert sie gekonnt, der Gedanke, dass er es nur tut, weil er sie gerne hat, macht sie viel zu glücklich. Sie weiß, dass sie diese Denkweise blind macht, aber Pandora findet, dass sie es genießen soll – hatte sie die letzten Jahre schließlich nie die Gelegenheit, sich so zu fühlen.

Sobald sie sich daran erinnert, kehren die Kopfschmerzen zurück. Sie beißt sich auf die Lippe und wehrt sich gegen den Impuls, panisch die Umgebung zu mustern, obwohl sie mit einem Hauch von Stolz bemerkt, dass er nicht so stark ist, wie zu Beginn ihrer Reise. Wahrscheinlich tut ihr dieses Abenteuer gut, mehr als Pan sich eingestehen will.

Sie muss lächeln und lässt ihren Blick zu den wenigen Fenstern schweifen, hinter denen spärliches Licht brennt. Pandora erkennt den Umriss einer dicken Frau, die ein kleines Kind auf dem Arm trägt und den eines Mannes, der sie um einiges überragt. Er fuchtelt aufgebracht mit den Armen, als würde er sich über etwas beschweren und die Frau weicht immer weiter zurück. Pan wendet sich ab, sie will nicht die Probleme anderer beobachten, ihre eigenen reichen ihr.

Stumm laufen sie die Punkte ab, die Illeron Galene und Eris kurz zuvor hatte zukommen lassen, um die Situation besser im Griff haben zu können. Ihnen fällt nichts Besonderes auf, London wirkt friedlicher als je zuvor. Hin und wieder begegnen sie einer Nutte oder einem Trunkenbold, der aus einer Kneipe geworfen wurde, aber niemand von ihnen scheint verdächtig. Auch Attis und Aldrin lassen sich nicht blicken, obwohl Pandora einmal glaubte, ihre roten Locken erkannt zu haben und wie sie unauffällig um die Ecke huschten.

„Worüber habt ihr euch eigentlich gestritten?", wagt Pan es irgendwann, Illeron zu fragen.

Bei den anderen beiden hätte sie es wahrscheinlich nie versucht, aber da sie Illeron bisher als ruhigen, freundlichen Menschen kennengelernt hat, kann sie jegliche Bedenken ohne Probleme beiseite wischen.

„Oh, nichts Wichtiges", erwidert dieser mit einem breiten Lächeln, aber irgendwie nimmt Pan es ihm nicht ab, dafür scheint es zu gezwungen.

Sie presst die Lippen aufeinander, zögert. „So hat das aber nicht auf mich gewirkt", erwidert sie vorsichtig.

Die Neugierde, welche in ihr brennt, ist zu groß. Illerons Gesicht bleibt freundlich, sein Körper verkrampft sich allerdings ein wenig.

„Es war wirklich nichts, was von Bedeutung sein könnte."

Pandora verschränkt die Arme. Sie ist sich nicht sicher, ob es schlauer wäre, die Sache dabei beruhen zu lassen, Stress ist wirklich das Letzte, was sie brauchen kann. Tief seufzend zuckt sie mit den Schultern, atmet tief durch.

„Wenn du das sagst." Sie sieht, wie Illeron zögert, überlegt, ob er nicht doch etwas erzählen sollte, doch nach wenigen Sekunden wendet er sich bereits ab.

Geschlagen mustert Pan seine schmale Gestalt, wird aber schon bald von Kaemon abgelenkt.

„Wo bist du eigentlich aufgewachsen, Pandora?“ Überrascht schaut sie ihm in die leuchtenden Augen.

„Venedig.“ Dass dies eigentlich nur die halbe Wahrheit ist, verschweigt sie – sie kann ihm ja schlecht erklären, dass sie die meiste Zeit an einem Ort gealtert ist, an dem die Uhren eigentlich für die, die ihn betreten, stillstehen. Ihr Herz zieht sich schmerzhaft zusammen.

„Aber du warst dort lange nicht mehr, habe ich recht?“ Pandora wird unruhig. Mit rastlosem Blick zwingt sie sich dazu, sich die Straßennamen zu merken, die sie durchqueren.

„Nein“, entgegnet sie schlicht und hofft, dass Kaemon mit der Fragerei aufhört, aber als sie sieht, wie er ein weiteres Mal den Mund öffnet, kommt sie ihm zuvor.

„Und du?“, ergreift sie die Gelegenheit und wartet gespannt auf eine Antwort. Er schaut in die Ferne.

„London, nur London.“

„Wärst du gerne mal woanders?“ Kaemon zuckt mit den Schultern.

„Ich hätte nichts dagegen ...“

„Hauptsache frei?“, ergänzt Pandora vorsichtig und er blinzelt überrascht, bevor er den Kopf leicht neigt.

„Ja, vermutlich.“ Wortlos konzentriert sie sich wieder auf die Straße vor sich. Auch wenn sie es nicht zugeben möchte, spannen sich ihre Nerven von Minute zu Minute mehr an. Das hier ist ihre Chance, um das Grauen zu beenden und welch eine Ehre ihr zukommen würde, schließlich ist es ihre Idee. Andererseits, wenn es schiefgeht … Ein eiskalter Schauer rinnt ihren Rücken hinab.

Pandora hebt den Kopf, als sie eilige, entfernte Schritte vernimmt. Es ertönt ein lautes Jaulen eines Hundes, gefolgt von einem lauten Krachen. Ruckartig beginnt sie zu rennen, denn auch, wenn es sein kann, dass sie sich irrt, hat sie das Gefühl, dass etwas nicht stimmt – vor allem, da vor ihr die Gasse liegt, an welcher Attis und Aldrin in wenigen Augenblicken erscheinen sollten. Sie hört Kaemon und Illerons eilige Schritte hinter ihr, wie sie über den in Dunkelheiten gehüllten Hof laufen. Pandora kann kaum etwas erkennen, nur einen Schatten, der sich über etwas am Boden Liegenden beugt. Ein lautes Keuchen entfährt ihr und der Schatten zuckt zusammen.

„Scheiße", flucht Kaemon hinter ihr und aus dem Augenwinkel erkennt sie, wie er sein Schwert zieht.

Jetzt kann sie auch sehen, was dort auf dem Boden liegt. Ihr wird schlecht. Ein massiger, regungsloser Körper.

„Bitte nicht", haucht sie, während sie kaum mehr wahrnimmt, wie Kaemon sich auf den Schatten stürzen will, dieser aber blitzschnell hinter einigen Fässern verschwindet.

Zitternd kniet sie sich neben die Leiche, aber es reicht ein Blick, um festzustellen, dass er bereits tot ist.

„Er ist es, oder?", wendet Pan sich leise an Illeron, welcher leicht nickt, aber da scheint etwas zu sein, das ihn mehr beunruhigt. Sein Gesicht wirkt aschfahl, als er sich im Kreis dreht, die Schatten absucht und abrupt stehen bleibt. Mit aufkommender Panik folgt sie seinem Blick und als auch sie es sieht, muss sie ein Wimmern unterdrücken.

Sie fühlt sich in einem puren Albtraum gefangen, aus dem es kein Entkommen gibt – hinter jeder Ecke warten neue, dunkle Überraschungen. An der Hauswand gelehnt steht Attis. In der verkrampften Hand hält sie ihre rauchende Pfeife, doch ihre Muskeln zucken unregelmäßig und sie starrt abweisend in die Ferne.

„Verdammt, Attis!", schreit Illeron und rennt zu seiner Schwester – die Angst steht ihm deutlich in das Gesicht geschrieben, was Pandora noch mehr fürchten lässt, dass alles gehörig schiefgelaufen ist.

Am liebsten würde sie schreien, weiß nicht, wohin mit ihr, was sie jetzt machen soll. Sie wünscht sich weit weg von hier, wünscht, ihr wäre diese Idee nie gekommen. Ihr wird schlecht, als ihr klar wird, dass dieser Mensch nur ihretwegen tot ist und dass sie noch nicht einmal seinen Mörder erwischt haben. Sie hatte doch fest daran geglaubt, dass es funktioniert. Sie will nicht weinen, wirklich nicht, aber sie kann ein verzweifeltes Schluchzen nicht unterdrücken. Was ist nur mit ihr passiert?

Sie sinkt in sich zusammen, nimmt Kaemon, der außer Atem hinter ihr auftaucht, kaum wahr. Er drückt sie an sich, streicht beruhigend über ihren Kopf, aber dieses bedrückende Gefühl verschwindet nicht. Tief durchatmend beobachtet Pan, wie Illeron Attis die Pfeife aus der Hand schlägt und sie auf den Boden legt.

„Was ist mit ihr?", bringt Pan heißer hervor.

Kaemon zögert. „Sie ist abhängig von Opium."

Und damit brechen die Schatten vollends über sie herein und Pandora versinkt in einem schwarzen Meer voller Vorwürfe.

Opiumabhängig.

Dieses Wort hallt unaufhörlich in Pandoras Kopf wider und sie muss einsehen, dass es nicht überraschend ist. Ihre magere Gestalt, die Gleichgültigkeit, mit der sie ihr so oft begegnet ist, der ihr unbekannte Geruch der Pfeife, das euphorische Glänzen in ihren Augen, sobald sie einen Zug daraus nimmt. Als sie es schafft, ihre Augen wieder zu öffnen, sitzt sie an der Hauswand gelehnt neben Attis.

Die Augen des rothaarigen Mädchens sind weiterhin geschlossen, aber sie atmet wieder normal. Mit trockenem Mund rappelt Pandora sich auf und fährt sich über die schmerzende Schläfe. Ihr Blick bleibt an der Leiche Aldrins hängen, die Illeron und Kaemon gerade untersuchen, aber sie fühlt bei diesem Anblick nichts. In ihr herrscht eine fürchterliche Leere, die sie schon so oft gespürt hat, wenn ihr Geist bei einem *seiner* Aufträge versagt hat.

Stumm schleicht sie zu den beiden.

„Ich hätte wissen müssen, dass sie eine Dosis zu viel nimmt. Sie hat sich auf dem Weg zu den Nixen öfter übergeben müssen, als üblich, es war klar, dass sich etwas anbahnt“, murmelt Illeron gerade verbittert, aber Kaemon schüttelt hastig den Kopf.

„Du darfst dir keine Vorwürfe machen, sie muss lernen, selbst damit umzugehen und es hat eine Zeit lang schon so gut funktioniert. Die letzten Male gab es keine Probleme“, erwidert er mit starker Stimme, aber Illeron ballt die Hände zu einer Faust.

In ihm muss ein gewaltiger Sturm toben, der auch dem tapfersten Mann den Verstand rauben kann.

„Wird sie wieder gesund?“, fragt Pandora schwach und vergräbt ihre Fingernägel in ihrem Arm.

Die beiden zucken überrascht zusammen – sie haben sie nicht kommen hören.

Kaemon nickt fest. „Attis ist ein starkes Mädchen, sie kommt darüber hinweg.“

„Gut“, murmelt Pan leise und starrt in die geweiteten Augen des Toten.

Kaemon hebt die Hand, um sie von ihm wegzuschieben, aber sie wehrt sich.

„Ich bin dafür verantwortlich, dass ihm ein Messer in den Bauch gerammt wurde, jetzt muss ich auch nachschauen, ob mir etwas auffällt“, entscheidet sie, obwohl das Zittern in ihrer Stimme deutlich verrät, wie ungern sie hier steht.

„Es ist schon okay …“, beginnt Kaemon, aber Pan unterbricht ihn.

„Nein“, faucht sie, die Wut auf sich selbst breitet sich in ihrem Magen aus, „ich war damals nicht so verweichlicht, also schaffe ich es jetzt auch.“

Eine tiefe Sorgenfalte zieht sich über Kaemons Stirn, aber er lässt sie tun, was sie tun möchte.

Tief durchatmend kniet Pandora sich neben Aldrin.

Sie weiß selbst nicht genau, was sie sucht, vielleicht will sie sich auch einfach nur beweisen, dass sie nicht so gebrochen ist, wie sie sich fühlt. Die Serva beißt die Zähne zusammen und fährt mit den Fingern über die Stichwunde. Sie fühlt sich tief und breit an, es könnte dasselbe Messer sein, wie auch bei dem jungen Mann, den sie gefunden hatten. Andere Wunden findet Pan allerdings nicht und sie will sich gerade wieder erheben, als ihr etwas Glänzendes ins Auge fällt. Sie zieht die Augenbrauen zusammen und entfernt ein schimmerndes Medaillon aus der Weste Aldrins. Es hatte sich in den zahlreichen Fäden verfangen.

Stirnrunzelnd steht Pandora auf und hält es in die Höhe. „Sieht teuer aus."

Kaemon nimmt ihr das Schmuckstück aus den Händen und seine Augen verdunkeln sich. „Das ist aus dem Palast." Er dreht und wendet es, aber seine grimmige Miene spricht Bände.

„Ganz sicher?", bringt Pandora langsam heraus und muss schlucken.

„Ja. Ganz sicher." Er nimmt einen tiefen Atemzug. Pan wird schwindelig. Mit geschlossenen Augen stützt sie sich an Kaemon ab und presst die Lippen zu einem dünnen Strich zusammen.

„Und jetzt?", will sie wissen, aber er antwortet ihr nicht. Es muss ihn schocken, dass die Vermutung, dass jemand aus dem Palast ein Mörder sein muss, Gestalt annimmt, jemand, den er vielleicht sogar gut kennt.

„Erstmal bringen wir Attis nach Hause, danach müssen wir wohl oder übel zum König, um alle zu befragen, die in Frage kommen würden", durchbricht Illeron die grausame Stille, aber Pandora zögert.

„Und die Leiche? Sollten wir dem König nicht sofort Bescheid sagen, damit sie weggeschafft werden kann?" Illeron schüttelt den Kopf.

„Wir dürfen die Panik, die in London herrscht, nicht noch mehr schüren. Wenn wir warten, entdeckt uns am Ende noch jemand anderes und erzählt es herum. Aldrin muss verschwinden, ohne dass jemand darauf kommt, dass er unserem Mörder zum Opfer gefallen sein könnte. Dem König geben wir so oder so Bescheid."

„Verbrennen wir ihn", wirft Kaemon ein und Pandora wirft ihm einen geschockten Blick zu.

„Bitte? Das würde Beweise vernichten!"

Doch ihr Anführer zuckt nur mit den Schultern und auch Illeron scheint Gefallen an dieser Idee zu finden.

„Ich bezweifle, dass man etwas Hilfreiches finden würde, das wir übersehen haben. Außerdem ist es eine perfekte Art, um seine Verletzung verschwinden zu lassen. Der König vertraut uns, wir müssen ihm nichts nachweisen."

Er nimmt die Pfeife seiner Schwester aus der Manteltasche. „Wir legen die neben ihn, damit es so aussieht, als hätte er einen Unfall mit seiner Pfeife gehabt."

Sprachlos wendet Pan sich ab. Einen Mann verbrennen, der wegen ihres Einfalles gestorben ist und ihm so eine angemessene Beerdigung verwehren? Sie findet es nicht richtig, aber Kaemon und Illeron machen sich bereits daran, alles zu arrangieren, also setzt sie sich wortlos neben Attis und beobachtet die beiden nur.

Es überrascht sie, wie leicht ein Körper brennen kann, aber er scheint beinahe mühelos in Flammen aufzugehen. Einfache Bürger werden seinen Todesumstand wohl einfach so hinnehmen, doch Pandora ist sich noch nicht sicher, ob jeder an diesen Unfall glauben würde. Eigentlich zweifelt sie sogar sehr daran, aber Kaemon lebt hier schon so lange, er wird wohl wissen, was er tut. Hauptsache, es gibt keine Beweise.

Sie vergräbt das Gesicht in ihren Händen, unfähig, zu begreifen, was in ihr vorgeht. Der Geruch von verbranntem Fleisch steigt in ihre Nase und sie muss würgen.

Sofort steht Kaemon neben ihr und zieht sie nach oben, während Illeron den schlaffen Körper von Attis hochhebt.

„Gehen wir“, sagt er und zusammen mit Kaemon stolpert Pandora zurück in die Dunkelheit, weg von Aldrin und ihrem Versagen.

PANDORA

Quartier London

Nichts ist schlimmer als die Stille, die sich über sie gelegt hat. Sie gibt Pandoras vergifteten Gedanken Raum und lässt sie immer lauter werden. Illeron hat sich seit Minuten nicht mehr bewegt und nachdem er seine Schwester auf eines der Betten gelegt hat, ist er verstummt.

Kaemon ist der Einzige, der recht neutral auf die letzte Stunde zurückblicken kann. Er weicht überraschenderweise nicht von Pans Seite und versucht immer wieder, sie zu überzeugen, dass es nicht ihre Schuld ist, was passiert ist. Aber so sehr sie es auch versucht, die Schatten halten sie in Schach und Pandora kann ihren Klauen nicht entkommen.

Die Atmosphäre ist so drückend, wie noch nie und keiner von ihnen schafft es, die Augen zu schließen, obwohl die Nacht schon längst über sie hereingebrochen ist. Dafür nagt die Befürchtung, dass der Killer sein fehlendes Schmuckstück bemerkt, und es zurückholen will, zu sehr an ihren Nerven – zumindest an Pans. Sie kann nicht vergessen, wie er sich über sein Opfer gebeugt hat und der Geruch des verbrannten Körpers bleibt ihr im Gedächtnis.

„Du solltest versuchen, nach oben zu gehen und dich auszuruhen“, flüstert Kaemon ihr ins Ohr und mit einem leisen, gedehnten Seufzen erhebt Pan sich.

Am liebsten würde sie ihn fragen, ob er bei ihr bleibt, aber bei all den Versuchen, sich um sie zu kümmern, hat sie immer einen gewissen Abstand gespürt, den er gehalten hat. Wie eine unsichtbare Wand, die er so gerne überwinden würde, aber weiß, dass sie nur zu seiner Sicherheit dort ist.

Wortlos schleicht sie die Treppe hinauf, lässt sich in das ausgekühlte Bett fallen und ist schon fast in Versuchung, die Karaffe von unten zu holen und ihre Gedanken im Alkohol zu ertränken, aber sobald ihr Kopf auf dem Kissen aufkommt, legt sich ein betäubender Schleier über sie.

PANDORA

Palast, London

Nach der Erkenntnis, dass der Mörder aus diesem Palast stammen könnte, wirkt dieser um einiges bedrohlicher als zuvor. Bedächtig betritt Pandora, gehüllt in ein rotes, mit Rosen-Silhouetten überzogenes Kleid, das Martha ihr gegeben hat, den glänzenden Flur und mustert dabei jeden Diener, der ihr über den Weg läuft, eindringlich. Kaemon trägt eine schwarze, einfache Weste und seine Miene zeigt deutlich, dass er schlecht geschlafen hat. Doch auch Pandora ist anzusehen, dass die Nacht nicht so verlief, wie gewollt – unter ihren Augen zeichnen sich dunkle Schatten ab und jedes Lächeln, das sie jemandem schenken muss, verschwindet sofort wieder von ihren Lippen.

Vor ihrem Aufbruch hat Kaemon ihr versprochen, dem König alles zu erklären, ohne dass sie dabei erwähnt wird oder selbst reden muss. Sie will verhindern, dass alles auf sie zurückfällt und sich ihre Zukunftspläne in Luft auflösen, bevor ihr auch nur eine Chance gegeben wurde, sie zu verwirklichen. Das Königpaar empfängt sie in demselben, prunkvollen Raum, wie schon das letzte Mal, doch die Wände erscheinen Pandora zu erdrücken. Nervös streicht sie über den weichen Stoff ihres Kleides und hofft, bald wieder an der frischen Luft stehen zu können. Ihr Herz klopft wie verrückt, aber sie versucht, es sich nicht anmerken zu lassen.

„König George, Königin Jennifer." Kaemon verbeugt sich tief und Pan folgt seinem Beispiel mit einem eleganten Knick, wobei sich eine lange, gewellte Strähne aus ihrem Zopf löst. Unruhig steckt sie sie wieder zurück an ihren Platz und hebt den Kopf.

„Deine Nachricht klang wichtig“, entgegnet König George und weist mit einer flüchtigen Handbewegung auf zwei Stühle.. Auch wenn es Pan lieber gewesen wäre, zu stehen, folgt sie der Anweisung und setzt sich.

„Wir haben letzte Nacht versucht, dem Killer eine Falle zu stellen“, beginnt Kaemon unverzüglich und verwundert stellt Pandora fest, dass keinerlei Unsicherheit in seiner Stimme mitschwingt.

Überrascht zieht der König seine Augenbrauen nach oben. „So? Und, ist es geglückt?“

„Nein, aber dafür haben wir eine andere Spur“, erwidert Kaemon und jetzt zögert er, aber der auffordernde Blick des Paares zwingt ihn dazu, dass Medaillon aus seiner Tasche herauszunehmen. „Wir haben es neben einer Leiche entdeckt. Ich weiß, dass es in diesen Haushalt gehört, meine Exzellenz, wie Ihr wisst, sind mir die Schmuckkammern bekannt“, presst er hervor und Pan drückt schwach seine zitternde Hand.

Für einen schier ewig langen Moment schweigt der König, bis er Kaemon den Schmuck aus den Fingern zieht und versucht, seinen zornigen Gesichtsausdruck zu verbergen.

Pandora hält die Luft an. Würde er sie rausschmeißen, weil sie wagten, zu behaupten, einer von ihnen wäre der Mörder?

„Ich verstehe“, räuspert sich König George und seine Frau winkt einen der Diener, die bewegungslos an der Tür stehen, herbei. „Ich werde veranlassen, dass sich jeder, der Zugang zu diesem Medaillon hatte, in der Dienstküche zu einer Befragung einfindet.“

Pan fällt ein Stein vom Herzen. Er findet es nicht gut, das ist klar zu erkennen, aber der König scheint die Tatsachen zu akzeptieren und sie dabei zu unterstützen.

„Vielen Dank.“ Demütig senkt Kaemon den Kopf und mit einem Nicken entlässt der König Pan und ihn.

Es dauert Stunden, bis Pandora und Kaemon all die Bediensteten zur Rede gestellt haben. Überrascht muss Pan feststellen, dass ein Palast sogar noch mehr Angestellte hat, als sie vermutet hat – und das für die unwichtigsten Dinge, die ihr in den Sinn kommen. Trotzdem scheint auch diese Spur ins Nichts zu führen. Niemand von ihnen konnte die letzten Morde verantwortet haben, sei es, dass sie zusammen trinken waren oder dem König bis spät in der Nacht die Schuhe geputzt haben, während er ihnen dabei hin und wieder auf die Finger schaute.

Je näher sie dem Ausgang kommen, umso schlechter wird Kaemons Laune. Sein Kiefer ist angespannt und seine Augen funkeln gefährlich, besonders, wenn Pandora versucht, mit ihm zu reden. Sie glaubt zu wissen, weshalb er plötzlich so abweisend, so zornig ist, aber sie versteht nicht, weshalb er es an ihr auslässt. Unzufrieden streicht sie sich über die kalten Arme und wartet auf die Droschke, die Kaemon geordert hat, aber sobald sie vor ihr hält, steigt er nicht ein. Er hält ihr nur die Tür auf und wartet darauf, dass sie im Inneren verschwindet.

„Was ist?“, fragend beobachtet Pan, wie Kaemon die dunklen Wolken mustert.

„Fahr schon mal zurück, ich möchte noch kurz beten gehen.“

Abneigung macht sich in ihrer Brust breit.

„Ich denke, es würde mehr Sinn machen, wenn wir uns auf unseren Mörder konzentrieren. Wir brauchen einen neuen Plan“, wirft sie ein, aber sein wilder Blick lässt sie zurückschrecken.

„Ich weiß besser, wann ich zur Kirche gehen muss“, schnappt er und für einen Moment hat Pandora das Gefühl, dass nicht mehr Kaemon vor ihr steht, sondern jemand anderes, etwas anderes – aber sie kann es nicht greifen und so schließt sie hastig die Droschkentür, ohne ihn weiter anzuschauen.

Schnell verdrängt sie den kuriosen Gedanken, dass hinter diesem Mann mehr steckt als ein königlicher, guter Killer, denn ihre eigene, dunkle Seite ist ihr genug. Insgeheim muss Pandora zugeben, dass sie sich vor der Wahrheit verschließen würde, selbst, wenn er es ihr erzählt. Das Übernatürliche hinter sich zu lassen, ist einer der Wünsche, die sich nach und nach fester in ihrem Inneren verankern.

Ein langer, tiefer Seufzer entweicht ihr und sie überlegt, wohin sie ziehen würde, wenn alles vorbei ist. London wohl kaum, nein, sie mag die Gebäude und Gewohnheiten dieser Stadt, aber die Erinnerungen würden sie auf ewig verfolgen. Venedig? Wäre das möglich oder muss sie diese Orte vollkommen hinter sich lassen, um ihr neues Ich zu finden?

Pan lehnt ihren Kopf an und beobachtet die Menschen, die an ihr vorbeiziehen. Nicht nur sie spürt die dunkle Macht, die ihre Hand um London legt, auch die Bewohner wirken gehetzt und verängstigt.

PANDORA

Quartier London

„So wie du schaust, hat euer Besuch beim König nicht viel Neues ergeben", empfängt Illeron sie und Pan schüttelt leicht den Kopf.

„Es scheint, dass gestern Abend niemand allein war und ich bezweifle, dass es zwei Täter gibt."

Illeron zuckt mit den Schultern. „Nicht aufgeben, vielleicht ergibt sich da hinterher noch etwas. Wir sollten das Ganze nicht aus den Augen verlieren."

Pandora nickt und ihr Blick fällt auf Attis. Sie ist noch etwas blass, aber sieht schon um einiges besser aus.

„Wie geht es dir?"

„Geht schon wieder", antwortet Attis nur und Pan geht nicht weiter darauf ein, sie kann nicht einschätzen, inwiefern sie die Sache belastet.

„Wo ist Kaemon?", erkundigt sich Illeron stattdessen und schlägt die Beine übereinander.

„Beten." Pandora presst die Lippen aufeinander, versucht aber sofort, sich wieder zu entspannen.

Ein Seufzen entweicht Illeron. Er greift nach einem Holzkrug und nimmt einen großen Schluck. Eine Zeit lang steht Pan verloren im Raum, ohne zu wissen, was sie tun soll, dann schlurft sie auf die Treppe zu und verschwindet in den oberen Räumen.

Ihr Zimmer sieht aus, wie sie es zurückgelassen hat. Die Bettdecke liegt noch genauso unordentlich über der Kante, der einzige Stuhl hier oben steht am Fenster und über seiner Lehne hängt das Kleid, das Pandora bei ihrer Flucht aus *seinen* Fängen mitgenommen hat. Eilig durchquert sie den Raum und überprüft mit einem schnellen

Blick, ob das Amulett immer noch im Stoff verborgen ist. Mit einem leichten Lächeln stellt sie fest, dass auch dieses nicht angerührt wurde. Gemütlich verdeckt sie es wieder, schaut flüchtig aus dem Fenster, ohne wirklich sagen zu können, ob sie da draußen etwas erkennt und dreht sich zur Tür, um sich wieder zu den Geschwistern zu gesellen. Allerdings lässt sie das leise Gemurmel, das zu ihr hinauf dringt, zögern.

„Ich kann es mir nicht erklären", hört sie Attis Stimme, „aber da ist etwas an ihrem Geruch, das … na ja, das ich nur an Toten wahrnehme."

Jegliche Farbe weicht aus Pandoras Gesicht und sie schlägt sich die Hand vor den Mund, um zu verhindern, dass der panische Schrei, der sich in ihrem Inneren zusammenbraut, an die Luft gelangt. Ihre Knie beginnen zu zittern, ihr wird heiß und Pandora hat das Gefühl, dass sich der Raum um sie herum zu drehen beginnt. Attis ist hinter etwas gekommen, das nie wieder an die Oberfläche stoßen sollte.

Als sie nach hinten stolpert, ziehen die Erinnerungen an Pandora vorbei – die Erinnerungen an ihren eigenen Tod, ihren eigenen, verdammten Tod.

Pandora will um sich schlagen, ihre Augen darin hindern, ihr diese Bilder zu zeigen. Ihr Rücken beginnt an der Stelle zu schmerzen, an dem die Gestalt ihr das Messer ohne Vorwarnung hineingestoßen hatte, in ihrem eigenen Garten, ohne Grund. Es brennt wie Feuer und die Tränen der Vergangenheit rinnen über ihre eiskalte Wange. Sie kann sich nur noch bruchstückhaft daran erinnern, mit welch entsetztem Schrei ihre Mutter zu ihr gestürzt war, versucht hat, ihre Tochter zu retten. Pandora war an diesem Abend gestorben und hätte man ihr erzählt, dass *er* sie wenige Stunden später zu sich holen und ihr ein besonderes Leben, wenn man es so nennen kann, schenken würde, hätte sie nicht daran geglaubt.

Sie versucht, regelmäßig zu atmen und ihre Gedanken zu ordnen. Eine Facette ihrer Vergangenheit ist soeben an die Oberfläche gekommen und Pan konnte nur erahnen, wie lange es dauern würde, bis herauskommt, wer sie wirklich ist, welche Aufgabe ihr das Universum zugeteilt hatte, bevor sie sich *ihm* entriss. All die grausamen Momente ziehen an ihr vorbei, all die Dinge, die sie so gerne vergessen würde.

Für einen kurzen Augenblick überlegt Pandora, ob es nicht das Beste wäre, den dreien gleich zu erzählen, was sie belastet. All die Geheimnisse aus dem Weg zu räumen, aber irgendetwas schlingt seine Krallen um diesen Gedanken und zieht ihn wieder zurück in die dunklen Ecken ihrer Seele. Schmerzlich wird ihr bewusst, dass es einfach nicht geht, obwohl sie weiß, dass es vermutlich am klügsten wäre. Die Angst, Kaemon würde sie für ein Monster halten, ist zu groß. Paradox, wenn man bedenkt, dass er freiwillig das Leben anderer beendet.

Pan lässt sich auf ihr Bett gleiten und fährt sich immer wieder durch das feine, schwarze Haar, in der Hoffnung, ihr würde die Lösung aller Probleme kommen. Sie will nicht mehr das Gefühl haben, dass ihr die Sache über den Kopf wächst. Pan versucht sich einzureden, dass bisher alles recht gut verlaufen ist und langsam merkt sie, wie ihr Atem wieder ruhiger geht. Ihre Hände sind schweißnass, als hätte sie ein hohes Fieber überkommen und erschöpft lässt sie sich fallen.

Die Situation scheint von Sekunde zu Sekunde klarer zu werden und allmählich ist Pandora wieder dazu in der Lage, die Entwicklungen zu akzeptieren. Sie schluckt und wischt sich die letzten verzweifelten Tränen von der blassen Haut. Die letzten Spuren von Pans Zusammenbruch verschwinden und mit erhobenem Kopf steht sie auf. Ja, sie ist gestorben, aber sie hat eine zweite Chance bekommen und sie würde sich vollends auf die Zukunft konzentrieren.

Mit klarem Blick stolziert sie auf die Tür zu, aber gerade, als sich der kühle Türknopf in ihre Handfläche schmiegt, wird sie von der anderen Seite geöffnet.

„Wir haben uns schon gewundert, wo du bleibst." Ein verräterisches Lächeln legt sich auf Kaemons Lippen.

Wenn er versucht, zu verbergen, was Attis ihm eben erzählt hat, gelingt es ihm nicht ansatzweise. Trotzdem kann Pandora diese Tatsache verdrängen und sie zuckt gleichgültig mit den Schultern. „Ich bin eingeschlafen."

„Aber ansonsten fühlst du dich gut?", hackt er nach und Pan nickt.

Ein erleichterter Ausdruck legt sich auf Kaemons Gesicht, dann wird er wieder ernst. „Hör zu, ich wollte mich bei dir entschuldigen."

Verwundert legt Pandora den Kopf schief – sie hätte vieles vermutet, aber nicht, dass dieser Mann jemand ist, der seine Fehler so offen zugibt. „Wofür?"

Nervös fährt er sich über den Nacken. „Ich war nach der Sache im Palast nicht ganz ich selbst und hätte dich nicht allein lassen sollen."

Ein Grinsen schleicht über ihre Lippen.

„Du musst nicht auf mich aufpassen, das ist kein Weltuntergang", erwidert Pan geschmeichelt, aber ernst und Kaemon seufzt leise.

„Ja, vermutlich …"

Er wirkt nicht sonderlich überzeugt, aber Pan geht nicht weiter darauf ein. „Gehen wir wieder zu den anderen?"

„Eigentlich wollte ich dir London ein wenig zeigen."

Misstrauen vermischt sich mit Pandoras Gefühlen.

„Meint du wirklich, eine Stadtführung ist jetzt angebracht?" Sie zögert. „Nicht, dass ich mich nicht freuen würde, aber …"

Doch Kaemon hebt schon die Hände. „Schon gut. Sieh es eher als Patrouille."

Pandora entweicht ein langgezogenes Seufzen. „Okay, in Ordnung. Illeron und Attis können währenddessen ja nochmal alle unserer Fakten zusammenschreiben, vielleicht fällt ihnen so etwas auf."

Er nickt und ein erleichtertes Glänzen erreicht seine Augen.

PANDORA

Straßen von London

Wenig später betritt Pandora mit gemischten Gefühlen die überfüllte Straße. Die Leute, die an ihr vorbeilaufen, nehmen sie kaum wahr und Kaemon zieht sie sofort weiter.

Er scheint ein ganz bestimmtes Ziel zu haben, hält selten an, um die Umgebung zu prüfen. Von Schritt zu Schritt wächst Pandoras Neugierde und sie überlegt fieberhaft, was er ihr wohl zeigen will. Es muss etwas Wichtiges sein, Pan kann sich nicht erklären, weshalb er seinen Auftrag sonst für eine Zeit lang verdrängt – sie hat Kaemon als jemanden kennengelernt, der stets den Fokus auf eine Sache legt und alles daran setzt, sie zu erledigen. Es ist der Ehrgeiz, der sie so beeindruckt, der Ehrgeiz, der sie so an sich erinnert.

Je weiter sie in die Gassen Londons eintauchen, umso mehr nimmt das Treiben zu und Pandora erkennt in der Ferne einige Schiffe, die über das Wasser gleiten, welches sie dort vorne vermutet. Mit großen Augen mustert sie den Markt zu ihrer Linken und sie kommen den gewaltigen, mit aller möglichen Fracht beladenen Schiffen näher. Sie werfen gigantische, auf und ab schaukelnde Schatten auf den Boden und lassen die kleineren Boote verschwinden. Das erste Mal seit ihrer Ankunft scheint die Sonne und taucht den Fluss in ein schimmerndes Licht, doch es dauert ein wenig, bis Pandora diese Schönheit für sich entdeckt.

Erst als Kaemon sie zu einer filigranen, weißen Brücke führt, nimmt sie die Strahlen wahr und das beruhigende Plätschern des Wassers, wie es sich einen Weg in das Meer bahnt. So bunt es am Hafen zuging, umso idyllischer ist es hier. Links und rechts strecken sich geschwungene Laternen in die Höhe, ein Spatzenpaar hüpft leise singend auf dem Steingeländer hin und her, aber außer ihnen haben sich keine anderen Lebewesen hier her verirrt. Sofort geht diese gelöste, friedliche Atmosphäre in Pandoras Blut über und ihr Atem wird ganz flach, als hätte sie Angst, die Ruhe zu stören. Beschwingt streicht sie über das Brückengeländer und bleibt an höchstem Punkt stehen, um zu beobachten, wie das glitzernde Wasser gegen das Ufer schwappt. Fern ab von der Zivilisation fühlt sie sich beinahe wie ein guter Mensch, als könnte sie alles vergessen.

„Muriel und ich haben uns hier kennengelernt." Kaemons leise Stimme geht in dem Geplätscher des Flusses beinahe unter. Seine Hände legen sich zögernd um ihre Taille und Pan nimmt wahr, dass sie ein wenig zittern. Sie hält den Atem an und würde die sie die Landschaft nicht so verzaubern, würde sie die Augen schließen, um den Moment zu genießen.

„Sie war eine äußerst kluge Nixe und dieses Wasser war ihr Zuhause."

Langsam schließt Pandora ihre Finger um seine Hände und drückt sie sachte. Obwohl er von einer anderen Frau spricht, lauscht sie seinen Worten aufmerksam. Vielleicht hilft es ihr, seine Reaktionen zu verstehen, man kann einen geliebten Menschen schließlich nicht einfach vergessen. Es fühlt sich richtig an, wie sie dort steht, eng umschlungen mit dem dunkelhaarigen Mann, den sie schon bei ihrer ersten Begegnung so anziehend fand.

„Wir haben hervorragend miteinander gearbeitet, wenn es darauf ankam", fährt Kaemon fort und Pan spürt, wie sein Atem für einen kurzen Moment aussetzt.

„Willst du wissen, wer sie umgebracht hat?", murmelt sie fragend und lehnt sich gegen seine breite Brust.

„Ich weiß es bereits."

Überrascht runzelt Pandora die Stirn. „Du weißt es?"

Ein Nicken.

„Und was wirst du tun? Dich rächen?"

Ein trauriges Lachen entweicht seiner Kehle. „Oh, glaub mir, derjenige ist durch seine Tat schon genug gestraft. Er muss sich vor Gott verantworten", erwidert er mit brüchiger Stimme und berührt mit seinen Lippen sanft, aber auch zögernd ihr schwarzes Haar.

Ein kleiner Teil von ihr will fragen, um wen es geht, aber sie hat Angst, ihn zu bedrängen, wenn er ihr schon einmal etwas verrät, also schweigt sie lieber.

Eine seichte Windböe streicht über Pandoras Haut und lässt sie schaudern. Regungslos beobachtet sie einen kleinen Vogel, der sich am Rand eines Steines niederlässt, um das klare Wasser durch seinen Schnabel fließen zu lassen, bevor er seine Schwingen ausbreitet und wieder Richtung Himmel davonfliegt. Mit jeder Faser ihres Körpers nimmt sie Kaemons Muskeln wahr, seine rauen Hände auf ihrer Haut.

„Warum arbeitest du für den König? Warum gerade diese Art von Arbeit?", hebt sie nach einer Weile dennoch ihre Stimme und versucht an der spiegelnden Wasseroberfläche einen Blick auf seinen Gesichtsausdruck zu erhaschen. Doch das Wasser kräuselt sich an der Stelle, an der sie stehen, zu sehr und außer einem feinen, weißen Schaum, der sich bildet, wenn es gegen die Steine schlägt, kann sie nichts erkennen. Und obwohl Pandora es nicht erwartet hätte, antwortet Kaemon ihr.

„Ich bin damit aufgewachsen", beginnt er langsam, „mein Vater hatte diesen Job. Ich habe nie daran gedacht, etwas anderes zu machen."

Ihr Magen verknotet sich, aber bevor sie etwas darauf erwidern kann, dreht Kaemon sie sachte zu sich um. Sein Gesicht ist nur eine Handbreite von Pans entfernt und sie hat das Gefühl, sich in seinen klaren Augen zu verlieren. Ein Hauch von Schmerz liegt in ihnen, aber sie kann nicht einschätzen, woher er kommt. Behutsam fährt er mit seinem Daumen über ihre weiche, blasse Haut und stoppt an ihren leicht geöffneten, zitternden Lippen.

„Sag mir nur eins: Wie viele Leben haben diese Lippen schon genommen?“ Es scheint nicht die Realität gewesen zu sein, denn sobald er das letzte Wort ausspricht, zersplittert die Schönheit um Pandora und eine eisige Kälte legt sich auf ihren Körper. Sie zuckt zurück und die Vögel, die fröhlich am Ende der Brücke sitzen, fliegen aufgescheucht davon.

„Ich will nicht darüber reden.“ Pandora windet sich aus seinem Griff heraus und tritt näher an die Brüstung, die Arme verschränkt, als würde sie sich so schützen können.

„Verdammt, Pandora! Ich weiß nichts über dich, über deine Vergangenheit, wie soll das ganze hier so funktionieren? Wenn wir diesen Auftrag abschließen wollen, müssen wir uns blind vertrauen können!“, ruft er und es ist nicht nur Verzweiflung, die in seiner Stimme mitschwingt, es ist auch Zorn, der sich allmählich an die Oberfläche kämpft.

„Dir geht es also nur um den Auftrag?“, wirft sie ihm an den Kopf und sie unterdrückt die aufkommenden Tränen. „Denkst du, ich bringe all diese Leute um, nur weil ich ein Monster bin? Ich habe die Hälfte meines Lebens in der Hölle verbracht, mit den Morden hier habe ich nichts zu tun!“, fügt sie aufgebracht hinzu und muss aufpassen, dass sie nicht beginnt, zu schreien.

„Erzähl mir doch einfach, was dich so verfolgt, Pandora, es würde uns beiden helfen!“, erwidert Kaemon energisch, ohne wirklich auf ihre ersten Worte einzugehen und Pan nimmt wahr, wie sich ein gefährliches Funkeln in seine Augen legt, dasselbe Funkeln, dass sie schon entdeckt hat, als der Mörder sie bei ihrer Ankunft in London überrascht hat.

Sie weicht das letzte Stück, das ihr bleibt, zurück und wartet mit geweiteten Augen darauf, was er als Nächstes tut. Ein bitterer Geschmack bleibt auf ihrer Zunge zurück. Sein Unterkiefer zuckt unregelmäßig, als würde er mit sich ringen und mit der Hand fährt er sich ununterbrochen über den Nacken.

„Es tut mir leid", bringt er nach einer Weile hervor und als Pan in seine Augen schaut, sind sie wieder so sanft wie zuvor.

Sie atmet tief durch und schluckt. „Okay", haucht sie leise und nickt heftig.

Er tritt einen Schritt vor und greift nach ihren Händen.

„Du bist nicht einfach für mich", beginnt Kaemon und Pan blinzelt überrascht, „aber ich vertraue dir. Was … wer auch immer du bist oder warst."

Sie nickt ein weiteres Mal. „Ich will hinter mir lassen, was war, bitte frag mich nie mehr danach." Pandora zögert, doch dann fügt sie noch hinzu: „Sag das den anderen auch."

Ein milder Ausdruck legt sich auf Kaemons Gesicht. „Du hast gehört, was Attis gesagt hat und hast angenommen, ich hätte dich nur hergebracht, um dich auszufragen." Als sie nicht antwortet, zieht er sie dichter zu sich. „Das war wirklich nicht geplant, das musst du mir glauben."

Pandora winkt nur ab – hinter ihrer Schläfe beginnt es schmerzhaft zu pochen. „Schon gut", murmelt sie und ihr Blick gleitet in die Richtung, von der sie gekommen sind. „Lass uns einfach gehen."

Aber Kaemon zögert. Er öffnet seinen Mund, um noch etwas zu erwidern, doch Pan schenkt ihm einen flehenden Blick, der ihn weiter schweigen lässt.

Während sie zum Hafen zurückkehren, kann Pandora aus dem Augenwinkel erkennen, wie er überlegt, ihre Hand zu nehmen, doch als die ersten Verkäufer in Sicht kommen, entscheidet er sich dagegen.

Enttäuscht presst Pan die Lippen aufeinander, aber sie versteht es, weswegen sich das Gefühl wenig später schon wieder verflüchtigt hat. Sie genießt noch ein wenig die ungezwungene Atmosphäre, die für einen Moment nicht von Angst durchtrieben, ist, doch sie erreichen schon bald das Armutsviertel und hier wird die Stimmung deutlich schlechter. Hin und wieder spürt sie Kaemons Blick auf sich ruhen, ein bisschen verzweifelt, aber auch stolz.

In manchen Situationen ist es Pan ein Rätsel, wie jemand, der sie so sanft in den Arm nimmt, ein Killer sein kann. Sie runzelt die Stirn und versucht, über etwas anderes nachzudenken, weiß sie doch, dass sie nie eine Antwort darauf finden wird.

Als sie die Unterkunft erreichen, hält Pandora Kaemon noch einmal zurück.

„Versprich mir, dass du mit ihnen redest", bittet sie ihn eindringlich und lässt erst los, als er widerwillig nickt.

Ihm steht deutlich ins Gesicht geschrieben, dass es ihm nicht ansatzweise gefällt, aber sie scheint überzeugend genug gewesen zu sein. Tief Luft holend drückt sie die Türklinke hinunter und betritt den stickigen Raum.

Illeron und Attis sitzen beide mit geschlossenen Augen am Tisch und bewegen sich nur schwach, als Pan und Kaemon zurückkommen. Bevor sie nach oben geht, wirft Pandora Kaemon noch einen letzten, bittenden Blick zu. Schnell huscht sie die Treppenstufen hoch, aber anstatt in ihr Zimmer zu verschwinden, bleibt sie in der Mitte stehen. Von hier aus kann sie die drei hören und sehen, selbst wird sie jedoch von den Schatten verborgen.

„Wir sollten aufhören, in ihrer Vergangenheit zu wühlen", beginnt Kaemon sehr, sehr langsam, „es bringt uns nicht weiter. Vertrauen können wir ihr so oder so."

Einen Moment herrscht Stille.

„Sie ist nicht gut für dich." Es versetzt Pandora einen kleinen Stich, als ausgerechnet Illeron das sagt.

„Mein Urteilsvermögen ist noch so gut wie zuvor", erwidert Kaemon heftig, aber Illeron schüttelt beharrlich den Kopf.

„Du weißt, dass ich nicht das meine."

Sie runzelt verwundert die Stirn. Wovon redet Illeron denn sonst? Kaemon ballt die Hände zu Fäusten. Die Ader an seinem Hals beginnt zornig zu zucken.

„Ich habe mich unter Kontrolle", knurrt er, aber Illerons Blick spricht Bände. Trotzdem geht er nicht weiter darauf ein.

„Der Pfarrer wartet auf dich", sagt er nur noch und holt ein kleines Kartendeck hervor, als wäre nichts passiert.

Für einen Augenblick bewegt Kaemon sich nicht von der Stelle, seine große Gestalt wirft einen bedrohlichen Schatten auf den Boden und lässt den Raum noch dunkler erscheinen, als er ist, aber dann scheint er sich zusammenzureißen und verlässt das Haus mit großen Schritten.

Einige Sekunden verharrt Pandora noch in ihrem Versteck, dann schluckt sie den Kloß in ihrem Hals hinunter und schleicht in ihr Zimmer. Dort schwelgt sie in Erinnerungen an ihre Mutter.

Sie liebt das Gefühl des Windes in ihren Haaren, wenn die hölzerne Schaukel schwungvoll die Luft teilt. Ihr kindliches Lachen durchbricht die Stille. Mit großen, strahlenden Augen beobachtet das kleine Mädchen ihre Mutter, die mit geradem Rücken auf einer hellen Bank sitzt. Das dünne, rote Kleid mit den funkelnden Steinen ist perfekt für die heiße Jahreszeit.

Sie hebt die schmale Hand und winkt ihrer Tochter lächelnd zu. „Pass auf, dass du nicht herunterfällst Pandora!"

Pandora nickt eifrig, schwingt dennoch weiter – immer höher und höher, bis ihre Mutter aufspringt und zu ihr eilt, um die Schaukel zu stoppen. Sie runzelt verärgert die Stirn, während sie ihre Tochter auf dem Arm nimmt, doch in ihren glänzenden Augen kann Pan sehen, dass sie ihr nicht wirklich böse ist.

„Du weißt doch, dass ich es mir nie verzeihen würde, wenn dir etwas passiert", murmelt Giulia ihrer Tochter zu und trägt sie zu der Bank, auf der sie vor wenigen Minuten noch gesessen ist. Pandora schenkt ihrer Mutter ein Lächeln.

„Ich pass schon auf mich auf", erwidert sie und beginnt, Giulias lange, schwarzen Haare zu flechten. Geduldig lässt Giulia Pan ihren Spaß, während ihr Blick auf dem Gartentor ruht.

Jeden Moment müsste Morrigan hindurchtreten. Giulia runzelt die Stirn. Was auch immer passiert ist, ihr gefällt es nicht, Besuch von ihrer Schwester zu bekommen. Setzt Morrigan einen Fuß in ihr Haus, endet es immer in einem großen Streit. Das war schon immer so gewesen.

Leise seufzend strafft Giulia ihre Schultern und wendet sich wieder der kleinen Pandora zu. Das Mädchen beobachtet gerade ein buntes Schmetterlingspaar. Wie ein normales Kind. Giulias Herz krampft sich zusammen.

Normal. Völlig normal.

Sie legt den Kopf schief. Die Liebe zu ihrer Tochter ist unerschütterlich, doch Morrigan – sie hätte das Ganze nie mitbekommen sollen.

Kaum beendet sie diesen Gedanken, öffnet sich schon die Türe und ihre Schwester tritt in den Garten. Sie trägt ein von Pfauenmuster geprägtes, schwarzes Kleid und die kurzen Haare sind mit wenigen Strähnen nach hinten gesteckt.

„Giulia!" Die schrille Stimme ihrer Schwester lässt Giulia zusammenzucken.

Sie ringt sich ein Lächeln ab und legt ihre Hände um Pandora. „Was können wir für dich tun?"

Morrigans Augen verengen sich zu abschätzigen Schlitzen. „Die Frage ist wohl eher, was wir für deine Tochter tun können. Ich habe einen erstklassigen Arzt …"

Bevor sie ihren Satz vervollständigen kann, unterbricht Giulia sie mit einer energischen Handbewegung. „Wie oft muss ich dir noch sagen, dass diese Sache dich nichts mehr angeht!", ruft sie mit scharfem Ton und drückt Pan fester an sich. „An meiner Tochter ist nichts falsch. Sie wird ein ganz normales Leben haben!"

Morrigan stößt ein lautes Lachen aus. „Normal? Die Leute reden schon über uns! Du hast einen Bastard in diese Welt gebracht und jetzt weigerst du dich, es wieder in Ordnung zu bringen!", faucht sie und wirbelt die Arme in die Luft.

Inzwischen zittert Giulia vor Wut. Sie strafft die Schultern, schiebt Pandora zur Türe und geht einen Schritt auf ihre Schwester zu. „Verlass auf der Stelle mein Grundstück und lass dich nie wieder hier blicken", zischt sie und in ihren Augen glänzt tiefste Entschlossenheit.

Empört reckt Morrigan ihr Kinn in die Höhe. „Na schön. Du wirst schon sehen, was du davon hast."

Mit diesen Worten stolziert sie davon.

Pandora kann nicht einschätzen, wie lange sie schon auf ihrem Bett sitzt und mit einem Stift, den sie in einer der Schubladen gefunden hat, Tiere auf ein Stück Pergament zeichnet, um sich von ihren Gedanken abzulenken. Sie versucht jeden positiven Gedanken, die sie in sich findet, auf das Pergament zu bringen, um alles andere zu verdrängen. Konzentriert nimmt sie die Freude wahr, die sich in den Augen eines Vogelpärchens widerspiegelt und es hilft ihr tatsächlich, das Lächeln zu halten, das sich auf ihre Lippen gelegt hat.

Sie nimmt die Geräusche, die von der Straße durch das geöffnete Fenster dringen, kaum wahr, umso mehr erschreckt sie sich, als sich eine kühle Hand auf ihre Schulter legt. Mit großen Augen schaut sie neben sich und entdeckt Kaemon. Sein Atem geht flach, als wäre er sehr schnell gerannt und seine Miene strotzt vor freudiger Erregung.

„Komm nach unten, es gibt Neuigkeiten", stößt er hervor und überrascht springt Pandora auf.

Es müssen Gute sein, ansonsten wäre er wohl kaum so gut gelaunt. Neugierig hastet sie die Treppe hinunter und erblickt sofort einen älteren, großen Mann. Sein Gesicht ist von Falten überzogen, obwohl er höchstens 40 sein müsste, sein Hals ist geziert von tiefen, frischen Narben. Er steht mit verschränkten Armen vor Attis und mustert sie mit gerunzelter Stirn.

Pandora tritt näher. Er ist ihr auf Anhieb unsympathisch und hinter ihm, als wäre es nicht schon unangenehm genug, läuft Eris nervös auf und ab. Mit zusammengepressten Lippen stellt Pan sich neben Kaemon und richtet ihre Augen erwartungsvoll auf die kleine Gruppe vor sich. Kaemon gibt dem fremden Mann ein unwirsches Handzeichen.

„Also wie ich eben schon gesagt habe, weiß ich, dass Aldrich ermordet wurde. Ich hab ihn gesehen, bevor ihr seine Leiche geschändet habt“, beginnt dieser ungeduldig und bei seinen Worten rinnt ein eiskalter Schauer Pandoras Rücken hinab. Sie verabscheut die Art, wie er redet. So herablassend, ohne Manieren.

„Und hab auch jemanden neben ihm gesehen. Er heißt Sebastian, wohnt direkt nebenan. Ein Bastard. Hat letztes Jahr…“

Eris stößt ihn in die Rippen. „Bleib beim wesentlichen, Ragnar“

Ragnar also.

Er wirft der Nixe einen bösen Blick zu, widerspricht ihr allerdings nicht. „Na ja, also er hat auf jeden Fall ein Messer in der Hand gehabt, ziemlich fieses Ding. Reißt jedem Schaf mit einem Schnitt die Kehle auf.“

Eris verdreht die Augen. „Gerade sitzt er in unserer Kneipe und prahlt damit, die Morde begangen zu haben. Außerdem wissen wir, dass er die meisten Opfer gekannt hat, Sebastian kommt öfter zu uns“, führt sie weiter aus.

„Habe ich geprüft, es stimmt wirklich“, flüstert Kaemon Pan leise zu. Pandoras Herzschlag setzt aus. Sie beginnt zu zittern, ihre Fingernägel krallen sich in die kühle Haut ihres Oberarmes.

„Und was ist mit dem Medaillon, das wir neben der Leiche gefunden haben? Wie kommt er an Schmuck aus dem Palast?“, wendet sie hastig ein.

Jede Unklarheit muss aus der Welt geschaffen werden, denn ihr ist völlig klar, auf was dieses Gespräch hinauslaufen wird.

Ragnars Gesicht verfinstert sich, doch Illeron nickt heftig, bevor der fremde Mann etwas sagen kann. „In dem Punkt hat Pandora recht.“

Ragnar räuspert sich. „Er hat die letzten Wochen Arbeiten im Palast ausgeführt und mir ein bisschen von dem Schmuck gezeigt, den er hat mitgehen lassen“, brummt er mit genervtem Unterton, lässt die Hände in die Taschen seiner Jacke gleiten.

Attis klatscht in die Hände. „Er hat also Zugang zu ihnen gehabt. Dann muss Pandora ihn nur noch küssen. Wir können uns nicht leisten, erst eine normale Waffe zu probieren.“

Sie schnappt sich ihren Mantel, doch die Begeisterung bei Pandora bleibt aus. Skeptisch verschränkt sie die Arme vor der Brust und presst die Lippen zu einem dünnen Strich zusammen.

„Gibt es noch andere Tatsachen, die beweisen, dass er es ist?“, presst sie hervor und sofort hält Attis inne.

„Wir haben alles, was wir brauchen, wo liegt das Problem? Töte ihn einfach und fertig“, schnappt sie und Pan ist überrascht von der Feindseligkeit, die in ihrer Stimme liegt. Ob es etwas mit Kaemon zu tun hat? Trotzdem beharrt sie auf ihrer Meinung.

„Und was, wenn er einfach nur ein Schwätzer ist?“, erwidert sie energisch und ein unangenehmes Kribbeln breitet sich in ihrem Bauch aus.

„Ich sage dir dann schon, wenn an ihm nichts Übernatürliches und er somit definitiv unschuldig ist“, faucht Attis und wirft die Hände in die Luft. „Vermassel uns das ganze jetzt nicht!“

Doch diesmal weicht Pan nicht zurück. Sie hebt selbstbewusst den Kopf.

„Du musst ihn nicht umbringen, also überlass es mir, zu entscheiden, ob es das wert ist“, entgegnet sie und spürt, wie die Luft sich elektrisch zu laden scheint.

„Pandora, bitte“, murmelt Kaemon unruhig und streicht ihr über die Schulter. Zitternd holt die Serva Luft. Sie muss töten. Ein letztes Mal. Dann ist alles vorbei. Warum zögert sie? Schnell atmend fährt sie sich durch das schwarze Haar und schließt die Augen. Eigentlich ist jeder Punkt geklärt, die Beweise sind eindeutig.

„Gut, gehen wir“, sagt sie, ohne wirklich überzeugt zu sein.

PANDORA

Bar, London

Auf dem Weg zur Bar redet sie sich immer wieder ein, dass es nichts Großes ist, sie hat schon oft jemandem das Leben genommen und dies würde es für immer beenden. Aber das schlechte Gefühl schwebt wie eine geladene Gewitterwolke über ihr und irgendwann wird ihr so schlecht, dass Pandora denkt, sie müsse sich jeden Moment übergeben.

Kaemons beruhigender Arm um ihrer Hüfte gibt ihr zwar etwas Stütze, trotzdem wird ihr immer wieder schwindelig. Sie stolpert über streunende Katzen und betrunkene Körper, die auf dem Boden liegen, ohne es wirklich wahrzunehmen.

Ein letztes Mal töten. Ein letztes Mal. Dann könnte sie den Fluch, der auf ihr lastet, vergessen und ein neues Leben anfangen. Pandora versucht sich einzubilden, wie das Glück durch ihre Adern fließt, in der Hoffnung, sie würde sich dieser Halluzination hingeben können, wenn sie es oft genug wiederholt.

Ihre Hände zittern stärker als je zuvor und als sie die Kneipentür erreichen, bleibt ihr für einen kurzen Moment die Luft weg. Es geht ganz schnell. Dann ist alles vorbei. Sie reibt sich über die Augen.

„Geh zuerst rein. Der Barmann wird dir ein Zeichen geben, wer dein Ziel ist. Wir stehen ganz hinten im Raum, falls etwas schiefgeht, sind wir zur Stelle“, geht Illeron das Ganze mit ihr durch und sie kann erkennen, wie angespannt er ist.

Glaubt er wirklich so sehr an ihr Versagen, wie seine Schwester? Oder merkt er selbst, dass das Ganze viel zu einfach ist?

In Pan verstärkt sich immer mehr der Verdacht, dass es nicht der Killer sein kann, der dort drinnen auf sie wartet und dass sie einen

Unschuldigen bestrafen wird, aber sie will nicht kneifen und beweisen, wie unnütz sie ist.

„Ich werde versuchen, ihn in den oberen Stock zu locken“, murmelt sie, als sie sich daran erinnert, wie sie ihre Aufträge bisher erledigt hatte.

Ihr Herz schlägt wie wild bei der Erkenntnis, dass sie es diesmal nicht tut, weil *er* sie dazu zwingt. Pandora beißt die Zähne zusammen und öffnet die Tür.

Die Bar ist kaum besucht. Bis auf einige Nixen und ein paar Betrunkene, die ihnen mit lüsternen Blicken Geldscheine zustecken, sind die Tische leer. Auch Eris ist nirgends zu sehen – Pan schwört sich, die beiden zur Strecke zu bringen, wenn sie ihnen eine falsche Information gegeben hat. Unruhig schaut sie zu dem glatzköpfigen Barmann, der sofort mit einem Kopfnicken auf einen abseits sitzenden, großen Mann deutet. Er klammert sich an einen Krug und redet wild gestikulierend mit sich selbst. Ekel steigt in ihr auf – ein Gefühl, dass sie bei ihrem Auftrag gebrauchen kann, weshalb sie sich allein darauf konzentriert.

Sie schaltet ihre Gedanken ab, die nervtötende Ahnung, sie würde einen Fehler machen und lenkt ihre volle Aufmerksamkeit auf die Abneigung gegenüber diesen Mann, so, wie sie es von *ihm* gelernt hat. Allmählich kehren ihre alten Instinkte zurück, das ihr mühselig eingeredete Wissen, dass sie nur dafür lebt, um zu töten. Ihre Augen werden schmal und Macht strömt durch ihren Körper. Mit einem aufreizenden Lächeln stolziert sie auf ihr Opfer zu und lässt sich elegant neben ihm nieder.

Er hebt erst den Kopf, als Pan beginnt, mit ihm zu sprechen.

„So allein hier?“, säuselt sie und klimpert mit den langen Wimpern. Ein interessiertes Brummen kommt zur Antwort. Ganz langsam lehnt sie sich zurück und streicht sich die langen Haare aus dem Gesicht, um ihm einen Blick auf ihren Körper zu ermöglichen. Der

Ekel, der sie eben noch überkommen hätte, bleibt aus. Sie spürt nur den Drang, zu töten.

Bestimmt legt sie ihre Hand auf die verschmutzte ihres Gegenübers und beginnt zu kichern. „Ich kenne dagegen ein wunderbares Mittel."

„So?" Schon an der Tonlage des Mannes erkennt Pan, dass er ihrem Bann verfallen ist. Sie beugt sich zu ihm vor und grinst.

„Komm doch mit mir nach oben", bietet sie ihm an und drückt verschwörerisch seine Hand.

Ohne zu zögern, rückt er seinen Stuhl nach hinten und zieht sie grinsend hoch. Um sie herum scheint jeder den Atem anzuhalten. Anfangs hatte Pandora darauf gehofft, dass Attis sie unterbricht, weil sie merkt, dass hier etwas nicht stimmt, aber nichts passiert. Allerdings stört es sie jetzt nicht, sie fühlt keine Sorge mehr.

Die Vermutung, dass die drei das Leben dieses Mannes riskieren, nur weil die kleinste Hoffnung besteht, er wäre wirklich der Killer, prallt an ihr ab. Auch das Wissen, dass sie es später bereuen wird, sich so gehen zu lassen, dringt nicht bis zu ihrem Inneren vor. Unsichtbare Mächte halten all die Gefühle zurück, die sie an ihrem Auftrag hindern könnten. Leichtfertig schlängelt sie sich durch die Tische hindurch, die Hand des Mannes sanft, aber bestimmt umschlossen. Immer mehr schürt sich der Zorn und der Ekel in ihr und sie weiß, dass es nur wenige Wimpernschläge dauern wird, bis sein Herz stehen bleibt.

Sie hört seinen aufgeregten, freudigen Atem hinter sich und als sie die Treppe nach oben läuft, sieht sie nicht einmal mehr Kaemons besorgten Blick. Nicht, dass sie jetzt noch jemand abhalten könnte, dafür ist der Tötungsdrang schon zu fest in ihrem Herzen verankert. Wäre Pandora vollkommen bei sich, würde es sie erschrecken, wie stark *er* sie beeinflusst hat, dass seine an ihr geleistete Arbeit immer noch so tief in ihren Adern steckt. Aber wie immer, wenn sie ihre

Kräfte aus diesem einen Grund benutzen muss, prallen solch Gedanken an der unsichtbaren Mauer ab, die *er* in ihr erschaffen hat.

Ein siegessicheres Lächeln stiehlt sich auf ihre Lippen und als Pan die letzte Treppenstufe erklimmt, beginnen die letzten Sekunden des Lebens ihres Opfers zu verstreichen. Sie drückt ihn gegen die Wand und in seinen Augen liegt nur Lust, er hat keine Ahnung von dem, was ihm gleich passieren wird. Sein stinkender Atem schlägt ihr entgegen und jede Logik erlischt, als sich ihre Lippen seinen nähern.

Sie saugt seinen letzten Atemstoß in sich auf, bevor er sich verkrampft, sein Gesicht weiß wird und sein Herzschlag verklingt. Monoton tritt Pan einen Schritt zurück und lässt den bewegungslosen Körper auf den Boden sinken. Sobald er mit einem lauten Dumpf auf den Dielen aufschlägt, hört sie, wie jemand eilig die Treppen hinauf sprintet. Sie fühlt sich leer, so wahnsinnig leer, wenn sie auf die Leiche starrt, die allein ihretwegen dort liegt.

Pandora spürt kaum, wie starke Hände sie von diesem Anblick wegziehen. Um sie herum bewegt sich alles in Zeitlupe, ihr Blick ist vollkommen verschleiert. Nur ihr eigener Herzschlag liegt in ihren Ohren.

Es ist Kaemon, der sie nach unten bringt, während Attis und Illeron sich an der Leiche zu schaffen machen. Er trägt sie beinahe schon an die frische Luft, so schwer bewegen sich ihre Glieder.

„Es ist alles okay. Du hast deine Sache gut gemacht“, flüstert er ihr zu, aber seine Worte erreichen sie nur schwach.

Sanft legt Kaemon seine Arme um sie und Pan schließt die Augen.

PANDORA

Quartier London

In ihrer Unterkunft herrscht Stille. Eigentlich hätten sie feiern müssen, aber Pandoras Vorahnung überkommt nun auch die anderen drei. Sie wollen es nicht eingestehen, aber Pan erkennt es an ihren unruhigen Blicken und die Tatsache, dass Illeron mit düsterer Miene vom König zurückgekehrt ist, bestätigt ihre Vermutung nur.

Attis zieht mit inzwischen zufrieden glänzenden Augen an ihrer Pfeife, Illeron mischt seine Karten, ohne dass jemand mit ihm spielt und Kaemon sitzt mit besorgter Miene neben Pandora, immer darauf gefasst, sie würde zusammenbrechen. Doch überraschenderweise kommt sie besser mit ihrer Tat zurecht, als vermutet – sie hat alle Gedanken daran verdrängt und schafft es, die Schuldgefühle nicht zu stark an sich heranzulassen. Vermutlich gibt Kaemon ihr mehr Kraft als gedacht.

Damals ist niemand für sie dagewesen, um sie von diesem Abgrund fernzuhalten, in den sie immer gestürzt ist, wenn *er* sie wieder einmal zum Töten losgeschickt hat. Stumm flechtet Pan ein paar kleine Strähnen aus ihrem Haar zu einem dünnen Zopf, während sie auf ihren gleichmäßigen Herzschlag achtet.

Ein Hauch von Stolz überkommt sie, glaubt sie doch, sich wieder zu dem zu entwickeln, der sie vor alldem war. Für einen Moment überlegt sie, aufzustehen und nach dem Amulett zu sehen, aber sie will Kaemons schützende Nähe nicht aufgeben. Ein zaghaftes Lächeln stiehlt sich auf ihr Gesicht. Nie hätte sie gedacht, einmal jemanden zu finden, der ihr Anker werden könnte. Aber geht es bei Beziehungen und Freundschaften nicht darum? Sie legt den Kopf schief. So etwas hatte sie sich noch nie wirklich gefragt.

Leise seufzend lehnt Pandora sich an Kaemons Schulter. Sie spürt, wie sie sich bei jedem Atemzug heben und senken, aber nur so leicht, dass es sie nicht stören würde. Seine Augen glänzen genießerisch, aber auch ein wenig ängstlich, aber Pan schiebt diese Tatsache beiseite. Es würde nur Probleme machen, darüber nachzudenken und sie will eine Zeit lang eine Pause von alldem. Pan konzentriert sich auf die Annahme, dass nun alles vorbei ist, und einige Fragen kommen ihr in den Sinn.

„Wie lange bleiben wir eigentlich noch hier?“, murmelt sie fragend.

„Bis der König uns unsere Belohnung gibt, was recht bald sein sollte“, erklärt Kaemon ihr und die Frage, was dann aus ihnen werden würde, brennt Pan auf der Zunge.

Ein Teil von ihr will sie ihm stellen, der andere, größere, überredet sie allerdings dazu, den Moment einfach zu genießen – alles andere würde sich schon zeigen. Die Gleichgültigkeit breitet sich in ihrem Herzen aus, dass sie nur scheinheilig, oberflächlich ist, will Pandora erst gar nicht erkennen. Neue Kraft strömt durch ihre Adern und ihr Herz macht einen aufgeregten Sprung.

Pans Blick gleitet zu Attis. Sie nimmt wahr, dass die Pfeife des rothaarigen Mädchens weniger stark riecht, wie zuvor und dass sie sie bereits nach kurzer Zeit beiseitegelegt hat. Vielleicht war ihr die Überdosis eine Lektion. Pan schließt ihre Augen ein weiteres Mal. Sie beginnt zu verstehen, dass die Menschen manchmal nur durch grausame Erlebnisse lernen.

Ihr Magen knurrt und mit einem leisen Brummen hebt sie den Kopf. „Haben wir noch Essen da?“

Ein Grinsen erscheint auf Kaemons Gesicht. „Es liegen noch zwei Brotscheiben im Korb“, erwidert er und steht auf, um sie zu holen.

„Wollt ihr auch noch etwas?", erkundigt Pandora sich bei den Geschwistern, aber die beiden schütteln nur den Kopf.

Obwohl Illeron lächelt, merkt sie, dass ihm etwas auf dem Herzen liegt, aber sie wendet sich desinteressiert ab. Sie würde sich ihren stabilen Zustand nicht nehmen lassen, indem sie sich mit den Problemen der beiden beschäftigte. Sollte es an dem Mann liegen, den sie vor wenigen Stunden getötet hat, ist es schließlich die Schuld der beiden, wenn sie anschließend feststellen, dass er unschuldig gewesen wäre.

Schnell verdrängt Pan diese Gedanken wieder und greift hungrig nach dem Stück Brot, das Kaemon ihr reicht. Er nimmt deutlich wahr, dass sie mit den Geschehnissen besser klarkommt als anfangs gedacht, ob es nun richtig war, was sie getan hat, oder nicht.

Zufrieden lehnt sie sich wieder zurück. Die Sonne dringt schwach durch das Fenster und Pandora streckt sich ein wenig, um die Strahlen aufzufangen. Die Wärme ist wohltuend für ihre so blasse Haut, weshalb sie diese Gelegenheit so gerne wahrnimmt. Genießerisch bricht Pan ein weiteres Stück des Brotes ab, während Kaemon sich die Karaffe vom Tisch nimmt und sie ihr anbietet.

Die kühle Flüssigkeit rinnt ihre Kehle hinab und zurück bleibt nur ein angenehmes Brennen.

„Vom König persönlich geschenkt bekommen", erzählt er ihr mit einem stolzen Blick. „Hat er schon meinem Vater überreicht, wenn es etwas Neues zu erledigen gab."

Beeindruckt neigt Pan den Kopf und widmet sich wieder ihrem Brot. „Habt ihr euch gut verstanden?"

Verschmitzt zieht Kaemon einen Mundwinkel nach oben. „Meistens, ja. Er war hin und wieder etwas neben sich, aber im Grunde ein guter Kerl", erwidert er und in seinen Augen erkennt Pandora Sehnsucht, obwohl seine Tonlage respektvoll ist.

Sie nickt schwach und wendet sich ein weiters Mal ihrem Brot zu, bevor ihr eine neue Frage in den Sinn kommt.

„Was ist mit deiner Mutter?“, fragt sie vorsichtig.

Kaemon zögert, bevor er seinen Blick zur Decke wendet und tief durchatmet. „Hat sich auf die falschen Leute eingelassen und ist verschwunden“, erklärt er ihr tonlos und Mitleid steigt in ihr auf.

Ihr fallen keine passenden Worte ein, also belässt sie es dabei und versucht erst gar nicht, ihm weitere Informationen zu entlocken. Vielleicht weiß er auch nicht mehr über sie?

Pandora seufzt leise. Sie hat auch wenig recht dazu, ihn auszufragen, dass ihr klar, aber dass er ihr bisher trotzdem so viel erzählt hat, lässt ihr Herz schneller schlagen.

PANDORA

Weg zum Palast

„König George erwartet uns, Pandora, beeil dich!“, ruft Kaemon nun schon zum zweiten Mal, aber sie kann sich nicht vom Fleck bewegen. Ihre Füße sind wie festgefroren und ihr Blick hängt an der verdreckten Hauswand gegenüber ihres Fensters fest.

Sie hört hastige Schritte die Treppe hinauf sprinten und rückt ihren Rücken gerade, um sich nicht ansehen zu lassen, wie unruhig ihr Körper zittert. Es ist keine Angst, aber die Ungewissheit, die sie erschaudern lässt.

Kaemons Hände schließen sich um ihre Arme. „Hey, was ist?“

Pan holt tief Luft. „Wenn der König uns sehen möchte, um uns zu gratulieren, dass wir den Killer aus dem Weg geschafft haben – was passiert danach?“

Mit gerunzelter Stirn streicht er ihr eine Strähne hinter das Ohr. „Mach dir darüber erst Gedanken, wenn er diesen Satz ausgesprochen hat“, erwidert er und versucht zu grinsen. „Du weißt in unserem Job nie, was er als Nächstes verlangt.“

Leise seufzend fährt Pandora sich über die pochende Schläfe und nickt.

„Ist gut“, murmelt sie, „gehen wir.“

Diesmal nehmen sie keine Droschke, so wie gewöhnlich. Aufmerksam schlängeln sie sich durch die Menschenmengen, die ihrer Arbeit wie jeden Tag nachgehen – nur etwas gelöster, wie es Pandora scheint. Hin und wieder versucht sie, einigen Unterhaltungen zu lauschen und schnappt im Wesentlichen „Sieg“ und „Verdientes Schicksal“ auf.

Pan runzelt die Stirn. Vielleicht hätte sie sich von Anfang an mehr unter die Leute mischen sollen, um den Mörder zu überführen, es scheint, als würden sich Nachrichten hier viel schneller verbreiten. Doch dann kommt ihr ein Gedanke und sie verwirft dieser Überlegung wieder. Je mehr Menschen, umso verfälschter die Tatsachen – wahrscheinlich war deswegen nie etwas von den Bewohnern Londons an sie herangedrungen. Weil sie niemanden so gut trauen konnte wie sich selbst.

Pandora nimmt sich Zeit, ihre Umgebung zu mustern, ohne dem Drang, ein Messer zu zücken, um sich verteidigen zu können. Sie denkt erst gar nicht mehr darüber nach, ob ihr Auftrag nun erfüllt ist, sondern versucht sich wie ein einfacher Besucher zu fühlen, der in London einen Zwischenstopp einlegt.

Sie laufen eine Ewigkeit, bis das Armutsviertel hinter ihnen liegt und Pan sich ohne geringfügiges Mitleid auf die Bürger einlassen kann. Sobald sie die schönen, teuren Kleider erspäht, fühlt sie sich weniger fehl am Platz. Auch hier hallt Lachen von den hohen Mauern wider und reißt sie mit. Gute Laune strömt durch ihre Adern, lässt ihr Herz gleichmäßig klopfen und Pandora passt sich automatisch dem majestätischen Gang der edlen Damen an.

Hin und wieder riskieren sie einen abwertenden Blick, passen ihre Kleider kaum zu den anderen, aber mit freudiger Erwartung überlegt Pan, in welches Kleid Martha sie wohl dieses Mal stecken würde. Bisher haben ihr alle Gewänder gefallen, die man ihr überlassen hat, aber zwischen all den Stoffen hat sie bereits einige entdeckt, die sie meiden würde.

Das große, glänzende Tor sticht ihr schon von weitem ins Auge. Die Wachen laufen in gleichmäßigem Schritt auf und ab, die unbewegten Gesichter zucken nicht einmal, wenn unter Schaulustigen ein Streit ausbricht. Es lässt sie völlig kalt und Pandora bewundert diese Beherrschung. Ohne Hast schlendert Kaemon auf einen der Wachmänner, die Einlass bittende passieren lassen, zu und wechselt einige Worte mit ihm, bevor er sie durch das quietschende Tor lässt. Es überragt Pan um solch gewaltige Größe, dass sie ihren Kopf weit in den Nacken legen muss, um bis zu den in der Sonne funkelnden, goldenen Spitzen hinaufblicken zu können. Doch sie erkennt auch die Gewitterwolken, die über den sonst so klaren Himmel schleichen. Es würde nicht mehr lange dauern, bis sie London erreichen, das ist Pan bewusst. Sie muss frösteln. Hoffentlich würden Illeron, Attis und Kaemon dann nicht schon wieder darauf bestehen, zu Fuß zu gehen, wenn eine Droschke doch um einiges angenehmer wäre.

Während sie den Hof durchschreiten, wartet der Butler, der Pandora und Kaemon schon beim ersten Mal durch die Gänge geführt hat, bereits auf sie. Seine hagere Gestalt wirkt neben Kaemon so gebrechlich, dass Pan beinahe lachen muss. Er redet kein Wort mit ihnen, erst als er die Hand um die Türklinke zum Saal legt, in dem die königlichen Herrschaften warten, räuspert er sich.

„Er ist heute nicht in bester Stimmung", warnt der Butler und Pandora erstarrt panisch.

Weshalb? Auch Kaemon knirscht mit den Zähnen.

„In Ordnung, danke", murmelt er mit düsterer Miene und betritt den Raum.

Schon als Pan den ersten Fuß hineinsetzt, spürt sie die kühle Atmosphäre. Keines der schönen Lichter brennt, Königin Jennifer starrt mit gesenktem Blick auf ihre Hände und ihr Gemahl schaut mit hinter dem Rücken verschränkten Armen aus dem breiten Fenster. Neben ihm steht eine große, hölzerne Kiste.

Fieberhaft überlegt Pan, was sich in ihr verbirgt und nach wenigen Sekunden fällt ihr auf, dass man ihr gar nicht die Gelegenheit gegeben hat, sich umzuziehen. Ihr wird schwindelig und sie schluckt nervös. Das ist kein gutes Zeichen, so viel ist Pandora klar. Hinter ihr holt auch Illeron unruhig Luft – Pan hat ihn und seine Schwester schon beinahe vergessen, so sehr ist sie damit beschäftigt, nicht die Nerven zu verlieren.

Viele der Gefühle, die sie die letzten Stunden zurückgehalten hat, überkommen sie, aber sie stellt fest, dass es nicht dieselbe Angst oder die gleiche Art von Reue ist, die sie bisher belastet haben. Es fühlt sich nicht so an, als würde sie unter alldem zerbrechen – Pan glaubt sogar fest daran, dass dieser Zustand in wenigen Minuten wieder vorbeigeht. Sie hebt den Kopf und streicht zur Beruhigung über den Stoff ihres Kleides.

„König George, Königin Jennifer", ergreift Kaemon das Wort und seine Verbeugung ist tiefer als die letzten Male.

Ein kaum merkliches Lächeln legt sich auf Pandoras Lippen. Er weiß also schon gut genug, wie er mit seinem König umgehen muss, wenn dessen Laune einen Tiefpunkt erreicht hat.

„Ihr habt also jemanden getötet, weil der Verdacht bestand, er wäre unser Mörder?", beginnt König George und seine tiefe Stimme zittert vor Anstrengung.

„So ist es, Exzellenz. Attis hat eindeutig bestätigt, dass er ein übernatürliches Wesen ist", entgegnet Kaemon ruhig und Attis nickt, äußert sich aber sonst nicht weiter dazu. „Außerdem war er einer der Bauarbeiter, der zuvor im Palast die Fassaden ausgebessert haben, uns wurde bestätigt, dass er Schmuck entwendet hat", fügt Kaemon hinzu.

„Wie erklärst du mir dann das?", ruft der König aufgebracht und hält Kaemon einen zerknitterten Brief vor das Gesicht.

Mit ruhiger Hand nimmt er sich ihn und mustert das Papier mit gerunzelter Stirn. Sorge schleicht sich in seine Augen. Unruhig versucht Pandora einen Blick auf die Zeilen zu werfen, doch Kaemon hält ihn so, dass sie die Wörter nicht erkennen kann. Er schluckt.

„Ist vor wenigen Stunden abgegeben worden, er kann nur nach eurer Tat geschrieben sein", knurrt König George und wortlos reicht Kaemon den Brief Illeron, welcher augenblicklich nach Luft schnappt.

„Was ist?", hält es Pan nun nicht mehr aus, aber niemand antwortet ihr.

Unzufrieden verschränkt sie die Arme und beginnt, auf ihrer Unterlippe zu kauen. Zögerlich wendet Kaemon sich ihr zu und berührt sie sachte an der Schulter.

„Dieser Brief enthält Informationen, die nur unser Killer wissen kann", sagt er langsam und als Pandora versteht, was das bedeutet, weicht jegliche Farbe aus ihrem Gesicht.

Sie kneift die Augen zusammen, in dem Versuch, die Schwärze, die sich vor ihnen ausbreitet, zu vertreiben und bricht in ein hohes, leises Lachen aus.

„Willst du mir damit sagen, dass ich einen Unschuldigen umgebracht habe, nur weil ihr so verdammt sicher wart, dass er es ist?", stößt sie hervor und starrt Kaemon mit fassungslosem Blick an.

„Unschuldig nicht, nein", unterbricht König George sie, „er war ein gesuchter Schläger. Trotzdem nicht der, den ihr eigentlich erledigen solltet! Der Mann, der euch die Information geliefert hat, er hätte den Mord beobachtet, hat einen heftigen Disput mit dem Toten geführt, er hat euch von hinten bis vorne belogen, um ihn loszuwerden! Ein einziger Komplott!"

Der Zorn, der in seinen Augen schimmert, verklingt langsam, trotzdem wirkt er ziemlich aufgebracht. Er weist auf die Kiste neben sich und brummt leise.

„Die Briefe hier wurden bereits geprüft und als unwichtig befunden. Scotland Yard ist bereits dabei, ihre Schreiber zu ermitteln", erklärt er und in seinen Falten glänzt Schweiß.

„Erst entziehe ich ihnen den Fall, damit sie euch nicht behindern, und jetzt …“, murmelt er mehr zu sich selbst, winkt aber sofort ab und fährt fort. „Derjenigen, den ich euch eben gezeigt habe, ist der einzig relevante.“

Pandora hört nur mit halbem Ohr zu. Sie ist mehr damit beschäftigt, ruhig zu atmen und nicht zu bereuen, dass sie nicht sofort auf ihren Instinkt gehört hatte. Mit trockenem Mund starrt sie aus dem Fenster. Der Mörder läuft immer noch dort draußen herum und ihr Auftrag ist somit noch nicht erledigt – sie atmet tief aus.

Einerseits ist Pan erleichtert, weil es bedeutet, dass sie weiterhin Zeit mit Kaemon verbringen kann, ohne sich Gedanken machen zu müssen, was danach mit ihnen geschehen würde, andererseits nagt es an ihren Nerven, schließlich ruht tief in ihr der Drang, die Bewohner Londons vor noch mehr Schrecken zu bewahren.

Sie beißt die Zähne aufeinander und streicht sich durch das schwarze Haar. Eine dumme Angewohnheit, die ihr hilft, sich zu beruhigen. Pan zwingt sich dazu, wieder auf die Worte des Königs zu achten und konzentriert sich. Aus den Augenwinkeln erkennt sie, wie eine Dienerin den Saal betritt, um der Königin eine Tasse dampfenden Tee zu bringen – die Nixe, der sie schon bei ihrem ersten Besuch hier begegnet waren.

„Er schreibt, dass sein nächstes Opfer seinen Auszeichnungen erliegen wird“, sagt Kaemon gerade mit ratloser Miene und schaut fragend zu Illeron und Attis.

Schulterzuckend mischt Pandora sich ein, obwohl diese Ankündigung ihrer Meinung nach mehr Fragen aufwirft, als dass sie helfen würde.

„Vielleicht finden wir etwas in den letzten Zeitungsausgaben. Irgendwelche Heldentaten oder ähnliches, etwas, das uns verrät, wer als Nächstes dran ist“, schlägt sie mit zitternder Stimme vor und Kaemon schenkt ihr ein anerkennendes, aufbauendes Lächeln. Unwirsch wedelt der König mit der Hand.

„Ja, ja", grummelt er sorgenvoll, „versucht das. Wenn es sein muss, sucht ihr die ganze Nacht, ich möchte endlich Ergebnisse sehen!"

Er seufzt. „Wenn ich nicht wüsste, dass ihr nicht schon die Besten seid, würde ich euch damit drohen, euch bei Sonnenaufgang hängen zu lassen, wenn der Killer bis dahin noch lebt – aber das wäre pure Verschwendung."

Pandora muss sich ein belustigtes Lachen verkneifen. Welch aufbauende Worte. Die anderen verbeugen sich und sie folgt dem Beispiel rasch.

„Wir werden berichten", sagt Kaemon schlicht und eilt zur Tür.

Ganz langsam geht Pan nochmal durch, was sie gerade erfahren hat und was die nächsten Schritte sein würden. Sie hatte den Falschen ermordet – ein kleiner schuldiger Stich, aber kein Nervenzusammenbruch. Sie atmet tief durch.

Der Killer schreibt Briefe, um … ja, weshalb? Wahrscheinlich würde Illeron dieses Verhalten besser erklären können, in ihren Augen macht das absolut keinen Sinn. Wie auch immer, soll er ruhig damit fortfahren, vielleicht verrät er sich so irgendwann.

Mit gerunzelter Stirn wendet sie sich an Kaemon. „Wie kommen wir an die alten Zeitungen?"

Er verringert sein Tempo und wartet, bis Illeron neben ihm läuft. „Ich würde Pandora mit zur alten Druckerei nehmen, damit wir die alten Ausgaben dort holen können. Geht ihr schon vor?", schlägt er vor, aber Illeron schüttelt den Kopf.

„Das mache ich mit ihr", wendet er energisch ein und lässt Pan verdutzt blinzeln, „geh du mit Attis."

Ein unzufriedener Ausdruck legt sich auf Kaemons Gesichtszüge, doch er widerspricht nicht, sondern nickt nur. „In Ordnung."

Misstrauen steigt in Pan auf. Warum will ausgerechnet Illeron mit ihr diese Idee verfolgen? Aber sie nimmt die Entscheidung so hin, es würde keinen Sinn machen, darauf zu bestehen, mit Kaemon zu gehen. Außerdem will sie Attis Bruder nicht vor den Kopf stoßen, sie hat schließlich nichts gegen ihn. Trotzdem nagt es ein bisschen an ihren Nerven, dass niemand fragt, was sie eigentlich möchte.

Mit einem stummen Seufzer lässt Pandora ihren Blick durch die Eingangshalle streifen, die sie gerade durchqueren. Sie ist weitläufig, was sie umso eindrucksvoller macht. Links und rechts winden sich große, weiße-goldene Treppen hinauf, die an einem Balkon mit sehr großer Fläche münden. Von diesem führt ein weiterer, langer, mit hochwertigen Teppichen ausgestatteter Gang in das Gebäude hinein. Fleißige Diener huschen dort auf und ab und sind in kurzweilige Gespräche verwickelt. Pandora könnte es sich nicht vorstellen, den ganzen Tag für jemanden Bettdecken durch die Gegend zu tragen oder Teewagen hin und her zu schieben. Sie wendet sich wieder ab und als sie den Hof durchschritten und das Tor passiert haben, bleibt Kaemon abrupt stehen.

Für einen kurzen Augenblick schaut er Pandora mit gerunzelter Stirn an, dann räuspert er sich. „Dann gehen wir mal."

Illeron nickt und Attis huscht an Kaemons Seite.

PANDORA

Straßen von London

Die ersten Meter, die Illeron und Pandora zurücklegen, reden sie kein Wort miteinander. Pan weiß einfach nicht, was sie ihn fragen sollte und simple Fragen, wie zum Beispiel wie es ihm gerade ginge, würden wohl kaum zu der Situation passen, in der sie sich befanden.

Grübelnd streicht sie sich über die blasse Haut. Erwartet sie eigentlich eine Entschuldigung dafür, dass die anderen sie zum Töten eines Unschuldigen gebracht haben? Nein, wohl kaum. Viel wichtiger wäre es ihr, darüber kein Wort mehr zu verlieren, so viel steht fest.

Wenn sie Illeron einen heimlichen Blick zuwirft, erkennt sie, dass seine Züge angespannt und seine dichten Augenbrauen zusammengezogen sind, als würde er mit sich ringen. Ab und zu öffnet der den Mund, schließt ihn aber sofort wieder, die Worte, die sich in seinem Geist gebildet haben, scheinen ihm nicht passend. Zu gerne würde Pandora wissen, was ihn so beschäftigt und ob dies der Grund ist, weshalb er sie begleiten wollte. Für einen Moment überlegt sie, ihn darauf anzusprechen, aber dann zögert sie. Illeron ist ausgezeichnet im Umgang mit anderen, er wird schon wissen, wann er etwas sagt und wann nicht. Trotzdem bleibt das neugierige Kribbeln auf ihrer Zungenspitze und sie rechnet bei jedem Schritt damit, dass er seine Stimme erhebt.

Der Weg, den er wählt, führt nicht aus dem Reichenviertel hinaus, nein, ganz im Gegenteil. Je weiter sie gehen, umso schöner werden die Häuser, manche von ihnen haben sogar einen kleinen Garten mit exotischen Blumen. Nicht, dass Pan sonderlich viel Ahnung von Blumen hat, aber sie ähneln zumindest nicht denen, die sie an der

Brücke mit Kaemon entdeckt hat. Auch die Straßen sind weniger verschmutzt als dort, wo ihr Unterkunft ist und die Kinder, die auf der Straße spielen, sind gut angezogen und die Freude steht ihnen ins Gesicht geschrieben. Hier merkt man nur wenig von der Angst, die im Armenviertel in der Luft liegt. Ob sich die Nachricht des falschen Killers schon herumgesprochen hat? Ein Schauder rinnt Pans Rücken hinab. Zum Glück weiß niemand, dass sie ein Teil von der Gruppe ist, die sich darum kümmern muss – sie will sich nicht ausmalen, unter welch Beschimpfungen die Polizei zu leiden hat. Oder wissen die Bewohner Londons, dass der königliche Killer bereits auf den Mörder angesetzt ist? Die Existenz ist wohl nicht nur in Venedig bekannt.

Pandora runzelt die Stirn. Vielleicht würde sie in den Zeitungen nach Berichten dazu suchen, um einen Eindruck zu kriegen, wie die ganze Sache behandelt wird. Mitbekommen hat sie dazu ansonsten ja nicht wirklich etwas. Sie könnte Illeron auch einfach danach fragen, wenn er schon so angespannt neben ihr läuft … Doch durchkreuzt er ihre Pläne schon mit einem Räuspern.

„Pandora“, beginnt er zögerlich, „du solltest dir in Bezug auf Kaemon etwas Wichtiges bewusst sein.“

Überrascht wendet sie sich ihm zu.

„Und das wäre?“, fordert sie ihn dazu auf, weiterzureden und Illeron holt tief Luft.

„Er ist ein Killer. Er mag sanft sein können, aber das wird nichts daran ändern, was er schon sein Leben lang getan hat.“

Pan weiß nicht, was sie darauf erwidern soll, also starrt sie Illeron nur stumm an und versucht, ruhig zu bleiben, welcher seinen Blick mit zusammengepressten Lippen wieder nach vorne richtet.

„Du musst dir gut überlegen, was du tust und was du möchtest“, fügt er noch hinzu, bevor er sein Tempo anzieht.

Ja, was genau wollte sie denn eigentlich von Kaemon, außer in seinen starken Armen zu liegen und seiner Stimme zu lauschen? Pandora versucht, eine Antwort darauf zu finden, aber es fällt ihr schwer, einen klaren Gedanken zu fassen. Sie kann nichts anders tun, als zu beobachten, wie Illerons rote Haare bei jedem Schritt auf und ab wippen und auf ihren schnellen Herzschlag zu achten. Tief durchatmend versucht sie, diese Fragen zu verdrängen und eine Priorität zu setzen: den Mörder schnappen. Alles andere würde bis später Zeit haben. Aber die Unsicherheit verankert sich tief in ihrem Herzen und mit von Sorge überschatteten Augen fährt sie sich durch die Haare. Ist es egoistisch, sich keine Gedanken darüber zu machen? Nein, dafür ist jetzt einfach keine Zeit.

Eine Tatsache, die selbst Illeron akzeptieren muss, auch wenn Pandora nicht ganz versteht, weshalb er sich da einmischt, sind sie und Kaemon schließlich schon alt genug, die Sache allein in die Hand zu nehmen. Obwohl – eigentlich, auch wenn sie es nicht eingestehen will, versteht sie es nur zu gut. Trotzdem hebt sie stur ihren Kopf und folgt Illeron, ohne weiter darauf einzugehen. Pandora hat Mühe, mit Illeron Schritt zu halten, er scheint so schnell wie möglich bei der Druckerei seien zu wollen. Theoretisch hätte sie ihn jetzt gefragt, wie lange sie wohl noch brauchen würden, doch sie bleibt stumm. Es hätte sich auch wohl kaum gelohnt, denn hinter der nächsten Ecke, um die sie biegen, erscheint schon ein festlich geschmücktes Gebäude. Allerdings vernimmt Pan kein einziges Geräusch daraus und es allmählich verwundert sie, dass eine Druckerei in dieser Umgebung stehen soll.

„Hier soll die Druckerei sein?“, fragt sie skeptisch, aber Illeron grinst.

„Nein, nein. Ich habe mich an eine alte Dame erinnert, die von Haus zu Haus geht, um Zeitschriften zu sammeln“, erklärt er und Pan nickt leicht.

„Als Zeitvertreib sozusagen."

Diesmal nickt Illeron. „Sie macht in diesem Café stets ihre Pause. Sie kann uns bestimmt weiterhelfen", er lacht leise, „und schneller am Ziel, als wenn wir zur Druckerei gelaufen wären, sind wir so auch."

Schmunzelnd muss Pandora ihm recht geben. Sie will sich gar nicht ausdenken, wie lang es gedauert hätte, alle Ausgaben durchzusehen, bis sie etwas gefunden hätten. Stirnrunzelnd schaut sie an sich hinab.

„Aber denkst du, die lassen uns so rein?", äußert sie ihre Bedenken, aber Illeron winkt ab.

„Müssen wir gar nicht, ich lasse der Dame einfach eine Nachricht zukommen, dass wir draußen auf sie warten – mein Name ist ihr sicher im Gedächtnis geblieben."

Pan seufzt leise. „Na dann hoffe ich mal, dass das so funktioniert", murmelt sie und beobachtet die Menschen, die mit strahlenden Gesichtern aus dem Café kommen oder es betreten.

Hauptsächlich Damen, die sich irgendwie beschäftigen wollen, aber auch junge Herren, die ihre Liebste zum Kuchenessen ausführen. Unauffällig stellt sich Pandora zu einem aufdringlichen Blumenverkäufer und wartet darauf, dass Illeron zu ihr zurückkommt. Er hat sich dem Kellner, der den Besuchern die Tür aufhält, mit selbstbewusstem Schritt genähert und wechselt nun einige Worte mit ihm.

Er scheint erfolgreich zu sein, denn ein siegessicheres Lächeln schleicht sich auf seine Lippen und während der Kellner nach drinnen verschwindet, läuft Illeron mit federleichtem Schritt auf sie zu. „Er sagt es ihr."

„Sehr gut." Pandora nickt zufrieden. „Dann hoffen wir mal, dass sie uns auch helfen kann."

Illeron winkt ab. „Davon gehe ich stark aus. Ihr Gedächtnis ist umwerfend."

Pan muss lachen.

„Na dann“, erwidert sie und mustert all die bunten Blumen, die um sie herum stehen.

Es dauert auch nicht lange, bis eine in hellgrünem Kleid gehüllte Frau aus dem Café gestürmt kommt. Auf ihrem Gesicht glänzt helle Begeisterung uns als sie Illeron erspäht, legt sie sogar noch einen Zahn zu. Der üppige Rock raschelt bei jedem Schritt und der weite Hut, den sie trägt, rutscht immer mehr beiseite, was sie allerdings nicht zu stören scheint. Dunkelbraune, verblasste Locken quellen unter ihm heraus.

„Illeron!“ Ein französischer Akzent schwingt in ihrer Stimme mit und sie breitet ganz unehrenhaft die Arme aus, um ihn überschwänglich zu begrüßen.

„Madam Elodie, wie schön dich wiederzusehen.“ Illerons Augen glänzen freudig und er deutet auf Pandora. „Darf ich vorstellen, Pandora, Gesandte aus Venedig.“

Pandora setzt zu einem Knicks an, doch Elodie hält sie am Arm zurück.

„Nicht nötig, meine Liebe.“ Sie lächelt zaghaft und Pan erwidert es selbstbewusst.

„Also“, die Dame wendet sich an Illeron, „was kann ich für euch tun?“, erkundigt sie sich und zwinkert Pan zu. „Ich habe ihm schon einmal bei einem ganz kniffligen Fall geholfen.“

Die junge Frau muss bei dem Tatendrang grinsen.

„Du hast sicher bereits von den Morden gehört“, beginnt Illeron und Elodie nickt.

Ihr Gesicht wird sofort ernst. „Schreckliche Sache, ja. Mir ist auch zu Ohren gekommen, dass bisher jegliche Versuche der Polizei gescheitert sind und man letztens sogar den Falschen verhaftet hat.“

Pandora knirscht mit den Zähnen. „Leider ist nicht Scotland Yard, sondern wir daran schuld", sagt sie langsam und Elodie tätschelt ihr den Arm.

„Wir machen alle Fehler", erwidert sie bedächtig und schaut wieder zu Illeron. „Also?"

„Wir haben einen Brief erhalten, in dem auf ein neues Opfer hingewiesen wird", fängt er an, „und wir brauchen deine Hilfe, um herauszufinden, ob du vielleicht etwas Passendes gelesen hast."

Elodie bedeutet ihm, fortzufahren und Pan beobachtet sie neugierig.

„Er schreibt in diesem Brief, dass sein nächstes Opfer seinen Auszeichnungen erliegen wird. Was genau das bedeutet, wissen wir leider nicht, weshalb wir gedacht haben, du kannst vielleicht etwas damit anfangen", erklärt Illeron ihr knapp und Elodie legt überlegenden die Hand an das spitze Kinn.

„Mh", brummt sie leise. Nach einer Weile hebt sie den Kopf und blinzelt. „Ich glaube, einen Artikel über eine Heldentat eines jungen Mannes letzter Woche gesehen zu haben."

Pandoras Herz schlägt schneller.

„Können Sie sich noch an dessen Namen erinnern?", fragt sie hoffnungsvoll, aber Elodie schüttelt den Kopf und enttäuscht senkt Pan den Blick.

„Nein, meine Liebe, tut mir leid. Aber ich habe den Ausschnitt noch in meinem Haus, wir können ihn unverzüglich holen", schlägt sie vor und Illeron klatscht begeistert in die Hände.

„Sehr gute Idee, je früher wir den Namen haben, umso besser. Vielleicht erkennen wir durch den Artikel auch endlich das Motiv des Mörders."

Ein schwaches Lächeln zuckt über Pans Gesicht. So sehr sie es auch hofft, sie hält es für unwahrscheinlich, dass ein Zeitungsausschnitt sie in diesem Punkt weiterbringen würde. Schließlich wusste kaum jemand, dass Jill hier war. Sie runzelt die Stirn. Wäre Jill nicht, würde ihr das Ganze vielleicht nicht ganz so schwierig vorkommen, aber dass eine so wichtige Person auf diese Weise den Tod fand, war höchst merkwürdig. Sie schüttelt den Gedanken daran wieder ab. Sich darauf zu konzentrieren, würde nicht viel helfen.

Pandora hat gar nicht mitbekommen, wie Elodie nach einer Droschke gewunken hat, erst, als sie mit lautem Krachen neben ihr zum Stehen kommt, schreckt sie auf.

„Worauf wartest du?" Illeron grinst belustigt und mit hochrotem Kopf steigt Pan in die Droschke. Eine angenehme Duftwolke schlägt ihr entgegen, als sie sich Elodie gegenübersetzt und erst jetzt fallen ihr diese strahlend grünen Augen auf, die ihr den Atem stocken lassen, solch eine Kraft haben sie. Die winzigen Lachfalten, die sich um ihre Mundwinkel ziehen, lassen sie jünger aussehen, als sie ist und verleihen ihr einen spitzbübischen Charme, den Pandora noch nie zuvor bei jemandem wahrgenommen hat. Sie lässt ihren Blick aus dem Fenster gleiten, um Elodie nicht weiter anzustarren und hört nur mit halbem Ohr der Unterhaltung von Illeron und ihr zu.

PANDORA

Elodies Haus, London

Es dauert nicht lange, bis die Droschke vor einem kleinen, aber gepflegten Haus hält. Elodie steigt als erste aus und als Pandora einen Fuß auf die Straße stellt, greift Illeron nach ihrer Hand, um sie zu halten. Sie bedankt sich mit einem flüchtigen Lächeln und richtet ihre Aufmerksamkeit auf den Steinweg, der zu der Eingangstür führt. Elodie greift gerade nach der polierten Glocke und ein schriller, lauter Ton ertönt. Pandora zuckt zusammen und ein leises Schnauben entweicht ihr.

„Angenehmes Geräusch“, murmelt sie und Illeron muss grinsen.

„Wo du recht hast“, erwidert er ehrlich und tritt hinter Elodie, deren Butler rasch die Tür öffnet, um sie hereinzulassen. Sein skeptischer Blick weilt einige Sekunden auf Pandora und Illerons Kleidung, bis Elodie sich räuspert.

„Die beiden gehören zu mir und werden behandelt wie jeder andere Gast“, weist sie ihn zurecht und der Butler macht wortlos Platz.

Pandora betritt das Haus. An der hellen Tapete hängt ein großer, goldener Spiegel, neben ihm einige Kleiderständer, an denen Hüte und die verschiedensten Mäntel Platz gefunden haben. Das dunkle Holz der Kommoden hebt sich kaum von dem Boden ab, doch es gibt nur wenige Stellen, an denen er herausblitzt, denn er ist mit einem großen, gelben Teppich ausgelegt, der die wenigen Sonnenstrahlen, die durch die Tür fällt, wenn sie aufgemacht wird, zu absorbieren scheint. Er leuchtet beinahe und mit gerunzelter Stirn überlegt Pandora, ob er ihr nun gefällt, oder ob sie ihn etwas zu hell findet.

Ihr Blick gleitet weiter zu einigen Bildern, die liebevoll aufgehängt wurden. Sie zeigen Elodie als junges Mädchen, aber auch mit einem über und über glitzernden Hochzeitskleid. Der kleine, dicke Mann mit Schnauzer, welcher hinter ihr steht, scheint ihr Mann zu sein – er hat die linke Hand auf die Schulter seiner Frau gelegt und starrt mit erhobenem Kopf in die Ferne. Porträts von Kindern kann Pan nicht entdecken. Vermutlich ist dieses Paar nicht mit ihnen gesegnet worden.

Stumm folgt sie Elodie und Illeron in einen großen, hellen Raum. Er ist vollgestellt mit Schränken und Stühlen, auf denen sich meterweise Papier stapelt. Auf manchen von ihnen hat sich bereits eine dicke Staubschicht angesammelt, sie scheinen schon seit Jahren nicht mehr angefasst worden sein und aus einigen Schränken quillen die Ecken zerknickter Zeitungen hervor.

Ein fasziniertes Funkeln erreicht Pandoras Augen. Obwohl sie es einerseits ein wenig gruselig findet, weiß sie, dass sie sich, ohne zu zögern zwischen den vielen Zeilen verlieren könnte. Sie kann gar nicht damit aufhören, die verschiedenen Ausschnitte zu bewundern und mitzurechnen, wie alt manche der Ausgaben sein müssen.

Illeron und Elodie hat Pan beinahe schon vergessen, aber dann unterbricht Elodie sie mit einem lauten Seufzen.

„Na, sehen wir mal …", nuschelt sie vor sich hin und beginnt, in einem Stapel in der Nähe des Fensters zu suchen.

Ohne darauf zu achten, wo sie landen, wirft sie unwichtige Zeitungsblätter beiseite und Illeron beginnt höflich, jede Seite, die er in die Finger bekommt, ordentlich auf dem Fensterbrett zu platzieren, damit Elodie später nicht mehr so viel Arbeit damit hat, sie wieder zusammenzusuchen. Allerdings ist die alte Dame irgendwann so schnell, dass er gar nicht mehr hinterherkommt und so versucht Pan hastig, ihm ein wenig Beistand zu leisten. Je weniger Zeitungen auf dem Stapel liegen, umso mehr verstärkt sich Pandoras Befürchtung, dass das ganze nur reine Zeitverschwendung ist und Elodie bei all dem Durcheinander den Überblick verloren hat, doch dann stößt sie einen triumphierenden Laut aus und hebt ein paar Seiten Papier hoch.

„Gefunden!“ Sie teilt die Seiten hastig auf Illeron, Pan und sich selbst auf und nickt zufrieden.

„Jetzt müssen wir nur noch den Eintrag finden. Ich glaube, es ging um ein Feuer, dass noch rechtzeitig gelöscht wurden konnte, weil ein Mann den Rauch bemerkte“, gibt sie Anweisungen und Pandora muss lächeln, als sie erkennt, wie viel Spaß Elodie dabei hat.

Als ältere, reiche Frau gibt es anscheinend nicht mehr viele aufregende Dinge und die Suche nach einem Mörder ist ihr wohl eine willkommene Abwechslung. Schnell beginnt sie, sich auf ihre Ausgabe zu konzentrieren. Der Erfolg juckt ihr in den Fingern und Pan kann es kaum erwarten, den Namen des angekündigten Opfers zu finden – Elodies Euphorie ist zu ihr übergegangen.

Wie ein kleines Kind, das ein neues Spielzeug bekommen hat, frisst Elodie sich durch die Artikel auf ihren Seiten und Pan tut es ihr mit wahrscheinlich genauso vor Aufregung zitternden Händen nach. Illeron ist der Einzige, der wie üblich ganz ruhig an die Sache herangeht und jede Zeile ganz genau studiert, um ja nichts zu überlesen. Für die nächsten Minuten vernimmt Pandora nichts, außer dem hektischen Rascheln des Papiers, das umgeblättert wird, aber dann, als sie schon bei der letzten Seite ihrer Zeitung angelangt ist, entwischt Elodie ein aufgeregtes Keuchen.

„Ich habe es!“, ruft sie aufgeregt und nervös wendet Pan sich ihr zu.

„Und?“, bringt sie nur heraus, während Illeron nach dem Zeitungsblatt greift und es mustert.

„Jacob White, ausgezeichnet aufgrund des Verhinderns einer Katastrophe“, sagt er bedächtig und steht auf. „Es sollte ein Leichtes sein, herauszufinden, wo er wohnt.“

Pandora nickt und springt auf. „Wir sollten schnell zurück zu Kaemon und Attis.“

Illeron bedankt sich überschwänglich bei Elodie, welche Pan und ihn mit glücklicher Miene zur Tür führt. Pandora ist viel zu sehr damit beschäftigt, einen klaren Kopf zu bewahren. Sie weiß, dass es eine wirkliche Chance gibt, einen weiteren Mord zu verhindern und sie ist fest davon überzeugt, dass es im Moment nichts gibt, dass sie lieber schaffen würde.

PANDORA

Quartier London

Pan kann nicht einschätzen, wie lange es gedauert hat, bis sie wieder vor den Türen ihrer Unterkunft stehen. Es ist wahnsinnig still und als sie das Haus betritt, hat sie kurz Angst, dass niemand hier ist, bis sie feststellt, dass Kaemon mit geschlossenen Augen an dem Platz am Fenster sitzt und so gleichmäßig atmet, als wäre er eingeschlafen.

Attis hockt mit gerunzelter Stirn auf der untersten Treppenstufe und hebt nur sehr langsam den Kopf, als ihr Bruder zu ihr schlendert. Während er ihr knapp berichtet, was sie herausgefunden haben, legt Pan vorsichtig ihre Hand auf Kaemons Schulter. Er zuckt erschrocken zusammen und blinzelt schwach.

„Ah, du bist es", murmelt er schwach und streckt sich.

„Alles in Ordnung?" Pandora legt fragend den Kopf schief, aber Kaemon nickt schnell.

„Ja, ja", erwidert er und steht auf. „Also, was haben wir?"

„Jacob White. Hat einen Brand verhindert und wurde dafür ausgezeichnet", informiert Pan ihn und schaut zu Illeron.

„Der Brand hat in seinem Nachbarhaus stattgefunden, es sollte also keine großen Schwierigkeiten geben, ihn zu finden", ergänzt dieser und Kaemon klatscht auffordernd in die Hände, während Attis bereits die Türklinke hinunterdrückt.

„Beeilen wir uns, auf dem Weg können wir uns überlegen, wie genau wir vorgehen – vorausgesetzt er lebt noch", sagt er und Illeron nickt zustimmend.

Pandora schluckt angespannt und tritt ein weiteres Mal auf die Straße.

PANDORA

Straßen von London

Der laute Herzschlag dröhnt in Pandoras Ohren und ihr Atem geht flach. Sie rennt von Tür zu Tür in der Hoffnung, den richtigen Bewohner zu finden, aber jeder, den sie aufscheucht, schickt sie weiter. Jacob White wohnt in diesem Gebäude, so viel ist sicher und ohne große Diskussionen haben sie sich aufgeteilt, um sich schneller durch die Wohnungen arbeiten zu können. In manchen von ihnen leben mehr als 10 Leute und obwohl sich der ganze Flur ein Bad teilen muss, will niemand etwas von dem Helden gehört haben.

Pan beschleicht die leise Ahnung, dass viele von diesen Leuten gar kein Interesse daran haben, ihr zu helfen und so sucht sie immer weiter, ohne zu wissen, ob sie sich auf dem richtigen Weg befindet, oder sich in die entgegengesetzte Richtung bewegt, die sie zum Ziel führen würde. Durch die dünnen Hauswände vernimmt sie die eiligen Schritte der anderen und als sie beinahe das Ende des Ganges erreicht, stürmen Kaemon, Illeron und Attis die Treppe nach oben. Alle drei wirken gehetzt und unzufrieden.

„Ich nehme an, ihr wart erfolglos?", keucht Pandora, ohne die drei anzuschauen und hämmert gegen eine vermoderte Tür.

„Du bisher anscheinend auch", erwidert Attis tonlos und wendet sich der Wohnung gegenüber zu.

Es dauert ein wenig, aber nach ein paar Sekunden, die sich beinahe in die Ewigkeit strecken, öffnet sich ein kleiner Türspalt und ein alter Mann späht hindurch. Sein Kopf ist bereits völlig kahl und aus seinem Mund ragen ein paar faulige Zähne. Die Nase ist krumm, als wäre sie in seiner Jugend mehrfach gebrochen worden und mit einem mürrischen Kopfnicken starrt er Pan an.

„Wir suchen Jacob White“, japst diese und nimmt einen brennenden Schmerz an ihrem Arm wahr, den sie sich vor lauter Eile an der Wand aufgeschürft hat.

Der Mann starrt sie mit hochgezogenen Augenbrauen an, dann deutet er mit Widerwillen auf die hinterste Tür.

„Da“, brummt er und Pan kann ihre Finger gerade noch zurückziehen, bevor die Tür mit einem lauten Krachen ins Schloss fällt.

Kaemon und Illeron sind bereits losgesprintet. Sie klopfen wie wild gegen das Holz, in ihren Augen glänzt der feste Entschluss, Jacobs Leben zu retten. Kurz überkommt Pandora die Befürchtung, sie hätten den Hinweis im Brief missverstehen können, aber der Gedanke verflüchtigt sich sofort, als aus der Wohnung ein lautes Krachen kommt. Es hört sich an, als würde ein Fenster aufgeschlagen werden und ohne zu zögern, reißt Kaemon die Tür auf. Der vorgeschobene Riegel ist bereits so verrostet, dass er ganz einfach abfällt und mit einem leisen Klirren auf den Dielen aufschlägt. Hastig stürmt Pandora in die Wohnung, aber sobald ihre Augen das Mädchen erblicken, das sich über den Körper auf dem Boden beugt, bleibt ihr die Luft weg.

„Ophelia.“ Es ist nicht mehr als ein Flüstern, aber es genügt, um das Mädchen aufzuscheuchen.

Während Kaemon sich auf sie stürzt und nach dem flimmernden Messer in ihrer Hand greifen will, bohrt sich ihr Blick in Pandoras Augen. Die Zeit scheint wie in Zeitlupe an Pan vorbeizuziehen und ihre Arme werden ganz schwer. Ihr wird schlecht.

„Nein, bitte nicht“, stößt sie hervor und mit einem panischen Keuchen geben die Beine unter ihr nach und sie gleitet die Wand hinab.

Während Attis sich neben sie kniet, hängen Pans Augen geschockt an dem weißhaarigen Mädchen, dessen Gesicht mit vielen kleinen

Narben überzogen ist. Verwirrt, aber ohne zu zögern, schnappt Kaemon nach ihrem Handgelenk, aber gerade, als sich seine Finger um die dunkle Haut schließen, löst sich das Mädchen in Luft auf und es bleibt einzig und allein ein schwarzer Staub von ihr übrig. Er erstarrt, aber Pan kann seinen Gesichtsausdruck schon nicht mehr erkennen.

Wie konnte sie nur so dumm gewesen sein, wäre sie nur ihrem Instinkt gefolgt. *Er* steckt dahinter und Ophelia ist der schreckliche Beweis dafür. Pan krallt sich an dem Stoff ihres Kleides fest und beginnt, mit weit aufgerissenen Augen hin und her zu wippen. Tausend Gedanken schießen ihr durch den Kopf und es ist ihr nicht möglich, ihre zuckenden Glieder unter Kontrolle zu halten. Panisch versucht sie, nach Luft zu schnappen, aber der Anblick des Mädchens scheint ihr jegliche Luft entzogen zu haben.

„Du hast sie gekannt! Was ist sie?!" Attis schreit beinahe, während sie Pandora an den Armen packt. „Sie ist unsere Mörderin!"

Doch Pan ist nicht fähig dazu, ihr zu antworten. Unwirsch drückt Kaemon Attis beiseite und schließt seine Arme fest um ihren Körper.

„Pandora, es ist jetzt sehr wichtig, dass du bei mir bleibst und uns erzählst, was hier vor sich geht, denn anscheinend verstehst du mehr als wir", haucht er ihr ins Ohr und sein Daumen kreist beruhigend über ihre Handfläche.

Pan holt tief Luft und versucht mit lautem Räuspern ihre Stimme zu lockern. Ihr Blick gleitet zu Attis, welche skeptisch neben ihr steht und auf sie hinab starrt.

„Attis hat recht mit dem, was sie euch damals gesagt hat", bringt Pan leise hervor und konzentriert sich.

„Du bist also bereits einmal gestorben", geht Kaemon weiter auf sie ein und Pandora nickt leicht, während sie sich mit zitternden Händen die pochende Schläfe massiert. „Ophelia ist eine Dienerin des Todes, genau wie ich es einmal war."

Sie zögert. „Als ich starb, hat mich der Tod in seine Reihen aufgenommen. Seine Diener werden von ihm auf die Erde gesandt, um die Seelen der Toten zu sammeln, damit er sie versklaven kann.“

Sie gibt ihrer zitternden Stimme eine kurze Pause, bevor sie fortfährt. „Er selbst ist durch einen Fluch an die Unterwelt gebunden und kann die andere Welt nicht betreten.“

Schwindel überkommt Pan und Kaemon drückt ihre Hand etwas fester.

„Ist sie nun unsere Mörderin, oder nicht?“, versucht Illeron zu begreifen.

Pandora schüttelt den Kopf. „Nein, sie kann es nicht gewesen sein, aus einem einfachen Grund: Sie ist nicht mächtig genug, um Materielles in der Menschenwelt zu berühren.“

Attis zischt leise. „Was soll das denn wieder bedeuten?“, faucht sie, aber Kaemon wirft ihr einen warnenden Blick zu.

Pan schluckt, als die Erinnerungen sie überkommen. „Nicht jeder Tote, der in die Reihen der Diener aufgenommen wird, erhält die gleiche Macht. Ophelia beispielsweise sammelt ausschließlich die Seelen ein, andere hingegen …“

Ihre Stimme versagt und sie spürt das Blut der Vergangenheit auf ihrer Haut kleben.

„Andere sind dazu in der Lage, ausgewählte Leben schneller zu beenden“, haucht sie und lässt sich ihre Haare in das Gesicht fallen, um es zu verbergen, doch Kaemon hat ihr verzerrtes Lächeln bereits bemerkt.

Seine Augen weiten sich. „Er hat dich als Marionette benutzt, um Menschen zu sich zu holen, die ihn mächtiger machen würden, obwohl sie noch viel Zeit zum Leben gehabt hätten.“

Pandora nickt schwach. Ihr Brustkorb bebt und sie muss stark blinzeln, um den Schmerz, der durch ihre Adern fließt, du verdrängen.

Illeron beginnt, kopfschüttelnd im Raum auf und ab zu laufen. „Ich muss ehrlich sein, das ganze leuchtet mir noch nicht ein."

Pan seufzt und strafft die Schultern. Sie würde ganz vorne anfangen müssen, um die Situation zu erklären und es führt nun wirklich kein Weg mehr daran vorbei, so sehr sie sich auch sträubt.

„Ich habe lange Zeit dem Tod gedient, bis ich den Entschluss gefasst habe, zu fliehen, was allerdings nicht so leicht war, wie es klingt. Also: Jeder, der für ihn arbeitet, wird mithilfe eines mächtigen Zaubers an ein Amulett gebunden, das dafür sorgt, dass der Tod ihn kontrollieren kann. Solange es bei ihm ist, gibt es keine Möglichkeit, seinem Willen zu entkommen." Ein diebisches Lächeln ziert ihr Gesicht. „Allerdings habe ich es geschafft, es ihm zu entwenden und bin mit dem Amulett in Venedig gelandet, wo Salome mich sofort gefunden und zu euch gebracht hat."

„Das Amulett in deinem Zimmer", unterbricht Kaemon und Pan nickt.

„Genau das. Der Tod hat nun keine Möglichkeit mehr, mich und die anderen, die dieselbe Macht haben, wie ich, zu befehligen – er kann mich nicht mehr zu sich rufen, solange ich nicht ein zweites Mal sterbe", fährt sie fort und allmählich merkt sie, wie gut es tut, sich all das von der Seele zu reden.

„Es darf nie wieder in seine Hände fallen, kann aber auch nicht zerstört werden", fügt sie mit eindringlichem Blick hinzu und macht eine kurze Pause, um ihre Gedanken zu ordnen.

Sie muss überlegen, wie sie den anderen die Situation erklärt, ohne, dass es sie zu sehr verwirrt. In Kaemons Augen spiegelt sich eine ungewohnte Faszination wider, während er immer zu durch ihre Haare fährt.

„Unser Mörder muss ganz klar ein Mensch sein, da die Diener mit großer Macht in der Unterwelt festsitzen, solange mein Amulett nicht bei ihnen ist. Diese Mächte hängen zusammen. Der Tod hat ganz sicher seine Hände im Spiel."

Pandora wird wieder blass, denn je klarer ihr die Erkenntnis wird, umso fürchterliche erscheint ihr die Sache.

Als sie in die ratlosen Gesichter vor ihr schaut, seufzt sie leise. „Stirbt jemand eines unnatürlichen Todes, erfahren die Diener erst davon, wenn er mindestens zwei Stunden tot ist, um dem Himmel die Möglichkeit zu geben, die Seele zu sich zu holen, wenn sie rein ist. Jacob White", sie wirft der Leiche einen kurzen, schaudernden Blick zu, „ist allerdings erst kurz vor unserem Eintreffen ermordet worden, was heißt, dass der Tod schon vorher gewusst haben muss, was passiert."

In seinen Augen kann Pandora erkennen, dass Kaemon beginnt, zu verstehen. „Er muss von dem Tötungsplan gewusst haben, damit er so schnell die Seele zu sich holen konnte."

Pan nickt. „Genau."

Stille breitet sich im Raum aus. Illeron lehnt mit gerunzelter Stirn an einer Schranktür, Kaemon hält immer noch ihre Hand gedrückt und Attis starrt versunken auf den Boden.

„Wir haben also einen nach übernatürlichem riechenden Menschen, der wild Leute ermordet, damit der Tod stärker wird und haben keinen blassen Schimmer, wie und warum", sagt sie nach einer Weile ganz langsam und Pandora beißt sich grübelnd auf die Zunge.

Sie kann es nicht verstehen, es macht alles keinen Sinn und vor allem ist ihr klar, dass es keinen stärkeren, unberechenbaren Feind gibt.

„Er muss dringend gestoppt werden, wenn es dazu überhaupt eine Möglichkeit gibt …", murmelt sie und ballt ihre Hände zu Fäusten. „Ich weiß nicht, was er im Schilde führt." Sie steht schwungvoll auf, als Adrenalin durch ihren Körper schießt. „Eigentlich ist er nicht in der Lage dazu, Kontakt zu den Menschen aufzunehmen."

PANDORA

Erinnerungen an ihren Tod

Die Schwärze, die sich um Pandora legt, scheint kein Ende zu nehmen. Sie fällt immer tiefer und tiefer, nur den stechenden Schmerz an ihrem Rücken wahrnehmend. Ihre Gedanken kreisen unaufhörlich um die Frage, was eben passiert ist, aber die Erinnerungen entgleiten ihr jedes Mal, wenn sie versucht, sie zu greifen. Die drückende Stille, die herrscht, fließt durch jede Ader ihres Körpers und Pandora kann nichts tun, außer mit weit aufgerissenen Augen in die Dunkelheit zu starren, in der Hoffnung, sie würde bald ein Ende nehmen. Doch die Hoffnung scheint so fern und langsam kriecht die Angst in ihre Knochen. Sie nimmt ihr den Atem und Pan ist sich sicher, dass sie auch ihr Herz umklammern würde, aber sie weiß nicht, ob sie überhaupt noch eines in ihrer Brust trägt, denn dort klopft nichts, wenn sie ihre Hand auf die kalte Haut legt.

Pandora versucht, irgendetwas zu greifen, aber die Leere gleitet ihr durch die starren Finger. Ihr ist kalt, so unglaublich kalt. Ist sie tot? Sie will schreien, aber kein Laut kommt über ihre blassen Lippen. Pan schließt die Augen. Vielleicht ist alles nur ein Traum, ein schrecklicher, lebhafter Traum. Aber die eisigen Klauen, die ihren Körper umfassen, lassen nicht aus, im Gegenteil, sie packen sie sogar noch fester. Pandora bäumt sich noch ein letztes Mal auf, dann gibt sie sich der Dunkelheit hin.

Die Zeit verstreicht, obwohl sie nicht greifbar ist, aber irgendwann dringt eine tiefe Stimme an ihr Ohr. Sie kann die Wörter nicht entschlüsseln, aber es bringt Pan dazu, sich gegen ihren eiskalten Mantel zu wehren.

„Wo bin ich?" Für sie klingt diese Frage so unglaublich dumm, aber die Stimme lacht leise.

„Das fragen alle", antwortet sie amüsiert. „Öffne deine Augen, Pandora."

Wo es vor wenigen Minuten noch so schwer erschien, bewegen sich ihre Lider jetzt beinahe von selbst. Sie umgibt immer noch diese Dunkelheit, aber diesmal entdeckt sie einen jungen Mann in den Schatten.

Er scheint zu schweben und ein Blick in seine klaren, grünen Augen nimmt ihr für einen Moment den schwachen Atem. Seine blonden, halblangen Haare umspielen die scharfen Wangenknochen und das überzeugte Lächeln auf seinen vollen Lippen strahlt einen unwiderstehlichen Charme aus. Er hebt die Hand und winkt sie mit zwei Fingern zu sich. Zögernd tritt – nein, schwebt, Pan auf ihn zu.

„Wer bist du?", flüstert sie und bemerkt, wie ihre Hände nervös zu zittern beginnen.

Die Gestalt lacht ein weiteres Mal. „Ich bin Helos … dein Tod."

Eine hilflose Grimasse zieht sich über Pandoras Gesicht. Dieser stechende Schmerz an ihrem Rücken.

„Ich bin… gestorben?", haucht sie fassungslos und Helos nickt sanft.

„Aber keine Sorge, Pandora, dir stehen so viele Möglichkeiten offen." Er schnippt mit den Fingern und die Dunkelheit beginnt zu verblassen.

Um sie herum bildet sich ein luxuriöser Raum. Ein gewaltiger Kronleuchter hängt von der Decke und wirft sein Licht auf die in schwarz gehaltenen Möbel. Vor einem samtigen Sessel liegt ein riesiger, schwarzer Hund und in einem goldenen Käfig sitzt ein Papagei, doch seine Federn sind verblasst und kein einziger Ton entweicht seinem Schnabel.

„Was passiert hier?“, fragt sie und ein Blick in einen schmalen, silbernen Spiegel zeigt ihre noch so jungen, beinahe kindlichen Gesichtszüge.

Helos führt sie zu dem dunkelgrauen Sofa und drückt sie bestimmt, aber sanft darauf nieder.

„Lass es mich erklären“, beginnt er langsam und im schummrigen Licht fällt Pan auf, wie glatt und jung seine Haut aussieht, obwohl die Bilder, die im Raum verteilt sind, ihn über so viele Jahrhunderte zeigen. „Du bist gestorben und es wurde in meine Hände gelegt, über deine Seele zu entscheiden.“

Pandora begreift nicht, was Helos ihr damit sagen will, also beobachtet sie ihn weiter wortlos dabei, wie er mit großen Schritten auf und ab läuft. Seine polierten Schuhe hinterlassen tiefe Abdrücke in dem schwarzen Teppich und die elegante, dunkle Weste, die er trägt, steht im Kontrast zu seinen farbigen Augen. Sie stechen durch all die schwarze Farbe noch mehr heraus und verleihen ihm eine Ausstrahlung, die für die meisten Wesen dieser Welt wohl der Untergang sein wird.

„Ich kann dich in die Höllenkreise verbannen und dort dafür sorgen, dass man deinen Namen vergisst“, er macht eine bedeutende Pause, „oder du stellst dich in meine Dienste.“

Pandoras junges Gehirn versteht die Ausmaße dieses Wortes nicht, aber die Angst vor der Einsamkeit klammert sich um ihre Brust und lässt sie panisch nach Luft schnappen.

Sie nickt hastig. „Du musst nichts tun, außer mir ab und zu deine Gabe zur Verfügung zu stellen.“

Gabe. Es gleitet so leicht über Helos’ Lippen, dass es mehr als ein Geschenk klingt, nicht wie der Fluch, der auf Pandoras Schulter lastet und sie ist naiv genug, um sich in seiner Anerkennung dafür zu verlieben. Der Hass auf ihr Wesen verblasst neben dem strahlenden Lächeln, das Helos ihr schenkt und mit dem er sie langsam umwebt, ohne dass Pandora etwas davon mitbekommt. Wie in Trance nickt sie und Helos lässt sich neben sie gleiten. Mit seinen Fingern umspielt er ein goldenes Amulett.

„Leg deine Hände darauf", fordert er sie auf und zitternd kommt Pandora ihm nach, nicht wirklich wissen, was sie überhaupt tut.

„Soll ich dich beschützen, meine Pandora?" Seine Stimme ist nicht mehr als ein Flüstern und die Lichter um sie herum beginnen unruhig zu flackern, sie wissen ganz genau, welch schrecklicher Zauber auf diesem Schmuckstück liegt und dass jeder, dem dieser Frage gestellt wird, bereits verloren ist.

Pandora blickt in seine tiefen Augen. „Ja."

PANDORA

Weg zur Bibliothek, London

„In Ordnung.“ Nachdenklich fährt Kaemon sich über das Gesicht. „Irgendwelche Ideen, was wir nun machen? Wenigstens wissen wir jetzt schon einmal, wen wir besiegen müssen, damit der Spuk ein Ende hat.“

Illeron räuspert sich. „Wir könnten in der Bibliothek nach Informationen suchen“, schlägt er vor und Pandora nickt.

„Einen Versuch wäre es wert, vielleicht fällt mir dabei ja noch etwas Wichtiges ein“, sagt sie und Kaemon zuckt mit den Schultern.

„Okay, warum nicht. Solche Geschichten werden ja oft niedergeschrieben“, erwidert er und sein Blick bleibt an der Leiche hängen. Er verzieht sein Gesicht zu einem schiefen Grinsen. „Dich hätte ich ja beinahe vergessen.“

„Wer kümmert sich darum?“, erkundigt Illeron sich und Kaemon zieht Pandora energisch zu sich.

„Wir werden die Bibliothek durchsuchen, du und Attis sorgt dafür, dass Jacob unauffällig verschwindet und der König über alles informiert wird.“

Illeron zieht seine Augenbrauen zusammen, aber Kaemons Blick zeigt eindeutig, dass er nicht über seine Entscheidung diskutieren würde, also nimmt er es so hin und schlendert langsam zu seiner Schwester, die mit verschränkten Armen am Fenster steht.

„Gehen wir“, murmelt Pan und zieht Kaemon nach draußen.

Die ersten Meter sagt keiner von ihnen ein Wort, doch dann keimt ein schreckliches Gefühl in Pandora auf und sie bleibt abrupt stehen.

„Kaemon …“ Sie zögert und mit verwundertem Blick legt Kaemon den Kopf schief.

„Es tut mir leid, dass ich euch all das nicht schon früher erzählt habe, es hätte uns schneller auf eine Lösung bringen können." Ihre Stimme ist nicht mehr als ein Flüstern und Pan hat mit dem sanften Ausdruck, der sich auf seine Gesichtszüge schleicht, kaum gerechnet.

Er tritt auf sie zu und streicht mit der Hand zögerlich über ihre blasse Wange.

„Mach dir darüber keine Gedanken", erwidert Kaemon sanft und lehnt seine Stirn an ihre. Er ist ihr nun so nah, dass Pandora ihn am liebsten küssen würde, aber sie muss sich eingestehen, dass es wohl nicht der passende Augenblick wäre, also nickt sie nur leicht und wendet sich ab.

Schnellen Schrittes verlassen sie das heruntergekommene Gebäude, in welchem Pan eben noch so viele verschiedene Gefühle wahrgenommen hat und als die erste Droschke zu sehen ist, winkt Kaemon sie energisch zu sich.

„Laufen würde zu lange dauern", sagt er und obwohl diese Information nur nebensächlich ist, gibt es Pan ein gutes Gefühl. Sie versucht, sich einen ungefähren Plan Londons auszumalen, aber sie verliert sich immer wieder in den vielen Ecken, die sie bereits durchquerten, also gibt sie es irgendwann einfach auf und beschließt, sich weiterhin auf Kaemons Orientierung zu verlassen. Wenn sie am Ende beschließt, hier zu bleiben, würde sie immer noch daran arbeiten können.

Hastig schwingt Pandora sich in die Droschke und kaum hat Kaemon sie ebenfalls betreten, holpert sie schon voran. Die Serva spürt den wachsamen Blick ihres Begleiters auf sich ruhen und es ist ihr schon beinahe unangenehm, wie er sie beobachtet, aber auf eine gewisse Weise lässt es ihr Herz auch höherschlagen. Bei dem Gedanken an ihr Ziel keimt Freude in ihr auf.

Wie gerne hat sie die Bibliothek in *seiner* Welt besucht. Sie presst nachdenklich die Lippen aufeinander. In der Welt des Todes. In

Helos' Welt. Pandora weiß, dass sie allmählich beginnen sollte, ihn beim Namen zu nennen, es würde die Angst nur weiter schüren, täte sie es nicht. Der bittere Geschmack in ihrem Mund bleibt allerdings, daran kann sie nichts ändern.

Kaemon runzelt sorgenvoll die Stirn. „Alles in Ordnung?", erkundigt er sich ein weiteres Mal und Pan muss lächeln.

„Ja, alles okay", erwidert sie mit fester Stimme und streicht sich eine widerspenstige Strähne von der Wange.

„Gut." Sein Blick wird abwesend. Leise seufzend wendet Pandora sich ab und starrt aus dem kleinen, verschmutzten Fenster.

Alle paar Meter muss die Droschke mit einem starken Ruck anhalten, weil ausgebrochene Hühner und deren fluchende Verkäufer über die Straße rennen, unachtsame Kinder beinahe unter die hölzernen Räder kommen oder eine Droschke im Matsch stecken bleibt, der sich über die Regentage dort angesammelt hat. Es wundert Pan ein wenig, dass die Droschken in solch einer Umgebung überhaupt fahren, aber insgeheim ist sie mehr als glücklich darüber. Fühlt sie sich doch etwas sicherer, wenn sie in einer sitzen und den Kontakt zu diesen oft so erbärmlichen Gestalten meiden kann.

Gedankenversunken kreist sie mit ihrem Daumen über die blasse Haut an ihrem Handgelenk. Normalerweise würde sie nach all dem mit einer Flasche Alkohol in dem abgedunkelten Zimmer hocken und ihre Seele an die Angst verlieren, die ihren Kopf vernebeln würde. Doch überraschenderweise weckt es nichts mehr in ihr, als den Kampfgeist, von dem sie gedacht hat, ihn schon vor langem verloren zu haben.

Pandora schielt zu Kaemon. Vermutlich liegt es an ihm, bringt er doch Seiten von ihr zum Vorschein, die unter Helos begraben wurden.

Helos.

Es ist ein merkwürdiges Gefühl, diesen Namen auszusprechen, ohne in seine zornigen Augen zu sehen oder die kalten Finger auf der Haut zu spüren, wie sie sich eindringlich in ihr Fleisch drücken. Wie es wohl gekommen wäre, hätte sie ihm in ihren jungen Jahren widerstanden und sein Angebot abgelehnt? Ein weiteres, gedehntes Seufzen kommt über Pans Lippen. Sie hat sich diese Frage so oft gestellt, mit dem Wissen, es niemals zu erfahren und irgendwann gab sie es auf. Doch das Schicksal scheint mehr für sie bereitzuhalten als geahnt.

„Ist die Bibliothek, zu der wir gehen, groß? Ich kenne kaum welche", bricht sie das Schweigen, es wird ihr allmählich unangenehm.

Kaemon grinst. „Nein, wohl kaum. Aber sie hat genau die Bücher, die uns weiterhelfen könnten."

Sie sieht, wie er den Mund öffnet, um eine Frage zu stellen, aber aus irgendeinem Grund schließt er ihn wieder und schweigt. Wahrscheinlich brennen ihm Fragen auf der Seele, von der er sie nicht richtig finden würde, sie zu stellen – schließlich hat er es ihr versprochen.

Pandora schließt die Augen und lässt den ungleichmäßigen Rhythmus der klappernden Droschkenräder über sich ergehen. Als sie plötzlich stoppt, fällt Pan beinahe von ihrem Platz und Kaemon erwischt sie gerade noch an den Schultern, um sie daran zu hindern.

Für einen schrecklich langen Moment laufen ihre Wangen rot an, dann reißt sie sich wieder zusammen und schaut aus dem Fenster. „Sind wir da?"

Kaemon nickt und steigt aus. Als er ihr aus der Droschke hilft, schmiegt sich sein Handballen in ihren und es ist eine Leichtigkeit für ihn, sie zu stützen.

PANDORA

Bibliothek London

Mit forschendem Blick begutachtet Pandora das Gebäude, das vor ihr aufragt. Ein schmales Schild in Form eines Buches hängt an der Wand und die Tür steht weit offen, um dem Wind die Möglichkeit zu geben, einen Luftzug durch die Räume zu schicken. Kaemon wechselt ein kurzes Wort mit dem Kutscher, dann zieht er Pan mit glänzenden Augen auf den Eingang zu.

Neugierig späht sie in den Gang hinein, der sich in einen großen Raum weitet. Er ist über und über gefüllt mit niedrigen, aber vollen Regalen, aus denen die verschiedensten Buchrücken herausragen. Die vielen Lampen, die aufgestellt sind, erhellen das Zimmer angenehm und tauchen die Ecken, in denen dunkelrote Sessel aufgestellt sind, in ein mystisches Licht. Diese Bibliothek vermittelt nicht diese beinahe düstere, drückende Atmosphäre, wie die der Unterwelt und Pandora sieht sogar ein paar kleine Kinder, die mit strahlenden Gesichtern zu ihren Müttern zurückkehren und sie bitten, sich dieses eine Buch anzuschauen. Es erwärmt ihr Herz, zu sehen, wie viele Seelen in diesen Wälzern die Ruhe finden, die ihnen in ihrem sonstigen Alltag verwehrt bleibt.

Kaemon scheint genau zu wissen, wohin sie wollen. Mit zielgerichtetem Schritt durchquert ihr die Bibliothek, wobei seine schweren Schritte einen schon beinahe unangenehmen, lauten Ton von sich geben, der durch den sonst so stillen Raum hallt. Allerdings drehen sich nur wenig Leute zu ihnen um und mit gleichmäßig schlagendem Herzen mustert Pandora das übersichtliche Regal, dass nun knapp vor ihnen steht. Kaemon runzelt die Stirn und verschränkt die Arme.

„Also dann“, sagt er langsam, „fang du mit den Büchern rechts an und wir arbeiten uns in die Mitte vor. Alles hier beschäftigt sich mit Legenden und einem Leben nach dem Tod, also jegliches Übernatürliche, das uns von Nutzen sein könnte.“

Pan nickt. „Dann mal los“, murmelt sie mehr zu sich selbst und greift nach dem ersten Buch.

Sein Einband schmiegt sich in ihre weichen Hände und seine Seiten sind bereits einige Male geknickt worden. Hastig überfliegt Pan das Inhaltsverzeichnis, aber nichts davon scheint weiterzuhelfen, also stellt sie es zurück in das Regal und streckt sich nach dem nächsten. Es ist um weiten dünner als das erste, aber auch hier geht es mehr um Dämonen als um den Tod, also legt sie es kopfschüttelnd beiseite und wirft Kaemon einen knappen Blick zu. Seine unzufriedene Miene zeigt deutlich, dass er genauso wenig erfolgreich ist, wie sie und Pan wendet sich schnell wieder den Büchern zu, um sich in so kurzer Zeit wie möglich durch die Seiten geblättert zu haben.

Sie reißt immer mehr Bücher heraus, um sie wenig später wieder zurückzustellen und allmählich wird Pandora ungeduldig. Das Adrenalin fließt durch ihre Adern und ihre Hände beginnen zu zittern. Der Durst nach Rache bildet sich in ihrem Herzen und bei dem Gedanken daran, wie es sich anfühlen würde, Helos zu besiegen, sein entsetztes Gesicht zu sehen, wenn ihm seine Niederlage bewusstwird, treibt ihre Suche energisch voran. Es ist ein unbekanntes, neues Gefühl, aber Pandora genießt jede Sekunde davon.

Sie wendet sich dem nächsten Wälzer zu. Diesmal lässt sie sich ein bisschen mehr Zeit, Dämonen haben schon immer eine besondere Anziehung auf sie gehabt. Nicht, dass sie bereits so vielen begegnet ist, aber all die Geschichten, die sich um diese faszinierenden Wesen ranken, sind aus Helos Bibliothek verschwunden, als er gemerkt hat, dass sie ein gewisses Interesse an ihnen zeigt. Pandora kann nur vermuten, weshalb, sie hat es nie gewagt, ihn danach zu fragen.

Sie lässt sich von den vergilbten Seiten ablenken, aber als sie weiter die Zeichnungen durchgeht, unterbricht Kaemon sie. In seinen Augen glänzt etwas, das sie nicht deuten kann und als er ihr das Buch aus der Hand nimmt, legt sie verwundert den Kopf schief.

„Konzentriere dich auf das, was wir brauchen", brummt er nur und wendet sich wieder ab.

Pan strafft die Schultern, greift nach einem neuen Buch und legt es sofort zurück, als sie bemerkt, dass dort ausschließlich die Legenden, die sich um Nixen ranken, niedergeschrieben sind. Sie hat wirklich keine Lust, über diese Wesen zu lesen, muss sie diese doch oft genug hier in London sehen. Mit allmählich aufkommender schlechter Laune arbeitet Pan sich weiter durch das Regal vor ihr. Kaum eines der Bücher scheint wichtig und langsam zweifelt sie daran, dass diese Suche überhaupt etwas ergeben wird.

Mit zusammengepressten Lippen mustert Pandora kurz ihre Umgebung. Bisher haben kaum neue Bürger die Bibliothek betreten und kaum jemand hat sie verlassen. Ein viel beschäftigter alter Mann mit weißem Schnauzer trägt liegengelassene Bücher zurück an ihren Platz, während er die ermahnt, die ihre Stimme zu laut erheben. Die Stille ist angenehm und hilft Pandora dabei, die Konzentration nicht zu verlieren, wenn sie mit vor Frust zitternden Händen nach einem neuen Buch greift.

Sie sind interessant, aber nicht hilfreich, was sie immer nervöser werden lässt und nach einer Weile streicht Pan sich mit einem leisen Knurren über das Gesicht. „Das wird doch eh nichts."

Ein leises Seufzen von Kaemon. „Hör zu", er wendet sich ihr zu und streicht über ihren Arm, „wir haben keine andere Wahl, als es zu probieren."

Pandora fühlt sich wie ein kleines Kind, das zum Lernen gezwungen wird, also nimmt sie lieber hastig den nächsten Wälzer und beginnt, ihn durchzublättern. Zufrieden lässt Kaemon von ihr ab und macht auf seiner Seite weiter. Schon bald kommen sie sich immer näher und es sind nur noch wenig Bücher übrig.

„Warum fragen wir eigentlich nicht nach?", fragt Pan unvermittelt und schlägt das Exemplar in ihrer Hand zu.

„Wir dürfen niemandem trauen", entgegnet Kaemon steif und sie runzelt die Stirn. Es erscheint ihr logisch, aber anders wäre es doch so viel einfacher.

Es vergeht eine Ewigkeit, bis Kaemon wieder einen Ton von sich gibt. Er wirkt überrascht und als Pandora sich ihm zuwendet, runzelt er verwundert die Stirn. „Du meintest doch, dass das Amulett, das du gestohlen hast, nicht zerstörbar ist, oder?"

Jetzt ist auch Pan verwirrt und wirft einen Blick in das Buch, welches Kaemon aufgeschlagen in seinen Händen hält. Auf den alten Seiten befinden sich exakte Zeichnungen des Schmuckstückes. Mit vor Aufregung zitternde Körper will Pandora das Buch an sich reißen, aber Kaemon hält es in die Höhe.

„Lass mich das lieber lesen", brummt er und Pan knirscht mit den Zähnen.

„Warum die Frage? Was steht da?"

Kaemon zögert einen Moment. „Kurz zusammengefasst: Das Amulett kann zerstört werden, wenn Vollmond auf es scheint und eine blaue, seltene Flamme es zum Schmelzen bringt."

Für einen schrecklich langen Augenblick nimmt es Pandora den Atem. Die Welt droht über sie hereinzubrechen, all die Jahre, die sie geglaubt hat, nie wieder von Helos loszukommen. Ein lautes Keuchen kommt über ihre Lippen und ihre Beine drohen damit, nachzugeben. Besorgt stützt Kaemon sie.

„Bitte, hilf mir es zu zerstören", haucht Pan, nachdem sie wieder zu Atem gekommen ist und realisiert hat, dass seit einer Ewigkeit diese Lügen in der Unterwelt kursieren, dass es nicht möglich wäre, das Amulett zu vernichten.

„Okay, in Ordnung." Er nickt. „Aber erst müssen wir den Tod besiegen." Ein schmales Lächeln gleitet über seine Lippen. „Ich passe währenddessen auf dich auf."

Zögernd zuckt sie mit den Schultern. „Wenn du meinst", murmelt sie und wendet sich wieder dem Buch zu. „Wann ist überhaupt der nächste Vollmond?"

Kaemon legt grübelnd die Stirn in Falten. „Ich kann es dir nicht genau sagen, aber es dauert auf jeden Fall noch einige Tage."

Auch wenn es Pan schwerfällt, nimmt sie es so hin und konzentriert sich wieder auf den Wälzer. „Sonst noch etwas Wichtiges?"

Doch Kaemon schüttelt mit dem Kopf und schiebt das Buch wieder zurück zu den anderen. „Nein, leider nicht."

Die Euphorie aus Pandoras Adern verschwindet und mit zusammengepressten Lippen starrt sie auf die wenigen noch übrigen Bücher. Kaemon legt für einen kurzen Augenblick seinen Arm um sie, dann nimmt er sich das nächste aus dem Regal.

„Selbst wenn wir nichts zu unserem Mörder finden, das uns hilft, haben wir wenigstens eine gute Sache erfahren", muntert er sie auf und irgendwie muss Pandora ihm dabei recht geben.

Mit einem tiefen Seufzer widmet sie sich wieder ihrer Aufgabe. Sie überlegt, wie viel Zeit wohl schon vergangen ist, zieht sich die Suche jetzt doch schon etwas hin. Pan ist noch nie gut im Schätzen gewesen, das muss sie zugeben. Aber in ihren Augen gibt es wichtigere Eigenschaften, also hat sie sich nie darüber beschwert. Kurz überlegt sie, ob sie das Buch mit dem Amulett heimlich mitnehmen soll, aber da fällt ihr wieder ein, dass Kaemon dafür zu ehrlich ist und sie weiß, dass er es niemals erlauben würde. Die Versuchung juckt trotzdem in ihren Fingern, weshalb Pandora sich beeilt, die letzten Seiten durchzusehen, um anschließend schnell aus diesem Gebäude zu verschwinden.

Als auch Kaemon die letzte Seite durchhat, seufzt er gedehnt. „Gehen wir."

Pan wirft ihm einen unzufriedenen Blick zu. „Und jetzt?"

Ein Grinsen schleicht über sein Gesicht. „Ich habe eine grobe Idee, wie wir weiter vorgehen könnten, aber ich muss erst noch darüber nachdenken und es mit Illeron besprechen", erwidert er und Pan zuckt mit den Schultern.

PANDORA

Straßen von London

Sie belässt es dabei und beobachtet, wie Kaemon nach einer Droschke Ausschau hält, nachdem sie wieder das Freie betreten haben. Jede, die an ihnen vorbei rattert, ist bereits besetzt oder hat schon einen anderen Fahrgast im Blick. Leise seufzend schaut Pan zu Kaemon.

„Sollen wir einfach laufen?“, schlägt sie vor und er zögert einen Augenblick, nickt dann aber.

„Wenn wir auf unserem Weg auf eine stoßen, können wir immer noch einsteigen“, sagt er und mustert sie einen Moment länger als nötig.

Ein Lächeln stiehlt sich auf ihre Lippen und Pandora wendet sich ab. Ihr ist klar, dass es keine passende Situation ist, trotzdem überlegt sie, ihn zu fragen, ob sie nicht wieder die kleine Brücke überqueren könnten. Der Gedanke an ein paar Minuten nur mit ihm gefällt ihr, aber sie weiß, dass sie sich nicht ablenken lassen dürfen. Doch dieser eine Kuss damals war einfach zu kurz, um ihn greifbar machen zu können, weshalb sie es nicht dabei belassen will. In seinen Augen sieht sie, dass Kaemon mit den gleichen Bedenken zu kämpfen hat, was der Grund dafür ist, dass er sich hastig von ihr wegdreht und losläuft, ohne auf sie zu warten.

Eilig folgt Pandora ihm, will sie schließlich nicht allein in dieser großen Stadt verloren gehen, sie würde nie wieder aus den vielen Gassen herausfinden. Mit großen Schritten läuft sie ihm nach und hat schon jetzt die Orientierung verloren. Sie kann nicht einschätzen, wie weit sie gehen müssen, oder gar in welche Richtung. Allerdings ist ihr tief im Inneren klar, dass Kaemon sie niemals zurücklassen würde.

Pan muss lachen. Normalerweise beschäftigen einen solche Fragen in einer gefährlichen Situation, nicht in einer wie diesen. Wahrscheinlich ist es nicht unbedingt etwas Schlechtes, aber es wäre ihr trotzdem lieber, würde sie sich hier auskennen.

Tief in Gedanken versunken beachtet Pandora ihre Umgebung kaum und es scheint, als würde der Blick der anderen Menschen durch sie beide hindurchgleiten. Sie huscht unauffällig an ihnen vorbei und nimmt kaum wahr, welch Gestalten sich in dieser Umgebung tummeln. Nur der in der Luft liegende Gestank erinnert Pan daran, welches Viertel sie betritt und die Häuser gleiten unbeachtet an ihr vorbei.

Fahrig legt Pandora den Kopf in den Nacken, will den Himmel mustern, doch die Schwärze hat sich bereits über die Wolken gelegt und das Hereinbrechen der Nacht macht es auch schwerer, die dunklen Schatten der Tiere zu erkennen, die auf dem Boden herumkriechen. Nach wenigen Minuten fällt es Pan sogar schwer, Kaemon zu erkennen. Sie kneift die Augen zusammen. Im Dunklen hat sie sich schon immer schwergetan, etwas zu sehen. Plötzlich bleibt Kaemon wie angewurzelt stehen und lässt seine Hand an das Messer um seine Hüfte gleiten.

„Jemand folgt uns", murmelt er leise.

„Wäre es dann nicht besser, so zu tun, als würden wir es nicht merken?", erwidert Pan vorsichtig, versucht krampfhaft, sich nicht umzusehen.

Kaemon schnaubt leise. „Aberglaube."

Er wirbelt herum und während Pandora hastig ihren Kopf dreht, kann sie ein hektisches Zucken der Person hinter ihnen ausmachen. Bevor sie sich versieht, sprintet der Unbekannte in die nächstgelegene Gasse.

Blitzschnell folgen Kaemon und Pandora ihm. Dicht auf den Versen ihres Verfolgers glaubt Pandora einen ledernen Umhang erkennen zu können, bildet sich ein, saubere Schuhe zu sehen. Doch sie ist sich nicht sicher, ob sie sich selbst trauen kann. Ihr Atem geht flach, aber ihre Beine werden nicht langsamer. Sie hat keine Probleme damit, dicht hinter Kaemon zu bleiben, verliert die Gestalt keine Sekunde aus den Augen. Die drei hasten erbarmungslos durch die Straßen, stoßen Arbeiter und Dirnen zur Seite, ohne sich nach ihnen umzusehen.

Neugierde brennt in Pandoras Adern. Es könnte ihr Mörder sein, den sie dort vor sich haben oder zumindest jemand, der etwas mit der Sache zu tun hat. Jemand, der alles zu Ende bringen könnte. Obwohl ihre Füße unangenehm zu kribbeln beginnen, beißt sie die Zähne zusammen und kämpft sich durch, Kaemon hingegen zeigt keine Spur von Erschöpfung. Im Gegenteil, er wird immer schneller, gerade so, als würde sein Leben vom Fang des Verfolgers abhängen.

Pandora folgt ihm blind über einen kleinen Marktplatz hinein in die nächste, schmutzige Gasse, bis ihre Lunge zu brennen anfängt. Sie hat keine Ahnung mehr, wo sie ist oder wie sie zurückkommen würde und frustriert muss sie zugeben, dass der Unbekannte kein Stück näher gerückt ist. Sie haben ihn noch nicht verloren, doch nach einem Ende sieht diese Hetzjagd noch nicht aus. Die Person ist ungewöhnlich schnell. Genau in diesem Augenblick knallt Kaemon gegen eine vorbeischießende Pferdekutsche. Er taumelt zurück, verzieht schmerzvoll das Gesicht, bevor er einen leisen, frustrierten Schrei loslässt.

„Er ist weg", stellt Pan fest, sagt es mehr zu sich selbst als zu Kaemon.

„Ach, wirklich", erwidert dieser sarkastisch, legt ihr aber beschwichtigend die Hand auf die Schulter. „Wir haben es versucht. Ich habe leider nichts erkennen können, also lass uns einfach zurück zu den anderen."

Nickend wendet Pandora sich ab. Das Schicksal meint es wohl nicht so gut mit ihnen.

PANDORA

Erinnerung, Helos Welt

Seine blonden, gewellten Haare verdecken dessen zu schmalen Schlitzen verengten Augen, trotzdem sticht das Grün aus ihnen hinaus. So anziehend sie auch sind, diesmal lässt sein Blick Pandoras Blut in den Adern gefrieren. Sie geht ihm knapp bis zu den dünnen, aber starken Schultern und hätte er ein Herz in seiner Brust, würde sie seinen Herzschlag hören können, so nah ist er ihr. Das weiße, nur halb geknöpfte Hemd gewährt der Toten einen Blick auf seinen muskulösen Oberkörper.

„Pandora."

Ihr voller Name auf seinen Lippen bringt Unglück, das hat sie bisher oft genug spüren müssen, obwohl Helos immer wieder darauf besteht, dass er ihn sich nur gerne auf der Zunge zergehen lässt. Er starrt auf die helle Flüssigkeit in seinem Glas, während er es im schwachen Licht schwenkt und jede Sekunde ihres schneller werdenden Atems auskostet. Als er es endlich abstellt, sind seine Augen kalt, obwohl ein breites Lächeln sein Gesicht ziert.

„Warum bist du noch hier?" Es sind nur so wenige Worte, aber sie lassen Pandora schaudern. Sie hebt trotzig den Kopf, versucht, ihre Unsicherheit zu überspielen, doch sein süffisantes Lächeln lässt sie schwanken.

„Ich will es nicht tun", erwidert sie tief durchatmend und krallt sich in den Stoff des Sofas neben ihr.

Sein stechender Blick durchbohrt sie.

„Du hast es mir versprochen, weißt du das nicht mehr?", haucht Helos und während er mit langsamen Schrittes auf sie zutritt, beginnen Pans Beine zu zittern. Obwohl sie durch das dunkelrote, weit ausgestellte Kleid, welches sich über ihre Brüste spannt, verborgen sind, weiß Helos ganz genau, was in ihr vorgeht, aber sie will ihm diese Genugtuung nicht lassen, will nicht einbrechen, wie all die anderen.

Sie streicht sich die schwarzen, bis zu den Schultern abgeschnittenen Haare hinter das Ohr und befeuchtet ihre trockenen Lippen. „Ich habe dir versprochen, dir hin und wieder zu dienen, ohne zu wissen, zu was du mich machen würdest."

Das hohe Lachen, das aus seiner Kehle dringt, lässt sie schlucken.

„Monster werden nicht geschaffen, sie werden geboren", erwidert er und spielt mit seinen Kiefermuskeln, als würde er sich damit kontrollieren.

Dass Helos über keine Geduld verfügt, weiß Pandora, trotzdem reizt sie ihn weiter, indem sie abwinkt und sich mit gerafften Röcken von ihm wegdreht. Die schneeweißen Fingerknochen, die sich in ihr Kinn graben, jagen ihr einen eiskalten Schauer über den kerzengeraden Rücken.

„Du lernst es nicht, oder?", flüstert Helos leise und greift ganz langsam nach einem kleinen, silbernen Dolch.

Ein lautloses Wimmern kommt über Pans Lippen, als sie ihn aus dem Augenwinkel im Licht aufblitzen sieht. Ihre Gedanken scheinen auszusetzen, außer dieser eine, dieser eine, der ihr sagt, wie dumm sie doch ist, zu versuchen, sich ihm zu widersetzen.

„Sag mir, meine Pandora, bin ich nicht immer gut zu dir gewesen? Hast du hier nicht ein schönes Leben?"

Es klingt so wunderbar, wenn Pan für einen Moment vergisst, wer vor ihr steht und weshalb, aber die Drohung in seinen Worten sticht so klar hervor, dass sie sich in ihre Gedanken brennt.

Nach Luft schnappend erwidert sie seinen kalten Blick. So verführerisch, aber so grausam. „Du blendest und biegst, bis die armen Seelen verstehen, dass sie in der dunklen Ewigkeit besser aufgehoben wären. Ist das unsere Sünde? Das verzweifelte Streben nach dem Leben?"

Der einzige Trost, der Pandora bleibt, als er das Messer in ihr Fleisch rammt, ist das Wissen, dass es Helos unglaublich schwächt, wenn er seine Mächte einsetzen muss, um ihre Beine zum Laufen zu zwingen.

Der Schmerz wird von Mal zu Mal schlimmer und diesmal kann sie es nicht mehr verhindern, dass der qualvolle Schrei über ihre Lippen kommt. Sie weiß nicht, ob es grausameres gibt, als immer aufs Neue auf die gleiche Weise zu sterben, die gleiche Verzweiflung zu spüren, wenn das Blut über ihre Haut fließt.

Doch in Helos Augen glänzt pure Freude, die Pan daran erinnert, wer er ist. Der Tod. Ihre Beine geben nach und sie hasst es, wie sie in seine nur Leid bringenden Arme gleitet. Das siegessichere Lächeln auf seinen Lippen zeigt ihr, dass sie auch dieses Mal verloren hat.

„Jetzt geh nach oben und töte, meine liebe Pandora, du bist die Einzige, die keine Waffe braucht und meine Kraft ist für heute nicht mehr stark genug, um eine mit nach oben zu schicken." Genüsslich streicht Helos über die Klinge und lässt ihr warmes Blut über seine Hand fließen.

Wankend erhebt Pandora sich und ihre Augen sind ausdruckslos matt, als sie seinem Befehl ein weiteres Mal nachkommt, obwohl es nichts gibt, was sie mehr hasst.

PANDORA

Quartier London

Es eisig kalt, als Pandora hinter Kaemon ihre schäbige Unterkunft betritt. Das schwache, flackernde Licht, das den Raum erhellt, wirft seine Schatten auf Attis, rotes, zerzaustes Haar, aber erreicht nicht die Ecke, in welcher Illeron steht, weshalb Pan ihn erst recht spät wahrnimmt. Die beiden schweigen sich an, als hätten sie sich vor kurzem gestritten, was Kaemon mit gerunzelter Stirn wahrnimmt, jedoch sagt er nichts dazu, sondern lässt sich nur auf einen der freien Stühle fallen. Während er sich streckt, kann Pandora die einzelnen Rückenmuskeln durch das helle Hemd erkennen und sie lenkt ihren Blick schnell auf das Essen, dass auf dem Tisch steht, die Geschwister sollen schließlich nicht alles mitbekommen. Es ist noch ziemlich viel übrig, als hätten sie kaum etwas angerührt und es ist ihr beinahe unangenehm, als sie sich ein Stück Brot greift.

„Wir wurden verfolgt, konnten denjenigen aber nicht erkennen", eröffnet Kaemon den Geschwistern und nimmt sich ein wenig von dem Fleisch. Vorsichtig angelt er nach der Glaskaraffe, die danebensteht.

„Interessant. Das heißt, wir müssen ab jetzt besser aufpassen, wer in unserer Nähe ist. Habt ihr sonst was rausgefunden?", erkundigt Illeron sich und setzt sich zu ihnen an den Tisch.

Pandora schüttelt den Kopf und Kaemon schluckt sein Fleisch hinunter.

„Nein, nichts Wichtiges. Aber ich habe eine Idee." Er reibt die Hände aneinander und wuschelt sich durch die Haare.

Neugierig wendet Pan sich ihm zu und Illeron lehnt sich etwas vor, die Unterarme auf den Tisch gestützt. Attis scheint genauso interessiert, denn das erste Mal, seitdem sie sich kennen, wirken ihre Augen aufrichtig wach – was allerdings auch daran liegen könnte, dass Pan glaubt, sie heute weniger Rauchen gesehen zu haben.

„Ihr könnt euch sicher daran erinnern, dass mein Vater damals in Venedig ausgeholfen hat“, beginnt Kaemon und Pandoras Neugierde entfacht sich aufs Neue, „um den Killer zu fassen, der dort recht lange sein Unwesen trieb.“

Illeron und Attis nicken schwach.

„Er hat damals sehr lange nach Verbündeten gesucht, die ihm aus dem Untergrund Informationen zukommen lassen können, ohne aufzufallen.“ Kaemons Augen fangen an zu glänzen und er redet immer schneller. „Irgendwann hat er Kontakt zu einem verschrobenem Professor aufgenommen, der schon viele Male nur knapp dem Galgen entkommen war, aber einen brillanten Verstand hatte. Er kennt magische Rituale, die schon lange nicht mehr an die Oberfläche gedrungen sind und ist wahnsinnig geschickt, wenn es darum geht, Identitäten herauszufinden.“

Mit schief gelegtem Kopf überlegt Pandora, ob sie jemals etwas von diesem Professor gehört hat, aber wenn, dann kann sie sich bereits nicht mehr daran erinnern.

„Und?“, drängt Illeron weiter und man merkt deutlich, dass er davon überzeugt ist, dass Kaemons Vorschlag gut werden würde.

„Er ist mir erst vor kurzem wieder eingefallen, sonst hätte ich euch das natürlich schon längst erzählt.“ Ihr Anführer räuspert sich. „Also, folgendes. Wir könnten seine Adresse herausfinden und ihm das Medaillon bringen, das wir bei der einen Leiche gefunden haben. Vielleicht kann er feststellen, wer es, außer uns und dem König, zuletzt in den Händen gehalten hat.“

Pandora runzelt die Stirn. „Sowas kann er?“

Kaemon nickt. „Ich habe es ihn schon einmal mit eigenen Augen tun sehen“, erwidert er und Illeron mischt sich ein.

„Dann mal los, ich denke, es ist besser als herumsitzen.“

Pandora runzelt die Stirn. „Und wie willst du seinen Aufenthaltsort ausfindig machen?“

Ihr Anführer presst die Lippen zu einem dünnen Strich zusammen.

„König George könnte Kontakt zu Salome aufnehmen, es würde mich nicht wundern, wenn der Professor schon längst für sie arbeitet“, schlägt Illeron vor und Kaemon nickt.

„Gute Idee.“

Er wirft einen fahrigen Blick nach draußen. „Jetzt noch? Eigentlich ist es besser, wenn wir es so schnell wie möglich erledigen.“

Illeron schaut zu seiner Schwester. „Ich würde gehen“, sagt er langsam und als Pandora den Mund aufmachen will, schüttelt er den Kopf. „Du solltest dich erstmal ausruhen“, unterbricht er sie mit gerunzelter Stirn und seufzend streift Pan sich einige Strähnen aus dem Gesicht.

„Wenn du meinst“, entgegnet sie widerwillig und steht auf. Sie zögert. „Bitte sagt niemandem, was ihr heute über mich erfahren habt“, murmelt sie leise und starrt betreten auf den Boden.

Illeron klopft ihr schwach auf die Schulter. „Keine Sorge.“

Sie nickt und macht sich auf den Weg nach oben, bleibt aber in der Mitte der Treppe stehen, um zu hören, wer noch gehen würde. Ein wenig hofft sie, dass es Attis ist, aber es würde sie nicht überraschen, wenn Illeron Kaemon mitnehmen möchte. Die Tür geht, ohne dass Pan weiß, wer das Haus verlassen hat und neugierig späht sie nach unten. Die ersten Wörter versteht sie nicht, so leise redet Illeron, aber er wirkt besorgt.

„Sie liebt mich nicht, so dumm ist sie nicht“, murmelt Kaemon gerade und Pandora wird schwindelig.

Ihr hätte klar sein müssen, dass das Ganze wieder zur Sprache kommt, aber es bringt sie trotzdem durcheinander. Tut sie das? Ihn lieben? Sie krallt sich in den Stoff ihres Kleides. Weiß sie überhaupt, was das bedeutet? Bestreitet er ihre Vertrautheit, weil er Angst vor diesem Gefühl hat?

„Kaemon, komm schon“, sagt Illeron und verschränkt die Arme.

Was dieser erwidert, kann Pandora kaum verstehen, aber im ersten Moment hört es sich an, wie ein „Du weißt, was ich bin und ihr wird es nicht entgangen sein.“

Sie runzelt die Stirn. Es hätte auch „Du weißt, wie ich bin“, sein können, wenn sie darüber nachdenkt. Unruhig umklammert sie das alte Geländer. Eigentlich gibt es nichts Schlimmeres als zu lauschen, aber sie kann nicht anders. Mit schief gelegtem Kopf wartet sie das Ende des Gespräches ab, doch Illeron winkt nur ab.

„Du schaffst das schon. Aber pass auf“, brummt er geschlagen und wendet sich zur Tür. Kaemon bleibt mit hin- und hergerissenem Blick zurück, als würde er sich bei irgendetwas entscheiden können. Kurz überlegt Pan, ob sie zu ihm hinuntergehen soll, aber sie will viel lieber wissen, ob er zu ihr kommen würde, weshalb sie ihren Weg hastig vorsetzt.

Sie schleicht in ihr Zimmer und die stickige Luft schlägt ihr entgegen. Mit verzogenem Gesicht durchquert Pan den Raum und öffnet das Fenster einen Spaltbreit. Sie bleibt stehen und lässt ihren Blick auf der Straße verweilen. Kaum jemand huscht durch die dunkle Gasse und diejenigen, unglücklichen Seelen, die immer noch dort draußen sein müssen, sind so schnellen Schrittes unterwegs, als wäre der Teufel hinter ihnen her. Bei diesem ironischen Gedanken muss Pan leise lachen. Wer weiß, vielleicht ist er es ja auch.

Das Schlagen an einer Tür dringt an ihr Ohr und mit einem Grinsen auf dem Gesicht dreht sie sich um. Ein unbekanntes Gefühl überkommt sie, als sie seine Silhouette erkennt. So viele Emotionen spiegeln sich in seinen Augen wider, dass Pan gar nicht dazu in der Lage ist, sie zu deuten. Die Atmosphäre scheint sich ganz plötzlich elektrisch zu laden, etwas, dass Pan schon an der Brücke ganz schwach wahrgenommen hat.

Das helle Mondlicht fällt klar durch das halb geöffnete Fenster und der Wind, der draußen tobt, fegt durch den Raum, doch Pandora bemerkt ihn kaum. Die Hitze, die von ihr ausgeht, lässt ihre Wangen in einem schwachen Rot glänzen und die Ärmel ihres Kleides hängen schief über ihren Schultern. Pandoras Atem geht schnell und ihre Zähne graben sich in ihre Unterlippe.

Kaemon steht vor ihr, das Hemd über die Schulter gelegt. Sein stechender Blick jagt Pan einen angenehmen Schauder über den Rücken und je näher er auf sie zukommt, umso unerträglicher wird das Gefühl des dicken Stoffes ihres Kleides auf der Haut. Mit fließender Bewegung streicht er ihr über die Wangen hinab bis zu ihrem Hals, wo seine Hand einige Wimpernschläge verweilt, bis er ihre Taille umfasst.

Pandora spürt, wie sich ihre Schulterblätter gegen die kühle Wand pressen und mit angehaltenem Atem schließt sie die Augen. Seine rauen Lippen berühren ihren Hals und mit einem zucken krallt sie sich an seinem Oberarm fest.

Kaemons Muskeln sind angespannt und schwer atmend vergräbt er seine Hand in Pans dichten, schwarzen Haaren. Sie kann nicht anders, als in seine grauen Augen zu starren, ist er ihr doch so nah, dass seine Stirn ihre beinahe berührt. Mit rasendem Herzen lehnt Pan sich nach hinten und ihre Gedanken verfliegen. Das Einzige, woran sie jetzt noch denken kann, sind Kaemons flüchtige Berührungen auf ihrer Haut und die kühlen Lippen auf ihren. Das Kribbeln in ihrem Magen verstärkt sich, als Kaemon mit seiner Zunge leicht über seine Lippen fährt und sich wieder zu ihr hinunterbeugt. Sein warmer Atem kitzelt an ihrem Hals und Pandora verstärkt ihren Griff an seinem Oberarm. Sie erhascht einen Blick auf seine von angespannten Adern überzogene Hand, welche sich von ihrer Taille entfernt und sich auf ihren Oberschenkel legt.

Pan zieht scharf die Luft ein und jeder einzelne Muskel ihres Körpers verkrampft sich für einen kurzen Augenblick. Kaemons Lippen hinterlassen ein Kribbeln an jeder Stelle, die sie berühren. Das Lächeln, das sich über sein Gesicht zieht, entlockt Pandora ein aufgeregtes Keuchen, ihre Finger hinterlassen weiße Abdrücke auf seiner Haut, die in helles Mondlicht getaucht ist. Mit verschwommenem Blick beobachtet sie, wie sich Kaemons Mundwinkel zufrieden nach oben zieht und mit seinen Lippen streift er sanft ihre Schulter.

Pandoras Brustkorb hebt und senkt sich schwer, doch das Geräusch ihres Atems wird übertönt von dem kurzen, lautem Knacken von Kaemons Nacken, während er seine Lippen fordernd auf ihre legt. Zitternd krallt sie sich an seinen Schulterblättern fest und schließt ein weiteres Mal die Augen. Immer wieder löst er sich von ihr, um ihr wenig später wieder den Atem zu nehmen. Seine Lippen fühlen sich so unglaublich gut auf ihren an, dass Pandora ihn am liebsten gar nicht mehr loslassen möchte, doch er spielt mit ihrem Wunsch und lässt einige Sekunden verstreichen, bis er zu einem neuen Kuss ansetzt. Seine Hand liegt immer noch auf ihrem Schenkel und mit kreisenden Bewegungen fährt über ihre dort so selten berührte Haut. Pan spürt, wie sich jeder Muskel seiner Schulter bei seinen Bewegungen anspannt und die Hitze zwischen ihnen beiden wird kaum erträglich.

Sie legt ihren Arm um ihn und drückt seinen Oberkörper fester an sich. Die dunklen, verwuschelten Haare kleben an seiner Schläfe. Kein einziges Mal zuvor, haben diese Berührungen dieses Gefühl von Zufriedenheit in ihr ausgelöst, kein einziges Mal hat sie sich gewünscht, dass dieser Augenblick kein Ende nimmt. Mit einem wissenden Grinsen verharrt Kaemon für einen schrecklich langen Moment eine Haaresbreite von ihr entfernt, bis er seine Hände links und rechts von Pandoras Kopf an der Wand abstützt und sie herausfordernd anstarrt. Sie hat das Gefühl, unter seinem Blick zu zerbrechen und mit einem amüsierten Glänzen in den Augen beobachtet er, wie ihr Atem immer schneller geht. Vorsichtig streicht sie über seine nackte Haut und das Kribbeln in ihren Fingerkuppen verstärkt sich, während Pan die markanten Wangenknochen berührt. Der einzige Gedanke, der sich in ihrem Kopf verankert, ist das Verlangen, seine kühle Haut auf ihrer zu spüren und ihn nicht mehr gehen zu lassen. Deshalb legt sie ihre Hände wieder in seinen Nacken und presst ihre Lippen schwungvoll auf seine.

Als wäre es ein Zeichen für ihn gewesen, hebt Kaemon sie hoch und trägt sie zu dem Bett, ohne sich ein einziges Mal von ihr zu lösen. Pandora schmiegt sich in die weißen, dünnen Lacken, während er sich über sie beugt. Seine Hände umfassen ihre Handgelenke und fixieren sie fest auf Höhe ihrer Schultern. Sie schließt die Augen, konzentriert sich nur auf seine Bewegungen. Kaemons stoßweise gehender Atem kitzelt an ihrem Hals, aber er gibt ihr das Gefühl, nichts Falsches zu tun. Es ist, als würde sich eine schützende Atmosphäre über sie legen und Pan lässt sich einfach nur fallen. Sie genießt gerade die Nähe zu ihm, als er unregelmäßig zu zucken beginnt.

Erschrocken fährt Pandora nach oben, versucht, ihn an den Schultern zu packen. Ihr wird heiß.

„Kaemon? Kaemon, was ist los?!“, ruft sie panisch und tastet hektisch seinen Oberkörper ab. Er glüht völlig und seine Atmung geht unregelmäßig. Angst schießt durch ihre Adern, doch so sehr sie auch versucht, den Mann vor ihr still zu halten, er wirft seinen Kopf ruckartig von der einen zur anderen Seite und seine Augen sind merkwürdig verdreht.

Pandora schnappt nach Luft, überlegt fieberhaft, was sie tun kann. Seine Hände krallen sich in das helle Laken, Schweißperlen stehen auf seiner Stirn.

„Kaemon!?“ Pan zieht ihre Hände zurück. Sie muss unbedingt Illeron holen. Doch gerade, als sie aufspringen will, erschlafft Kaemon. Für einen Augenblick hat Pandora Angst, dass er seinen Anfall nicht überlebt hat, aber dann sieht sie, dass seine Atmung wieder normal geht. Der Spuk ist so schnell vorbei, wie er gekommen ist. Vorsichtig tastet sie seine Stirn ab – die Temperatur ist völlig normal.

„Kaemon?“, haucht sie durcheinander und ein wenig geschockt, lässt sich aber wieder neben ihn gleiten.

Die Atmosphäre um sie herum scheint sich zu verändern, sie scheint die Dunkelheit, die durch das Fenster zu erkennen ist, zu absorbieren.

Kaemon wendet seinen Kopf zu ihr. „Wer hat dich damals umgebracht, Pandora?“

Die Frage trifft sie unvorbereitet und Pan muss erst einige Male schlucken, bevor sie genug Mut findet, darauf zu antworten.

„Ich weiß es nicht“, antwortet sie ehrlich, aber verwirrt und drückt seine Hand. Wie kommt er gerade jetzt darauf?

„Würdest du es gerne wissen? Ich kann dir sicher helfen, wenn ich es versuche“, bohrt er weiter nach und Pandora hat den Eindruck, als würde seine Stimme merkwürdig verändert klingen, aber sie schiebt es auf den Umstand, dass er gerade erst einen Anfall hatte und bleibt regungslos liegen.

Seine Worte zerschlagen die Ketten, die sich über die Jahre um diesen Gedanken gelegt haben und der alte Wunsch nach Rache beginnt durch ihre Adern zu fließen. All die Jahre hat sie ihn zurückgehalten, aber Kaemon scheint nicht nur ihre guten Seiten zum Leben zu erwecken. Jeder Atemzug kostet Pandora große Mühe und sie ballt die

Hände zu Fäusten, ehe sie die Zähne zusammenbeißt und versucht, dieses Gefühl wieder zu unterdrücken.

„Du willst die Verantwortlichen dafür bestrafen, was sie dir angetan haben, nicht wahr, Pandora?“, flüstert er ihr ins Ohr und allmählich schleicht sich Angst durch ihren Körper.

„Kaemon? Warum sagst du sowas?“, erwidert sie leise, aber der Kuss, den er ihr auf den Nacken haucht, macht es ihr schwer, einen klaren Gedanken zu fassen.

Sie krümmt sich ein wenig und schließt die Augen. Was ist mit ihm los, dass er sich jetzt darüber Gedanken macht?

„Vermutlich“, gibt sie nach und das Wort hinterlässt einen bitteren Geschmack auf ihrer Zunge, als hätte sie etwas ganz Böses damit wachgerüttelt.

Kaemons Hände gleiten über ihre Arme und schließen sich um ihre zarten Finger. „Ich kann dir helfen, sie zu suchen und sie zu töten.“

„Kaemon, hör auf damit. Was soll das? Mit dir stimmt etwas nicht.“

„Sag einfach ja, ich weiß, dass du sie tot sehen willst. Ich nehme mir dafür nur deine Seele.“ Obwohl Pandora merkt, dass der Hass auf ihren Mörder über all die Jahre so stark angewachsen ist, dass sie ihm nur zu gerne die Kehle durchschneiden würde, beschleicht sie das Gefühl, dass hier etwas Böses vor sich geht.

Sie nickt mechanisch und setzt sich auf. „In Ordnung! Gut, mach, was du möchtest, aber bitte, was auch immer da gerade mit dir passiert, werde wieder normal. Das bist doch nicht du.“

Und da trifft sie es sie wie ein Blitz. Ein panischer Schrei entweicht Pandoras Kehle, doch Kaemon ist schneller. Mit einem leisen Lachen presst er ihr die Hand auf den Mund und beugt sich über sie.

Seine Augen glänzen urplötzlich Purpurrot und um ihn herum tanzen Schatten, furchterregende Schatten und Pan wird klar, dass sie sie schon einmal gesehen hat, damals, als dieser Unbekannte sie angegriffen hatte. Lähmende Angst umschließt ihre Gelenke und sie ist kaum in der Lage dazu, zu atmen, während sie unaufhaltsam in seine Augen starrt. Die Erkenntnis, vor der sie sich so lange verschlossen hat, erschwert ihre Zunge.

„Oh meine Pandora, es war von Anfang an klar, dass ich nicht in der Lage dazu bin, dir zu widerstehen.“ Es ist nicht mehr als ein Flüstern, das über Kaemons Lippen kommt, aber es lässt sie vor Schrecken wimmern.

Von dem Mann, mit dem sie vor wenigen Stunden noch hier gelegen hatte, ist keine Spur mehr und allmählich versteht sie, welch dunkles Geheimnis er mit sich herumträgt.

„Du bist ein Dämon“, bricht es aus ihr heraus, nachdem er seine Hand vorsichtig von ihrem Mund entfernt und sie um ihr Taille gelegt hat. Sie hätte es wissen müssen, all die Verhaltensweisen, die sich offenbart haben.

Sein hohes Lachen lässt ihr das Blut in den Adern gefrieren und er setzt sich auf, ohne sie loszulassen. „Du solltest aufhören davon auszugehen, dass du das einzige Monster hier bist.“

Dieser Satz entfacht einen größeren Schmerz in ihrer Brust, als Pandora jemals gespürt hat. Tränen sammeln sich in ihren Augenwinkeln.

„Du hast schon von Anfang an diese Auswirkung auf mich gehabt, diese Auswirkung, die meine gute Seite schwach werden lässt“, fährt Kaemon fort und wirft den Kopf in den Nacken, „und jetzt schau, was du damit angerichtet hast.“

Seine roten Augen funkeln gefährlich und Pandora versucht, ihre Beine aus dem Bett zu schwingen, aber er hält sie fest umschlossen. Verzweiflung mischt sich in ihre Gedanken, vor allem, weil sie merkt, dass sie keinen Ekel oder Hass empfindet für das, was er tut, was er sagt, was er ist. Die schönen Momente schließen sich immer fester um ihr Herz, wehren all das, was gerade passiert, ab.

„Das Beten hat so gut geholfen, mich zu kontrollieren, aber dein Körper so nah an meinem … Du hast mich aus dem Gleichgewicht gebracht.“ Er streift mit den Lippen über ihren Hals.

Mit angehaltenem Atem versucht Pandora, sich zu ordnen. Die Schatten, die um ihn tanzten, als sie jemand am Anfang ihrer Reise angegriffen hatte, der verkrampfte Blick, die Zurückweisung, als sie das erste Mal versucht hat, ihn zu küssen.

„Nicht einmal Muriel hat diese enorme Wirkung auf mich gehabt, aber sie hat genug an der Oberfläche gekratzt, um mich diese schrecklichen Sachen machen zu lassen.“

Jetzt kann Pan nicht mehr verhindern, dass die Tränen über ihre Wangen fließen, als ihr bewusst wird, was er getan hat.

„Du hast sie selbst umgebracht“, haucht sie und würde am liebsten schreien, aber sie kann einfach nicht.

„Das Geld, Pandora … oh, wenn du wüsstest, was es mit manchen Wesen anstellen kann.“

Er schließt die Augen und drückt sie fest an sich. „Ich habe so vieles für ihren Kopf bekommen und ausgerechnet du warst es, die mich bei der Übergabe auch noch gesehen hat.“

Sie glaubt, das Brechen ihres Herzens in ihrem ganzen Körper zu spüren. Es ist wie ein Blitz, der die Atmosphäre um sie herum zerschneidet und Kälte senkt sich auf sie hinab.

„Und jetzt auch noch unser Pakt, dem du zugestimmt hast, ohne es wirklich zu realisieren … es wird mir eine Ehre sein, deine Seele in mir tragen zu dürfen.“

Nicht in all den Jahren, die sie unter Helos ertragen hat, gab es solch einen schrecklichen Moment, wie diesen hier. All die guten Erinnerungen an die Augenblicke mit Kaemon scheinen zu Staub zu verfallen und zu gerne würde sie den gleichen Hass verspüren, wie bei dem Gedanken am Helos, aber ihr wird bewusst, dass sie es nicht fertigbringt – sie hat sich in einen Dämon verliebt, dem sie ihre Seele versprochen hat.

All die Unterhaltungen mit Illeron, die sie belauscht hat, machen langsam einen Sinn und sie versteht die vielen Warnungen leider viel zu spät. Sie holt zitternd Luft. Andererseits, hätte sie die Finger von ihm lassen können, wäre es ihr bewusst gewesen, was sie tief in ihm erwecken würde? Wohl kaum.

Vorsichtig schlägt Pan die Decke beiseite und drückt Kaemon zurück in die Kissen. Sie bekommt Kopfschmerzen, bei der fieberhaften Überlegung, wie sie ihm helfen könnte, sich wieder in den Griff zu kriegen. Sie ist das Gift, das ihn so verändert und obwohl er es gewusst hat, hat er es zugelassen, dass der Dämon in ihm erwacht. Schien ihm das Risiko für ihre Nähe wirklich so gering?

Pandora zwingt sich dazu, ihren Kopf zu leeren und all die lästigen Gefühle für diesen Moment zu vergessen. All das hier klären kann sie immer noch, wenn Kaemon sich wieder unter Kontrolle hat, beschließt sie und mit zusammengepressten Lippen wendet sie sich ihm wieder zu. Die rot schimmernden Augen zeigen dasselbe Interesse wie auch diese schönen, grau-blauen, die so oft auf ihr ruhen. Mit zitternden Händen zieht sie ihn hoch und beginnt angestrengt zu lächeln, als ihr eine Idee kommt.

PANDORA

Weg zur Kirche

„Lass uns ein wenig die Nachtluft genießen“, haucht sie und steht ganz langsam auf. Sie würde versuchen, ihn in eine Kirche zu locken, hat er sich bisher doch immer durch die Religion kontrollieren können. Die Angst vor dem, was in Kaemon geschlummert hat, trifft sie mit einem Schlag, sodass ihr für einen schrecklich langen Augenblick die Luft wegbleibt.

Ihre Glieder werden so unglaublich schwer, sie spürt den Kampf, den ihre Gefühle fechten – die tief empfundene, außergewöhnliche Liebe und die Furcht. Diese schleichende Furcht, wie Gift in ihren Adern. Pandora zwingt sich zu einem klaren Gedanken: Das hier ist nicht er. Es ist nicht sein wahres Ich. Sie wiederholt es wie ein Mantra, murmelt den Satz immer und immer wieder. Zeigt sie ihre Zweifel, macht es das für ihn nur noch schlimmer, das ist ihr tief im Herzen bewusst. Pan versucht ihre zitternden Hände zu beruhigen.

Mit süffisantem Grinsen springt Kaemon auf, während er sich über die Lippen leckt und kurz mit den Augen rollt. Den Atem anhaltend wirft Pandora sich ihre Kleidung über, merkt, wie seine Blicke sie schwach machen. Selbst als Dämon, dessen erfüllter Pakt ihr das Leben kosten würde, kann sie nicht anders, als an seine Berührungen zu denken.

Pan muss schlucken. Nach dem Beten würde er wieder ganz so sein, wie zuvor und das alles würde weniger schlimm sein, wie es sie im ersten Moment getroffen hat. Lebt er schließlich auch mit ihrer schrecklichen Wahrheit, sie ist sich sicher, dass sie auch hiermit klarkommen kann. Der erste Schock verschwindet tatsächlich recht schnell aus ihrem Körper und Pandora kann wieder klarsehen. Ihr

Herz klopft immer noch recht stark, aber ein bisschen entdeckt sie auch den Ehrgeiz, der in ihr verankert ist – sie würde Kaemon trotz der dämonischen Macht in ihm an ihrer Seite haben können, wenn sie erstmal genau dahinterkommt, wie all das zusammengehört.

Ganz leise schleicht sie aus dem Zimmer, seine Hand fest umschlossen. Pan weiß nicht, ob Illeron und Attis bereits wieder zurück sind, weshalb sie nach jedem Schritt in die Stille horcht. Sie will nicht riskieren, dass die Geschwister etwas mitbekommen, bevor seine dämonische Seite nicht wieder verschlossen ist. Der Gedanke an die tadelnden Blicke lässt sie schnauben. Sie verdrängt diese unangenehme Situation und hastet weiter durch den Raum. Die kalte Türklinke schmiegt sich in ihre Handfläche und sie drückt sie ganz vorsichtig herunter, um den quietschenden Ton zu vermeiden, der entsteht, hat man es etwas zu eilig.

Kaemon folgt ihr schon beinahe wiederstandlos, nur manchmal bleibt er für einen flüchtigen Augenblick stehen und gleitet mit seiner von Schatten umgebenen Hand durch ihr schwarzes Haar. Pandora kann nicht einschätzen, wie er reagieren würde, würde sie ihm dies verwehren. Außerdem versucht sie sich bei jeder seiner Bewegungen daran zu erinnern, wie gut er ihr tut, weshalb sie ganz ruhig bleibt und ihm diese Sekunden schenkt, bevor sie ihren Weg fortsetzt.

Die Nachtluft, die ihre Haut umspielt, lässt sie frösteln und erst jetzt nimmt Pan die Hitze wahr, die von Kaemon ausgeht. Es ist nicht die gleiche, wie wenige Stunden zuvor, eher eine, an der man sich tatsächlich verbrennen könnte.

„Wohin gehen wir?“

Pan lächelt und legt für einen Moment die Hände in seinen Nacken.

„Braucht man unbedingt immer ein Ziel?“, erwidert sie und zieht ihn weiter.

Fieberhaft versucht sie, sich an den Weg zur nächstliegenden Kirche zu erinnern. Mit klopfendem Herzen schlägt Pandora die Gassen ein, von denen sie glaubt, sie würden ihr bekannt vorkommen und schon nach wenigen Metern erhebt sich ein schemenhaftes Gebäude mit spitzem Turm vor ihr.

Ihr entwischt ein erleichtertes Keuchen, aber da bleibt Kaemon schon ruckartig stehen und sie stolpert beinahe. „Wohin bringst du mich?"

Es ist ein wenig beängstigend, wie er dasteht, die glühenden Augen misstrauisch auf sie gerichtet, aber Pandora lässt sich nicht unterkriegen und legt ihre Lippen flüchtig auf seine.

„Vertrau mir – was soll schon passieren? Ich bin dir unterlegen", haucht sie zwischen dem Kuss und merkt, wie ihre Worte ihm schmeicheln.

Er zuckt mit den Schultern. „Gut."

Pan lächelt, als sie merkt, wie gut es funktioniert. Bald würde er wieder ganz der Alte sein. „Schließ die Augen."

Obwohl Kaemon für einen Moment zögert, kommt er ihrer Bitte nach. Dass sie ihn so leicht überzeugen kann, überrascht Pandora ein wenig, doch sie hält sich nicht länger damit auf und hastet die Steintreppen der Kirche hinauf. Sie spürt, wie er sich sträubt, weil er merkt, wie sich seine Umgebung verändert, aber wahrscheinlich ist da tief verborgen diese Hoffnung in ihm, dass sie ihm helfen würde, sich zu kontrollieren. Und Pandora ist sich verdammt sicher, dass das Betreten der Kirche ihn wieder ins Gleichgewicht bringen würde.

Sie drückt die schwere Tür auf, die Eisenbeschläge graben sich in ihre Schulter, aber sie spürt es kaum, zu aufgeregt ist sie, zu sehr auf die Hoffnung fokussiert, ihr Plan würde funktionieren. Pan will so schnell wie möglich wieder zurück ins Bett, Kaemon neben sich, ohne noch zu wissen, was hier gerade passiert. Der Wunsch nach der

Normalität, soweit man es so nennen kann, brennt sich in ihr Herz und als er einen Schritt über die Schwelle macht, scheint die Zeit für Pandora stehenzubleiben. Mit angehaltenem Atem beobachtet sie, wie sich Kaemons Gesicht zu einer Fratze verzerrt, seine Finger sich krümmen und er mit den Knien auf den mit heiligen Symbolen überzogenen Boden fällt. Sie will zu ihm stürzen, aber er hält sie mit ausgestreckter Hand zurück, während ein stummer Kampf in seinen Augen beginnt.

Das Rot schwächt sich, leuchtet wenige Minuten jedoch noch stärker auf und ein erstickter, wütender Schrei sammelt sich in seiner Kehle, dringt aber nicht an die Oberfläche. Das innere Ringen lässt seine Muskeln gefährlich anspannen und sein Kiefer knackt bedrohlich, wenn er angestrengt die Zähne aufeinanderbeißt.

Pan bewegt sich nicht von der Stelle, sie ist sich nicht sicher, ob er dabei ist, die Kontrolle wieder zu verlieren oder ob er den Dämon in sich bezwingen kann. Es zieht sich eine gefühlte Ewigkeit, es schmerzt Pandora, zu sehen, wie erschöpfend Kaemons Lage ist, wie schwer er sich tut, wieder normal zu werden, aber als das Rot ein letztes Mal in seinen Augen aufglimmt, entdeckt sie den Durchbruch in seinem Gesicht.

Die Schatten zerfallen langsam und seine grauen Augen strahlen wieder so klar, wie zuvor. Mit einem erleichterten Keuchen stürmt Pandora zu ihm, achtet darauf, dass er sich nicht den Kopf anschlägt, als sein Rücken auf dem kalten Boden aufkommt, aber er schaut sie nicht an. Verkrampft heftet Kaemon seinen Blick an die Decke und zuckt unter ihrer unsicheren Berührung zusammen.

„Was habe ich getan?“, fragt er mit brüchiger Stimme.

Ein unterdrücktes, hysterisches Lachen kommt über ihre Lippen. „Lass uns einfach wieder zurückgehen, ich erkläre es dir, wenn wir wieder im Warmen sind“, erwidert Pan, aber als sie seine Hand nimmt, entzieht er sie ihr wieder. Ihr Mund wird staubtrocken und ihr Magen verknotet sich.

„Haben wir einen Pakt geschlossen?“, hakt Kaemon weiter nach und sie hört die Angst, den Ekel vor sich selbst heraus.

Pandora zögert, überlegt, ob es etwas bringen würde, ihm zu verschweigen, was passiert ist, um es ihm leichter zu machen, dieses Gefühl abzuschütteln. Doch etwas in ihr sagt ihr, dass es nicht fair wäre, also schließt sie verzweifelt die Augen.

„Du willst diejenigen töten, die für mein Schicksal verantwortlich waren“, flüstert sie und da sind sie wieder, die Tränen, die an ihrer Wange abperlen. Pandora hasst es, zu weinen, hat sie es selbst bei Helos die meiste Zeit geschafft, ohne Tränen zu trauern, aber sie kann sich nicht zurückhalten.

„Aber es ist egal, nicht wahr? Wir kriegen das hin, du kannst dich das nächste Mal beherrschen. Du musst niemanden töten“, haucht sie und ihr Körper zuckt bei jedem unregelmäßigen Atemstoß. Zitternd streicht sie ihm durch die Haare, doch Kaemon schiebt sie weg. Sie sieht den Schmerz in seinen Augen, als er die Hände zu Fäusten ballt und sich aufrichtet.

Aber er schüttelt nur mit dem Kopf. „Nein, Pandora, nein. Ich werde es erst gar nicht mehr darauf ankommen lassen.“

Und ihr Herz scheint ein weiteres Mal in tausende Splitter zu zerbrechen.

„Sag das nicht, bitte, ich schaff das alles nicht ohne dich“, wimmert sie panisch und schreckt selbst vor ihrem Elend zurück.

Doch Kaemon würdigt sie keines Blickes, als er aufsteht und sein Hemd zurechtrückt. Obwohl er sich Mühe gibt, selbstbewusst zu wirken, kann Pan die eingezogenen Schultern erkennen.

„Du kannst mich nicht einfach zurücklassen, nicht nach all dem!“, schreit sie ihm verzweifelt nach, während er die Tür aufschiebt, allerdings zögert er keinen Moment, sich durch den Spalt zu drängen.

Als die Tür wieder ins Schloss fällt, umhüllt die Dunkelheit Pandora. Sie legt sich auf sie nieder wie ein Mantel des Schweigens, der sich an dem Schmerz, der in ihr wühlt, ergötzt. Ihre Fingernägel graben sich in ihre Handgelenke und sie versucht, sich zu beruhigen.

Angewidert von sich selbst, dass sie es zulässt, sich so gehen zu lassen, strafft Pan die Schultern. Alles scheint ein Fehler gewesen zu sein, aber trotzdem hält sie daran fest, dass Kaemon sich wieder umentscheidet. Vielleicht braucht er nur ein wenig Zeit, um sich zu sammeln. Sie schluckt und stolziert zur Tür – denn auch wenn sie keiner sieht, will sie nicht zeigen, wie sehr das Geschehene an ihren Nerven zehrt.

Sie streicht die verbliebenen Tränen von ihren Wangen und betritt mit zerrissener Seele die verlassenen Straßen. Es zieht sie weg von der Unterkunft, aber Pandora weiß, dass sie zwischen all den Gassen nie wieder den richtigen Weg finden würde, also setzt sie ihre Füße widerstrebend weiter voreinander. Je weiter sie geht, umso besser fühlt sie sich. Das unangenehme Gefühl klammert sich immer noch um ihr Herz, aber sie konzentriert sich einfach auf den Gedanken, dass morgen alles wieder in Ordnung kommen würde.

Nichts rührt sich, während Pandora durch den dunklen Raum schleicht und die Treppe hinauf tapst. Ihr Bett ist verlassen und während sie sich in die abgekühlten Lacken senken lässt, beruhigt sich ihr Herz ein wenig – das unbeschreiblich unangenehme Gefühl bleibt trotzdem.

PANDORA

Erinnerung, Zeit bei Helos

„Hör mir zu! Es muss doch irgendwie gehen!“, flüstert Pandora energisch in das Ohr des blonden, zitternden Mädchens, aber es schüttelt hastig mit dem Kopf.

„Nesta, bitte.“ Flehend packt Pan das Mädchen an den dünnen Oberarmen, aber Nesta schlägt sie mit weit aufgerissenen Augen weg.

„Du weißt nicht, wie viele es schon versucht haben. Der Bann ist nicht zu brechen, akzeptiert es doch einfach und hör auf, uns weiter in Gefahr zu bringen!“, erwidert sie mit hoher, panischer Stimme und lässt ihren Blick unaufhörlich durch den Flur gleiten.

Die Angst prangt in ihrem Gesicht, aber Pandora weigert sich, aufzugeben.

„Sag mir einfach, wo das Buch ist, in dem seine Beschwörungen stehen“, redet sie weiter auf Nesta ein und ihr eigener Herzschlag liegt abscheulich laut in ihren Ohren.

„Hör auf damit!“, faucht die Frau mit vor Furcht triefender Stimme und Pan bringt Abstand zwischen sie. Sie fährt sich grob durch die Haare und beißt die Zähne aufeinander. „

Ich bereue, auf was ich mich da eingelassen habe. Es ist doch nur ein Wort, dass du mir zuflüstern musst, damit der Spuk für uns ein Ende hat. Vielleicht steht auch gar nichts Hilfreiches in diesem Buch, aber es ist unsere einzige Chance, verstehst du nicht?“, probiert sie es ein weiteres Mal, aber Nesta schüttelt weiterhin hartnäckig den Kopf.

„Lass es einfach. Früher oder später wirst du auch merken, dass dein Leben hier unten etwas angenehmer wird, wenn du ihm wenigstens keinen Ärger machst“, haucht sie und Pandora ballt die Hände zu einer Faust. Das weiß sie nur zu gut, trotzdem hat sie noch nicht aufgehört, zu kämpfen.

„Wir haben alle diesen Fehler gemacht, ihm zu vertrauen, ob wir nun so jung waren wie du, oder nicht“, fügt Nesta hinzu und jetzt ist ihr Blick weich und mitleidig. „Aber es gibt Fehler, die wir einfach akzeptieren müssen.“

Verzweiflung macht sich in Pandoras Herzen breit. „Das kann ich nicht“, erwidert sie so leise, dass sie sich selbst kaum hört.

Nesta atmet tief durch und wendet sich ab. „Wenn du die Sache jetzt auf sich beruhen lässt, gibt es vielleicht eine Chance, dass er darüber hinwegsieht“, gibt sie Pandora einen letzten Rat, bevor sie schnell davoneilt.

Trotzig hebt die Serva den Kopf. Er muss es ja nicht erfahren. Doch tief in ihrem Inneren ist ihr klar, dass Helos es natürlich mitbekommen würde, er weiß alles, so vorsichtig Pandora auch ist. Natürlich wäre es klüger, ihre Pläne fallen zu lassen, aber sie hält es einfach nicht mehr aus, ihre Lippen auf Fremde zu legen, nur um ihr Leben damit zu beenden. Es sollte etwas Schönes für sie sein jemanden auf diese Art zu berühren, aber selbst als kleines Kind hat diese Geste kaum einer überlebt.

Nachdenklich streicht sie sich über die blauen Flecken an ihrem Arm und begutachtet in dem Spiegel vor ihr das lilane Kleid, das Helos ihr gegeben hat. Das Einzige, was man wirklich Geschenk nennen kann, obwohl er ihre „Gabe“ auch immer so zu nennen pflegt. So grausam Helos auch ist, an den Räumen, die sie täglich durchschreitet, ist deutlich zu erkennen, dass er viel Wert auf Ordnung und schöne Ding legt – ein wenig ironisch, wenn man genauer darüber nachdenkt. Pan massiert sich die pochende Schläfe und macht sich auf den Weg in ihr Zimmer. Es wäre vermutlich das klügste, sich eine Weile schlafen zu legen, um all das zu vergessen und ihre Nerven etwas zu beruhigen. Doch sie kommt nicht weit, schon nach wenigen Schritten hält bei dem Ruf ihres Namens inne.

„Helos möchte dich sehen.“ Ein kräftig gebauter Junge taucht hinter ihr auf und Pandora gefriert das Blut in den Adern.

Es kann nicht sein, dass er ihre Fragerei schon jetzt aufgedeckt hat, oder etwa doch? Mechanisch nickt sie und macht sich auf den Weg. Je weiter sie kommt, umso mehr fühlt es sich an, als würde sie zu ihrer eigenen Hinrichtung gehen. Pans Atem geht flach und sie hasst sich dafür, dass sie schon jetzt ihren Mut verliert, aber sie weiß, dass ihr nichts anderes übrigbleibt, als ihm unter die Augen zu treten. Würde sie ihm fernbleiben, wäre sein Zorn so groß, dass sie die nächsten Tage nicht mehr zu Kräften kommen würde.

Pandora schreitet den mit dunkelroten Teppichen ausgelegten Gang mit hocherhobenem Kopf entlang. Wenn er sie bestrafen möchte, soll wenigstens jeder sehen, dass sie keine Angst vor den Konsequenzen hat. Auch, wenn sie aus den letzten gelernt hat, dass er sie mit ihnen leicht um den Verstand bringen kann, wenn er sie die nächste Zeit für keinen Auftrag braucht. Von seiner Ausstrahlung geblendet, schmerzt es Pandora so sehr, wenn Helos sie wieder zurück in die Realität holt, nachdem er so lange mit ihr redet, dass sie sich wie in einem Rausch fühlt.

Als Pan seinen liebsten Aufenthaltsraum betritt, stellt sie erstaunt fest, dass sie nicht die einzige neben Helos ist. Nesta und ein weiteres Mädchen, das Pan nicht kennt, stehen neben ihm. Das Lächeln auf seinen Lippen, als er sie mit weit ausgebreiteten Armen empfängt, sagt bereits alles.

Jegliche Farbe weicht aus Pandoras Gesicht und ihre Kehle schnürt sich zu.

„Pandora! Setz dich.“

Ganz langsam folgt sie seiner Anweisung und lässt sich auf dem Sofa nieder, das sie seit ihrer Ankunft schon so häufig benutzt hat. Ihr anfängliches Lächeln ist wie festgefroren. Ganz gemütlich kommt Helos auf sie zu, die blonden Haare lässig wie immer und streicht ihr mit den kalten Fingern über den Nacken. Ein unangenehmer Schauder läuft ihren Rücken hinab und sie streckt den Rücken automatisch weiter durch wie gewöhnlich.

„Sag Hallo zu Katy, die sich heute dazu entschlossen hat, mir zu dienen." Fahrig wirft Pandora dem Mädchen einen bedeutungslosen Blick zu – sie sieht keinen Sinn daran, ihr zu sagen, auf was sie sich eingelassen hat.

„Und weil Katy neu ist, wollen wir ihr doch gleich einmal klar machen, wie man sich mir gegenüber nicht verhält, oder, Pandora?" Seine Hände ruhen immer noch auf ihren Schultern und es verlangt Pan große Mühe, sie nicht von sich zu schlagen.

Sie atmet tief durch, zu sehr fürchtet sie sich von dem, was nun kommt, obwohl sie sich immer einredet, darüber stehen zu können. Helos greift nach dem ihr nur zu bekannten Dolch und Pan macht sich auf den Schmerz gefasst, der gleich durch ihren Rücken dringen wird, aber zu ihrer Überraschung bleibt er aus.

Stattdessen schlendert Helos zu Nesta, welche starr vor Schreck auf den Boden schaut und setzt das Messer an ihren Körper. Als Pandora bewusst wird, was er vorhat, springt sie auf. Tränen brennen in ihren Augen.

„Sie kann nichts dafür!", wirft sie ihm entgegen und die Schuldgefühle, die über sie hereinbrechen, nehmen ihr den Atem. Helos schweigt für einen langen, qualvollen Moment und beobachtet sie nur mit seinen wachsamen Augen. Nesta gibt unter seinem Griff einen wimmernden Ton von sich. Sie tut Pandora so leid, so unglaublich Leid.

„Aber du scheinst es anders nicht zu lernen, nicht wahr, Nesta? Das merkst du doch auch?“

Diese nickt mechanisch. Katy steht unfähig neben ihr, der Schock steht ihr ins Gesicht geschrieben.

Pan schnappt nach Luft, Verzweiflung schnürt ihr den Hals zu. „Bitte“, flüstert sie und sie weiß, dass sie am Abgrund steht – selbst verlieren oder die anderen dafür bestrafen, ihnen die ruhigen Tage, die ihnen geblieben sind, zur Hölle machen. Wenn sie jetzt nachgibt, gibt es kein Zurück mehr, dann weiß Helos ganz genau, was sie zum Wanken bringt.

Wie Nesta dort steht, mit dieser lähmenden Angst, die sich um ihren Körper hüllt und die Erwartung des schrecklichen Schmerzes, den sie empfangen wird, wenn Helos zudrückt, lässt Pandora etwas klar werden. Selbst ist sie in der Lage, all das zu ertragen, aber es ist nicht gerecht, diese Last auch den anderen auf die zerbrechlichen Schultern zu legen.

Mit gesenkten Schultern tritt sie auf Helos zu und umschließt sanft seine Hand. Der Dolch fällt klirrend zu Boden. „Du hast gewonnen.“

Und ihre Stimme ist genauso gebrochen wie ihre Seele, als seine Hände ihr Kinn mit triumphierendem Lächeln umschließen.

PANDORA

Quartier London

Pandoras Glieder wirken unerträglich schwer, während sie ihre Beine aus dem Bett schwingt. Ihr Blick ist verschwommen und jeder einzelne Muskel ihres Körpers schmerzt. Die Erinnerungen an letzte Nacht schweben wie eine Gewitterwolke über ihrem Kopf, die sich jeden Moment entladen könnte. Fahrig drückt sie die Türklinke hinunter und tritt auf den Gang. Es ist gespenstisch still und aus dem kleinen, dreckigen Spiegel, der an der Wand hängt, stechen Pandora ihre noch blassere Haut und die dunklen Augenringe entgegen. Sie seufzt gedehnt und schlendert die Treppe hinab.

„Ah, Pan, du bist wach", redet Illeron sofort auf sie ein, als er sie erblickt, aber er redet so hastig, dass es mehr so scheint, es würde dazu dienen, einem unangenehmen Moment den Raum zu stehlen.

Pandora nickt schwach und lässt sich auf einen Stuhl gleiten. Kaemon sitzt vor ihr – auch sein Gesicht ist eingefallen und es ist deutlich zu erkennen, dass ihn etwas beschäftigt. Doch er meidet ihren Blick und enttäuscht starrt Pan auf den Boden. Vielleicht morgen? Ja, morgen ist sicher wieder alles in Ordnung.

Illeron räuspert sich und abgezehrt dreht sie sich ihm zu.

„König George hat uns erlaubt, Londons Portal zu benutzen, um uns mit Salome zu treffen. Sie hat versprochen, den Aufenthaltsort des Professors ausfindig zu machen", beginnt er, aber sein Blick huscht unruhig zwischen ihr und Kaemon hin und her. Er weiß Bescheid – natürlich weiß er es.

Ihre Mundwinkel ziehen sich schwach nach oben. „Gut, dann gehen wir", sagt sie langsam und schaut ein weiteres Mal zu Kaemon.

Oh, wie sehr würde sie sich wünschen, dass er sie genau wie die letzten Tage in den Arm schließen und erklären würde, dass seine dunkle Seite kein Hindernis für sie wäre. Aber er schweigt. Hätte sie jemals vermutet, dass sie sich so elend fühlen würde, hätte sie die Unterwelt wahrscheinlich noch dem hier vorgezogen. Sofort ärgert sie sich über diese irrsinnigen Gedanken und beißt sich auf die Zunge. Was für ein unsinniges Gerede.

Mit einem leisen Seufzer schiebt Illeron sie durch die Tür, während Attis sich Kaemon schnappt. Das Wissen, dass Pandora bald wieder ihr wunderschönes Venedig betreten würde, zaubert ihr ein feines Lächeln auf die Lippen und lässt ihre Sorgen für einen Moment in den Hintergrund gleiten.

Sie denkt an die hohen, weißen Gebäude, die Marmorsteine, mit denen die Böden ausgelegt sind und die vielen Gassen, hinter denen man eine verborgene Bibliothek finden oder überfallen werden kann. Der Nervenkitzel lockt so viele in diese Ungewissheit und Pandora kann nachvollziehen, wie es ist, wenn ein faszinierender, verbotener Garten hinter der Ecke steckt und man glaubt, der Einzige zu sein, der ihn so weit abseits der Zivilisation zu Gesicht bekommt.

PANDORA

Palast in London

Diesmal bringt der Butler, der auf sie wartet, sie nicht erst zum König. Anstatt die geschwungenen Treppen nach oben zu gehen, führt er sie den schmalen Gang, der direkt am Eingang liegt, entlang.

Je weiter sie in das Innere des Palastes vordringen, umso dunkler wird es, obwohl die Kerzenleuchter entzündet sind. Sie werfen gespenstische Schatten an die Wände und als der Butler an der ersten, eisernen Tür stehen bleibt, um einen Schlüsselbund aus seiner Tasche zu holen, fühlt Pandora sich, als würde sie einen geheimen, verbotenen Flur entdecken. Eine angenehme Anspannung legt sich über ihren Körper und beinahe vergisst sie all die Sorgen der letzten Stunden.

Ein kratzendes Geräusch ertönt, als der Butler den Schlüssel in das Schloss steckt und ihn langsam herumdreht. Doch der Gang hinter der Tür sieht beinahe genauso aus, wie auch der vorherige und Pan rümpft enttäuscht die Nase. Sie hat etwas anderes erwartet, vielleicht verbotene Gemälde an den Wänden oder mächtige Waffen, aber bis auf die Kerzen ist der Flur regelrecht schmucklos.

Wortlos drängt der Butler sie weiter und bald schon kann Pan dieselbe Tür noch mal erkennen, die sie eben durchschritten haben. Verwirrt runzelt sie die Stirn. Wieder einmal holt der Butler die vielen Schlüssel hervor und schließt auf. Diesmal entspricht der Flur schon eher dem, was Pandora sich vorstellt, wenn er mit diesen schweren Türen gesichert werden muss.

Dunkle Gemälde hängen in regelmäßigen Abständen an der Tapete, verrostete, spitze Speere sind neben ihnen befestigt und wunderschöne, anziehende Diamanten, so groß wie Hände, sind hinter dicken Glasscheiben platziert. Trotzdem ist weit und breit kein Portal zusehen, wie es in Salomes Villa steht.

Der Butler führt sie immer weiter, bis Pan irgendwann schon daran glaubt, dass der Flur kein Ende nimmt. Er zieht und zieht sich, ohne dass irgendwelche anderen Türen zu erkennen sind. Allerdings scheint Pandora die Einzige zu sein, die sich darüber wundert, denn die anderen drei wirken recht locker. Sind sie wahrscheinlich schon so oft hier unten gewesen, dass es nicht mehr besonders für sie ist.

Nach einer Ewigkeit fällt der jungen Frau ein runder Schacht auf, der tief in die Erde führt. Ein Schauder gleitet ihren Rücken hinab und sie schüttelt sich kaum merklich.

„Da runter?“, bricht es skeptisch aus ihr heraus und sie sieht, wie Kaemon bei dem Klang ihrer Stimme zusammenzuckt, sich aber krampfhaft nicht nach ihr umdreht.

„Ja“, erwidert Illeron stattdessen und grinst verschmitzt.

Zögerlich beäugt Pandora den dunklen Schacht. „Okay?“

Wortlos deutet der Butler in den Abgrund und schlendert langsam zurück zu den Türen. Als die erste ins Schloss fällt, beißt Pan sich auf die Zunge.

„Kaemon, du zuerst“, sagt Illeron und ohne einen Wimpernschlag springt er den Schacht hinunter.

Jeder einzelne Muskel Pandoras zieht sich zusammen. Sie findet den Gedanken, in das Unbekannte zu springen, sich einfach fallen zu lassen, im ersten Moment nicht sonderlich reizend.

„Was passiert, wenn ich springe?“, erkundigt sie sich misstrauisch und späht in den Abgrund.

„Es ist nicht dasselbe, wie in Venedig. Du fühlst dich, als würdest du fliegen und kommst federleicht auf der anderen Seite an“, erklärt Illeron ihr mit einem amüsierten Grinsen und schiebt seine Schwester auf den Schacht zu.

Attis bleibt für einen Moment stehen und atmet tief durch, bevor sie springt. Jetzt ruhen die Augen des Verbliebenen nur auf ihr.

„Es wird kein Problem für dich sein“, ermutigt er sie und mit zitternden Beinen tritt Pandora auf den Abgrund zu.

Es ist keine Angst, die sie erschaudern lässt, sie fühlt sich nur nicht sonderlich wohl. Ein anderer Gedanke trägt sich ihr auf. „Illeron?“

Er nickt sachte, als würde er bereits vermuten, was kommt.

„Glaubst du, Kaemon beruhigt sich irgendwann wieder?“ Es ist nicht mehr als ein Flüstern, das über ihre Lippen kommt und irgendwie ist es ihr unangenehm, sich mit jemandem darüber zu unterhalten.

Tief seufzend fährt Illeron sich durch die roten Haare. „Lass ihm einfach etwas Zeit, es ist schon lange nicht mehr vorgekommen, dass er die Kontrolle völlig verloren hat. Wenn er wieder einen klaren Kopf hat, findet sich vielleicht eine Lösung.“

Er versucht es sich nicht anmerken zu lassen, aber Pan sieht, wie leid sie ihm tut, wie sehr er wünschte, das alles wäre nicht passiert. Sie nickt leicht und wendet sich wieder dem Schacht zu. Er ist noch genauso bedrohlich wie zuvor, aber sie geht trotzdem immer weiter auf den Rand zu, bis ein winziger Lufthauch ausgereicht hätte, sie taumeln und hinabstürzen zu lassen.

„Einfach springen“, redet Illeron ihr gut zu und sie holt tief Luft – er soll nicht den Eindruck bekommen, sie würde vor so etwas kneifen.

PANDORA

Portal nach Venedig, Salomes Palast

Pandora lässt sich fallen. Sie hätte gedacht, dass es ziehen würde, wie ein Sturm, der um ihren Körper tobt, aber sie scheint in Zeitlupe durch die Dunkelheit zu schweben. So langsam kann Pandora sich sogar entspannen und als ein greller Lichtschimmer zu ihr durchdringt, seufzt sie niedergeschlagen. Sie hätte nicht erwartet, dass die Reise durch Londons Portal so lange dauern und so angenehm werden würde, vergleicht sie es mit dem in Venedig.

Es ist viel mehr gruselig gewesen und mit zusammengepressten Lippen kommt ihr in den Sinn, dass sie auf diesem Weg auch wieder zurückkommen würde. Ihre Füße kommen auf einer weißen, weichen Substanz auf und allmählich bildet sich der Raum, in dem der große Spiegel steht, durch den Pan nach London gereist ist, um sie herum.

Kaemon, Attis und Salome stehen ungeduldig neben ihr und sie tritt einen Schritt beiseite.

Salome trägt ein rosiges, dünnes Kleid mit echten Blütenblättern und hat die hellen Haare lose über ihre Schulter geworfen. Sie würdigt sie nur einen kurzen Blick lang, dann wendet sie sich wieder dem Platz zu, auf dem Pan gerade stand und auf dem Illeron nun erscheint. Er mustert alle Anwesenden prüfend und klatscht anschließend in die Hände.

„Du weißt, weshalb wir hier sind?“, fragt er Salome und lächelt höflich.

Salome nickt knapp und stolziert elegant zur Tür. „Wir sollten diese Unterhaltung nicht hier führen“, sagt sie gedehnt und Pandora bekommt das Gefühl, dass sie heute nicht sonderlich gut gelaunt ist.

Sie hält sich im Hintergrund, während sie den vier anderen folgt, aber kann es nicht lassen, Kaemons Bewegungen zu beobachten und sie weiß, dass er ihre Blicke auf seinem Rücken spürt – er geht verkrampft und gibt sich eindeutig zu viel Mühe, so zu tun, als würde er nichts bemerken.

Salome führt sie durch den Gang, den Pandora schon einmal durchlief und er ist noch genauso eindrucksvoll und schön, wie bei ihrem ersten Besuch. Die Spiegel wirken sogar noch ein bisschen sorgfältiger geschrubbt, wie das letzte Mal und das Licht der Kerzen strahlen etwas stärker. So kommt es Pan zumindest vor, was vielleicht aber auch an dem großen Unterschied zu den vorherigen Lichtverhältnissen liegt.

Der Raum, den sie als Nächstes betreten, ist der, in dem Pandora Salome das erste Mal gesehen hat und wie auch schon damals, kann sie es einfach nicht lassen, die bunten Malereien an der Decke ausgiebig zu mustern. Sie ziehen sie in ihren Bann, weil das Schöne im Leben aus ihnen heraussticht. Wäre ihr Schicksal ein anderes gewesen, hätte Pandora vielleicht ein eigenes, kleines Zimmer mit den verschiedensten Kunstwerken der Welt. Sie muss lächeln. Solche Gedanken sind ihr bisher selten in den Sinn gekommen, aber sie merkt, wie gut sie sich dabei fühlt.

Mit einer kaum merklichen Handbewegung deutet Salome auf die Stühle und Pan setzt sich so weit von ihr entfernt, wie möglich. In einer der Ecken entdeckt sie Sir Donavan, der mit wachsamem Blick die Besucher mustert und sie nickt ihm freundlich zu. Ein verhaltenes Lächeln erreicht seine Augen, aber er lässt es sich nicht weiter anmerken.

„George hat mich bereits über eure Anliegen informiert", beginnt Salome und ihre Pupillen verkleinern sich, „aber ich muss sagen, dass es mir nicht gefällt."

Pandora spannt sich an und wirft Kaemon einen verunsicherten Blick zu.

„Wir wissen, dass Professor Ferro nicht über den Weg zu trauen ist, aber er ist im Moment unsere einzige Hoffnung", erwidert er überzeugend und verschränkt die Arme.

Salome nickt langsam und runzelt die Stirn.

„Ich verstehe", sagt sie und streicht über den Stoff ihres Kleides. „Nun, er hält sich inzwischen nicht mehr in Venedig auf. Es scheint, als wäre er nach Irland geflohen, nachdem man ihn des Mordes beschuldigt hat."

Frustrierend presst Pandora die Lippen aufeinander.

Irland? Es wäre ihr lieber gewesen, ein wenig in Venedig bleiben zu können.

Sie hört Illeron seufzen und Kaemon leise schnauben. „In Ordnung, hast du genauere Informationen für uns?"

Salome nickt. „Er soll in Dublin leben und dort häufig in einem Viertel Namens Tempel Bar gesichtet werden", erwidert sie und verzieht das Gesicht.

Die Hoffnung weicht aus Pandoras Augen. „Und wie sollen wir einen einzigen Mann in einem ganzen Viertel finden?", murmelt sie missmutig und schlägt undamenhaft die Beine übereinander.

„Er hat sich all die Jahre kaum verändert, ihr erkennt ihn also an dem langen, roten Bart und ich bin mir sicher, dass er sich dort drüben bereits einen Ruf gemacht hat", merkt Salome verbissen an, aber Pan ist nicht sonderlich überzeugt.

Sie streicht sich verkniffen die schwarzen Haare aus dem Gesicht und strafft die Schultern.

„Du erlaubst uns doch sicher, gleich dein Portal zu verwenden?" Kaemons durchdringender Blick lässt Salome nicken, obwohl man ihr deutlich ansieht, dass es ihr nicht gefällt.

„Von mir aus", erwidert sie unwirsch und deutet auf die Tür. „Sir Donavan wird euch hinführen."

Salome lehnt sich zurück und schließt kurz die Augen, während der Sir auf sie zukommt.

Pandora erhebt sich und bei dem Gedanken, wie Kaemon sie bei ihrem ersten Mal durch das Portal geführt hat, legt sich eine Gänsehaut auf ihre Arme. Sie muss schlucken. Sowas passt nicht wirklich zu der Situation, in der sie sich befindet und sie ist es einfach nicht gewöhnt, so an jemanden denken zu müssen.

Während Pan Sir Donavan folgt, achtet sie kaum auf die Gesichter der anderen, aber es erfasst sie ein wenig prickelnde Neugierde. Wie Irland wohl sein würde? Ihr ist klar, dass sie sich nicht lange mit der Landschaft oder irgendwelchen alten Gebäuden aufhalten kann, aber sie freut sich trotzdem darauf, eine andere Umgebung kennenzulernen. Vielleicht würde es ihr helfen, sich wieder ein wenig zu festigen.

Bei jedem Schritt kommt die Tür mit dem Portal näher und Pandora runzelt grübelnd die Stirn. Würden sie bei einem mächtigen Mann landen oder doch bei einem der sagenumwobenen Plätze, die in so vielen Büchern von besonderen Vorkommnissen erzählen? Ihr ist immer noch nicht klar, wie genau diese Portale funktionieren, aber sie glaubt, dass es jedes Mal anders abläuft und dass sie genauso unergründlich wie auch magisch sind. Und als sie endlich vor dem flimmernden Spiegel steht, atmet sie tief durch.

Würde sie diesmal allein reisen oder die Möglichkeit bekommen, in Kaemons Nähe zu sein? Wohl kaum. Es versetzt ihr einen kleinen Stich, aber sie versucht, es zu akzeptieren. Seine Entscheidung, sie würde auch ohne ihn klarkommen. Pan presst die Lippen zu einem dünnen Strich zusammen und ringt verzweifelt mit sich selbst, die gerade erbaute Mauer nicht einreisen zu lassen.

Langsam geht Kaemon auf das Portal zu und verschwindet darin, aber Pandora schaut ihn dabei nicht an, sie mustert verbissen den hellen Boden.

Nach ihm folgt wie auch schon in London Attis und jetzt sind nur noch Illeron und Pan übrig.

„Du kannst dich noch daran erinnern, wie man durch dieses Portal gehen muss?“, hackt er nach und Pandora nickt schwach.

„Die Augen schließen“, murmelt sie und Illeron seufzt tief.

„Genau. Es ist wirklich wichtig, nicht auf die Stimmen zu hören, die dich erreichen werden, wie auch immer sie klingen.“

Sie nickt ein weiteres Mal und tritt auf den Spiegel zu. „Ist gut.“

Als sie in das Flimmern eintaucht, kneift sie verkrampft sie Augen zusammen und sobald es sie umschließt, spürt sie kalte Hände, die über ihre Haare streichen. Ein Schauer rinnt ihren Körper hinab und je länger es dauert, umso stärker dringen die Stimmen an ihr Ohr. Sie klingen so unglaublich bekannt und Pandora ballt die Hände zu Fäusten, um sich daran zu erinnern, dass sie jetzt keinen Fehler machen darf.

„Pandora.“

Es ist nicht mehr als ein Flüstern, das an ihr Ohr dringt, aber es lässt ihr das Blut in den Adern gefrieren. Sie ist noch nicht in Irland, das spürt sie, aber diese Stimme…

„Vertrau mir.“

Ihr Herz setzt aus. Es ist Kaemons Stimme, die sie umhüllt und Pan schnappt nach Luft. Ihre Augenlider flackern vor Anstrengung und sie muss gegen den Wunsch ankämpfen, sie zu öffnen.

„Komm zu mir, lass dich in den Arm nehmen.“

Ein Keuchen entweicht ihr. Das Portal spielt mit ihren Sehnsüchten, das ist ihr klar, aber es ist so verdammt schwer, etwas zu ignorieren, dass man doch so gerne haben würde. Angestrengt presst

Pandora die Zähne aufeinander und versucht, den Stimmen nicht zu lauschen. All die Versuchungen lassen sie schwach werden und ihr Herz fühlt sich zerrissen an, aber schon bald vernimmt sie Wasser, welches gegen gewaltige Klippen stößt und ein Luftzug erreicht sie.

Erleichtert schnappt sie nach Luft – die andere Seite kann nicht mehr weit sein und als ihre Füße endlich taumelnd auf saftig grünem Gras aufkommen, ist Pan für einen Moment nicht in der Lage dazu, sich zu bewegen.

PANDORA

nahe Dublin

Kaemon starrt sie ein wenig besorgt an, aber versucht, es sich nicht anmerken zu lassen und Attis geht langsam zu ihr, um zu überprüfen, ob es ihr gut geht. Mit rasendem Herzen lässt Pandora ihren Blick über die Umgebung gleiten.

Sie stehen auf einer hohen, steinernen Klippe, weit und breit ist keine Menschenseele zu entdecken. Das tosende Meer kracht gegen die Steine und weißer, bedrohlicher Schaum bildet sich an der Wasseroberfläche, wenn die Wellen an den Klippen zerbrechen. Sanfter Wind bläst Pan die schwarzen Haare ins Gesicht und sie beobachtet fasziniert die unruhige See. Das Wasser ist unglaublich klar und ein türkiser Schimmer ist darin zu erkennen. Weiße Wolken ziehen über den Himmel, aber sie wirken nicht so bedrohlich, wie Pandora es von London kennt. Die Sonne dringt trotzdem durch sie hindurch und lässt die Wasseroberfläche mystisch glitzern.

Eine innere Ruhe erreicht Pan und sie muss lächeln. Sie mag diesen Ort, er wirkt so friedlich und unberührt. Illeron kommt neben ihr auf und sie zuckt zusammen.

Er wirft jedem einen kurzen Blick zu und nickt zufrieden. „Gehen wir. Ich hatte gehofft, das Portal spuckt uns direkt in Dublin aus, aber es scheint, als müssten wir etwas laufen."

Pandora seufzt leise. Sie kann sich nicht entscheiden, ob sie es nun gut findet, etwas mehr von dieser Natur zu sehen, oder ob sie zu sehr Angst hat, dass ihre Gedanken sie einholen. Aber tief in ihrem Herzen glaubt sie zu wissen, dass diese Luft ihr gut tun wird, und sie konzentriert sich auf den Weg vor sich.

Kleine Kieselsteine zieren ihn und geben bei jedem Schritt ein knirschendes Geräusch von sich. Sie spürt sie durch die dünnen, hellbraunen Schuhe, die sie trägt und es lässt ihre Fußsohlen angenehm kribbeln.

In den ersten Momenten erinnert Pandora die Straße, die sie betreten, an London, aber hier wirkt es etwas friedlicher. Sie lässt ihren Blick über die Gebäudemauern gleiten, den gepflasterten Boden, der sogar recht sauber ist und Pan erkennt die vielen grünen Fähnchen, die an manchen Geschäften vor den Fenstern aufgehängt sind. Sie überlegt, ob heute ein besonderer Tag ist, oder ob es hier immer so aussieht.

Je weiter sie in die Stadt vordringen, umso mehr Menschen tummeln sich in den Gassen. Pandora weiß nicht, wo sie ist, aber das gut gelaunte Lachen hallt von den Wänden wider und die Bürger taumeln mit einem breiten Grinsen auf den Lippen durch die Straßen. So ungezwungen. Es ist ihr beinahe ein Rätsel, wie unterschiedlich die einzelnen Städte sein können, wie unterschiedlich sich die Menschen hier fühlen können.

Stumm folgt Pandora den drei anderen und Illeron scheint derjenige zu sein, der am besten weiß, wohin er muss. Es ist kein Problem für ihn, die richtigen Abzweigungen zu nehmen und schon bald bleibt er an einem Pub stehen, aus dem lauter Gesang hinausdringt.

„Vielleicht haben wir hier Glück“, sagt er und scheint sich darauf zu freuen, in der lebhaften Masse unterzutauchen.

„Ich habe genug Geld dabei, setzt euch ruhig. Manchmal braucht es etwas Geduld, um eine Person ausfindig zu machen“, murmelt Kaemon und seine kräftige Hand umfasst die Türklinke.

Als er sie hinunterdrückt, schlägt Pandora die warme, stickige Luft entgegen und ihr Herz beginnt schneller zu schlagen. Es ist ihr erstes Mal, solch einen Pub zu betreten, der der Nixen lässt sich wohl kaum damit vergleichen. Vielleicht würde es sie auch von ihren anderen, unangenehmen Gefühlen ablenken. Pandora schiebt einen Fuß über die Schwelle.

Das Licht ist gedämmt, aber es ist angenehm. Obwohl die Gesichter der meisten Menschen in den Schatten kaum zu erkennen sind, bemerkt Pan in ihnen die Zufriedenheit. Gelöst lässt sie sich an der Bar nieder und verschränkt die Arme. Wachsam beobachtet sie die Besucher um sie herum und es dauert nicht lange, bis ihr jemand ein durchsichtiges Glas in die Hand drückt. Sie kann die Farbe der Flüssigkeit darin nicht erkennen, aber als sie es schulterzuckend herunterstürzt, brennt es in der Kehle.

Pandora reißt die Augen auf und wirft dem jungen Mädchen, das ihr den Alkohol in die Hand gedrückt hat, einen belustigten Blick zu.

Diese strahlt und setzt sich neben sie. „Du bist neu hier, oder?"

Pandora nickt leicht. „Aus London, aber ich werde nicht lange bleiben", erwidert sie und streicht sich die schwarzen Haare aus dem Gesicht.

„Schade", entgegnet das Mädchen, aber das freundliche Funkeln in ihren Augen verblasst nicht. „Ich bin übrigens Siofra."

„Pandora."

Siofra nickt. „Also, warum bist du hier?", erkundigt sie sich und Pan zögert.

„Ich suche einen alten Freund der Familie. Mein Vater ist vor einiger Zeit verstorben und hat mir viel von ihm erzählt, als ich klein war. Er soll sich öfter hier aufhalten", sagt sie und es tut ihr ein wenig leid, ein so nettes Mädchen wie Siofra zu belügen, aber sie kann wohl kaum die Wahrheit sagen.

Siofra legt den Kopf schief und wirft sich die braunen Haare über die Schulter. „Wie heißt er? Ich bin so oft hier, vielleicht kann ich helfen."

Grübelnd presst Pandora die Lippen zu einem dünnen Strich zusammen. „Professor Ferro. Roter Bart …“, beginnt sie zögerlich, aber Siofra unterbricht sie bereits.

Ihr Ausdruck wird für einen Moment düster, aber dann seufzt sie, obwohl es in dem lauten Stimmengewirr kaum auffällt. Verwundert mustert Pan sie – anscheinend hat der ominöse Professor sich tatsächlich schon einen Ruf gemacht.

„Von dem solltest du die Finger lassen“, sagt Siofra gedehnt und winkt dem Barmann für eine weitere Runde.

Eigentlich will Pandora nicht noch ein Glas, aber der Reiz, Siofra so weitere Informationen entlocken zu können, ist zu groß, also nimmt sie es, ohne sich zu weigern, an sich. Die kühle Oberfläche schmiegt sich in ihre Handfläche und als sie einen Schluck von der Flüssigkeit nimmt, schmeckt sie schon ein bisschen besser, wie zuvor.

„Warum?“, fängt sie das Gespräch wieder an.

„Legt jeden herein, der einen Deal mit ihm macht, gibt sich mit den Schurken in Dublin ab. Ganz miese Geschäfte.“

Interessiert beugt Pandora sich vor – die Stimmen um sie herum liegen nur dumpf in ihren Ohren. „Ich möchte ihn trotzdem sehen. Auch wenn es nur von weitem ist.“

Sie schlägt mit den Wimpern, versucht, besonders traurig und flehend auszusehen.

Siofra zieht scharf die Luft ein, aber Pan weiß, dass sie nachgeben würde. Allein ihretwegen würden sie den Professor so schnell finden. Sie unterdrückt den Instinkt, sich nach den anderen umzuschauen.

Lieber bleibt sie dabei, Siofra im Visier zu halten.

„Na gut“, gibt diese zögerlich nach und fährt sich über die gerunzelte Stirn. „Ich zeig dir seine Wohnung – wenn man es so nennen kann.“

Pandora muss unwillkürlich lächeln. Die stickige Luft umhüllt sie, lauter Gesang durchschneidet sie. Pan kann immer wieder nur daran denken, wie lustig es hier sein muss, wenn man sich fallen lassen kann und wie viele gebrochene Herzen in solch einem Pub geheilt werden. Oder gebrochen, schießt es ihr in den Kopf, als sie sieht, wie Kaemon sich mit einem großen Mädchen unterhält.

Sie wirkt ein wenig angetrunken und klammert sich schwankend an einen Stuhl, trotzdem weicht er nicht von ihrer Seite, obwohl sein Blick etwas anderes sagt. Als ihre Blicke sich treffen, wendet Pandora sich hastig ab und bekommt gerade noch mit, wie Siofra sich von ihrem Hocker gleiten lässt und in Richtung Tür verschwindet.

Pan hastet ihr nach, achtet nicht darauf, wie viele Schultern sie unsanft berührt und sie hofft einfach nur, dass die anderen drei ihr folgen würden. Sie ist froh, dass Siofra nicht mehr Fragen stellt und ist sich sicher, dass das Mädchen ihr niemals helfen würde, würde sie den wahren Grund kennen, warum Pan den Professor sucht.

Ihre gelockten Haare hüpfen bei jedem Schritt auf und ab und die zierlichen Schultern sind durch das helle Kleid gut zu erkennen.

„Wie gefährlich ist es hier auf den Straßen?“ Pandora weiß nicht, warum genau sie diese Frage stellt, aber es interessiert sie einfach. Siofra verlangsamt ihr Tempo und lacht.

„In der Nacht sollte man als Mädchen nicht unbedingt allein auf den Straßen gehen, aber bei Tag ist es, wenn du nicht ausgerechnet einen hohen Status hast, eher ungefährlich“, erwidert sie.

Pan bewundert diese Gelassenheit, die sich in ihrem Gesicht widerspiegelt. Sie widersteht dem Drang, sich umzusehen, würde sie zwischen dem ganzen Gedränge ohnehin wenig erkennen. Aber was, wenn niemand ihr fortgehen bemerkte? Unsicherheit fließt durch ihre Adern. Es wäre vielleicht doch klüger gewesen, Kaemon ein Zeichen zu geben, kann sie schließlich nicht darauf hoffen, dass er sie ständig beobachtet. Sie seufzt stumm. Jetzt ist es eh zu spät, sich darüber Gedanken zu machen, hat keinen Sinn.

Über den Gassen, die sie durchlaufen, erheben sich alte Steinbögen und sie passieren allerhand Geschäfte, manche von ihnen düster und nicht sonderlich vertrauenswürdig, andere hell beleuchtet und gut besucht. Kurz überlegt Pandora, Siofra nach ihrer Familie oder ihrem Leben hier zu Fragen, aber ihr ist klar, dass es auf Gegenseitigkeit beruhen würde und Pan kann es sich nicht leisten, etwas von ihr preis zugeben, geschweige denn noch mehr in dem Lügennetz zu versinken, in dem sie inzwischen verstrickt ist.

Irgendwo lauert die Gefahr, dass sie sich widerspricht und Siofra sie an Ort und Stelle stehen lassen würde, etwas, das Pandora nicht riskieren darf. Sie würde weder den Weg zurück finden noch ihrem Ziel näher kommen. Sie streicht sich über die geröteten Wangen und richtet ihren Blick wieder auf die Frau aus dem Pub. Ihr Rücken ist selbstbewusst durchgestreckt und man merkt, wie sehr sie es genießt, ungehindert durch die Straßen zu laufen.

PANDORA

Erinnerung, Zeit bei Helos

Irgendwann ist er dazu übergegangen, Pandora warten zu lassen. Sie weiß, dass er sich an ihrem gehetztem Blick und der verkrampften Haltung ergötzt, aber nach all den Jahren hat sie den Versuch aufgegeben, es zu verbergen. Wenn Helos sie zu sich ruft, gibt es nur wenige Möglichkeiten, was auf sie zukommt und jede ist gleichermaßen schrecklich – zumindest in ihren Augen. Denn die Skrupellosigkeit, mit der er regiert, färbt nach und nach auf die schwachen Gemüter ab und manche von den neuen Seelen, die ihren Platz in der Unterwelt gefunden haben, passen sich seinen Wünschen augenblicklich an. Er braucht nur mit dem Finger zu schnippen und schon biegen sie sich nach seinem Willen.

Mit leerem Blick starrt Pandora auf den Glastisch vor sich. Schon lange haben sich ihre Mundwinkel nicht mehr zu einem Lächeln verzogen und der Glanz in ihren Augen hat sich irgendwann verloren. Schritte dringen an ihr Ohr und langsam dreht sie sich um.

Helos tritt auf sie zu – er trägt eine dunkle Hose und ein weinrotes Hemd. Seine Pupillen weiten sich voller Vorfreude und grinsend lässt er sich neben sie gleiten. Augenblicklich strafft Pan die Schultern und konzentriert sich auf die beiden Mädchen, die mit gesenktem Kopf hinter Helos hereingeschlichen sind.

Die schwere Tür fällt in das Schloss und der Tod klatscht in die Hände, als würde er ein albernes Spiel eröffnen.

„Das hier sind Gina und Meera“, raunt er ihr ins Ohr und Pandora muss schlucken.

Gina ist eine Frau Mitte 20, die dunklen Haare hat sie zu einem Zopf geflochten, Meeras Haare hingegen sind von einem honigblonden Ton, die sich wild über ihre Schultern ergießen. Ihre feinen Züge zeigen die Angst, die durch ihren Körper schleicht und eine schreckliche Vorahnung überkommt Pandora.

„Meera ist nur hier, um zu lernen, aber Gina hat den gleichen Fehler gemacht, der dich lange verfolgt hat", fährt Helos fort und lehnt sich zurück. Seine kalten Hände legen sich um ihre Schultern.

„Zu viel gefragt", murmelt Pan wie ein Mantra und Helos nickt zufrieden.

„Und sie muss spüren, was es heißt, diesen Fehler zu machen, nicht wahr?"

Er erwartet Bestätigung von ihr, aber Pandora bleibt stumm. Erst, als er den Griff in ihrem Nacken unangenehm verstärkt, pflichtet sie ihm hastig bei.

Er erhebt sich elegant und stößt Meera auf seinen Platz. Automatisch schließen sich Pans Hände um die zitternden des jungen Mädchens, um ihr bei dem, was sie gleich mitbekommen würde, beizustehen. Sie selbst hat die Konsequenzen, die gleich folgen würden, schon oft genug miterlebt, weshalb sie ihren Geist rechtzeitig verschließen kann. Pandora wünscht es ihr nicht, aber sie weiß, dass Meera irgendwann den gleichen Reflex entwickelt.

Am liebsten würde Pan Helos widersprechen, dass Angst nicht die einzige Methode ist, um seine Diener gefügig zu machen, aber sie zieht es schon seit langem vor, zu schweigen. Seine Finger gleiten über die verschiedenen Messer, die ausgebreitet auf der Kommode vor dem Spiegel liegen, aber anstatt sich eines davon zu nehmen, greift Helos mit einem abscheulichen Grinsen nach dem Schürhaken, der schon seit mehreren Minuten im glühenden Feuer liegt.

Pandoras Wangen werden noch blasser, als ohnehin schon und als sie ahnt, was kommen würde, drückt sie Meera etwas fester an sich. Sie ist der Meinung, dass die Kleine es nicht verdient hat, aber wenn

Helos diese Entscheidung getroffen hat, wird sich nichts dagegen tun lassen. Auch Gina dämmert, was ihr blüht und sie stolpert rückwärts, bis ihr die kühle Wand den Weg abschneidet.

Pan atmet tief durch. Sie hat in diesem Raum schon vieles gesehen, das sie daran erinnern soll, Helos nicht zu reizen und ihm keine Probleme zu machen.

Ganz langsam geht er auf Gina zu, das heiße Eisen spiegelt sich in seinen klaren Augen wider. Pan spannt all ihre Muskeln an, lenkt ihre Gedanken ab, doch der qualvolle Schrei, der die angespannte Stille im Raum durchschneidet, als der heiße Schürhaken Ginas Haut berührt, dringt selbst an ihre Ohren. In ihren Armen zuckt Meera erschrocken zusammen und ein Schauder frisst sich Pans Rücken hinab.

„Es gibt viele Dinge, die ich nicht leiden kann", sagt Helos ganz locker, während er Ginas Hand an sich reißt und das Eisen erbarmungslos mit dieser umschließt. Ihr Körper windet sich unter den Schmerzen, aber ihr Peiniger drückt weiter zu, genießt den Todeswunsch, der in Ginas Augen steigt.

Meera beginnt zu zittern und Pan ist klar, dass ihr junger Geist mit Narben aus diesem Zimmer heraustreten würde. Sie streicht beruhigend über ihren Arm, um das schlimmste abzuhalten, aber sie merkt selbst, wie sie angewidert den Atem anhält.

„Schlecht über mich zu reden, ist eines davon." Helos lässt los und Gina stürzt zu Boden, ihr Handgelenk verkrampft umschlossen.

Ihr Schock ist zu groß, um ihr das Sprechen zu ermöglichen.

Der Tod wendet sich Pandora zu und runzelt die Stirn, einen irren Ausdruck auf dem Gesicht. „Hat sie genug?"

Pan nickt, aber nicht zu schnell, um ihm nicht das Gefühl zu geben, sie würde das ganze einfach nur beenden wollen. Es gilt, ihn zu überzeugen und Pandora wird von Gespräch zu Gespräch besser darin.

Helos wirft Gina einen letzten, überlegenden Blick zu, dann nickt er und legt den Schürhaken zurück ins Feuer.

PANDORA

Straßen von Dublin

Neidisch wirft Pandora Siofras Haaren einen Blick zu. Sie sind so glänzend, so voller Kraft. Die verschiedensten Eindrücke ummanteln Pan. Der Duft von getrockneten Kräutern dringt in ihre Nase, das geschäftige Murmeln der Verkäufer am Straßenrand. Hin und wieder huscht eine streunende Katze über den gepflasterten Boden und verschwindet in einem Laden, in der Hoffnung, dort ein wenig Wärme zu spüren.

Pandoras Gestalt spiegelt sich in den Gläsern wider, die vor einem kleinen Geschäft nach Größe aufgestellt sind. Ihre Schultern sind gestrafft, die mittlerweile zerzausten, schwarzen Haare hängen wild aus dem lockeren Dutt heraus, den sie sich gemacht hat, und das braune Kleid, das der König irgendwann hatte bringen lassen, schmiegt sich locker um ihren schmalen Körper. Ein helles Tuch liegt über ihrem Brustkorb und hält den eisigen Wind ab, der von Minute zu Minute kräftiger wird. Er lässt ihre sonst so blassen Wangen erröten und Pan genießt die frische Brise.

Sie hilft ihr, ihre Gedanken zu ordnen und sie wendet sich wieder Siofra zu. „Bist du öfter hier?“

Die Angesprochene dreht ihr den Kopf zu und nickt. „Meine Eltern haben einen Kräuterladen in diesem Eck“, erklärt sie und Pandora nickt interessiert.

Einen Laden also. Kurz überlegt sie, ob Siofra ihr vielleicht mehr helfen kann, als vorerst vermutet, aber dann beißt sie sich auf die Zunge. Es wäre ein Fehler, darauf einzugehen, ohne die anderen zu fragen. Ihre Begleiterin führt sie immer weiter. Die Gassen werden immer dunkler und nach und nach fühlt Pan sich wie in London, als würde sie dieselben, furchteinflößenden Straßen durchqueren. Aber Siofras ungezwungenes, sorgenloses Lächeln auf den Lippen zeigt ihr, dass sie nichts zu befürchten hat und sie verdrängt diesen Vergleich wieder.

Sie überlegt, wie lange es wohl noch dauern würde, bis sie bei Professor Ferro ankommen würden und die Ungeduld lässt ihre Hände zittern. Pan achtet genau auf ihre Umgebung, um sie hoffentlich wieder finden zu können, wenn sie anderen hierherführen müsste, aber es fällt ihr schwer. Mit zugekniffenen Augen prägt sie sich die Namen der Läden ein, die sie erkennen kann, aber schon bald bleibt die Frau aus der Bar stehen.

Sie deutet auf eine unscheinbare, dreckige Treppe, die zu einer im Schatten liegenden, dunkelgrünen Tür führt. Siofra wendet sich ihr zu und zuckt mit den Schultern.

„Da wohnt er“, sagt sie tonlos und runzelt unzufrieden die Stirn.

„Du willst wirklich nicht, dass ich ihn treffe, oder?“, haucht Pandora und ein schlechtes Gefühl bildet sich in ihrer Magengegend. Unruhig schaut sie sich nach Kaemon oder den Geschwistern um.

„Er nutzt dich aus und bringt dich mit außergewöhnlichen, besonderen Angeboten in seinen Bann“, faucht Siofra und eine Vorahnung beschleicht Pan.

„Was hat er dir angetan?“

„Er hat meinem Vater versprochen, die Schulden für das Geschäft zu übernehmen, wenn er dafür ein paar … Dinge erledigt“, sie zieht scharf die Luft ein, „er wurde verhaftet und wird nie wieder die Sonne erblicken.“

Pandora bleibt stumm. Wortlos beobachtet sie den Schmerz in Siofras Augen. Vielleicht sollte sie noch einmal mit Kaemon reden, ob er sich sicher ist, dass dieser Professor wirklich helfen könnte. Sie geht dazu über, langsam zu nicken. Ihr Kopf bewegt sich mechanisch und sie holt tief Luft.

„Und jetzt?", sagt sie ratlos mehr zu sich selbst und Siofra zuckt mit den Schultern.

„Ich schreibe dir nicht vor, was du tun sollst, aber ich habe es dir nicht vorenthalten", erwidert sie und Pandora will gerade zugeben, dass sie von Freunden begleitet wurde, die im Pub zurückgeblieben sind, als jemand hinter sie tritt.

Pandora zuckt erschrocken zusammen, als der Schatten über sie fällt und sie dreht sich hastig um. „Illeron!"

„Wir hätten dich beinahe aus den Augen verloren." Er verschränkt die Arme und Pan seufzt.

„Ich hätte mir die Umgebung gemerkt", entgegnet sie und Siofra schaltet sich ein.

Skeptisch tritt sie einen Schritt zurück. „Wer ist das?"

„Illeron, er begleitet mich zusammen mit seiner Schwester und …" Pan verstummt.

Illeron schenkt ihr ein beruhigendes, freundliches Lächeln und er winkt zwei Gestalten zu, die in einiger Entfernung an der Hauswand lehnen.

Es sind Attis und Kaemon. Sie schlendern auf Pandora zu.

Langsam wirft sie Siofra einen entschuldigenden Blick zu, welche die Hände hebt und mit den Augen rollt.

„Okay, ich habe nicht mit so vielen gerechnet", murmelt sie und streicht sich über die Haare, während sie sich weg von der Tür dreht, die sie Pandora eben gezeigt hat. „Dann brauchst du mich wohl nicht mehr."

Pandora lächelt. „Danke."

Siofra nickt knapp und verschwindet in den Gassen Dublins. Einen Moment schaut Pan ihr noch nach, dann zuckt sie mit den Schultern und starrt verbissen in Illerons Augen, um Kaemons angespannte Züge nicht sehen zu müssen. Sie würden sie durcheinanderbringen und gerade konzentriert sie sich auf die Neugierde, die in ihrem Inneren wächst.

Mit einer ausladenden Handbewegung deutet sie auf die Treppe. „Bitte, da wohnt er. Wer geht vor?"

„Ich."

PANDORA

Haus des Professors, Dublin

Jetzt muss Pandora Kaemon unweigerlich anschauen. Seine Lippen sind zu einem schmalen Strich zusammengepresst, die Augenbrauen zusammengezogen und sein Kiefer angespannt. Ob es an ihr liegt, weiß sie nicht, aber ihr Herz verkrampft sich augenblicklich und sie holt tief Luft.

Schleichend macht sie den Weg frei und als Kaemon auf die Tür zugeht, streift er den Ärmel ihres Kleides. Die Sehnsucht nach seiner Nähe trifft sie wie eine plötzlich auflodernde Flamme und erhitzt ihren Körper, aber verschwindet so schnell, wie sie gekommen ist, als Illerons Räuspern sie wieder auf den Boden der Tatsachen bringt.

Mit sicherem Abstand trottet Pandora Kaemon nach. Kleine Kieselsteine knirschen unter ihren Füßen, als sie die steinernen Stufen hinabsteigt. Spinnweben hängen in den Ecken und als ihr Anführer die Tür aufstößt, quietscht diese leise. Die dunkelgrüne Farbe blättert von dem splitternden Rahmen ab und bohren sich in die Haut der Unvorsichtigen, die ihn mit der gesamten Handfläche umfassen.

Ihre Augen müssen sich erst an das schummrige Licht gewöhnen, das den kleinen, zugestellten Raum erhellt. Gemälde, alte Möbel und kleine, verschmutze Glaskolben nehmen jeden Zentimeter ein, der nicht von sonderbaren Teppichen behangen ist. Sie sind staubig und ausgefranst, aber mit verzerrtem Gesicht erkennt Pan auch rote Flecken, die sich über so manche Fasern ziehen.

Sie beißt die Zähne aufeinander und starrt angestrengt in jede dunkle Ecke, die sie wahrnimmt. Ein Mantel des Schweigens liegt über ihren Köpfen und die unheimliche Stille lässt Pandora den Atem anhalten.

Sie klammert sich fest an den Stoff ihres Kleides und lauscht jedem Geräusch, das an ihre Ohren dringt.

„Professor Ferro?“ Kaemons Ruf hallt von den dicken Wänden wider und treffen wie Glassplitter auf Pandoras Seele. Innerlich windet sich alles in ihr, aber sie bemüht sich, einen neutralen Gesichtsausdruck zu bewahren.

„Scheint nicht da zu sein“, sagt sie knapp und verschränkt die Arme, aber Illeron schiebt sich kopfschüttelnd vor sie.

„Nein“, erwidert er langsam und runzelt die Stirn, „er hätte die Kerzen gelöscht, bei all den Möbeln wäre es töricht, sie brennen zu lassen.“ Er zeigt auf die sich empor züngelnden Flammen und Pan muss ihm recht geben. Viel zu leicht würde hier alles im glühenden Feuer vernichtet werden.

„Professor Ferro? Hier ist Kaemon, Kaemon Draper“, versucht er es ein weiteres Mal und diesmal scheinen seine Worte Wirkung zu zeigen.

Lautes Gepolter kommt aus einem der Schränke und ein schlaksiger, rothaariger Mann springt heraus.

„Draper?“, ruft er und seine Brille sitzt schief auf der krummen Nase, was ihn ziemlich verrückt aussehen lässt. Die roten Haare stehen ihm wirr vom Kopf und der lange Bart ist schlampig verflochten. Trotzdem sind seine Augen wachsam und Pandora zweifelt nicht daran, dass hinter dieser Fassade ein schlauer, gefährlicher Mensch steckt, der weiß, seine Erscheinung zum Vorteil zu nutzen.

Kaemon nickt, während er langsam auf den Professor zu geht.

„Ja, ja, du siehst ihm ähnlich“, murmelt Professor Ferro vor sich hin und richtet seine Brille zurecht. „Also, was wollt ihr?“, fügt er anschließend etwas lauter hinzu und streckt sich.

Skeptisch beobachtet Pan jede seiner Bewegungen, sie kann sich nicht entscheiden, was sie von ihm halten soll. Aus dem Augenwinkel sieht sie, wie Attis sich abgewandt hat und dabei ist, mit den Händen über das alte Holz der Tische zu fahren, die neben ihr stehen. Illeron verschränkt die Arme und wartet mit gerunzelter Stirn darauf, dass Kaemon etwas darauf erwidert.

„Du musst uns helfen", sagt dieser bereits und greift in die innere Tasche seines Mantels. Er holt das Medaillon hervor, welches Pandora neben der Leiche gefunden hat und hält es dem Professor vor die Nase. Neugierde spiegelt sich in dessen Augen wider und er schnappt nach dem glänzenden Schmuckstück.

„Du musst uns sagen, welche Leute dieses Medaillon zuletzt getragen haben", erklärt Kaemon und Professor Ferro zieht die Augenbrauen nach oben.

„Und wer sagt, dass ich das kann?", fragt er, aber Pan weiß, dass es nur ein Test ist, seine aufrechte, selbstbewusste Haltung verrät ihn.

„Du hast es bereits einmal für einen Vater gemacht", brummt Kaemon und es ist ihm deutlich anzusehen, dass er dabei ist, die Geduld zu verlieren. Für einen schrecklich langen Moment hat Pandora Angst, der Dämon in ihm würde wieder erwachen, aber nichts passiert.

Professor Ferro wiegt das goldene Schmuckstück in seinen Händen hin und her.

„Warum sollte ich es tun?", bricht es schlussendlich aus ihm heraus und Pan entweicht ein leiser, genervter Seufzer. Warum verlangen Menschen immerzu eine Gegenleistung für eine gute Tat?

„Gold spielt keine Rolle", erwidert Kaemon rasch und Illeron nickt ihm zu – er weiß, dass diese Antwort zu etwas führt.

Und tatsächlich schleicht ein Grinsen über die Lippen des Professors. „Damit wäre der größte Teil geklärt." Er schlägt die Hände aneinander und schließt mit gerunzelter Stirn die Augen.

Wissbegierig reckt Pandora den Kopf. Fängt er bereits mit seiner Suche an oder geht er nur die Schritte durch, die getan werden müssen?

„Ich brauche einige Dinge, bevor wir anfangen können", murmelt der Professor und Kaemon nickt.

„Wir bringen sie dir", entgegnet er schnell und Ferro atmet tief aus.

„Es ist nicht so einfach, die Schwellen der Zeit zu durchbrechen." Er fegt einige Unterlagen von dem Tisch hinter sich und setzt sich. „Es muss ein Ort sein, an dem viel mystische Kraft verborgen ist."

„Der Friedhof außerhalb?", wirft Illeron ein und der Professor nickt hastig.

„Ja, eine gute Idee, Junge", brabbelt er, während seine baumelnden Füße über den Boden schleifen.

Aufgeregt lässt Pan ihren Blick zwischen den beiden hin und her schleifen.

„Bringt mir eine Schale aus Messing und etwas Salbei, um die Schleusen zum Übernatürlichen zu öffnen", spricht Professor Ferro eilig weiter.

„Du, Mädchen", er zeigt auf Attis, „mach du das. Die Jungs brauche ich, um alles andere vorzubereiten."

Attis zuckt mit den Schultern und deutet auf Pan, welche überrascht blinzelt. „Ich nehme sie mit."

Illeron nickt. „Mach das." Er wendet sich an Ferro. „Noch etwas?"

Doch dieser schüttelt mit dem Kopf und Attis zieht Pandora mit nach draußen – sie wirft keinen Blick zurück, sondern konzentriert sich ganz auf ihre Aufgabe. Als das Sonnenlicht auf sie fällt, muss sie ihre Augen für einen kurzen Moment bedecken, um nicht allzu geblendet zu werden. Es ist kalt, aber trotzdem haben die Strahlen eine außergewöhnliche Kraft.

„Du weißt, wo wir die beiden Sachen bekommen?"

Attis nickt und Pan fallen die vielen Geschäfte wieder ein, an denen Siofra sie vorbeigeführt hat.

PANDORA

Straßen von Dublin

Stumm folgt sie Attis durch die Gassen und mit einem Hauch von Stolz bemerkt sie, dass ihr einige Ecken sogar bekannt vorkommen. Nach wenigen Schritten bleibt die Auftragsmörderin bereits vor einem unscheinbaren Laden stehen. Die verschiedensten Kräuter hängen vor dem Fenster und trocknen an der frischen Luft. Pandora späht durch das dicke Glas, aber sie kann kaum etwas erkennen, also folgt sie Attis einfach hinein. Es ist nicht so stickig, wie erwartet. Die verschiedensten Düfte benebeln Pans Sinne, während sie die Hand nach eigenartigen Blumen ausstreckt. Attis tritt auf einen schmalen Tresen zu und nickt der jungen Dame dahinter knapp zu.

„Ich brauche Salbei." Wortlos kramt die Dame in einer hohen Kiste. Nach einer Weile holt sie einen Bund Salbei hervor.

Pandora achtet nicht darauf, wie ihre Begleiterin bezahlt und die Kräuter an sich nimmt. Sie schlängelt sich zwischen den vielen Pflanzen hindurch, verwundert darüber, was es alles gibt. Hin und wieder informiert ein unauffälliges Schild über die Heilkraft oder die Gefahren, die das jeweilige Kraut birgt, aber es wirkt eher so, als würde dieser Laden nur von Leuten besucht werden, die eine Ahnung von all dem hier haben. Pandora streift mit der Hand über ein paar gelbe Blüten, die einen süßen, betörenden Duft versprühen. Sie findet ihre Umgebung faszinierend, trotzdem kann sie es sich nicht vorstellen, hier zu arbeiten oder an diesem Ort mehr Zeit zu verbringen als nötig.

Mit einem deutlichen Handzeichen gibt Illerons Schwester ihr zu verstehen, dass sie weiter gehen will, und Pandora eilt zur Tür. Attis drückt ihr den Bund in die Hand.

„Halt du das“, sagt sie tonlos und Pan nickt leicht. Sie hat kein Problem damit und klemmt den Salbei unter ihren braunen Gürtel, der um ihre Taille geschwungen ist. Er ist an vielen Stellen bereits abgewetzt, aber trägt dazu bei, sich den ärmeren Bürger Londons oder Dublins anzupassen.

Pan mustert Attis. Ihr dünner Körper ist in ein dickes, dunkelgrünes Kleid gehüllt, das bei jedem Schritt ihre braunen Schuhe freigibt, nur um sie wenig später wieder zu verhüllen. Ihr rotes, gewelltes Haar liegt offen auf ihren Schultern und ihre Sommersprossen zeichnen sich deutlicher denn je auf der blassen Haut auf. Pandora legt den Kopf schief. Sie ist hübsch, aber die Knochen, die sich an manchen Stellen deutlich abzeichnen, lassen Attis hin und wieder wie eine wandelnde Leiche aussehen.

Pan wendet sich ab und mustert ihre Umgebung. Als ihre Begleiterin an dem ersten Laden mit den verschiedensten Glaskolben vorbeiläuft, runzelt sie verwirrt die Stirn. „Warum gehen wir nicht hier hinein?“

„Zu zerbrechliches Material“, erklärt Attis ihr, ohne sich umzudrehen und Pandora erinnert sich daran, dass die beiden ja von hier stammen. Wortlos folgt sie ihren sicheren Schritten und denkt erst gar nicht daran, zu fragen, wie lange sie noch gehen würden oder ob es hier normal ist, dass es so wenige verlässliche Läden gibt.

Sie beobachtet einfach nur die vorbeiziehenden Geschäfte, betrachtet die Leute, die sich durch die Türen schlängeln und fragt sich, ob sie sich ein Leben in dieser Stadt vorstellen könnte, ob sie sich überhaupt ein Leben in einer überfüllten Stadt vorstellen könnte.

Vielleicht wäre ein einsames Haus am Land genau das richtige für sie, mit jemandem, den sie vertraut… Als Pandora merkt, wohin sie diese Gedanken führen, verdrängt sie diese Vorstellung abrupt. Sie konzentriert sich auf den Professor und überlegt, ob er dabei ist, sie reinzulegen, oder ob seine Belohnung ihn verlässlicher macht, als Siofra ihr versichert hat.

„Vertraust du ihm?“, bricht es nach einer Weile aus ihr heraus und Attis verringert ihr Tempo.

Sie zuckt mit den Schultern. „Kaemon tut es, das sollte reichen“, erwidert sie und Pandora beißt sich auf die Zunge, um nicht etwas Patziges zu sagen, sie will Attis nicht das Gefühl geben, mit seiner Zurückweisung nicht umgehen zu können – dass sie darüber Bescheid weiß, ist ihr klar, trotzdem, es würde zu nichts führen.

„Okay“, erwidert sie deswegen nur nüchtern und schluckt alles andere, was ihr im Kopf herumgeistert, hinunter.

Allmählich sinkt die Sonne und ihre hellen Strahlen verschwinden hinter den Gebäuden. Sie tauchen sie in ein rotes, wunderschönes Licht, lassen die Oberflächen der Wasser, die in Holzeimern gefüllt sind, aussehen, als würde ein Flammenmeer über ihnen schweben. Das goldene Fell einer streunenden Katze glänzt in dem fahlen Licht und hin und wieder taucht ein Vogel auf dem rosafarbenen Himmel auf. Zwischen dem Gefieder stechen die sanften Strahlen heraus, es wirkt, als würden sie leuchten, wenn sie elegant an ihnen vorbeigleiten.

Die Luft um Pandora beginnt, sich abzukühlen, aber sie genießt die Kälte. Es hilft ihr, den rauchenden Kopf nicht zu verlieren. Sie seufzt leise. Die Ungewissheit, die sich in ihrem Herzen verankert, macht ihr ein wenig zu schaffen. Wenn sie es nur hinbekommen würde, ihre Gefühle auszublenden, um ihre Aufgabe perfekt erledigen zu können. Wäre da nicht diese Hoffnung, die Pan die letzten Jahre am Leben gehalten hat – irgendwie ironisch, dass sie ihr jetzt so große Schwierigkeiten macht.

Pandora richtet ihren Blick starr auf Attis und streift mit der Hand vorsichtig über den Salbei, der sich an ihre Hüfte drückt. Sie spürt die einzelnen Blätter, die Stiele, die Stellen, an denen er geschnitten ist.

Das Bedürfnis, die Stille zu durchbrechen, bildet sich in ihrem Magen, also räuspert sie sich leise. „Ihr seid hier aufgewachsen?"

Attis schüttelt den Kopf. „Ein bisschen außerhalb, aber wir sind mit unseren Eltern oft hierhergekommen", erwidert sie und Pandora nickt langsam.

„Warum macht ihr all das eigentlich?", traut sie sich zu fragen und sie sieht Anspannung über Attis Gesicht huschen.

„Meine Gabe ist nützlich und bringt viel Geld. Du glaubst gar nicht, wie viele reiche Menschen sich mit übernatürlichen, bösen Wesen herumschlagen müssen und sie nicht loskriegen, bis wir kommen", murmelt sie und Pan hebt interessiert die Augenbrauen.

„Also seid ihr gar nicht auf das Töten von Menschen spezialisiert, sondern eher auf andere Wesen?", erkundigt sie sich verwundert und Attis verzieht das Gesicht.

„So würde ich das nicht sagen. Ja, hauptsächlich bezieht unsere Arbeit sich darauf, aber wir nehmen alles, was wir kriegen." Die Leichtigkeit, mit der sie darüber spricht, lässt Pandora einen Schauder über den Rücken huschen. „Aber du solltest mich nicht so viel darüber fragen, man wirkt schnell herzlos, wenn man sich auf diese Weise sein Geld verdient", fügt Attis noch tonlos hinzu und Pan muss sich ein Schnauben verkneifen. Ihr ist bewusst, was für ein heikles Thema, das ist.

„Was sagen eure Eltern dazu?", wagt sie zu fragen und Attis muss tatsächlich lachen, was Pandora umso mehr verwundert – sie hat sie bisher noch kein einziges Mal wirklich lachen gesehen.

„Die denken, dass Illeron ein reisender Arzt ist, der seelisch Kranke betreut und ich als seine rechte Hand auf das Geld achte."

Überrascht blinzelt Pandora. „Sie wissen also gar nichts davon", wiederholt sie langsam und Attis zuckt mit den Schultern.

„Eine andere Möglichkeit haben wir nicht gesehen."

Es verwundert Pan auch, dass ihre Begleiterin so ehrlich mit ihr darüber spricht, weshalb sie versucht, möglichst dankbar zu wirken. Würde sie an der Stelle der Eltern damit leben können? Sie weiß es nicht, zu viele Erinnerungen und Gefühle beeinträchtigen ihre Urteilskraft, ist es ihr schließlich verwehrt geblieben, von diesen Dingen verschont zu bleiben. Ein weiterer Seufzer entgleitet Pandoras Kehle und sie schließt für einen kurzen Moment die Augen.

„Der Laden am Ende der Gasse", reißt Attis sie aus den Gedanken und zeigt auf eine aus den Angeln gerissene Tür eines kleinen Geschäftes. Misstrauisch presst Pan die Lippen aufeinander.

„Sieht ganz schön heruntergekommen aus", stellt sie fest und versucht, ihre Stimme möglichst neutral zu halten, wird es schon einen bestimmten Grund dafür geben, dass Attis ausgerechnet hier herein möchte. Diese reagiert gar nicht auf Pan, sondern läuft fest entschlossen auf den Laden zu.

Die Schaufenster sind leer und verschmutzt, kein einziges Geräusch dringt nach draußen. Sie hebt den Kopf und bemerkt einige Spinnweben, die sich an der Tür angesammelt haben. Und hier würde es geben, was sie brauchen? Pan kann es sich schwer vorstellen, aber Attis wird schon wissen, was sie tut, also folgt sie ihr nur stumm.

Als sie den düsteren Raum betritt, steht ein schlaksiger, blonder Junge vor einem gewaltigen Regale und schiebt konzentriert ein paar Gläser hin und her. Hier gibt es so einiges – von Kolben, bis zu Kisten mit verschnörkelten Mustern und, wie Pandora mit klopfendem Herzen feststellt, verrostete Schalen aus Messing. Sie zieht eine Augenbraue nach oben. So verschmutzt und alt, wie die Dinge hier aussehen, ist sie sich nicht sicher, ob Attis sich nicht doch geirrt hat. Aber sie äußert ihre Bedenken nicht, sondern fährt mit der Hand vorsichtig über Waren, während ihre Begleitung zielstrebig auf den Mann zuläuft.

„Tom, wir brauchen etwas von dir."

Sie kennt ihn also, schießt es Pan durch den Kopf und sie wirft den beiden einen neugierigen Blick zu.

Überraschung huscht über Toms feine Züge. „Attis. Ich hatte nicht erwartet, dich so schnell wieder zu sehen", sagt er langsam und Pan überlegt, in welcher Beziehung die beiden wohl stehen.

„Ist nur ein Zwischenstopp", murmelt diese. „Also: ich weiß, dass du im Lager einige Messingschalen hast, die dein Alter dir mit speziellen Anweisungen überlassen hat."

Tom nickt leicht, rührt sich aber nicht von der Stelle.

„Ich brauche eine davon", stellt Attis klar, aber Tom bewegt sich immer noch nicht.

Ohne ihre Sucht hätte sie wahrscheinlich aufgebracht die Hände gehoben, aber sie bleibt gleichgültiger als gut für sie ist, also räuspert Pandora sich.

„Bitte. Es ist wichtig für die Zukunft einiger Menschen", mischt sie sich ein.

Auf ihre Worte scheint Tom zu reagieren, denn er setzt langsam einen Fuß vor den anderen.

„Es war meinem Vater wichtig, sie den Bedürftigen zu überlassen", brummt er und zuckt mit den Schultern.

„Wir sind Bedürftige, eine davon kann Gutes tun", versichert Pandora ihm und Tom seufzt gedehnt.

„Nun … es sind ja noch genug übrig", murmelt er und Attis nickt ihr kurz zu.

Tom verschwindet hinter einem dunklen Vorhang, dessen Fransen leise rascheln, wenn sie über seine breiten Schultern streifen. Eine unangenehme Stille herrscht, während er mit lautem Gerümpel in der Kammer seine Regale durchsucht.

Pan verschränkt die Arme und starrt auf die aufgeschlagenen Bücher vor ihr, in denen jede Verkäufe der letzten Tage mit sauberer Handschrift eingetragen sind. Die Tinte jeder Buchstaben haben sich mit geraden Linien in das vergilbte Papier gefressen und man kann genau erkennen, an welchen Stellen Tom fester aufgedrückt hat. Als er hinter ihr erscheint, löst Pandora ihren Blick und mustert die Schale, die er in den Händen hält. Er streckt sie Attis hin und unter seinem Hemd erkennt die Serva die starken Muskeln, die sich wie kleine Stränge über seinen Oberarm ziehen.

„Hier."

Attis nimmt sie ihm ab und nickt verhalten. „Gehen wir wieder", sagt sie und Pan schenkt Tom ein Lächeln.

„Danke", fügt sie noch hinzu und folgt Attis schnell. Als die frische Luft über ihre Haut streicht, schüttelt sie sich kurz. „Wie lange müssen wir laufen?"

Attis zuckt mit den Schultern. „Nicht sonderlich lange", erwidert sie und Pandora nickt langsam.

Erschöpfung legt sich auf ihre Augenlider. Sie kommt plötzlich und Pan verspürt den Drang, sich in ein warmes Bett zu legen, um die schlechten Gefühle, die sich in ihrem Inneren immer und immer wieder an die Oberfläche kämpfen, einfach zu verschlafen.

Ein langer, gedehnter Seufzer kommt über ihre Lippen. Sie runzelt die Stirn. Was würde der nächste Schritt sein, wäre die ganze Sache dann erfolgreich? Oder, wenn man es neutral beurteilt, was wäre, wenn sie fehlschlägt? Bei dem Gedanken an Professor Ferro schwingt ein Misstrauen mit, das Pandora an dem Vorhaben zweifeln lässt. Es überrascht sie, wie unterschiedlich ihre Gefühle sind, bei Helos hatte sie gelernt damit zu leben, dass es nur Angst oder Schmerzen gibt, die in den Adern der Menschen fließen können.

Fahrig streicht sie über ihre pochenden Schläfen und schüttelt jegliche Gedanken daran ab. Schweigend laufen sie und Attis durch die sich allmählich leerenden Straßen. Seit ihrer Ankunft in London hat Pandora jedes Zeitgefühl verloren und sie überlegt, wie lange es wohl schon her ist, dass sie aus dem Bett gekrochen ist. Andererseits, hatte sie nicht schon bei ihrer ersten Portalreise festgestellt, dass sich die Tageszeit auf der Zielseite erheblich verschiebt? Vielleicht würde sie Illeron in einer ruhigen Minute danach fragen, er erklärt es ihr sicher.

Langsam kehrt die Neugierde zurück. Pan kann sich nicht vorstellen, wie Ferro den Mörder aufspüren soll, aber sie hat gelernt, offen für alles zu sein – die Welt hält einige Überraschungen bereit, die die den Geist der meisten Menschen überspannen würde.

Mit wachsamen Augen verfolgt sie den Pfad, durch den sie sich schlängeln. Er führt eindeutig aus der Stadt hinaus und nach einer Weile ist er immer mehr von eigentümlichen Pflanzen bewachsen. Sie schlängeln sich über die aufgebrochene, trockene Erde und man könnte meinen, es führt diejenigen, die ihn beschreiten, in ein verwunschenes Königreich, in dem Güte und Freude herrscht. Bunte Blüten erblicken auf der saftigen grünen Wiese, die sich Pandora eröffnet, das Licht und strecken ihre Knospen dem Himmel entgegen. Manche von ihnen sind Gelb, andere von einem kräftigem, roten Ton.

Verwundert darüber, dass sie den Frost überstehen, lässt Pan sich von dieser Schönheit einfangen. Sie streicht mit der Hand über verblasste Büsche, die einen mächtigen Kontrast zu den anderen Farben darstellen und die grauen Kieselsteine, die einen schmalen Weg bilden, sind ganz im Einklang mit ihnen. Schon bald erheben sich dunkle Steinmauern vor ihnen. Augenblicklich rinnt ein Schauder Pandoras

Rücken hinab. Nebelschwaden wabern über den Boden und das laute Rufen einer Eule durchschneidet die eisige Luft.

PANDORA

Friedhof, Dublin

Attis steuert zielgerichtet auf ein verrostetes Eisentor zu, dessen vergoldete Spitzen in den Himmel ragen, als würden sie die vorbeiziehenden Wolken aufspießen wollen. Die Umrisse einer kleinen Kirche heben sich im Dunklen hervor und allmählich erkennt Pandora, auf was sie sich zu bewegen – ein Friedhof.

Von Moos überwucherte, vernachlässigte Grabsteine sind über die Wiese verteilt. Sie sind ungepflegt und lieblos aufgestellt worden, gerade so, als würde man sie einfach nur vergessen, den Toten aber dennoch die letzte Ehre erweisen wollen. Die einfachen Steinplatten sind aus demselben Material, wie die Kirche oder die Mauern, die sich um das Gelände ziehen.

Attis lässt das quietschende Tor aufschwingen und betritt, ohne zu zögern, den Friedhof. Sobald Pandora ihr folgt, erkennt sie auch die drei Gestalten, die sich schweigend neben einer vermoderten Bank versammelt haben. Dünne Kerzen stehen neben ihnen und wenn die Serva leicht den Kopf schief legt, glaubt sie, ein Zeichen zu erahnen, das in alten Büchern für die Suche oder das Finden steht. In der Mitte liegt das goldene Medaillon und in dem schwachen Kerzenschein sieht es beinahe so aus, als würde es glühen. Automatisch muss Pan an ihr eigenes Amulett denken, welches gut versteckt zwischen ihrer Kleidung in London liegt.

Sie zieht den Salbei aus ihrem Gürtel und streckt ihn dem Professor entgegen, als sie nah genug sind. Sein Gesicht ist von tanzenden Schatten bedeckt, während er die Kräuter entgegennimmt. Er verstreut den Salbei über und neben dem Medaillon, ohne den Umriss, den die Kerzen bilden, zu durchbrechen, greift aber gleichzeitig nach der

Messingschale in Attis Hand. Er stellt sie an die Stelle des Medaillons und legt es vorsichtig hinein.

Pandora kann sich nur schwer von dem Anblick lösen, aber sie spürt Kaemons durchdringenden Blick auf sich ruhen. Für einen schrecklich langen Moment starrt er sie an, in den Augen liegt etwas, das sie nicht erkennen kann, dann wendet er sich wieder ohne ein Wort zu sagen ab. Pan sieht, dass seine Hände angespannt sind und Illeron ihm einen besorgten, unauffälligen Blick zuwirft.

Ihr Herz zieht sich schmerzhaft zusammen. Es ist ihre Schuld, dass es ihm nicht gut geht, aber sie kann nichts daran ändern. Oder wäre es besser, die Gruppe zu verlassen? Sie beißt sich grübelnd auf die Lippe, weiß aber ganz genau, dass sie das nicht tun kann, dafür ist sie zu sehr mit den Geschehnissen verwoben. Die ehemalige Dienerin des Todes ist die Einzige, die Helos zumindest ein wenig einschätzen kann. Vermutlich ist sie sogar ausschlaggebend für das Gelingen dieses Auftrages, mit ein wenig Glück kann sie alle Hinweise verknüpfen und das Rätsel, welches bedrohlich über ihm liegt, lösen. Liegt es wirklich in Pandoras Händen oder klammert sie sich nur verzweifelt an diesen Gedanken? Sie schluckt und runzelt die Stirn. Darüber zu grübeln, würde sie auch nicht weiterbringen.

Sie heftet ihren Blick wieder auf Professor Ferro, der gerade dabei ist, um die Kerzen herumzuschleichen. Er wirkt konzentriert, aber auch ein wenig unzufrieden. Einen Wimpernschlag später bleibt er stehen und macht eine schnelle Handbewegung.

„Ihr“, er deutet auf Pandora und Attis, „stellt euch hier hin.“ Er zeigt einige Meter entfernt von sich und zögerlich geht Pan auf die Stelle zu.

„Kaemon, Illeron, ihr werdet mich festhalten. Was auch immer passiert, lasst mich nicht los“, weist er die Männer an und ohne eine Frage zu stellen, umfassen sie die Arme des Professors.

Über ihre Hände ziehen sich schon jetzt angestrengte Adern und der Professor zuckt zusammen. Beklommen starrt Pandora ihn an. Was wird mit ihm passieren, dass er diese Maßnahme als so wichtig empfindet? Ihr ist nicht wohl bei der Sache, aber Pan bleibt stumm. Wenn Attis darin Vertrauen hat, würde sie sich ihr wohl oder übel anschließen, ist diese ihrer Meinung nach schließlich niemand, der blind in die Arme eines anderen läuft. Inzwischen ist die Sonne vollkommen hinter den Bäumen verschwunden.

„Fangen wir an", brummt Professor Ferro und schließt die Augen.

Angespannt beobachtet Pandora jede seiner Bewegungen. Er beginnt vor sich hin zu murmeln, seine Muskeln zucken unregelmäßig. Die Serva hat das Gefühl, dass die Luft um sie herum enorm abkühlt und die Nebelschwaden, die sie bereits bei ihrer Ankunft bemerkt hat, wabern gespenstisch auf sie zu. Sie umhüllen ihre Knöchel, vermischen sich mit den Flammen der Kerzen und lassen Pandora frösteln. Der Drang, wegzulaufen bildet sich in ihrem Magen, aber ihre Füße bewegen sich nicht von der Stelle.

Professor Ferros Gemurmel schwillt an, aber seine Worte sind so undeutlich, dass es ihr nicht möglich ist, ihn zu verstehen. Pandora hält die Luft an, als sein Körper anfängt, sich heftig zu schütteln. Er reißt die Augen weit auf, als würde sich der Wahnsinn durch seinen Körper fressen und ein lauter Schrei entweicht seiner Kehle.

Attis runzelt die Stirn, zuckt sonst aber nicht einmal zusammen und die Gesichtszüge der anderen bleiben unbewegt. Sie halten den Professor, der sich unter ihrem Griff windet, fest und Pan bewundert ihren festen Stand. Sie selbst nestelt unruhig an dem Stoff ihres Kleides herum. Professor Ferro schnappt nach Luft, versucht, um sich zu schlagen, während der Nebel immer dichter wird. Die Flammen der Kerzen löschen sich nach und nach, was Pan erst bemerkt, als sie in der Schwärze kaum mehr etwas erkennen kann. Sie wagt es nicht, auch nur das kleinste Geräusch von sich zu geben, obwohl sie Attis nur zu gerne fragen würde, was hier passiert. Würde es sie beruhigen, die Augen zu schließen und zu warten, bis alles vorbei ist?

Pandora presst die Lippen zusammen und verschränkt die Arme. Nein, nicht, dass sie am Ende noch etwas Wichtiges verpasst oder draufgeht, weil der Professor sie hintergeht. Also wartet sie weiter mit zitternden Händen ab.

Professor Ferro schlägt immer wilder um sich und allmählich kann Pan erkennen, dass es für Illeron und Kaemon schwieriger wird, ihn nicht loszulassen. Sie wirken ziemlich angespannt, als wüssten sie nicht so recht, wie sie die Situation einschätzen sollen, was Pan ein wenig beunruhigt. Sie fährt sich beruhigend über die kühle Haut, atmet tief durch. Die Anspannung zerreißt sie innerlich, aber dann merkt sie, wie Professor Ferro auf einmal erschlafft. Seine Knie knicken ein, seine Augen sind von einem weißen Schleier überzogen und überrascht legen Illeron und Kaemon ihn auf dem kalten Boden ab.

Pandora traut sich nicht, sich vom Fleck zu bewegen, weshalb sie einfach nur wild mit den Armen gestikuliert.

„Und jetzt?“, stößt sie hervor, aber Kaemon hebt beschwichtigend die Hände.

Es ist das erste Mal, seit diesem einen Moment, dass er ihr selbstbewusst in die Augen schaut, trotzdem zittern seine Hände.

„Er wacht gleich wieder auf“, erwidert er und für einen kurzen Augenblick vergisst Pandora die Geschwister, sie ist dabei, sich in seinen schönen, blauen Augen zu verlieren, sowie in jener Nacht, die so vieles zerstört hat, das ihr gutgetan hat. Sie verzieht das Gesicht zu einem schiefen Grinsen, um ihre Gefühle zu überspielen, doch Illeron bemerkt die Anspannung und räuspert sich.

„Wir sollten ihn aufsetzen“, sagt er schlicht und packt den Professor unter den Armen.

Kaemon hilft ihm mechanisch, Ferro aufzurichten und er starrt schon beinahe verkrampft auf den roten Bart des Professors.

Für wenige Minuten herrscht eine unheimliche Stille, dann entweicht dem älteren Mann tatsächlich ein lautes Stöhnen. Er hebt den Kopf und reibt sich mit verzerrtem Gesicht über den Schädel.

„Eine gute Wahl", faselt er, während er Attis einen anerkennenden Blick zuwirft, „Messingschalen haben ohnehin eine starke, magische Kraft, aber diese hier hat mich beinahe umgehauen."

Illerons Schwester nickt knapp und Pandora mustert mit hochgezogenen Augenbrauen die Schale – für sie sieht sie aus wie jede andere auch, aber wenn es funktioniert hat, soll es ihr recht sein.

„Und, wer waren die letzten Leute, die das Medaillon getragen haben?", will Illeron mit aufgeregtem Blick wissen und als er es erwähnt, wird auch Pan wieder nervös. Sie schluckt. Was wohl als Nächstes passieren würde? Professor Ferro greift zögerlich nach dem Schmuckstück.

„Nebel", sagt er nur, aber Kaemons Kiefer spannt sich an und mit grimmigem Blick packt der das Handgelenk des Professors.

„Was soll das heißen?", faucht er und Illeron zieht ihn sanft zurück. Vorsichtig bringt er etwas Abstand zwischen ihn und den Professor, aber sein Blick ist genauso misstrauisch.

„Starke Mächte lassen nicht zu, dass ich etwas über das Medaillon herausfinden kann", setzt Ferro zu einer Erklärung an, „sie verschleiern jegliche Informationen."

Pandora schließt entmutigt die Augen. „Du kannst uns also nichts Hilfreiches sagen."

„Es ist der Tod", haucht Professor Ferro da und seine Augen werden glasig.

Pan versteift sich.

„Ich weiß nicht, wie – aber er hat seine Hände im Spiel", holt er weiter aus, doch Illeron unterbricht ihn.

„Danke, aber das wissen wir bereits", murmelt er schwach und streicht sich die roten Haare aus dem Gesicht.

Professor Ferro macht ein verdutztes Gesicht, während Kaemon hinter ihm auf und ab läuft, wie ein ungeduldiges, großes Tier. Pan beobachtet jede seiner Bewegungen, hört nur mit halbem Ohr dem Professor zu.

„Ich kann euch vermutlich wenig helfen, aber ich habe eine Idee, wie ihr ihn zumindest für eine Weile schwächen könnt", sagt er gerade und Pan dreht ihren Kopf zu ihm. Auch Illeron und seine Schwester schauen interessiert auf.

„Und die wäre?", hackt Kaemon nach, er scheint sich wieder ein wenig beruhigt zu haben. Angespannt beißt Pandora die Zähne zusammen.

„Ich weiß nicht, ob es stimmt", beginnt Ferro langsam und Pan bereitet sich vor, „aber es heißt, der Tod habe über die Jahre gewisse Artefakte gesammelt, die ihm eine große Kraft schenken, aber was genau damit gemeint ist, weiß leider niemand."

Kaemon wirft Pan einen fragenden Blick zu und sie nickt unauffällig.

Es stimmt. Helos hat sie ihr nur einmal gezeigt, um ihr klarzumachen, dass er dadurch eine Macht besitzt, die ihm die unwahrscheinlichsten Sachen zu ermöglichen – von schwebenden Möbeln bis zu … augenblicklich verbietet sie sich, diesen Satz zu vervollständigen, hat sie all die Dinge doch so erfolgreich verdrängt.

„Wenn ihr es irgendwie schafft, sie ihm zu stehlen, sollte er zu einigen Aktionen nicht mehr in der Lage sein." Pandora wird blass. Sie schließt die Augen, wankt einige Schritte zurück.

„Ausgeschlossen", bricht sie hervor, die Panik überkommt sie heftiger, als erwartet. Überrascht schaut Professor Ferro sie an, weiß er doch nicht, was das für sie bedeuten würde. Zurück in die Unterwelt, zurück zu all dem Schrecken, den sie hier oben, hier, mit den drei anderen, so gut verkraftet hat? Nein, das geht nicht. Pan weiß, dass sie das nicht kann, nein.

„Ausgeschlossen", wiederholt sie ein weiteres Mal, aber alle anderen schweigen.

„Das sollten wir nicht jetzt besprechen", äußert sich Illeron nach einigen Minuten des Schweigens.

Niemand widerspricht ihm, also wendet er sich an den Professor und schüttelt heftig seine Hand. „Danke für diesen Tipp und die Bemühungen. Kaemon wird sich darum kümmern, dass du dein Geld erhältst."

Dieser scheint es so eilig zu haben, von hier zu verschwinden, dass er nicht mal dazu kommt, sein Misstrauen zu äußern, ob der Professor sie nicht zu reinlegt, obwohl diese Vermutung Pandora inzwischen immer unwahrscheinlicher vorkommt. Die Serva versucht, ihr rasendes Herz irgendwie zu beruhigen, aber die Vorstellung, wieder zu ihm zu müssen, bringt sie völlig aus dem Konzept.

Warum ausgerechnet jetzt, warum stört es sie ausgerechnet jetzt so sehr, warum verfällt sie ausgerechnet in diesem Moment wieder in Panik. Sie hat sich so gut mit ihrem alten Leben abgefunden, hat mit Kaemon darüber reden können, ohne das Gefühl zu haben, den Verstand zu verlieren. Und jetzt? Jetzt scheinen diese Ängste, die sich über die letzten Tage in ihr angestaut haben müssen, alle auf einmal an die Oberfläche zu dringen.

Pandora hat sich wohl in dieser Illusion verloren, geheilt zu sein, so etwas ist wohl langwieriger als vermutet. Sie versucht, tief zu atmen. Anscheinend nagen in diesem Moment zu viele Probleme an ihren Nerven. Sie wirft Kaemon einen kurzen Blick zu. Wäre er normal zu ihr, könnte sie sich vorstellen, dass es um einiges einfacher für sie wäre, darüber nachzudenken, Helos diese Artefakte zu stehlen. Er würde sie in den Arm nehmen, ihr über die Haare streichen und ihr sagen, dass er sie beschützen würde, dass er dafür sorgen würde, dass sie zusammen zurück an die Oberfläche gelangen. Aber so verkrampft, wie er auf den Boden starrt und die Zähne aufeinanderbeißt, glaubt Pandora nicht, dass es jemals dazu kommt.

„Wie kommen wir zurück?", haucht sie leise und Illeron seufzt leise. Er wendet sich ein weiters Mal dem Professor zu, welcher auf den Eingang der Kirche zeigt.

„Hier in Irland gibt es so viele, freundliche Wesen, dass es eine Leichtigkeit ist, einen Ort zu finden, der stark genug ist, um es mit einem Portal aufzunehmen." Ferro macht eine kurze Pause. „Denkt einfach fest an den Platz, an den ihr wollt, und wenn ich die Sterne gut gesinnt sind, ist eure Reise zurück kein Problem." Er beginnt, seine Sachen zusammenzupacken.

„Nach London oder erst Venedig?", erkundigt Illeron sich mit einem fragenden Blick zu Kaemon.

„Venedig", erwidert dieser, obwohl Pandora nicht völlig klar ist, weshalb. Aber sie widerspricht nicht, ihre Zunge fühlt sich viel zu schwer an und der stechende Schmerz in ihrem Kopf vernebelt ihre Gedanken.

Sie wartet, bis Illeron und Kaemon sich von Ferro verabschiedet haben und schreitet dann mit angehaltenem Atem auf die Kirche zu. Ihre Mauern erheben sich bedrohlich in den dunklen Himmel und werfen schwarze Schatten auf die verlassenen Gräber. Pan weiß nicht, ob sie es sich nur einbildet, aber die Luft um sie herum scheint heller zu flimmern, je näher sie der Tür kommen. Die Jungs gehen mutig voran, während Attis und Pan ihnen mit ein wenig Abstand folgen. Wie die Reise durch dieses Portal wohl werden würde?

Sie hält den Atem an, als Kaemon seine Hand nach dem alten Holz ausstreckt. Sobald sie das vermoderte Material berührt, schließt er die Augen und weiße Funken entfachen sich um seinen Körper. Sie werden immer greller, bis Pandora irgendwann wegschauen muss, aber als sie sich der Kirchentür ein weiteres Mal zuwendet, ist ihr Anführer verschwunden – zurück ist nur ein heller Fleck auf dem dunklen Rasen geblieben.

Kurz überfällt Pandora Panik, dass ihm etwas passiert ist, aber Illeron und Attis sind ruhiger denn je und Illeron legt seine Hand ebenfalls, ohne zu zögern, auf das Holz. Die weißen Funken umhüllen auch seinen schlaksigen Körper, lassen ihn verschwinden, als würden sie ihn langsam auffressen. Pandora schluckt. Nun tritt auch Attis auf den Eingang zu. Sie strafft die Schultern, wirft sich die roten Haare über die Schulter und lässt Pan einsam auf dem Friedhof zurück.

Es fühlt sich komisch an, hier zu stehen, an einem so verlassenen Ort. Sie glaubt, die verschiedensten Geräusche zu vernehmen, eine Gänsehaut zieht sich über ihren Körper. Es fällt ihr schwer, ihre Beine zu bewegen, etwas hält sie davon zurück, ihre Hand gegen das Holz zu drücken. Ist es die Illusion, dass Kaemon sie ohnehin nicht vermissen würde? Pan presst die Lippen aufeinander, verbietet sich, überhaupt darüber nachzudenken, was er fühlen würde.

Sie starrt auf den Eingang zur Kirche, läuft wie in Zeitlupe auf sie zu, ihre Glieder werden bei jedem Schritt schwerer, trotzdem gibt sie nicht auf, sie würde ihre Sache zu Ende bringen. Pans Herz setzt aus, als sie der Kirchentür, dem Portal, so nah ist, dass ihr der Geruch des alten Holzes in die Nase steigt. Sie nimmt allen Mut zusammen und presst ihre kühle Hand dagegen. Die weißen Funken, die augenblicklich aus dem Boden in den Himmel schießen, sind warm, beinahe schon heiß. Sie lassen Pans Haut kribbeln und sie schließt die Augen, lässt sich einfach nur von ihnen tragen, durch welche Atmosphären sie auch immer schweben wird.

PANDORA

Erinnerung, Zeit bei Helos

Die Flammen lodern hell in dem steinernen Kamin und schlängeln sich um das langsam verfallende Holz. Kleine Glutfunken verblassen in der warmen Luft und Pandora liebt es, zuzusehen, wie es sich das Feuer die Wände hoch frisst. Es strahlt eine paradoxe Ruhe aus, die sie nur zu gerne in sich aufnimmt.

„Ich wusste, dass ich dich hier finden würde." Helos' Stimme zerschneidet die Luft, aber sie ist zu müde, um auch nur mit der Wimper zu zucken. Die Erschöpfung weicht nicht aus ihren Gliedern, egal wie lange sie sich auf ihrem weichen Bett niederlässt. Warum kann er sie nicht einfach in Ruhe lassen, es ist nicht mehr nötig, ihr zu zeigen, wo ihr Platz ist.

„Willst du mir nicht antworten?"

Pandora streift sich über das blasse Gesicht und wendet sich ihm zu. Seine blonden Haare sind ordentlich gekämmt, die stechenden, grünen Augen wachsam wie immer.

„Was gibt es?" Vermutlich klingt ihre Stimme brüchiger, als sie sich fühlt, aber es interessiert sie nicht weiter.

„Du hast dich doch immer gefragt, wozu ich in der Lage bin", beginnt Helos langsam und verschränkt die Arme vor der Brust. Pan antwortet ihm nicht.

„Ich will dir etwas Neues zeigen." Er zieht sie nach oben – in seinen Augen glänzt die pure Freude daran, das Leid zu sehen, das ihre Seele umschließt.

Oh, sie würde alles dafür tun, hier zu verschwinden, würde sie nicht diejenigen gefährden, die sie nicht mit sich neben kann. Der Tod winkt jemandem zu und ein Mann mittleren Alters tritt herein.

Zorn spiegelt sich in jeder Faser seines Körpers wider und er stampft Helos nur sehr trotzig hinterher. Wie töricht.

Er muss Helos damit wahnsinnig verärgern, denn er wirft ihm immer wieder einen genervten Blick zu. Was auch immer er mit ihm anstellen wird, Pan muss damit leben, jeden Schrei zu hören, jeder Träne zusehen. Sie hadert mit sich, ob es Helos einfach nur zu viel Spaß macht, sie zu quälen, oder ob sie für ihn wirklich noch eine Gefahr darstellt, nach alldem, das sie bereits erlebt hat. Jede Erfahrung vermittelt ihr etwas anderes und allmählich weiß sie nicht mehr, was wirklich ist. Ihr Verstand sagt ihr jeden Tag etwas anderes, nur die Tatsache, dass er gefährlich ist, hat sich ihr eingeprägt.

„Kilian, setz dich", herrscht Helos den Mann an und er lässt sich mit finsterem Blick auf dem Sessel Pan gegenüber fallen.

Ihr Peiniger klatscht in die Hände. „Also gut: Ich mache es kurz, ich habe genug von dir, Kilian. Du hast meine Aufträge missachtet, meine Ehre mit Füßen getreten, ohne einsichtig zu werden." Er macht eine kurze Pause. „Ich hatte sehr lange Geduld mit dir, aber nun reicht es."

Pandoras Herzschlag setzt aus – noch nie hat sie Helos diese Worte aussprechen hören.

„Was willst du tun? Tot bin ich schon", schnauzt Kilian.

Zu gerne würde Pandora ihm die Hand vor den Mund halten, um zu verhindern, dass er noch schlimmeres anrichtet, aber an Helos Gesichtsausdruck erkennt sie, dass es zu spät ist.

Er bewegt sich blitzschnell auf Kilian zu und umgreift seine Kehle. Sein Gesicht sollte eine blaue Farbe annehmen, aber Pan hält geschockt den Atem an, als sie erkennt, was stattdessen mit ihm passiert – es wird fahl, fällt ein und von Minute zu Minute ziehen sich mehr tiefe Furchen durch seine Haut. Er altert in einer abnormalen Geschwindigkeit und Angst spiegelt sich in seinen Augen wider.

Ein entsetztes Keuchen entweicht Pandoras Kehle, als sie realisiert, welche Kräfte in Helos schlummern. Sie will aufspringen, laufen, aber ihre Beine bewegen sich nicht von der Stelle. Immer mehr Falten erscheinen auf Kilians Körper, doch der Tod lässt nicht los, obwohl seine Hände bereits vor Anstrengung zittern. Das Leben des alternden Mannes zieht an ihr vorbei, aber sie weiß, dass er nicht ein zweites Mal sterben kann, was ihre Angst, vor dem, was ihm am Ende erwartet, anschwellen lässt.

Und erst, als er sieht, wie jeder Atemzug eine unermessliche Qual für Kilian ist, stößt Helos ihn mit zufriedenem Gesichtsausdruck von sich. Seine funkelnden Augen ruhen auf dem alten, zerbrechlichen Mann, der sich kaum auf den Beinen halten kann. Sein ganzer Körper scheint zu schmerzen und seine Kehle rasselt unnatürlich.

Pan schließt die Augen, ein irres, verzweifeltes Lächeln auf den Lippen. Wenn sie nur wüsste, wie sie hier rauskommen kann.

PANDORA

Venedig, Salomes Anwesen

Pandora bemerkt erst, dass sie wieder in Venedig ist, als das Prickeln auf ihrer Haut urplötzlich aufhört. Ein warmer Luftzug streift über ihren Körper und sie öffnet ganz langsam die Augen. Sie steht in dem Raum, der ihr inzwischen nur zu bekannt vorkommt. Das letzte Flimmern des Portals verblasst.

„Du hast lange gebraucht", stellt Illeron fest, aber an seinem Blick sieht sie, dass es eigentlich Kaemons Satz ist. Er hätte seinen Mund verlassen sollen, doch Illeron hat es übernommen, weil … ja, weil?

Pan presst die Lippen zu einem weißen, dünnen Strich zusammen.

„War keine Absicht", erwidert sie nur schlicht und schaut zu Salome, welche mit verschränkten Armen an der Tür lehnt.

Als ihre Blicke sich treffen, löst die Hausherrin sich aus ihrer Starre und lässt die Tür aufschwingen. Ein schlechtes Gefühl bildet sich in Pans Magen. Misstrauisch mustert sie jeden im Raum und sie merkt ganz genau, dass etwas nicht stimmt. Attis schaut für ihre Verhältnisse ziemlich verkniffen, Illeron und Kaemon weichen ihrem Blick aus, Salome drängt sie viel zu grob durch den langen Gang.

Pandoras Mund wird ganz trocken, ihre Hände beginnen zu zittern. Was ist in der Zeit, in der sie noch in Irland mit ihren Gefühlen beschäftigt war, passiert? Würde man sie nicht mehr dabeihaben wollen und hängen? Gibt es eine neue Leiche? Tausend Fragen verankern sich in ihrem Kopf, lassen ihr Herz panisch schneller schlagen. Was haben sie Salome von ihr erzählt? Nein, was weiß diese Frau überhaupt von ihr? Was, wenn Helos all das geplant hat, um sich zu amüsieren?

Hastig vergräbt Pan ihre Nägel in der blassen Haut ihres Handgelenkes. Das würde keinen Sinn machen, nicht wirklich. Langsam schafft sie es, sich wieder zu beruhigen und strafft die Schultern. Mit hocherhobenem Kopf stolziert sie auf die einzige Tür zu, die ihr bei all den Räumen als einzige bekannt vorkommt. Salome stoppt vor dem Saal mit der langen Tafel und den vielen Vasen.

Pandoras Nerven sind angespannt, aber sie versucht, einen möglichst ruhigen Eindruck zu machen, aber als sie merkt, dass Illeron und Attis gar nicht mehr hinter ihr sind, schwenkt ihr Blick unruhig zwischen Kaemon und Salome hin und her.

„Wir haben entschieden, dass du hierbleibst, um in meinen alten Büchern nach Hinweisen zu suchen, wie ihr in die Unterwelt kommt, ohne zu sterben", sagt Salome ganz plötzlich und ihre Worte nehmen Pandora für einen Moment den Atem.

Sie lässt sich gegen die Wand fallen, die Augen weit aufgerissen.

„Wie bitte?" Mehr bringt sie nicht heraus, es fühlt sich an, als würde ihr jemand die Kehle zudrücken.

Hierbleiben, allein? Sie versucht, Luft zu schnappen, aber es kommt ihr vor, als würde Gift um sie herum wabern, das jeden Atemzug zu einer so schmerzhaften Tat macht. Ihr wird schwindelig, als sie versteht, was das bedeutet. Pandora starrt Kaemon an, versucht, das gleiche, traurige Gefühl in seinen Augen zu erkennen, das durch ihren Körper zieht, aber sie sind so undurchdringlich. Es wirkt, als wäre tief in seinen Gedanken versunken.

Ihr ganzer Körper zittert und sie versucht, den Kopf zu strecken, nicht zu zeigen, dass ihr Herz genau in diesem Moment in tausende Splitter zerbricht. Und obwohl sie Kaemon königlich, ungebrochen hinter sich lassen wollte, rinnen ihr die stechenden Tränen bereits über die Wange, als sie sich abwendet und mit schnellem Schritt den Gang entlang hastet. Sie weiß nicht, wohin sie läuft, Hauptsache weg.

Er hat Salome darum gebeten, sie hier zu behalten, damit er sie nicht länger sehen muss, diese Tatsache liegt für sie auf der Hand.

Und sie tut so weh, so verdammt weh. Aber die Trauer wird langsam überschattet von loderndem Zorn, der in ihr aufkommt.

Was solls? Wenn er sie nicht will, bitte, sie würde auch ohne ihn zurechtkommen – das redet sie sich zumindest ein. Wenn das Liebe ist, würde sie mit Freude darauf verzichten. Hier geht es allein darum, einen Mörder zu fassen und eine Möglichkeit zu finden, Helos vollkommen hinter sich zu lassen. Alles andere hat keine Bedeutung, ist nebensächlich. Pan würde sich nicht noch einmal von einer Person so runterziehen lassen, ob Kaemon sie nun bewusst quält, oder einfach keine andere Möglichkeit sieht. Sie streicht sich aufgebracht durch die schwarzen Haare, wirft sie schwungvoll über die Schulter, ohne auf ihre Bewegung zu achten.

Pandora hat keine Ahnung, wo sie ist, aber es ist ihr auch egal, für diesen Moment braucht sie die Ruhe, die Einsamkeit. Obwohl es immer noch so weh tut, trocknen die Tränen auf ihren Wangen und der Nebel in ihren Kopf verblasst allmählich, lässt ihre Gedanken wieder klar werden. Jeder Atemzug lässt ihren Körper zittern, aber es geht. Er will sie nicht in seiner Nähe haben, schön. Dann soll er es lassen, sie wird auch ohne ihn klarkommen, auch wenn ihre Gefühle ihr im Moment noch etwas anderes sagen. Stur reckt Pan den Kopf, drückt den Rücken durch und hebt den Blick.

Der Flur, in dem sie zu stehen kommt, ist mit weißem Marmor überzogen und auch hier hängen Gemälde an den Wänden. Es sind allerdings keine Naturbilder, sondern eine Art Ahnengalerie – sie alle zeigen mächtige und berühmte Einwohner Venedigs, die über die Jahrzehnte grundlegende Dinge verändert haben. Über die Generationen hinweg haben viele dieselbe, krumme Nase, die gleichen, dunklen Haare oder wie Salome blaue Augen, die so viel Macht ausstrahlen. Die goldenen, bronzenen oder silbernen Bilderrahmen sind den Farben der Gemälde angepasst, den teuren, ausladenden

Kleidern und dem Hintergrund, vor dem die hohen Persönlichkeiten stundenlang stehen mussten. Pandora fühlt sich von all den vielen Augen beobachtet, weshalb sie nach kurzem Zögern wieder die Richtung einschlägt, aus der sie gekommen ist, in der Hoffnung, Kaemon wäre schon weg.

Eine unheimliche Stille scheint sie zu verfolgen und wird erst durchbrochen, als Sir Donavan ihr entgegeneilt und ihren Namen ruft. Seine blaue Uniform leuchtet in dem hellen Licht der Kerzen schon beinahe und in seinem Gesicht glänzt Erleichterung darüber, dass er sie gefunden hat.

„Ich soll Sie zu ihrem Zimmer bringen, Signora."

„Pandora, bitte", erwidert Pan energisch und ein sanftes Lächeln legt sich auf Sir Donavans Lippen.

„Pandora." Der Hauch von Mitleid, der in seiner Stimme mitschwingt, entgeht ihr nicht.

„Bin ich ein Gast oder ein Gefangener?", erkundigt sie sich nach einer Weile und Sir Donavan legt verschmitzt den Kopf schief.

Er zögert. „Ein Gast, der sich an gewisse Regeln halten muss", entgegnet er und wird ihr immer sympathischer.

Er scheint ihr so etwas wie die gute Seele des Hauses zu sein, die Mut macht, wo auch immer es nötig ist. Verständlich, dass Salome ihn so gerne um sich hat. Pandora folgt ihm ohne Umschweife. Sie vertraut ihm tatsächlich und obwohl sie sich benebelt und schlapp fühlt, als wäre sie gerade erst aus einem langen Fiebertraum erwacht, schlägt sie sich recht gut, solange sie keinen Gedanken an Kaemon verschwendet. Sie kann sich mit der Situation fürs Erste abfinden – für diese Nacht, wie es ihr morgen gehen würde, will sie gar nicht erst wissen. Vielleicht wird es ihr auch völlig egal sein, Pan kennt sich in diesem Punkt selbst nicht genug, um es einschätzen zu können.

Sie fasst den Entschluss, es sich hier richtig gut gehen zu lassen. Sie würde gutes Essen kriegen, ganz viel baden können und anderen Luxus genießen, der dem Adel vorbehalten ist.

„Du wirst die Bibliothek mögen“, durchbricht Sir Donavan die Stille und sein fröhliches Lachen entlockt ihr ein Lächeln. Es ist ungewohnt, jemanden so gut gelaunt zu sehen und so ungewohnt, dass es so leicht auf eine andere Person abfärbt. Beinahe muss Pandora schon lachen.

„Aber mein Schlaf ist mir vorerst wichtiger“, erwidert sie grinsend. Sir Donavan klopft ihr auf die Schulter.

„Den hast du dir verdient.“ Sie legt den Kopf schief. Vielleicht würde es nicht so übel werden, wenn er ihr öfter über den Weg läuft. Sorglos drückt Sir Donavan eine Tür auf.

Als Pandora den großen Raum betritt, fällt ihr sofort das schmale Bett auf, das unter einem Fenster steht. Es ist von vielen, hellroten Kissen bedeckt und sie kann mit nur einem Blick erkennen, wie weich es sein muss. Eine weiße, mit Blumen bemalte Kommode ist an das Fußende des Bettes gestellt worden und eine mit roten Rosen gefüllte Vase rundet das Farbmuster des Zimmers ab. Der mit schwarzen Rissen überzogene Boden funkelt in dem Licht der Kerze, die Sir Donavan entzündet hat, während sie die Schwelle übertreten hat, wie ein Meer von feinen Diamanten. Pandora lässt ihren Blick zur Decke gleiten und mustert den extravaganten Kronleuchter. Während sie weiter im Raum hin und her läuft, bleibt Sir Donavan an der Tür stehen.

„Morgen wird jemand kommen, und dich wecken“, sagt er mit ruhiger Stimme und Pan nickt ihm dankbar zu.

Sir Donavan überprüft mit einem letzten Blick, ob alles in Ordnung ist, dann wendet er sich ab und schließt vorsichtig hinter sich die Tür.

Stille kehrt ein und legt sich wohltuend auf Pans Ohren. Sie streift ihre Kleider ab, legt sie über den roten Raumtrenner und lässt sich auf dem weichen Bett nieder. Der samtige Untergrund ist wie ein Segen für ihre Gelenke, als sie sich auf die vielen Decken und Kissen sinken lässt. Sie streckt alle Glieder von sich, während sie die Augen schließt – auf eine gute Zeit, eine, ohne Sorgen und ohne Gedanken an Kaemon…

Pandora hat so viel geträumt, dass sie gar nicht mehr alles zusammenfassen kann, aber sie lässt das wohlige Gefühl, mit dem sie aufwacht, nicht durch ihre Finger gleiten. Es ist eigenartig, so etwas hat sie bisher noch nie gefühlt. Sie kann es auch nicht wirklich beschreiben, es ist eine Mischung aus Trotz, Trauer und Verständnis. Trotzdem kann sie ihre Beine ganz leicht aus dem Bett schwingen, kann der Dienerin, die sie aufweckt, ein Lächeln schenken.

Sie ist noch sehr jung und hat die braunen Haare zu einem strengen Zopf gebunden.

„Wie ist dein Name?“, erkundigt Pan sich, während das Mädchen ihr in einen weißen, dünnen Morgenmantel hilft.

„Amira“, antwortet sie schüchtern und erwidert ihr Lächeln vorsichtig.

„Amira“, wiederholt Pan und bedankt sich mit einem Nicken.

„Signora Salome erwartet dich zum Frühstück“, sagt Amira und Pan merkt, dass sie noch nicht lange hier sein muss, sagt aber nichts zu der Art, wie sie mit ihr redet. Soll das Mädchen eine Freundin oder etwas Ähnliches in ihr finden, sie würde es ihr vergönnen.

„Dann führ mich zu ihr“, erwidert sie ruhig.

Amira nickt und geht hastig zur Tür, um sie zu öffnen. „Danach gibt es ein Bad für dich und ein wirklich schönes Kleid.“

Pandora lächelt ihr ein weiteres Mal zu.

„Gut, gut", murmelt sie schlicht, aber freundlich und folgt Amira durch die hellen Gänge.

Gespannt auf das Essen, das sie erwartet, läuft Pandora schon das Wasser im Mund zusammen. Jegliche Fantasien, wie ihr Kleid wohl aussehen würde, bilden sich in ihrem Kopf. Es gibt so viele Möglichkeiten, Schnitte, Stoffe, die sie lieben würde, obwohl der Satin, der geschmeidig auf ihrer blassen Haut aufliegt, bereits sehr angenehm ist. Er raschelt kaum, wenn er um ihre Beine streicht, fühlt sich so leicht an. Sie beobachtet Amiras flinke Bewegungen und diesmal bleibt Pandora vor einer breiten, vergoldeten Tür stehen, die sie bisher noch nicht zu Gesicht bekommen hat.

Amira stößt sie nur sehr vorsichtig auf, als hätte sie Angst, sie kaputtzumachen oder jemanden, der in diesem Raum wartet, bei etwas zu überraschen. Allerdings sitzen nur Salome und Sir Donavan auf den hellen Stühlen, deren Füße zu Löwenköpfen geformt sind. Sie starren sich stumm an, als wären sie sich über irgendetwas verdammt uneinig, aber nicht in der Lage dazu, das Problem zu lösen.

Salomes Blick erfasst Pan und mit einer seichten Handbewegung deutet sie auf einen der leeren Stühle. Während Pandora sich elegant niederlässt, mustert sie den gedeckten Tisch.

Bei Helos sah das ganze immer anders aus, mit Speck, Ei, den verschiedensten Speisen, doch hier stehen nur eine weiße Kaffeetasse und zwei verschiedene Arten von Blätterteiggebäck auf den Plätzen. Trotzdem überhört Pan ihren knurrenden Magen nicht und greift beherzt zu.

Aus dem Augenwinkel sieht sie, wie Amira sich brav neben die Türen stellt, um in der Nähe zu sein, falls Salome noch etwas einfällt. In all den Minuten hallt kein Wort von den hellen Wänden wider, jeder ist für sich, aber es stört Pandora nicht, im Gegenteil. Sie hat die Befürchtung, jegliche von Salomes Worten könnten ein neues

Gefühlschaos in ihr auslösen. Sie schlingt ihr Frühstück hinunter, lässt den heißen Kaffee durch ihre Kehle fließen, nimmt den herrlichen Geruch wahr, der sie an ihre Kindheit erinnert.

Wie sie mit ihren Eltern auf der Terrasse saß, etwas Obst genascht hat, während ihre Mutter ihrem Vater die Tasse auf den Mosaiktisch gestellt hat. Jetzt, da sie sich daran erinnert, die italienische Luft durch das geöffnete Fenster strömt, glaubt Pandora, das helle Lachen ihrer Mutter zu hören, als würde der Wind es zu ihr tragen.

Und ihr kommt ein Gedanke, ein Gedanke, der ihre Hände vor Aufregung zittern lässt. Wenn sie schon hier ist, würde sie einen Moment finden, um sich aus der Villa zu schleichen, um ihr altes Zuhause besuchen zu können? Sie ballt ihre Hände kurz zu Fäusten, der Kampf, der in ihr beginnt, trifft sie heftiger als erwartet. Ein starkes Verlangen nach diesem einen, geheimen Ausflug, legt sich um ihr Herz. Natürlich, Pan ist bewusst, dass es ein verdammt großes Risiko ist, aber sie würde sich nicht sagen lassen, was sie tun darf und was nicht.

All die Jahre hat Helos sie von Venedig ferngehalten, wenn sie jetzt schon hierbleiben muss, würde sie sich das nicht entgehen lassen. Ein geheimnisvolles Lächeln stiehlt sich auf Pans Lippen und sie lässt sich die schwarzen Haare in das Gesicht fallen, um es vor Salome und Sir Donavan so gut wie möglich zu verbergen. Eine ungewohnte Aufregung, eine, die ihr schon beinahe kindisch vorkommt, schleicht durch ihren Körper.

Sie wird das Kleid abwarten müssen, das Salome ihr überlässt, um zu sehen, ob sie in die Umgebung passt, die sie erwarten wird, sobald sie einen Fuß nach draußen setzt. Allerdings ist Pandora guter Dinge, sie weiß, dass Salome etwas für die schönen Dinge übrig hat, also ist die Wahrscheinlichkeit, dass ihr ein adliger, hochwertiger Stoff gewährt wird, recht hoch. Ansonsten – ein weiterer Plan bildet sich in ihrem Kopf. Sie könnte einen schönen Mantel stehlen und ihn um ihren Körper schlingen, damit die Menschen, denen sie möglicherweise begegnet, keinen Blick auf ihre Kleidung darunter erhaschen können. Mit ein wenig Glück ist sie wieder zurück, bevor jemandem das Fehlen des Mantels oder ihr selbst auffällt. Pan reibt sich vergnügt über ihr Handgelenk.

Die Minuten scheinen an ihr vorbeizuschleichen und sie hat kein Ohr für das, was Salome mit Sir Donavan bespricht, ihre Stimmen dringen nur schwach zu ihr durch, als würden sie sich durch einen dichten Nebel kämpfen müssen. Pandoras Gedanken kreisen viel zu stark um ihren Plan, sie weiß, welch ein Risiko sie damit eingeht, aber sie weiß auch, dass sie jetzt niemand mehr davon abbringen kann. Kaum hat sich diese Tatsache in ihren Kopf gebrannt, klatscht Salome in die Hände. Pan schreckt auf.

„Wir sind hier fertig", sagt Salome mit schneidender Stimme – sie scheint schlecht gelaunt zu sein.

Pan will sich gar nicht vorstellen, was mit ihr geschehen würde, wenn Salome etwas von ihrem kleinen Ausflug mitbekommt, also verdrängt sie das schnell wieder. Sie steht auf, nickt ihr knapp zu und lässt sich von Amira die Tür aufhalten. Sobald sie hinter ihnen ins Schloss kracht, atmet Pan laut aus.

„Ich hoffe, ich bleibe hier nicht lange", murmelt sie, aber Amira winkt ab.

„Sie hat ihre Gäste schon einmal schlimmer behandelt", erwidert sie aufmunternd und Pandora legt den Kopf schief.

„Du hast recht, ich sollte mich nicht beschweren", stimmt sie der jungen Dienerin zu und lächelt.

„Weißt du, welches Kleid mich erwartet?"

Amira nickt, ihre Augen glänzen begeistert. „Es wird wunderbar an dir aussehen."

Pandora klatscht in die Hände. „Perfekt", entgegnet sie darauf nur – es wird also nicht nötig sein, einen Mantel zu stehlen. Ein Risiko weniger, das sie eingehen muss. Trotzdem freut sie sich fürs Erste auf das erfrischendes Bad, welches ihr angekündigt wurde.

Amira führt sie zu dem Zimmer, in dem Pandora schon einmal im Wasser versunken war. Die bunten Wandteppiche sind noch genauso faszinierend, wie damals, als sie sie das erste Mal erblickt hat. Sie hat sogar beinahe das Gefühl, die Farben würden noch ein bisschen kräftiger strahlen. Pan streift sich den Morgenmantel von der Haut, während Amira Wasser einlässt. Pan tritt auf das Fenster zu und lässt ihren Blick durch das saubere Glas gleiten. Helle Sonnenstrahlen werfen ein magisches Licht auf den vor ihr liegenden Hof. Er wirkt so ruhig, so magisch, dass sie sich schwer von ihm losreißen kann. Amira lässt sie in ihren Gedanken verheddert zurück.

Langsam taucht Pan in das schimmernde, klare Wasser ein. Es kribbelt sanft auf ihrer weißen Haut und sie schließt die Augen. Sie umfasst den Rand der Wanne mit ihren dünnen Fingern und drückt fest zu, als sich Kaemon wieder in ihren Kopf schleicht.

Es gibt da so viel, über das sie mit ihm reden müsste, sie hat diese unheimlichen Fragen. Der Pakt, den sie mit ihm geschlossen hat, ohne es zu realisieren – ja, was ist mit diesem? Existiert er überhaupt noch, wenn er ein normaler Mensch ist? Sie taucht den Kopf Unterwasser. Sie weiß es nicht, nüchtern betrachtet, abgesehen von ihren Gefühlen, liegen diese Tatsachen im Dunklen. Allerdings weiß Pandora auch, dass sie nie in der Lage dazu sein würde, sie nüchtern zu betrachten, immerhin lässt alleine sein Name ihr Herz schneller schlagen. Zorn kommt in ihr auf.

Grob wischt sie sich über den Körper, als würde sie seine Berührungen abwischen wollen, die Erinnerungen daran ertränken. Niemand sollte jemals ihre Gedanken beeinflussen, es ist eine Schwäche, die

Pan niemals erleiden wollte. Ihre Hände zittern, ihr Atem geht flach. Wie kann sie nur zulassen, dass Kaemon dieses Chaos in ihr zulässt? Eine Schande, eine reine Schande.

Mit zusammengepressten Lippen beobachtet sie, wie die sich die Wassertropfen ihren Weg entlang ihrer Haut bahnen, nur um sich am Ende mit all den anderen wieder zu vereinen. Sie beruhigen sie ein wenig, bald schon ist jegliche Wut aus ihren Adern verschwunden und stattdessen fühlt sie sich ungewöhnlich leer. Ihre Augen wandern an die Decke und wieder einmal fällt ihr auf, wie sauber hier alles ist. Ein komisches Detail, aber sie klammert sich an all die unwichtigen Gedanken, die ihr in den Sinn kommen.

Pan genießt das Bad, trotzdem wünscht sie sich Amira an ihrer Seite. Ihr Blick gleitet ungeduldig zur Tür, als sie sich dazu beschließt, einfach wieder über ihren Plan nachzudenken. Augenblicklich schießt Euphorie durch ihre Adern. Sie muss grinsen. Es ist ungewöhnlich für sie, solch verbotene Sachen zu machen, aber sie ist sich verdammt sicher, dass Salomes Strafe nicht so hoch ausfallen könnte, wie Helos' – braucht diese sie jetzt schließlich sogar mehr als zuvor.

Pandora ist sicher, das wird ihr immer mehr bewusst. Zumindest für die nächste Zeit, was danach sein würde, steht in den Sternen und darüber nachzudenken, würde keinen Sinn machen. Sie lässt ihren Kopf ein weiteres Mal unter Wasser gleiten, um ihre Gedanken zu ertränken und bekommt somit erst gar nicht mit, wie Amira den Raum betritt. Das Mädchen greift stumm nach einem Tuch, während Pan nur durch ihr Spiegelbild auf dem klaren Wasser erkennt, dass sie hier ist. Sie streckt sich, beobachtet die durchsichtigen Tropfen auf ihrer Haut, die aussehen, wie kleine Diamanten und steigt ganz vorsichtig aus der Wanne.

Amira hüllt sie in das dunkle Tuch, das die durchsichtige Flüssigkeit langsam in sich aufsaugt. Pandora mustert sich dabei in dem kleinen

Spiegel, der vor ihr steht. Sie begutachtet jeden Zentimeter ihres Körpers, die feinen, kaum sichtbaren Narben oder die schlanken Kurven.

Während alldem zieht Amira ein Kleid aus einem der Schränke, die in die Wände eingebaut wurden. Es ist beige, hat eine enge Korsage und weiße, weite Ärmel. Eine glitzernde Schnürung läuft von der Brust hinab zu dem glatt fallenden Rock, der mit winzigen, weißen Blumen bestickt ist. Pan lässt ihren Blick über den eindrucksvollen Stoff gleiten und nickt begeistert.

Ein Lächeln huscht über Amiras Lippen. „Es gefällt dir?"

Pan muss lachen. „Oh, ja, das tut es", erwidert sie und lässt das Tuch auf den Boden fallen.

Sofort macht Amira sich daran, ihr in das Kleid zu helfen. Es ist ein wenig zu lang, aber sitzt an den Hüften perfekt.

Zufrieden streicht Pandora sich durch die Haare. „Lassen wir sie trocknen?"

Amira schüttelt den Kopf. „Ich würde vorschlagen, sie zu einem Dutt zu binden, damit sie dir in der Bibliothek nicht im Weg sind", schlägt sie vor und beinahe hätte Pandora sich durch das schelmische Grinsen, das auf ihren Lippen liegt, verraten.

Wenn Amira nur wüsste. Vermutlich würde sie Salome noch nicht einmal etwas erzählen, aber Pan kann sich nicht auf das Schweigen anderer verlassen, das hat sie bei Helos oft genug lernen müssen.

Die Dienerin bindet Pans schwarze Haare zusammen und in ihren Augen glänzt eine ungewöhnliche Zufriedenheit.

„Musst du Salome oft helfen?"

Das Mädchen schüttelt den Kopf. „Nein, ich bin ausschließlich für die Gäste zuständig", erwidert sie und die junge Frau überlegt, was sie als Nächstes sagen könnte, um das Gespräch aufrechtzuerhalten, aber das ist gar nicht nötig, Amira ist schon dabei, den Mund zu öffnen.

„Meine Familie hat schon immer diese Stellung bekleidet. Die Frauen haben sich um Haare, Pflege oder Kleidung gekümmert, die Männer um die Unterhaltung. Von Schwertkampf bis Jonglieren hatten wir schon alles dabei“, erzählt sie wild darauf los und Pan genießt es, einfach nichts sagen zu müssen, ohne, dass die Stille sich unangenehm um ihr Herz schlingt und es zu zerbrechen droht.

„Meine Mutter stickt inzwischen zwar nur noch, aber früher hat sie schon die bedeutendsten Persönlichkeiten eingekleidet“, fährt Amira fort und Pans Sympathie gegenüber der Dienerin mit den wachsame, großen Augen und der fröhlichen, aufgeschlossenen Art wächst immer weiter.

„Meine Mutter war einfach nur Hausfrau“, sagt sie, weil sie das Gefühl bekommt, dass es nur fair wäre, Amira auch etwas von ihr zu erzählen, doch kaum hat sie es ausgesprochen, stoppt Amira in ihrer Bewegung.

„War?“

Ein trostloses Lächeln schleicht sich über Pandoras Gesicht. „Wir haben uns aus den Augen verloren“, erklärt sie mit schwacher Stimme und beginnt zu überlegen. Was, wenn sie ihre Eltern treffen würde? Sollte sie mit ihnen reden oder unbemerkt bleiben, um sie nicht zu verschrecken?

„Oh“, sagt Amira währenddessen, ist aber klug genug, um nicht weiter nachzufragen. Sie tritt einen Schritt zurück und mustert ihr Werk ein letztes Mal, bevor sie zufrieden die Arme verschränkt und nickt. Pandora schaut in den Spiegel. Sieht das Kleid, die hochgesteckten Haare, die letzten Wassertropfen, die auf ihrer Haut zurückgeblieben sind. Sie regt den Kopf und legt die Hände übereinander.

„Du siehst beinahe aus wie eine Königin“, bemerkt Amira grinsend, was Pan zum Lachen bringt. Ja, Königin sein, das wäre vielleicht sogar etwas für sie gewesen.

„Ist mir zu stressig“, entgegnet sie allerdings trotzdem und legt den Arm für einen kurzen Augenblick um Amiras Schultern.

Diese kichert gut gelaunt und deutet zur Türe. „Ich zeig dir die Bibliothek“, antwortet sie nur belustigt.

Pandora horcht auf, ihre Muskeln spannen sich an. Sie würde sich den Weg gut einbrennen müssen, um in den Palast hinein und hinauszufinden – wie viele Wachmänner stehen überhaupt am Eingang? Wird sie überhaupt an ihnen vorbeikommen? Sie presst die Lippen aufeinander. Je näher sie der Ausführung ihres Planes kommt, umso mehr Schwachstellen, die ihr zuvor nicht in den Sinn gekommen sind, tun sich vor ihr auf, wie eine tiefe, unüberwindbare Schlucht.

„Es wäre mir wichtig, dort drinnen nicht gestört zu werden“, wirft sie nach der Hälfte des Weges unauffällig ein, aber Amira winkt ab.

„Salome hat niemanden angewiesen, auf dich aufzupassen, also gehe ich davon aus, dass du dich einigermaßen frei bewegen kannst“, erwidert sie ohne Bedenken, was Pan natürlich sehr entgegenkommt.

Sie atmet erleichtert auf. „Na dann“, murmelt sie, wissend, dass eines der größten Probleme somit aus der Welt ist. Was all die anderen angeht, würde sie sich ganz spontan etwas überlegen müssen.

Sie denkt darüber nach, wie lange sie in der Bibliothek bleiben sollte, damit niemandem auffällt, dass sie weg ist. Vielleicht nur einige Minuten, andererseits … Pandora seufzt stumm und reibt sich über die Schläfe. Möglicherweise wäre es besser, die Sache einfach zu lassen, aber Pan spürt, wie sie dem inneren Drang nachgibt. Schon als sich der Wunsch das erste Mal in ihrem Kopf gebildet hat, war es klar, dass sie nicht mehr davon loskommen würde.

Die Serva atmet tief durch, während Amira auf eine große, graue Tür deutet. „Da ist sie.“ Sie drückt die vergoldeten Türklinken hinunter.

Vor Pandora erstreckt sich ein weitläufiger, heller Raum. Durch die großen, schon beinahe Kirchen ähnlichen Fenster fällt das Sonnenlicht und spiegelt sich in dem glänzenden Marmorboden wider. An den Wänden stapeln sich tausende Bücher, deren dunkle Regale einen perfekten Kontrast zu den restlichen Möbeln bilden. Ein langer Tisch mit Stühlen aus rotem Samt steht unter einem der Fenster. Staunend mustert Pan all die Wälzer, die in penibler Reihe nebeneinanderstehen. Dieser Raum ist, das muss sie neidlos zugeben, die reine Perfektion.

Sie seufzt leise und streicht mit den Fingern über die glatten, kühlen Buchrücken.

„Ich denke, du kommst alleine zurecht. Wenn du Gesellschaft haben möchtest oder etwas brauchst, klopf an der zweiten Tür rechts, da werde ich mich den restlichen Tag aufhalten", sagt Amira und Pan nickt.

„Ich möchte bitte nicht gestört werden", erwidert sie bestimmt, aber freundlich, um sicherzugehen, dass niemand ihr baldiges Verschwinden bemerken würde.

„Wie du wünschst." Amira lässt die Tür hinter sich ins Schloss fallen und eine ungeheuerliche Stille breitet sich aus.

Zwischen all den hohen Regalen fühlt Pandora sich beinahe etwas verloren. Sie legt den Kopf in den Nacken, schließt die Augen, atmet tief durch. Ihre Nerven sind angespannt. Ihre Finger schließen sich um die Türklinke, aber sie zögert dabei, sie hinunterzudrücken und legt vorsichtshalber ein Ohr an die Tür, um zu lauschen, ob sie irgendwelche Schritte vernimmt, aber es ist genauso totenstill, wie auf ihrer Seite. Nur ihr eigener, lauter Herzschlag pocht in ihrer Brust.

Pandora nimmt allen Mut zusammen und während sie den leeren Gang betritt, wird ihr heiß. Euphorie fließt durch ihre Adern, lässt ihre Pupillen weiten. Sie schließt ganz vorsichtig die Tür, um ja kein Geräusch zu machen und schleicht mit wachsamem Blick den Flur entlang. Sie glaubt, den richtigen Weg zu kennen, aber wissen, wie sie an den Wachen vorbeikommt, tut sie immer noch nicht. Vielleicht würde auch gar keiner hier sein, was sie zwar ziemlich unwahrscheinlich findet, aber Pan bei weitem nichts ausmachen würde. Mit ein wenig Glück würde sich dieses Problem von selbst lösen. Pan strebt weiter durch die Gänge, öffnet leise Türen, um durch sie hindurchzuschlüpfen und schon bald erkennt sie einen weitläufigen Eingangsbereich, der sich wie ein rettendes Portal vor ihr ergießt. Sie hält den Atem an, lässt ihren Blick über den Platz gleiten. Er ist überraschenderweise leer, aber gerade, als sie einen Schritt auf die Tür zu machen will, packt sie jemand am Arm und zieht sie zurück. Ein lautloser Schrei kommt über ihre Lippen, erstickt an der heißen Luft.

„Das würde ich nicht machen, es gibt einen besseren Weg, unbemerkt aus der Villa zu kommen", vernimmt Pan Amiras Stimme.

Sie lacht erleichtert auf und dreht sich der Dienerin zu, die sie mit verschränkten Armen mustert, allerdings glänzt Verständnis in ihren Augen.

„Komm mit." Pan nickt hastig und folgt Amira blind.

„Wie hast du mein Verschwinden bemerkt?"

Amira muss grinsen und kleine Grübchen erscheinen an ihren Mundwinkeln. „Ich wollte dich fragen, ob du noch Gebäck möchtest, und habe dich aus der Bibliothek schleichen sehen", erwidert sie und Pandora rümpft die Nase.

„Ich wusste, dass ich noch etwas hätte warten sollen", brummt sie, aber Amira winkt ab.

„Nicht schlimm, ich bin ja nicht Salome. Warum willst du eigentlich hier raus?", erkundigt sie sich und nach kurzem Zögern beschließt Pandora, ihr eine ehrliche Antwort zu geben – sie hat es verdient.

„Ich bin hier aufgewachsen. Meinen Eltern hatten ein Anwesen hier in der Nähe und ich musst es einfach einmal wieder sehen, wenn ich schon hier bin", erwidert sie schwach.

Obwohl Amira so viele Fragen ins Gesicht geschrieben stehen, sagt sie nichts darauf, sondern nickt nur knapp, um Pandora zu verstehen zu geben, dass sie ihren Wunsch nachvollziehen kann. Obwohl sie sich nun ein wenig sicherer fühlt, zerrt die Befürchtung, jemand könne sie erwischen, an Pans Nerven und lässt sie bei jedem Geräusch erschrocken aufhorchen. Wortlos folgt sie Amira durch die Gänge, die sie gerade eben erst durchschritten hat, aber sie vertraut der jungen Dienerin.

Sie fragt nicht einmal, wohin Amira sie bringt, mustert nur die hellen, bemalten Wände und die kunstvollen Kerzenständer, bis sie nach einer Weile vor einem unauffälligen Gemälde stehen bleiben. Es reicht vom Boden bis zur Hälfte der hellgrauen Wand und zeigt einen verwunschenen, mit Rosen bewachsenen Garten. Pandora hält die Luft an, als Amira sich ein letztes Mal umsieht, um dann den goldenen Rahmen des Bildes abzutasten. Ein hohes, quietschendes Geräusch ertönt, lässt Pan zusammenzucken.

„Er führt dich", ächzt Amira, „direkt neben den Haupteingang."

Ein dunkler, versteinerter Flur liegt vor Pan, als das Gemälde nach innen klappt. Der kalte Luftstoß überzieht ihre Arme mit einer Gänsehaut und sie muss ein aufgeregtes Lachen unterdrücken. Mit ernstem Gesicht wendet sie sich an Amira, umfasst mit leichtem Druck ihre Schultern.

„Danke." Ihr kommt es vor, als wäre ein Dank, der aus ihrem Mund kommt, noch nie so ehrlich gewesen. Amira lächelt.

„Gerne. Wenn du wieder zurückwillst, benutz denselben Weg, an der Innenseite des Gemäldes gibt es die gleichen Druckpunkte. Es gibt auch einen kleinen Schlitz, durch den du sehen kannst, um dich zu vergewissern, dass keiner auf dem Gang ist."

Pandora nickt heftig, um Amira zu zeigen, dass sie verstanden hat, während sie in das schummrige Licht tritt. Ein letzter Blick zeigt ihr, dass die junge Dienerin schon wieder dabei ist, den Geheimgang zu schließen und der dumpfe Laut, der ertönt, als das Gemälde wieder an seinen Platz zurück gleitet, hallt von den feuchten Wänden wider. Ein Schauder rinnt Pans Rücken hinab und ihre Füße tragen sie eilig auf das Ende des Flures zu. Ein schwacher Lichtschimmer dringt ihr entgegen, aber der Gang scheint doch etwas länger zu sein, als gedacht, denn sie hat das Gefühl, dem Ausgang überhaupt nicht näher zu kommen.

Ihre Hände zittern nervös, ihre Gedanken kreisen unaufhörlich um die Frage, was sie tun würde, würde sie auf jemanden aus ihrer Familie treffen. Trotzdem, zum Umkehren ist es jetzt bereits zu spät, also nimmt sie sich zusammen und hastet weiter. Als sie am Ende des Ganges stoppt, stockt ihr vor lauter Aufregung der Atem.

Pandora streicht sich über die glühende Wange, räuspert sich und beginnt damit, über die Steinwand vor sich zu fahren, auf der Suche nach einem lockeren Stein oder etwas dergleichen, dass eine Tür öffnen würde, die sie das Freie entlässt. Und tatsächlich, eine Handbreit über ihrem Kopf gleitet ein hellgrauer, glatter Stein beiseite, nachdem Pans Fingerkuppen ihn berührt haben. Es ist nur eine sehr sachte Bewegung, aber sie genügt.

Die Sonnenstrahlen blenden Pan für einen schrecklich langen Augenblick und sie hebt die Hand, um ihre Augen abzuschirmen. Ein euphorisches Lächeln gleitet über ihre Lippen.

Die Gassen Venedigs erstrecken sich vor ihr, wie ein magisches Labyrinth, in dem sie gewillt ist, sich zu verlieren. Pandora kann das Glück, das urplötzlich durch ihre Adern rinnt, gar nicht fassen, es kommt so überraschend, aber sie würde es am liebsten gar nicht mehr loslassen. Beinahe schießen ihr sogar Tränen in die Augenwinkel. Vor lauter Überraschung muss sie keuchen. Sie hat nicht erwartet, dass es sie so mitnehmen würde, hatte nicht erwartet, dass sie so glücklich darüber sein würde, die Straßen halbwegs frei zu betreten.

Tief durchatmend räuspert Pandora sich, tritt in die frische Luft und lässt die geheime Tür hinter sich zufallen.

PANDORA

Straßen von Venedig

Allmählich werden ihre Gedanken wieder klarer und jetzt weiß sie wieder ganz genau, was zu tun ist. Mit eiligem Schritt überquert sie den kleinen Platz, der sich vor ihr ergießt, stets darauf bedacht, von niemandem gesehen zu werden, biegt in eine kleine Gasse ein, von der sie zu wissen glaubt, dass sie sie ans Ziel bringen würde. Sie kennt die Steinwände um sie herum, kann den besonderen Duft, der Venedig umhüllt, wahrnehmen.

Sie weiß, dass es etwas ganz Besonderes ist, was sie vorhat und es erfüllt Pan mit ein wenig Stolz, dass sie es durchzieht. In einem Zeitpunkt in ihrem Leben wäre das nicht möglich gewesen, sie hätte sich allein für den Gedanken daran schuldig gefühlt. Aber jetzt? Jetzt ist es für sie ein Leichtes, durch die engen Gassen zu laufen, kleine, versteckte Cafés hinter sich zu lassen, welche man nur erblickt, ist man mutig genug, den großen Plätzen den Rücken zuzukehren.

Wieder einmal merkt Pandora, wie sehr sie diese Stadt doch vermisst hat und wie glücklich es sie macht, einfach nur durch die Straßen zu wandern und ihren Blick über die kunstvollen Gebäude gleiten zu lassen. Sie liebt jedes Detail dieser so majestätischen Stadt, jedes Einzelne, daran haben all die Jahre nichts geändert. Ein Lächeln legt sich auf ihre Lippen, eines, dass so breit ist, dass ihre Mundwinkel beinahe zu schmerzen beginnen, so echt ist es. Sie hebt ihren Blick. Die Umgebung kommt ihr bekannt vor, aber ihre Erinnerungen daran sind verschwommen, als hätte man versucht, sie aus ihrem Gedächtnis zu löschen.

Eine sandfarbene, hohe Steinmauer ragt neben Pandora auf und als sie die starken Äste des Apfelbaums, die sich verwunschen über sie ranken, erblickt, macht ihr Herz einen großen Sprung, bevor es für einen Augenblick komplett aussetzt. Tränen sammeln sich in ihrem Augenwinkel, als sie realisiert, wovor sie steht.

Hinter dem dicken, alten Stamm erkennt Pan den Umriss einer schlichten, aber schönen Villa, deren gepflegter Garten sich weit über das Grundstück erstreckt. Erinnerungen kommen in ihr auf, wie sie mit ihrer Mutter lachend unter dem Baum stand und versucht hat, sich einen Apfel zu nehmen, wie sie mit ihrem Vater durch den Garten rannte. Ja, das hier war einmal ihr Zuhause gewesen und sie würde alles dafür tun, die Zeit zurück drehen zu können. Sie streicht mit der Hand über die erhitzte Mauer, auf die die gleißenden Sonnenstrahlen prallen und macht einen weiteren Schritt auf das geschwungene Tor zu, das den Eingang zu einer verwunschenen Welt bildet.

Sie weiß nicht wirklich, ob sie den Garten betreten sollte, wie nah sie sich der Villa nähern kann, ohne Schwierigkeiten zu bekommen, also bewegt sie sich nur sehr langsam vorwärts, konzentriert sich mehr auf die Eindrücke, die sie von diesem Standpunkt bekommt, auf all die Erinnerungen, die sich allmählich wieder an die Oberfläche kämpfen.

Pan ist überrascht, wie viele Situationen unter einer dicken Schicht von Trauer und Wut begraben wurden und erst jetzt wieder das Licht erblicken können. Sie fühlt sich beinahe erlöst und es ist wie eine Bestätigung dafür, dass sie hier das richtige tut. Aber gerade, als sie etwas näher an die Mauer herantritt, durchbricht eine helle Stimme die Stille.

„Signoria!“

Pandora zuckt erschrocken zusammen und fährt herum, in ihren Augen die reinste Panik. Eine alte Frau, kaum noch in der lange dazu, sich richtig zu bewegen, kommt auf sie zu. Trotz ihrer mageren Gestalt glänzen ihre Augen wachsam, sie ist wohl kaum so unachtsam und ungeschickt, wie man es im ersten Moment vermuten könnte.

„Signoria, was machen sie hier?“, fragt die Frau misstrauisch und erst überlegt Pan, wegzulaufen, aber dann entscheidet sie sich dagegen. Ist sie doch schon oft genug vor ihren Problemen geflohen.

„Oh, ich habe nur diese wunderschöne Villa angeschaut. Ich möchte später einmal eine ähnliche besitzen“, sie zögert und beschließt, die Sache für sich zu nutzen, „ist sie derzeit bewohnt?“

Die Alte nickt, aber Pandora entgeht nicht, dass sich ein dunkler Schatten auf ihre Gesichtszüge liegt. Augenblicklich muss Pandora schlucken und streicht sich nervös über den Stoff ihres Kleides.

„Ja, ist sie, aber die Bewohner wechseln stetig, niemand hält es lange darin aus“, erwidert die Frau verstimmt und lässt ihren Blick in den Garten schweifen. „Wissen Sie, sie sehen der Tochter der ersten Leute, die dort gelebt haben, wahnsinnig ähnlich, obwohl sie so noch so klein war, als sie verschwand.“

Pandora erstarrt, es fällt ihr schwer, sich nicht durch ihre Gesichtszüge zu verraten. „Verschwand?“, wiederholt sie nur mit fragendem Ton und wartet ab.

Die Alte nickt leicht. „Niemand weiß, was tatsächlich mit dem Mädchen passiert ist, aber eines Tages verschwand sie urplötzlich.“

Ihre Stimme senkt sich. „Es gab damals viele Gerüchte darüber, dass das Mädchen verflucht gewesen sei, weil es nie eine offizielle Beerdigung gab, dass das Mädchen an Sklavenhändler verkauft wurde, weil die Eltern sich mit ihrem Vermögen verschätzt hatten.“

Pandora lauscht den Worten der Frau mit großen Augen. Nie hat sie erfahren, was nach ihrem Tod mit ihrer Familie geschehen ist. All das lässt ihr Herz schmerzhaft pochen und sie spürt, wie sich der Drang, zu weinen, in ihr aufbaut.

„Und was passierte weiter?“, haucht sie mit zitternder Stimme, aber die Frau wirkt plötzlich wieder völlig normal und alles Mysteriöse verschwindet aus ihrer Tonlage.

„Die Tante des Mädchens hat die Gerüchte sehr energisch aus der Welt geschafft, die Eltern zogen weg und die Sache wurde vergessen.“

Pandora weiß nicht, ob es Enttäuschung, oder Erleichterung ist, die sich über sie legt. Ihre Eltern leben nicht mehr in Venedig, sie muss also nicht mehr mit sich hadern, ob sie mit ihnen reden sollte, oder nicht, andererseits… Sie presst die Lippen zu einem dünnen Strich zusammen und verschränkt die Arme, die Anwesenheit der Dame beinahe schon wieder vergessen.

„Sie sehen ihr wirklich sehr ähnlich“, reißt deren Stimme sie allerdings wieder aus den Gedanken und Pan stößt ein hohes Lachen aus.

„Ich lebe in London und habe hier keine Verwandten“, lügt sie nervös, aber die Frau zuckt nur mit den Schultern.

„Wenn Sie meinen, Signora.“ Sie wendet sich ab. „Halten Sie sich von dieser Villa fern, diese unheimliche Atmosphäre macht die Leute verrückt.“

Mit diesen Worten lässt sie Pandora zurück. Eine Ewigkeit steht sie noch hier, neben der Mauer ihres ehemaligen Zuhauses, denkt über die Worte der Dame nach. Ihre Tante Morrigan ist also diejenige gewesen, die bestritten hat, dass Pan kein normales Mädchen ist.

Sie schließt die Augen und das schmale, strenge Gesicht Morrigans taucht vor ihr auf. Die giftgrünen Augen, die langen, dünnen Finger. Sie hatte sich nie wirklich mit ihr verstanden, ohne den Grund dafür zu wissen, war sie damals einfach noch zu klein gewesen. Und jetzt? Jetzt ist es dafür zu spät, ihre Erinnerungen lassen sie im Stich, es gibt keine Möglichkeit mehr für sie, sich ein klares Bild zu machen.

Zögerlich wendet Pan sich wieder der Richtung zu, aus der sie gekommen ist. Hält sie hier noch irgendetwas? Die meisten Fragen hat ihr die alte Dame ja bereits beantwortet, ob sie jetzt nun weiter darüber nachdenkt, oder nicht. Sie sollte zurück zu Salome gehen, ihre Aufgabe dort erfüllen und abwarten. Trotzdem – irgendwie gehen ihr die Worte der Frau nicht aus dem Kopf. Sie legen sich wie in eiserner Käfig über ihr Herz, aber so wirklich beschreiben, welche Gefühle gerade durch ihren Körper schleichen, kann sie nicht.

Schnell rafft Pandora ihren Rock, hebt den Kopf und läuft den Weg, den sie gekommen ist, eilig zurück, obwohl sich das Haus in ihrem Rücken beinahe so anfühlt, als würde es seine Mauern um sie schließen und zurückfordern wollen. Sie will nicht darüber nachdenken, wie es ihren Eltern nach ihrem Tod ergangen ist und über Tante Morrigan möchte sie eigentlich genauso wenig grübeln.

Auf dem Rückweg begegnen ihr ein paar Leute, aber sie schenken Pandora kaum Beachtung, sind sie doch zu sehr auf sich selbst fixiert, auf ihre Pläne. Sie können einfache Pläne schmieden, ihre Zukunft ist einigermaßen sicher, nicht so wie Pans, deren Entscheidungen von Minute zu Minute schwanken, weil etwas Unvorhergesehenes passiert. Trotz ihrer angespannten Nerven lässt Pan ihren Blick ruhig über ihre Umgebung schweifen.

Gurrende Tauben laufen über den glatten Steinboden vor ihr, picken hastig nach fallengelassenen Brotkrumen und lassen die Sonnenstrahlen auf ihr helles Gefieder prallen. Sie genießen die in diesen Tagen so seltene Wärme, dessen ist sich Pandora bewusst. Auch sie versucht jeden Winkel, den das helle Licht erfasst, zu nutzen, weiß sie schließlich nicht, wann man sie wieder zurück in das meist so regnerische London schicken würde. Aber wer weiß, vielleicht würde man sie auch für immer hier behalten …

Nein. Pandora zieht energisch die Luft ein. Solche Gedanken bringen sie nicht weiter, sie machen keinen Sinn. Sie streicht sich eine schwarze Strähne aus dem Gesicht und konzentriert sich wieder. Auf gar keinen Fall darf sie den geheimen Eingang verpassen, der sie zurück in Salomes Bibliothek bringen wird, sonst wäre sie hier draußen schon bald verloren. Die Wächter würden sie aufsammeln und wie einen kostbaren Diamanten zu Salome führen, müsste sie ihnen doch unweigerlich die Wahrheit sagen, wer sie ist und was sie hier verloren hat. In dieser herrlichen Robe fällt sie allemal auf, da wäre es ein Leichtes für die Bewohner Venedigs, zu bemerken, dass sie zum oberen Adel gehören muss. Sie seufzt tief. Es wäre einfacher, einen klaren Gedanken zu haben, ein dauerhaftes Gefühl, das ihr zeigt, wie es um sie steht, aber das wäre wohl zu viel verlangt.

Pandora bleibt stehen, sucht mit ihrem Blick nach der Stelle, an welcher sie den geheimen Gang verlassen hat. Schon bald erkennt sie die Mauer wieder und geht mit schnellem Schritt auf sie zu, immer darauf bedacht, von niemandem gesehen zu werden. Sie lässt ihre Hände über die Steine gleiten, in der Hoffnung, den richtigen so schnell wie möglich in Bewegung zu kriegen. Es dauert nicht lange, bis sie ihn findet. Es ist nur ein flüchtiger Blick, den sie über die Schulter wirft, Pan glaubt viel mehr, dass sie so schnell wie möglich zurück in der Bibliothek sein sollte. Sie weiß nicht, weshalb, aber das Gefühl wird immer stärker, je mehr Schritte sie in Richtung Gang macht.

Die eisige Luft schlägt ihr entgegen, ihre Muskeln spannen sich an. Die Steine schließen sich automatisch hinter ihr, verdecken die letzten Sonnenstrahlen. Wahrscheinlich bildet sie es sich nur ein, aber Pan hat das Gefühl, als wäre der Flur diesmal dunkler. Ihr Herz hämmert unangenehm in ihrer Brust und es fühlt sich an, als würde es jeden Moment zerspringen. Es ist ihr nicht klar, woher dieses plötzliche Gefühl kommt, sie weiß nur, dass sie es so schnell wie möglich zum Stillschweigen bringen möchte. Es ist so verdammt irritierend.

„Und in ihrer scheinbaren Unschuld liegt das Verderben, doch ist mir noch nicht klar, für wen."

KAEMON

London, Januar

Die Regentropfen prasseln unerbittlich auf London nieder, aber Kaemon nimmt sie kaum wahr. Sie perlen an seinem langen, schwarzen Mantel ab, verfangen sich in seinem dichten Haar und tropfen auf seine Wangen, aber das Dröhnen in seinem Kopf stellt all das in den Hintergrund. Die rauen Lippen zu einem dünnen, angestrengten Strich zusammengepresst, ballt er die linke Hand zu einer Faust, während die andere unerbittlich die Menschen aus dem Weg stößt, die ihm unachtsam vor die Füße laufen. Ihm ist bewusst, welch Probleme an seinen Nerven nagen, aber er weigert sich, sie zur Sprache zu bringen, wenn Illeron ihn fragend ansieht, würde es ihn so nur noch mehr daran erinnern.

Nie hätte Kaemon es gewagt, zu denken, dass die Suche nach dem Killer so schwierig werden würde, geschweige denn, dass Pandora ihn so durcheinanderbringen würde. Er beißt die Zähne aufeinander, starrt wütend geradeaus. Schon lange hat er sich nicht mehr so gefühlt, so aufgewühlt, so benebelt.

Es waren mehrere Minuten vergangen, bis er sich von der alten Kirchenbank erheben und in Richtung Palast aufmachen konnte, obwohl der Gedanke, den König nach weiteren Informationen zu fragen, schon länger in seinem Kopf herumgegeistert ist. Sein Herz schlägt schleppend und sein flach gehender Atem zeigt deutlich, dass er heute nicht so gut gelaunt ist wie sonst. Er mustert die vertrauten Gebäude, die sich um ihn herum erheben, sie schenken ihm einen gewissen Halt, den er zu verlieren droht.

Es ist Jahre her, seit der sich das letzte Mal so schrecklich gefühlt hat, aber trotzdem ist es so anders, so ungewohnt, bedenkt man die

Gründe. Zornige Falten ziehen sich über seine Stirn. Er sollte seinen Auftrag wie üblich mit klarem Gedanken zu Ende bringen, ohne die Hilfe, die ihm von allen Seiten geboten wird. Es ärgert Kaemon, dass er diesen Weg gehen muss, aber insgeheim weiß er, dass er alleine noch weniger Chancen hätte.

Ein tiefes Seufzen verlässt seine Kehle und er hebt den Kopf. Der königliche Palast erhebt sich bereits vor ihm, reckt sich in den schwarzen Himmel. Die Mauern haben für ihn schon immer ein wohliges Zuhause bedeutet, aber die letzten Tage schleicht sich immer mehr die Befürchtung durch seinen Körper, dass er die Leute dort nicht so gut kennt, wie er glaubt. Das Amulett liegt ihm schwer im Magen, obwohl es so viele Erklärungen gibt, wie es neben die Leiche gekommen war, ohne dass jemand, der wie eine Familie für ihn ist, damit in Verbindung kommt.

Kaemon runzelt die Stirn. Er weiß, dass er nicht viel mehr tun kann, als abzuwarten, bis er Pandora wieder ruhig gegenübertreten kann, um anschließend mit ihr diese Artefakte zu stehlen, von denen der Professor geredet hat. Es gefällt ihm ganz und gar nicht, aber er weiß, dass er sie braucht, zumindest für diesen Auftrag – über alles andere will er sich jetzt keine Gedanken machen, nicht jetzt, wenn er so verletzlich ist.

KAEMON

Palast, London

Eilig durchschreitet er den Vorhof, lässt sich von einem der Wächter begleiten, ohne ein Wort mit ihm zu wechseln. Die eisige Atmosphäre, die herrscht, weil diese Morde wie ein dunkler, gefährlicher Schatten über der Stadt hängt, fällt von Tag zu Tag mehr auf.

Nie hat Kaemon sich mit der einfachen Bevölkerung beschäftigt, mit den Ängsten, den Gerüchten, aber die schlechte Stimmung wabert bedrohlich durch alle Gassen Londons, macht keinen Halt vor Armut oder Reichtum. Er versucht wegzusehen, um den klaren Blick nicht zu verlieren, aber das Schicksal scheint Herausforderungen für ihn bereitzuhalten, denen er nicht gewachsen scheint.

Gedankenverloren lässt der Auftragsmörder den Wächter an der großen Eingangstür zurück, streift auf der Suche nach dem König durch die leeren Gänge. Irgendwie weiß er nicht so recht, wohin mit sich, fühlt sich verloren. Er schließt kurz die Augen, atmet tief durch, um die Beklommenheit, die ihn fest in ihren Klauen hält, abzuschütteln. Es hilft ein wenig und er schafft es tatsächlich, sich wieder zu konzentrieren.

Mit erhobenem Kopf beschleunigt Kaemon seinen Schritt, erklimmt die Stufen einer glänzenden Treppe, die hinauf zu den Gemächern der königlichen Familie führt – es könnte durchaus sein, dass er König George noch im Bett vorfindet. Allerdings ist da etwas anderes, dass seine Aufmerksamkeit erregt, als er an den vielen Türen vorbeihuscht. Eine von ihnen ist nur angelehnt und aufgeregte Stimmen dringen auf den Gang hinaus. Ziemlich unachtsam, aber Kaemon kann sich gut vorstellen, dass man den Bediensteten angeordnet hat, sich für einen gewissen Zeitraum von diesem Flur fernzuhalten – nichts Besonderes bei Königin Jennifer, sie braucht ihre Zeit für sich.

Der Auftragsmörder kann es ihr nicht verübeln, bei dem missratenen, arroganten Sohn ohne Frau und diesem ihr so wenig Liebe gebenden König. Oft hat er sie bereits mit einem hohen Besuch lachend durch die Fluren schweben sehen, allesamt Männer mit gutem Ruf. Aber aus diesen Angelegenheiten der Familie pflegt Kaemon sich herauszuhalten, es geht ihn nichts an und eigentlich interessiert es ihn auch nicht, reicht es doch schon, dass das Personal sich den Mund zerreißt. An solchem Getuschel hat er noch nie Freude gefunden.

Trotzdem bleibt er jetzt stehen und wirft einen Blick in den Raum mit dem großen, dunklen Himmelbett. Königin Jennifer steht dicht an einem großen Mann, dessen Gesicht Kaemon nicht erkennen kann. Sie trägt ein enges, eigentlich untypisches, rotes Kleid, bestickt mit weißen Diamanten. Das Ende der Ärmel säumen schwarze Samtstreifen, die ihr schmales Handgelenk umspielen und am Ende ihres Handknochens zu einer weiten Öffnung münden. Mit einer sanften Bewegung streicht der Mann ihr über das freigelegte Schlüsselbein und nun erkennt Kaemon ihn auch – Fernando.

Seine schwarzen Haare und der dunkle, kurze Bart lassen ihn aus jeder Menge herausstechen. Aber ganz besonders ist seine lange Narbe, die sich quer über sein Gesicht zieht, was ihn für die meisten mysteriös und anziehend wirken lässt, anstatt abstoßen und gruselig. Sein Ruf als skrupelloser Auftragskiller stört die Mädchen, die ihm nachsehen, nicht im Geringsten. Doch Kaemon weiß, dass er durchaus ernst zu nehmen ist, schert er sich nicht einmal um Moral und Anstand, solange es sich um eine gewisse Summe handelt. Der junge Mann runzelt die Stirn. Er glaubt, dass Fernando schon in vielen Städten war, darunter auch Venedig. Vielleicht – kopfschüttelnd vertreibt Kaemon diesen Gedanken wieder, Pandora spielt jetzt keine Rolle.

Er drückt sich gegen die kalte Wand und lauscht.

„Worüber machst du dir so viele Gedanken? Es läuft gut, das Schicksal hätte uns keinen besseren Zeitpunkt schenken können." Fernandos Stimme ist überraschend sanft und seine Stirn sorgenvoll gerunzelt, als er der Königin eine dunkelblonde Strähne hinter das Ohr schiebt.

Sie seufzt gedehnt und drückt fest seine Hand. Angespannt beobachtet Kaemon ihre Gesten – die beiden wirken so vertraut, so… verliebt. Er hält den Atem an. Wovon reden die beiden?

„Natürlich, natürlich", murmelt Jennifer, „es läuft alles gut. Trotzdem …"

Fernando lächelt sie zaghaft an und zieht sie in eine zärtliche Umarmung. „Du musst dir keine Sorgen machen, es läuft alles, wie gedacht. Unser Ziel ist in greifbarer Nähe."

Kaemon erstarrt. Ist es möglich, dass die Königin hinter all dem steckt? Nein, das kann nicht sein. Er versteift sich, wendet sich von den beiden ab. Sein Kopf brummt schmerzhaft. Sind Fernando und Jennifer die treibenden Kräfte hinter dem Unglück, das London heimsucht? Kopfschüttelnd stößt er sich von der Wand ab. Unmöglich. Warum sollte sie das wollen? Ihr eigenes Reich in den Untergang stürzen? Das ist nicht ihre Art, nein. Wie viel Einfluss Fernando wohl auf sie hat? Hat er sie dazu gebracht?

Kaemon ballt die Hände zu Fäusten, rennt beinahe in Richtung Ausgang. Er muss sofort raus hier, sich wieder unter Kontrolle bringen. Das Hämmern in seinem Kopf wird immer stärker, aus den Augenwinkeln erkennt er die schwarzen Schatten, die urplötzlich über seine Arme wandern. Die Königin würde so etwas nie tun und sich auch nicht manipulieren lassen, dafür ist sie zu klug, da ist er sich sicher. Aber was steckt dann hinter diesem Gespräch, das er soeben belauscht hat? Kaemon schnappt nach Luft, eilt nach draußen.

KAEMON

Straßen von London

Seine Brust beginnt unangenehm zu vibrieren, seine Hände zu zittern, sein Herz fühlt sich mal wieder so an, als würde es sich in zwei reißen wollen. In einer atemberaubenden Geschwindigkeit überquert er den Hof in Richtung Kirche. Er muss schnell handeln, weiß er inzwischen schließlich, wann er sich in Gefahr begibt. So häufig wie die letzten Tage ist er noch nie von dieser dunklen Vorahnung überfallen worden, sich zu verlieren.

Er achtet nicht auf die Menschen, die ihm empört nachrufen, wenn er sie umstößt, läuft blind in Richtung Kirche. Das Grollen in seinem Kopf scheint von Schritt zu Schritt schlimmer zu werden, Verzweiflung sickert durch seine Adern. Wie er es hasst. Jennifer vergiftet seine Gedanken, aber er versucht, sich darauf zu konzentrieren, den Dämon in sich nicht an die Oberfläche zu lassen. Er würde sich morgen darum kümmern, morgen, wenn…

Nein, nicht denken, er darf nicht…

Kaemon lässt sich gegen die Kirchentür fallen, stolpert in das religiöse Gebäude, seine Knie schlagen auf dem hellen Marmorboden auf. Aufgewühlt verschränkt er die Hände, presst die Lippen auf seine kühle Haut und schließt die Augen, während er hastig ein Gebet vor sich hinmurmelt. Allmählich spürt er die Wärme, die sich in seiner Brust ausbreitet, sein Herz beginnt, wieder gleichmäßig zu schlagen und sein Atem beruhig sich wieder. Erschöpft lässt er die Hände sinken, bewegt sich aber so lange nicht vom Fleck, bis er sich sicher ist, dass er sich wieder unter Kontrolle und nichts zu befürchten hat. Auch die Schatten, die um seinen Körper tanzen, sind vollkommen verschwunden – zu Kaemons Glück können die meisten Menschen sie nicht wahrnehmen, so eingeschränkt ist ihr Geist.

Sein Blick streift die dunklen, hohen Kirchenfenster und den schmucklosen Altar, einzig und allein ausgestattet mit einer heruntergebrannten Kerze, deren goldene Halterung langsam abblättert. Er erhebt sich, schlingt den Mantel fester um sich und schließt ein letztes Mal die Augen, bevor er die Straßen betritt. Aber sobald ihm die eisige Luft entgegenschlägt, wird ihm etwas bewusst, etwas, das er so sehr zu vermeiden versucht hat.

Er braucht Pandora, sei es um seine oder der toten Seelen willen.

„Vielleicht liegt die Lösung nicht in der Kontrolle, sondern in der Akzeptanz, aber ich bin dazu bereit, diese zu erlernen."

PANDORA

Salomes Anwesen, Venedig

Pandoras Atem beruhigt sich erst wieder, als sie die sicheren Wände der Bibliothek ungesehen betritt. Die Stille legt sich wie ein Samtkleid über sie, zeigt ihr, dass ihr Verschwinden unbemerkt geblieben ist. Sie streicht sich über den weichen Stoff ihres Rockes, steckt sich eine widerspenstige Strähne hinter das Ohr und starrt zu dem Regal links von ihr, aber ihre Augen sind nicht recht dazu in der Lage, die Buchstaben zu erfassen. Sie verschwimmen immer wieder, Pans Gedanken kreisen vielmehr um das Gefühl, das sich in ihrem Magen ausbreitet.

Es ist nicht zu beschreiben, so ungewohnt. Keine Freude, nein, aber es ist auch nicht Furcht, das würde sie schon lange erkannt haben, hat sie sie auf ihren Reisen oft genug begleitet. Pandora streckt den Rücken gerade, greift nach dem erstbesten Buch. Sie muss zumindest so aussehen, als ob sie der Aufgabe nachgeht, die man ihr angedacht hat, obwohl ihr so viele andere Dinge einfallen würden, denen sie hier nachgehen könnte. Was wohl in der Zwischenzeit in London passiert? Ob es neue Erkenntnisse gibt, neue Morde, ob…

Pan presst die Lippen aufeinander. Wäre da etwas Wichtiges, würde man es ihr sagen, und wenn nicht, nun ja, dann muss sie sich damit abfinden. Sie hat nicht zu entscheiden, ob sie eine große Rolle im Team spielt, ob man ihr zur Genüge vertrauen kann. Sie seufzt gequält, weiß sie doch, dass es damit noch nicht einmal etwas zu tun hat. Es liegt nur an…

Nein. Pan öffnet das Buch schwungvoll, die alten, vergilbten Seiten rascheln laut. Sie zwingt sich, ihren Blick auf die Buchstaben zu lenken, die Sätze in sich aufzunehmen. Überraschenderweise ist es eine wissenschaftliche Arbeit über Fabelwesen, die sie in den Händen hält und Pandora lässt sich zwischen die Seiten sinken. Sie saugt alles Geschriebene in sich auf, nur, um ihren Kopf zu füllen, ihm keine Gelegenheit zu bieten, über etwas anderes nachzudenken. Und es funktioniert, tatsächlich fühlt sie sich nach den ersten Seiten schon ein wenig besser. Es ist schon beinahe Zufriedenheit, die sich langsam durch ihren Körper schleicht, Pan glaubt fest daran, alles akzeptieren zu können, was die letzten Stunden geschehen ist.

Sie lässt ihre Finger langsam über das Papier gleiten. Tief durchatmend genießt sie ausnahmsweise einmal die Stille, die herrscht, die Einsamkeit, die sie umgibt. Es kommt nicht sehr oft vor, aber manchmal, ja manchmal brauchen selbst die aufgeschlossensten Seelen eine Pause. Obwohl aufgeschlossen wohl kaum ein Wort ist, mit dem man Pandora bei der ersten Begegnung in Verbindung bringen würde.

PANDORA

Erinnerung, Zeit bei Helos

Schweißgebadet wälzt Pandora sich auf dem weichen Bett. Es ist bezogen mit einem roten Leinentuch, die Kissen sind ausgestattet mit einem dunkelgrünen Bezug. Es hätte ihr Sicherheit bieten müssen, aber die Albträume brechen von Nacht zu Nacht über sie hinein, gnadenlos, als hätten sie vergessen, dass es ein größeres Monster gibt, mit dem sie sich am Tage herumschlagen muss.

Immer wieder sieht sie Kilians zu schnell alterndes Gesicht vor sich, hört seinen rasselnden Atem, sieht den Schmerz in seinen Augen, wenn er sich bewegt. Das Wissen, dass diese Qual niemals ein Ende nehmen würde, lässt ein panisches Feuer in seinen Augen brennen und niemals erlöschen. Sie hat mit niemandem darüber geredet, was Helos ihm da angetan hat, hat die fragenden Blicke der anderen ignoriert. In dieser Hölle fällt es ihr schwer zu atmen und oh, sie würde alles dafür tun, hier rauszukommen, ihr zu entrinnen.

Aber Pandora kann nicht vergessen, was diejenigen erwartet, die den Versuch unternehmen, zu fliehen – selbst würde sie es ertragen, aber ohne Hilfe ist dieses Unterfangen zum Scheitern verurteilt. Hin und wieder sieht sie bittende Blicke, bittend, dieses Leiden auch für all die anderen zu beenden, doch keiner wagt es, mit ihr zu reden. Alle wissen, dass Helos ausgerechnet auf sie ein Auge geworfen hat, ausgerechnet sie besonders beobachtet. Der einzige Hoffnungsschimmer, der in weiter Ferne klimmt, ist dieses eine, neue Mädchen, dessen Hand Pandora bei ihrer Ankunft streifte.

Ein Kämpferherz, intelligent genug, um der Aufmerksamkeit des Todes zu entgehen. Bei ihr nimmt Pan etwas wahr, das sie zuvor bei niemandem gespürt hat, etwas, das sie nicht in Worte fassen kann. Sie scheint das Schreckliche zu begreifen, doch keine Angst zu haben, unterwürfig zu sein, aber ihren eigenen Kopf zu behalten. Vielleicht, nur vielleicht, würde sie die richtige sein. Ein Opfer bringen, mit Pandora einen Plan entwickeln, der nicht nur ihre Haut rettet. Erblickt Pandora sie, scheint ihr Kämpferherz wieder zu schlagen, aber es erlischt so schnell wieder, dass sie es kaum genießen kann. Denn sie weiß, dass selbst, wenn es ihr gelingt, Helos zu entfliehen, sie niemals wieder die gleiche sein würde.

Kurzentschlossen richtet Pandora sich auf, schlägt die Decke beiseite und huscht durch die Türe. Der Flur ist eiskalt, doch sie achtet kaum darauf. Sie würde das junge Mädchen gleich jetzt für eine Unterhaltung beiseite nehmen. Pan versucht so leise wie möglich an all den Zimmern vorbeizulaufen, aber ihr eigener Herzschlag hallt so laut in ihren Ohren wider, dass sie nicht einschätzen kann, ob es ihr gelingt. Und da, nur wenige Meter vor ihrem Ziel, sieht sie Licht auf den menschenleeren Flur fallen. Es stammt von den altmodischen Lampen eines weitläufigen Raumes – ausgerechnet Helos ist derjenige, dessen Murmeln zu ihr hinaus dringt. Vorsichtig drückt Pan sich an die Wand, wirft einen Blick hinein.

Der Tod ist allein. Er läuft mit gerunzelter Stirn auf und ab, in der Hand etwas, das sie nicht ganz erkennen kann. Ein Topf, nein, eher eine Schale oder etwas Derartiges. Er krallt sich an ihr fest, als hätte er Angst, sie würde sich jeden Moment in Luft auflösen, verdeckt mit seinen Fingern die eigenartigen Symbole auf ihr.

„Wer hätte es gedacht, dass ich dich einmal finde. Du wirst mir einiges ersparen, bist du einmal dort. Meine Zauber sollten einen Transport leicht möglich machen“, sagt er zu sich selbst. Euphorie schwingt in seiner Stimme mit.

Obwohl Pandora weiß, dass es riskant ist, bleibt sie, wo sie ist. Zu groß ist die Neugierde. Was hat es mit dieser Schale auf sich?

Wovon spricht Helos? Sie erkennt, wie er die Schale auf den Tisch vor sich stellt. Hastig dreht sie sich um, will zurück in ihr Zimmer laufen, bevor sie bemerkt wird, doch zu spät – seine Augen haben sie bereits erblickt. Und während Helos wütend auf sie zuschreitet, bleibt nichts von dieser Erinnerung im Gedächtnis, als das dumpfe Gefühl, etwas vergessen zu haben.

PANDORA

Salomes Anwesen, Venedig

Pandora seufzt, lässt ihren Blick aus dem Fenster schweifen. Es ist kaum etwas zu erkennen, dafür hat sich Pan zu tief in den Stuhl sinken lassen, aber die Sonne scheint doch hindurch, sie erkennt die hellen Strahlen, die von dem hellblauen Himmel hinabfallen. Pandora ist so von diesem Anblick gefesselt, dass sie kaum mitbekommt, wie sich die Tür öffnet und eilige Schritte den Raum betreten. Sie dreht ihren Kopf nur sehr langsam, beinahe schon uninteressiert, doch Amiras vor Aufregung hochroter Kopf lässt sie stutzen.

„Was ist los?“, erkundigt sie sich mit scharfer, misstrauischer Stimme – sie hat sich gerade wohlgefühlt und etwas, dass sie nun wieder aus der Ruhe bringen könnte, würde sie nicht sehr befürworten. Amira klatscht begeistert in die Hände, wenigstens für sie scheint es eine gute Nachricht zu sein.

„Du hast Besuch. Dein Aufenthalt hier scheint schneller zu Ende zu sein, als vermutet.“ Pandoras Herz setzt für einen Augenblick aus, dann springt sie auf, in ihren Augen ein ungewolltes Glänzen. Zu verlockend ist diese Möglichkeit, die sich ihr bietet.

„Kaemon?“, bringt sie nur fragend heraus und Amira grinst.

Entzückt packt sie Pan an der Hand und zieht sie in Richtung Ausgang.

„Und er hat gesagt, er will mich wieder zurück nach London bringen?“, erkundigt Pan sich vorsichtshalber bei dem jungen Mädchen vor ihr, in ihren Ohren hört sie das Rauschen ihres eigenen Blutes.

Doch Amira zuckt nur mit den Schultern und Pandoras Euphorie weicht Angst. Angst davor, dass er nur gekommen ist, um sich endgültig von ihr loszusagen. Automatisch werden ihre Schritte kleiner und Amira hat deutlich mehr Mühe damit, sie von der Stelle zu bekommen.

„Nun komm schon!“, ruft sie sichtlich begeistert, aber Pans Beine wollen ihr einfach nicht gehorchen.

Es ist beinahe eine Qual, den schönen, hellen Gang zu durchqueren, eine Qual, der Tür, die in Richtung Portal führt, immer näher zu kommen, steht sie doch sonst für ein neues Abenteuer, das Pandora nur zugutekommen kann. Jetzt erscheint sie ihr eher wie ein Höllentor, das ihr Ende bedeutet. Trotzdem reckt sie den Kopf, drückt den Rücken durch und versucht so königlich wie möglich zu wirken, während ihre Hände vor Angst zittern.

Was er ihr wohl zu sagen hat? Pandora streicht sich mit der freien Hand über den Stoff ihrs Kleides, doch es verknittert immer mehr, je hektischer sie wird. Würde er etwas zu ihrem Kleid oder der Art, wie ihre Haare hochgesteckt sind, sagen? Vermutlich nicht und Pan findet keine Freude daran, dass sie sich diese Fragen überhaupt stellt. Es sollte keine Bedeutung für sie haben, was Kaemon tut oder sagt. Als Amira die Tür aufstößt – dass sie nicht verschlossen ist, wundert Pandora – hält sie die Luft an.

Die Zeit scheint sich zu verlangsamen, als sein Blick sie trifft. Seine kalten, faszinierenden Augen wirken dumpf, werden jedoch sofort von einem Glanz überzogen, obwohl seine Miene starr bleibt. Pandoras Herz macht einen Sprung und ihr wird bewusst, wie sehr sie sich jetzt in seine Arme schmeißen, seinen Duft einatmen würde, all die Leute um sie herum vergessen.

Es ist ihr nicht begreiflich, wie sich solch Gefühle in ihr ausdehnen können, es macht ihr beinahe schon Angst, doch ihre Augen gleiten sehnsüchtig an ihm hinab. Seine Hände zucken, als würde er sie nur zu gerne in den Arm nehmen, doch er versucht, so düster wie möglich zu schauen, in der Hoffnung, niemanden würde es auffallen, was wirklich in ihm vorgeht.

„Es wurde entschieden, dass du hier keinen Nutzen hast", zerstört Salome diese besondere Atmosphäre mit einem Schlag und Pan nickt langsam, versucht, ihre Begeisterung über diese Erkenntnis zu verbergen.

Amira zieht sie allerdings weiter, auf eine kleine Türe zu.

„Du musst dich leider wieder etwas unauffälliger kleiden", murmelt das junge Mädchen entschuldigend, aber Pan lächelt ihr nur dankbar zu – es interessiert sie nicht, was sie trägt, Hauptsache, Kaemon verhält sich ihr gegenüber wieder normal und hört damit auf, seine Gefühle zu leugnen.

Die junge Frau achtet kaum darauf, wie Amira ihr in ein neues Kleid hilft, sie ist viel zu gespannt darauf, was der Mann, der ihr Herz schneller schlagen lässt, ihr zu sagen hat, ob er ihr überhaupt etwas zu sagen hat. Als sie wieder aus der kleinen Kammer heraustritt, ist Salome bereits verschwunden und auch Amira schließt die Türen hinter sich, ohne dass Pandora sich noch einmal bei ihr bedanken kann.

„Gehen wir", sagt Kaemon und obwohl diese Worte wirklich nichts Besonderes sind, keine Emotionen preisgeben, würde Pan sie immer wieder hören wollen, nur um seine tiefe, wohltuende Stimme zu vernehmen. Sie nickt hastig, rennt beinahe schon auf ihn zu und schnappt sich seine Hand, um mit ihm das Portal zu durchschreiten. Es wirft ein schimmerndes Licht auf das weiße Baumwollkleid, das sie trägt und als ihre Haut seine berührt, zuckt Kaemon kurz zusammen, umklammert ihre Finger allerdings einen Hauch fester, als er müsste.

Ein Lächeln schleicht sich über Pandoras Lippen und sie schließt die Augen, folgt ihm blind in das Flimmern. Ihre gestillte Sehnsucht überschattet all die düsteren Gestalten, die nach ihr Greifen, sie kommt erst gar nicht in die Verlegenheit dazu, darüber nachzudenken, die Augen wieder zu öffnen und in das Verderben zu sehen.

Vielmehr konzentriert sie sich auf Kaemons sich schnell heben und senkenden Brustkorb, seine kalte Hand, seine Bewegungen.

PANDORA

Straßen von London

Erst als sie den matschigen, vom Regen durchweichten Boden Londons berühren, verfliegt der kurze Moment ihres Glückes und ihr Begleiter zieht seine Hand zurück. Beide stehen sie da, unfähig, sich zu bewegen, Kaemon den Blick starr nach unten gerichtet, Pandora unablässig ihn beobachtend. Keine Menschenseele ist zu entdecken und nur das Gekreische der Vögel durchbrechen die Stille, welche auf ihnen liegt.

„Warum bist du zurückgekommen?", hebt Pandora nach einer Weile dann doch ihre Stimme – sie ist nervös, hat Angst vor seiner Antwort.

„Wir brauchen dich hier."

„Wir?"

Einen Moment schweigt Kaemon noch, dann wendet er sich ihr zu, überwindet seine eigenen Schatten und greift nach ihr. Ein leises, erwartungsvolles Keuchen entwischt Pan, als sie seine Haut ein weiteres Mal berührt – als würde es die Zeit, die sie von ihm getrennt war, wieder gut machen.

„Ich will dich, da liegt der Unterschied." Aber in seinen Augen sieht sie, dass er lügt, schmeckt seine falschen Worte, als er sie küsst. Nein. Dieser Kuss, so leidenschaftlich, so begierig, erzählt von mehr als dem Wollen. Er erzählt von der Sehnsucht, die auch er durchlebt haben muss, von dem schmerzlichen Bewusstsein darüber, dass man manchmal jemanden braucht, der an seiner Seite gegen sich selbst kämpft.

Pandora schlingt ihre Arme um seinen Nacken, genießt das Gefühl seiner rauen Lippen auf ihrer. Als er sich von ihr löst, verharren sie für einen Augenblick noch nah beieinander, die Stirn aneinander gelehnt.

Obwohl es noch so viel Unausgesprochenes zwischen ihnen gibt, will Pandora gar keine Antworten mehr, sie will nur, dass er sie nie wieder von sich stößt. Doch der Grund, weshalb sie überhaupt zueinander gefunden haben, hängt wie eine schwarze Gewitterwolke über ihnen und so wendet Kaemon sich schon bald wieder von ihr ab, um auf den Weg vor sich zu starren, während er sich in Bewegung setzt.

„Ich habe nur vor wenigen Stunden eine mysteriöse Unterhaltung zwischen Königin Jennifer und ihrem neuen Geliebten mitbekommen“, beginnt er und es gibt gleich mehrere Dinge, die Pan überrascht aufhorchen lassen.

„Ein Geliebter?“

Kaemon nickt. „Ein zwielichtiger, aber geschätzter Auftragskiller, der hin und wieder in unsere Dienste tritt, wenn ich andere Pläne habe. Er hat keine feste Anstellung am Palast, wird aber oft konsultiert, um… na ja“, erklärt er und irgendwie erheitert Pandora diese Tatsache. Ein Geliebter am Hofe des Königs ist immer etwas, worüber geredet wird, aber dann wird sie wieder ernst.

„Und was hast du gehört?“, hakt sie nach, aber Kaemon zögert, es scheint ihn ein wenig Überwindung zu kosten, was Pan stutzen lässt. Kann es schließlich nichts Gutes bedeuten.

„Er meinte, dass alles wie gedacht läuft und sich das Ziel in greifbarer Nähe befindet“, gibt Kaemon zähneknirschend wieder und sofort achtet Pan auf Veränderungen in seinen Augen oder seine Gangart, aber wie es scheint, hat er sich unter Kontrolle. Sie verspürt ein unangenehmes Ziehen in ihrer Magengrube – noch ein Thema, über das sie mit dem Auftragsmörder dringend reden müsste, wenn sich ein passender Moment ergibt. Sie wird blass, als sie merkt, welche Sorgen sich in Kaemons Kopf breitmachen.

„Du meinst“, sie verstummt für einen kurzen Moment, „das königliche Medaillon neben der Leiche …“ Sie beendet ihren Satz nicht, aber

Kaemons Nicken zeigt deutlich, dass sie richtig denkt. Aber was soll Königin Jennifer mit Helos zu schaffen haben? Ihr wird schwindelig.

„Und jetzt?“, krächzt sie, holt tief Luft. Vor ihr ergibt sich eine Spur, die alles beenden könnte, würden sie es richtig anstellen. Pandora versucht, einen klaren Gedanken zu fassen, aber es fällt ihr schwer, weiterzudenken. Kaemon verringert sein Tempo und greift nach ihrer Hand, die genauso stark zittert wie ihre.

„Attis und Illeron versuchen, etwas von den Dienern zu erfahren, wir… wir werden Königin Jennifer einen Besuch abstatten.“

Unvermittelt räuspert Pan sich. „Du willst sie nach dem Gespräch fragen?“

Er nickt ein weiteres Mal, was ihre Zweifel nur umso mehr schürt.

„Glaubst du, das ist der richtige Schritt?“, erkundigt sie sich vorsichtig, aber in seinen Augen sieht sie, dass ihn die Situation mehr als unglücklich macht.

„Jennifer ist eine starke Frau, keine Frage, aber sie wird mir gegenüber aufrichtig sein, da bin ich mir sicher. Sie ist nicht grausam, was all diese Morde in gewisser Weise voraussetzen würden und es würde ihr kein sinnlicher Wunsch kommen, als das herrliche Bild, dass ich von ihr habe, wieder makellos zu hinterlassen.“

„Soweit makellos, wie möglich“, ergänzt Pandora verhalten und Kaemon stimmt ihr mit einem leisen Lachen zu.

„Ja, natürlich“, murmelt er und hebt seinen Blick in den Himmel. „Aber ich würde ihr alles verzeihen, das weiß sie.“

Für einen Moment lässt Pan es auf sich beruhen, dann siegt ihre Neugierde. „Sie bedeutet dir viel, oder?“, fragt sie leise, aber gibt ihm auch zu verstehen, dass er nicht darauf antworten muss.

Trotzdem tut er es. „Sie ist schon beinahe wie eine Ersatzmutter für mich, das lässt sich nicht bestreiten, auch wenn es von außen vielleicht nicht so wirkt“, erklärt er.

Pan versteht, weshalb er so unbedingt eine Antwort von dieser Frau braucht, eine persönliche, bei der er ihr in die schönen, tiefen Augen blicken kann. Schweigend folgt sie ihm, achtet nicht einmal auf ihre Umgebung, zu sehr beschäftigt sie der Gedanke, welch grässliches Gefühl sich wohl durch seine Brust fressen muss. Immer wieder drückt sie seine Hand, um ihm zu zeigen, dass sie bei ihm ist und ihn unterstützt, aber Kaemon merkt es kaum. Sein Blick schweift immer wieder ab.

Neugierde wallt in ihr auf, vertreibt sogar die Angst, die sich in ihr ausbreiten wollte. Wenn Königin Jennifer nicht hinter den Morden steckt, welch Geheimnis trägt sie dann mit sich herum? So viele Möglichkeiten erstrecken sich vor Pandora, dass sie keiner einzige davon länger als ein paar Sekunden Aufmerksamkeit schenkt.

Immer wieder gleitet ihr Blick zu Kaemon, um zu sehen, ob er bei sich bleibt, aber er wirkt beherrschter, denn je, obwohl seine Muskeln deutlich angespannt sind und sie das energische Mahlen seines Kiefers vernimmt. Pan schluckt. Wie weit würde es zur nächsten Kirche sein, sollte die Antwort der Königin ihn aus der Fassung bringen?

Verärgert beißt sie sich auf die Lippe. Er würde das schaffen, ist es ja nicht das erste Mal, dass er damit klarkommen muss. Außerdem lässt sich diese Situation wohl kaum mit ihrer gemeinsamen Nacht vergleichen – ein aufgeregtes Kribbeln schleicht ihren Rücken hinab, denkt sie daran. Tatsächlich ist es eine Mischung aus Furcht und Faszination, die ihr in den Sinn kommt, obwohl die Faszination deutlich überwiegt. Weshalb ist ihr nicht sonderlich klar, aber alles ist besser als die Angst.

Pandora schiebt den Gedanken daran beiseite. Fürs Erste gibt es wichtigere Dinge, die erledigt werden müssen und Kaemon hat sicher bereits einen Plan.

PANDORA

Palast, London

Schon bald überschreitet Pan den Innenhof des Palastes, hält sich dicht hinter Kaemon. Ihr unruhiger Blick huscht von Wache zu Wache, irgendwie ist ihr unwohl bei dem Gedanken daran, was in den nächsten Minuten passieren könnte. Trotzdem versucht sie, es sich nicht anmerken zu lassen, um Kaemon eine Stütze bieten zu können. Er hat ihre Hand inzwischen losgelassen, tut beinahe so, als würde sie gar nicht hier sein. Vermutlich ist er viel zu versessen darauf, Antworten zu bekommen, dass er alles andere um sich herum gar nicht mehr richtig wahrnimmt. Sie nimmt es ihm nicht übel.

Langsam mustert Pandora die funkelnde Treppe vor sich, die sich verwunschen nach oben windet, die goldgerahmten Gemälde, die an den Wänden hängen. Die Augen der Könige und Königinnen wirken so echt, dass Pan sich von ihnen beobachtet fühlt, als würden sie jede ihrer Bewegungen ganz genau betrachten. Sie wendet sich ab, starrt stur gerade aus.

Kaemon bewegt sich zielgerichtet auf die Treppe zu, hastet die Stufen nach oben. Pan wundert sich erst gar nicht, woher er wissen will, wo sich Königin Jennifer in diesem Moment aufhält, wird er ihre Gewohnheiten einfach schon zu gut kennen. Und tatsächlich, die Stimme, die aus einer der Türen dringt, klingt ganz nach der stillen, majestätischen Frau, die neben ihrem Mann sitzt und die Geschehnisse nüchtern von außen betrachtet.

Kaemons Miene ist wie versteinert, keine einzige Gefühlsregung huscht über sein Gesicht. Bevor er an die Tür klopft, atmet er noch ein letztes Mal tief durch.

Das laute Pochen lässt die Königin sofort verstummen. Als sie die Tür öffnet, wirken ihre großen Augen matt, das Haar hängt ihr ungemacht auf die schmalen Schultern hinab und das hellblaue, beinahe schon durchsichtige Kleid, welches sie trägt, betont ihre weibliche Figur deutlicher als üblich. Trotz allem verschlägt es Pandora wieder einmal den Atem, sie sieht so bezaubernd aus, wie immer.

Ein schwaches Lächeln erscheint auf den Lippen der Königin, als sie Kaemon und Pan hereinbittet. Das Zimmer, das sie betreten, ist ungewöhnlich klein, vergleicht man es mit den anderen Räumen des Palastes.

Durch die großen Fenster, die mit weißen, zusammengebundenen Vorhängen halb verdeckt sind, dringt genügend Licht, um ihn nicht zu dunkel erscheinen zu lassen und auf dem Boden liegt ein riesiger Teppich, der von rosanen Blumen überzogen ist. Auf dem runden, dunklen Holztisch, dessen glatte Oberfläche bei jedem Sonnenstrahl, der auf sie fällt, glänzt, steht ein hübsches Teeservice. In den weißen, ebenfalls mit Blumen bemalten Tassen schwappt eine orange Flüssigkeit, eine Dose mit braunem Zucker steht in der Mitte des Tisches. Auf dem beigen Stuhl vor der volleren Tasse sitzt mit gekreuzten Beinen ein Mann. Über sein Gesicht zieht sich eine lange Narbe, die in seinem schwarzen Bart verschwindet. Doch als er Pandora erblickt, weiten sich seine dunklen Augen und seine Finger verkrampfen sich.

Verwundert mustert Pan ihn, kommt er ihr nicht bekannt vor. Verunsichert wendet sie sich von ihm ab und als ihr Blick ihn kurz darauf wieder erfasst, sitzt der Mann wieder völlig entspannt auf seinem Stuhl, als wäre nichts gewesen. Auch sonst scheint seine merkwürdige Reaktion niemanden aufgefallen zu sein, also schenkt Pan ihm keine weitere Beachtung, vermutlich war er einfach überrascht gewesen, überhaupt jemanden empfangen zu müssen.

„Fernando." Kaemon nickt dem Mann steif zu.

Pandora runzelt die Stirn. Fernando. Hat sie diesen Namen nicht schon einmal irgendwo vernommen? Hat ihre Tante nicht einmal… ihr Gedanke löst sich in Luft auf, bevor sie ihn zu Ende denken kann, doch ihre Aufmerksamkeit gilt schon wieder Kaemon, der die Arme vor der Brust verschränkt und sich vor der Königin aufbaut, welche mit verunsichertem Blick zurückzuckt.

„Ich glaube, es erspart uns beiden einiges, wenn ich einfach gleich mit der Sprache herausrücke – was plant ihr beide, dessen Ziel ihr bald erreicht habt? Die Morde, stehen die Morde damit in Verbindung?“, platzt Kaemon heraus und Pan legt ihm sachte die Hand auf den Arm.

Die Augen der Königin weiten sich erschrocken, ihr Blick gleitet panisch zu Fernando, welcher ebenfalls überrascht zusammenzuckt. Für einen schrecklich langen Moment ist es still, dann räuspert Königin Jennifer sich.

„Mit diesen Morden haben wir nichts zu tun“, stellt sie mit fester Stimme klar, doch ihr ganzer Körper zittert nervös.

Pandora hört Kaemon erleichtert ausatmend. Allerdings lässt er nicht locker. „Was ist es dann?“

Gespannt wartet Pandora auf die Antwort der Königin, aber diesmal bleibt sie stumm und Fernando ist derjenige, der sich erhebt. Er stellt sich hinter Jennifer, legt die Hände beschützerisch auf ihre Hüfte. Dankbar lehnt sie sich an ihn und es erwärmt Pans Herz, die beiden so zu sehen, welch unheimlichen Plan sie auch befolgen wollen. Und als sie der Königin Jennifer in die Augen sieht, ist es vor allem Schmerz, Sehnsucht, was sie erblickt. Sie zögert einen Moment – dann räuspert sie sich.

„Ich stehe nicht in den Diensten des englischen Königs und habe ihm gegenüber somit auch keine Verpflichtungen“, beginnt sie zögerlich, fragt sich, was genau sie hier eigentlich versucht. „Falls es also etwas ist, dass er nicht erfahren sollte, würde ich mir die Erklärung auch alleine anhören und sie als Geheimnis mit mir herumtragen, sofern sie nichts mit meiner Aufgabe hier zu schaffen hat."

Widerwillig wendet Kaemon sich ihr zu. Sie sieht, dass er nicht sonderlich begeistert von ihrer Idee ist, sie allerdings hinnehmen würde, wenn die Königin ihr Angebot akzeptiert.

„Das wäre eine Möglichkeit", presst er heraus, „denn ohne gänzliche Erklärung eures Gespräches werde ich niemanden gehen lassen."

Pandora sieht, wie gerne die Königin fragen würde, weshalb Kaemon denn überhaupt davon weiß, aber sie schweigt, scheint es ihr gerade das geringste Problem. Zu Pans Überraschung nickt sie nach einer Weile.

„In Ordnung." Sie wendet sich an Kaemon. „Der Konflikt zwischen Pflicht und Loyalität würde dich zerreißen", haucht die Königin sanft, „verzeih mir mein Handeln also bitte."

Fernando öffnet Kaemon die Tür und lässt sie laut hinter ihm ins Schloss fallen. Nun ist Pandora mit den beiden allein und es schüchtert sie mehr ein als gedacht. Sie hebt wartend den Kopf. Ein tiefer Seufzer entweicht der Königin, während sie sich auf einem der Stühle niederlässt. Die Erschöpfung steht ihr ins Gesicht geschrieben und Sorge kommt in Pan auf.

„Das wird jetzt vermutlich sehr kalt klingen und solltest du dein Versprechen brechen, wird es mehr Leben kosten als jetzt, wäge deine Entscheidung also bitte gut ab", beginnt Königin Jennifer, während Fernando gedankenverloren mit einer Strähne ihres Haares spielt.

„Natürlich wäre es einfacher, zu lügen, aber ich muss gestehen, dass mir diese praktische Eigenschaft vorenthalten ist." Sie seufzt. „Du würdest es sofort bemerken und jeglicher Verdacht, dass ich etwas mit dem Killer zu schaffen habe, den ihr jagt, würde sich zu meinem Bedauern nur noch mehr verstärken."

Pandora nickt leicht, sie versteht die Gedankengänge der Königin nur zu gut.

„Als kleines Kind war es mein größter Wunsch, Königin zu werden. Damals stellte ich mir ein leichtes Leben in Saus und Braus vor und jetzt sie mich an. Ich habe einen Mann, der zwischen seinen Geschäften keine Zeit findet, mir einen guten Morgen zu wünschen, geschweige denn mir gestattet, meine Gedanken einzubringen. Ich habe einen verzogenen Sohn, der ganz nach seinem Vater kommt, jedem Mädchen das Herz bricht, um dessen Hand er eigentlich anhalten sollte."

Wut funkelt in ihren Augen und Pan blinzelt überrascht.

„Fernando gibt mir alles, nachdem ich mich sehne", Königin Jennifers Stimme wird wieder leiser, „aber sollte George uns jemals erwischen, wird man mir den Kopf abschlagen. Natürlich ahnt er es, sowie es jeder hier tut, aber es darf ohne einen Beweis nicht ausgesprochen werden."

Pan nickt leicht. Sie beginnt zu verstehen.

„Dir wird es nicht verständlich sein, aber mein einziger Wunsch ist es, ein ruhiges, aber mächtiges Leben führen zu können, mit dem Mann an meiner Seite, den ich liebe. Ich will meine eigenen Entscheidungen treffen, dieses Land zur Größe verhelfen, zusammen mit Fernando."

Sie macht eine Pause und Pan beschleicht das mulmige Gefühl, zu wissen, was die beiden planen.

„Der König muss sterben, um meiner unglücklichen Seele willen."

Es ist wie ein Faustschlag. Pandora kneift die Augen zusammen, versucht, sanft zu lächeln. Ein Attentat auf den König also, ausgeführt von seiner eigenen Frau. Sie schluckt. Deshalb also nicht vor Kaemon – er würde es dem König verraten müssen, hat er ihm schließlich die Treue geschworen. Sie aber würde ihre Augen verschließen können, nichts davon geht sie etwas an. Zögerlich wendet sie sich an Königin Jennifer.

„Das ist nichts, was mich betrifft", beginnt sie gedehnt, hadert mit sich, was sie tun soll, „geht euren Weg, haltet mich nur raus."

Das scheint Pandora das einzig vernünftige zu sein. Sie würde das eben gehörte ganz schnell wieder vergessen, ihr steht es nicht zu, darüber zu urteilen, wer in diesem Fall im Recht ist. Soll das Schicksal entscheiden, doch sie würde ihre Finger aus dem Spiel lassen. Außerdem, wer würde jemanden wie ihr schon Glauben schenken? Jennifer ist, soweit Pan beurteilen kann, überall stets beliebt und sie würde sich mehr Feinde als Freunde machen, solch eine Behauptung auszustoßen.

Die Königin atmet erleichtert auf, in ihrem Blick liegt eine tiefe Dankbarkeit. Trotzdem verspürt Pan so etwas wie Enttäuschung, Enttäuschung darüber, dass das belauschte Gespräch sie bei der Suche nach dem Killer kein Stück weitergebracht hat.

Fernandos dunkle Augen ruhen stumm auf ihr und auch wenn sie nicht sagen kann, weshalb, beschert er ihr eine unangenehme Gänsehaut. Sie streicht sich über den Stoff ihres Kleides und räuspert sich verlegen.

„Ich glaube, es wäre angebracht, wenn ich jetzt gehe", sagt sie und überlegt, was sie Kaemon gegenüber erwähnen sollte, ob es nicht zu riskant ist, nichts zu sagen. Ob er eine Lüge enttarnen würde?

Gedankenverloren knickst sie vor der Königin, schleicht mit gerunzelter Stirn zur Türe. Sie fühlt sich, als hätte sie sich etwas Schweres auf den Rücken geschnallt, aber trotzdem, ihr Herz verschließt sich vor diesem Problem. In ein paar Tagen würde sie ganz neutral darauf zurückblicken können, ohne sich Gedanken darüber zu machen, ob ihre Entscheidung nun die richtige war. Solange niemand erfährt, dass sie darüber Bescheid weiß, würde sie nichts zu befürchten haben.

Pan betritt den stillen Flur. Ihr Blick fällt sofort auf Kaemon, der mit verschränkten Armen vor der Tür wartet. Er wippt ungeduldig mit dem Fuß, fährt sich unablässig durch die schwarzen Haare. Als er Pandora sieht, zuckt er zusammen. In seinen Augen sieht sie, wie gerne er wissen würde, was die Königin ihr anvertraut hat, aber sie presst die Lippen zu einem schmalen Strich zusammen.

„Nichts Schlimmes und auch nicht wichtig für uns", sagt sie dann doch und Kaemon nickt widerwillig. Schweigend verlassen sie das Gebäude und je weiter Pandora sich davon entfernt, umso geringer scheint die Last, die sie bedrückt. Immer wieder schaut ihr Begleiter zu ihr hinüber, als würde er überlegen, sie nach Einzelheiten zu fragen, aber er bleibt stumm.

Zu ihrem Glück, sie weiß, dass es ihr sichtlich schwerfallen würde, weiterhin nicht darüber zu reden, was sie von Königin Jennifer erfahren hat. Pandora wischt den Gedanken daran beiseite, seufzt und konzentriert sich wieder auf den Weg vor sich.

PANDORA

Straßen von London

„Und was machen wir jetzt?“, erkundigt sie sich vorsichtig.

„Kurz zu Galene und Eris, vielleicht haben die in der Zwischenzeit etwas erfahren“, erwidert er und Pan verzieht das Gesicht. Die beiden hat sie eindeutig nicht vermisst.

Ein Lächeln schleicht sich über seine Lippen. „So schlimm wird es schon nicht“, er lacht, „außerdem haben die beiden gehörigen Respekt vor dir.“

Jetzt muss auch Pan grinsen. „Besser so“, sagt sie schnippisch und streicht sich eine Strähne hinter das Ohr. Doch dann erinnert sie sich an etwas und wird wieder ernst. „Es gibt noch ein paar Dinge, über die wir dringend reden müssen, das weißt du?“, flüstert sie zögerlich und Kaemons Züge spannen sich automatisch an.

Er senkt den Blick. „Ja“, erwidert er langsam, „das ist mir klar.“

„Ich weiß selbst, dass es nicht angenehm ist, aber …“ Er unterbricht sie und bleibt stehen.

„Schon gut.“ Vorsichtig nimmt er Pandoras Hände und zieht sie ein Stück zu sich. „Hör zu, du hast nicht mir, sondern dem Wesen in mir deine Seele versprochen. Solange ich bei Sinnen bin, werde ich deinem Mörder – so gerne ich es auch täte, wüsste ich, wer er ist – kein Haar krümmen.“ Sanft streicht er ihr über die kühle Wange. „Dir kann nichts passieren.“

Pandora nickt stumm. Es klingt einleuchtend, aber mit solch einem Schicksal spielt man nicht. „Gibt es eine andere Möglichkeit, den Pakt zu durchbrechen oder sowas?“

Kaemon seufzt gequält. „Ich weiß es nicht, aber ich verspreche dir, dass ich eine Möglichkeit finde, dich zu schützen."

Wieder nickt Pandora, beschließt, es darauf beruhen zu lassen, doch dann kommt ihr eine beinahe schon alberne Idee.

„Was, wenn wir die Nixen beauftragen, ihn zu finden, um ihn zu warnen?", bringt sie hervor, hat Mühe, den in ihr auf qualmenden Hass zu unterdrücken. Wer auch immer er ist, eigentlich hat er kein Recht zu leben, er sollte leiden, so wie sie es seinetwegen getan hat. Aber wenn es der einzige Weg ist, ihr Sicherheit zu geben, bleibt ihr wohl nichts anderes übrig. Kaemon legt den Kopf schief.

„Möglich wäre es, ja", beginnt er langsam, „aber es wäre riskant. Sehr riskant."

Sie nickt leicht. Natürlich, das wäre es, aber vielleicht ist es das einzig richtige. „Lass uns trotzdem darüber nachdenken."

Er stöhnt leise, ist er nicht sonderlich begeistert davon, es zu probieren. Doch nach einer Weile willigt er mit einem tiefen Brummen ein.

„Gut, gut", murmelt er, „wir sind ja ohnehin auf dem Weg zu ihnen. Dann können wir gleich schauen, ob sie uns helfen würde."

Ein dankbares Lächeln schleicht sich über Pandoras Lippen. „Danke."

Er antwortet nicht mehr darauf, sondern lässt seinen Blick schweigend in die Ferne gleiten. Sie kann ihm ansehen, dass ihm die Situation auf den Magen schlägt. Ja, sie fühlt sich auch nicht sonderlich wohl, aber es ist jetzt wichtig, einen klaren Kopf zu bewahren. Sie streckt den Rücken durch, seufzt leise.

Als sie die beinahe vollkommen leere Bar betreten, schlägt Pandora die heiße Luft unangenehm entgegen. Sie nimmt ihr für den ersten Moment den Atem, dann hat sie sich schon daran gewöhnt und hält nach Galene oder Eris Ausschau. Doch während Kaemon sie anscheinend entdeckt hat, fällt ihr nur jemand anderes ins Auge – Edward, der Königssohn. Sie runzelt verwirrt die Stirn. Ein Königssohn? Hier?

Seine weißen Haare liegen ihm glatt auf dem runden Schädel, es lässt ihn hochnäsiger erscheinen, als Pan ihn in Erinnerung hat. Zähneknirschend sieht sie, wie ein Blick sie erfasst und er die zwei Mädchen neben ihm unwirsch wegscheucht. Kaemon setzt sich unterdessen zu, wie Pan glaubt zu erkennen, Galene und beginnt aufgeregt mit ihr zu diskutieren. Hastig wendet Pandora sich von Edward ab, aber zu spät – der junge Mann ist bereits zu ihr getreten, auf den Lippen ein zufriedenes Grinsen.

„Signora Pandora, wie schön dich zu treffen – sieht man von diesem Ort einmal ab“, seine hohe Stimme klingt herrisch und Pan muss sich große Mühe geben, um das Lächeln höflich erwidern zu können.

Sie macht einen Knicks, aber Edward schlingt seinen Arm bereits um ihre Hüfte, um sie zu einem Tisch zu ziehen. Doch anders als bei Kaemon fühlen sich seine kalten Finger, die sich in ihr Kleid graben, falsch an und es ist ihr mehr als unangenehm. Allerdings weiß sie auch, dass sie keine andere Wahl hat, als zu tun, was der Thronerbe von ihr verlangt, anders würde er sicherlich seinen Vater auf sie hetzen. Und wer weiß, vielleicht würde er ja auch noch nützlich sein?

„Also, was führt dich hier her?“, beginnt Edward ein Gespräch.

Pan streicht sich den Stoff ihres Kleides glatt und räuspert sich „Kaemon und ich wollten die Nixen fragen, ob ihnen irgendetwas Nützliches zu Ohren gekommen ist“, erwidert sie langsam und will ihren Kopf zu Kaemon drehen, aber Edward ist schneller – blitzschnell umfasst er ihr Kinn und zieht es zu sich zurück.

„Nana, unser Killer ist jetzt nicht so wichtig.“

Pandora nickt wie in Zeitlupe, es gefällt ihr nicht, wie Edward mit ihr redet, geschweige denn, dass er überhaupt mit ihr redet. Trotzdem macht sie keine Anstalten, aufzustehen, um ihn nicht zu verärgern.

„Und was machen Sie hier?“, unternimmt sie den verzweifelten Versuch, sich mit ihm zu unterhalten.

„Sag Edward zu mir, meine Liebe", sagt der Königssohn nur grinsend. Das Blitzen in seinen Augen lässt sie unruhig mit der kleinen Schleife an ihrem Kleid spielen.

„Wie du willst, Edward."

Edward lehnt sich zurück. „Du kommst aus einer reichen, venezianischen Familie, habe ich recht?", erkundigt er sich und Pan verengt misstrauisch die Augen.

„Ja", gibt sie langsam zu, verwirrt darüber, was er bezweckt.

„Ich kannte deine Tante flüchtig."

Pandora erstarrt. Ihr wird kalt und es fühlt sich an, als würden kalte Hände ihre Kehle zudrücken. Sie schnappt hektisch nach Luft. Edward gibt ein leises, hochnäsiges Lachen von sich und beugt sich zu ihr. Sein von Alkohol getränkter Atem schlägt ihr entgegen.

„Oh ja, Pandora Morel", flüstert er, „ich weiß es – ich weiß, dass dich die ganze Welt für tot hält. Du warst aufgebahrt, man hat sich von dir verabschiedet. Stell dir vor, sie würden dich plötzlich lebendig vor sich haben? Würden sie nicht Angst vor dir haben und dich töten wollen, um das Unnatürliche von der Erde zu bannen?"

Er lässt sich zurückfallen, aber Pan ist nicht in der Lage dazu, etwas zu sagen. Ihr wird schwindelig. Er weiß es. Und er hat recht – sie würde nicht überleben. Panik übernimmt beinahe die Oberhand. Sie darf nicht sterben, das würde sie direkt zu Helos führen.

„Ich habe es noch niemandem erzählt", fügt der Königssohn hinzu.

Pan atmet heftig aus und reibt sich über die pochende Schläfe, versucht, einen klaren Gedanken zu fassen. Inwiefern wirkt sich sein Wissen auf ihrer Situation aus?

Mit zitternden Händen starrt sie in seine hellen, kalten Augen. „Und jetzt?", ist das Einzige, was sie herausbringt.

Edward streicht über ihren Nacken und aus dem Augenwinkel sieht sie, wie Kaemon auf sie zukommt – er sieht nicht sehr begeistert aus. Das schlechte Gefühl in ihrem Magen verstärkt sich. Edward zuckt mit den Schultern, versucht, möglichst gelangweilt zu schauen.

„Warum erzählst du mir das ausgerechnet jetzt?", versucht Pandora Klarheit in die Situation zu bringen.

„Deine Tante ist vor wenigen Monaten gestorben und da deine Eltern nicht zu finden sind, ist es unklar, an wen ihr beträchtliches Vermögen fällt", beginnt Edward, aber Pans Keuchen unterbricht ihn.

Tot? Sie ist tot? Pan muss schlucken. Es tut ihr nicht leid, aber trotzdem verkrampft sich ihre Brust.

„Darunter auch ein paar hübsche Flecken Land", führt Edward weiter aus und Pandora wird immer blasser, als sie merkt, worauf das ganze hinausläuft.

„Ich komme gleich zur Sache: Du wirst mich heiraten, wir weisen deine Verbindung zu deiner Tante nach und ihr Besitz fällt in meine Hände." Er sagt es so locker, so selbstsicher, dass Pan ein belustigtes Lachen entwischt.

„Und warum sollte ich einwilligen?"

Edwards Züge verhärten sich, während sich plötzlich Kaemons Hand auf ihre Schulter legt.

„Ich bin der Thronerbe, ich bekomme, was ich möchte, das sollte eigentlich schon Grund genug sein", zischt Edward verärgert, „aber ich will mal nicht so sein."

Er beugt sich ein weiters Mal zu ihr hinüber. „Ich kenne deinen sehnlichsten Wunsch."

Pandora erstarrt. Ihren sehnlichsten Wunsch? Woher will Edward wissen, was ihr sehnlichster Wunsch ist?

„Ich weiß, wer dich getötet hat", flüstert er, aber seine Worte scheinen ihr ins Fleisch zu schneiden. Die Angst nimmt ihr den Atem, ihre Kehle verkrampft sich. Pandora will nach dem Namen fragen, aber so sehr sie es auch versucht, ihr kommt kein Ton über die Lippen.

Sie gräbt die Fingernägel in ihr Fleisch, nur um etwas zu fühlen, um die Taubheit, die sich auf sie legt, zu verdrängen.

Da reißt sie Kaemon schon von ihrem Stuhl. Er zittert und sein Atem geht stoßweise – dann versteht sie auch, warum. Sie dreht sich zu ihm, schlingt die Arme um seinen Bauch.

„Es ist alles gut. Bleib bei dir." Pan kann nicht erkennen, ob ihr Flüstern seine Seele erreicht, er ist wie starr.

Der Dämon in ihm ist kurz davor, seinen Pakt erfüllt zu bekommen, es ist klar, dass er nicht kampflos aufgibt. Vorsichtig schiebt sie ihn auf den Ausgang zu, Edward muss warten, so gerne sie auch erfahren würde, wer hinter ihrem Tod steckt. Ihr wird schwindelig und sie kann nicht genau feststellen, ob sie Galene und Eris wirklich zu sich winkt, oder ob sie es sich nur einbildet. Erst bewegen sich die beiden Schatten nicht, aber dann kommen die beiden tatsächlich geschmeidig auf sie zu.

Kaemons Atem dringt laut an ihr Ohr.

„Kirche", stößt Pan nur hervor und deutet auf Eris, welche sofort nickt – sie scheint die ernste Lage zu begreifen und schubst Kaemon grob nach draußen.

Pandora wirft ihm einen letzten Blick zu, doch sein Gesicht erkennt sie dabei nicht. Sobald sich die Tür hinter den beiden geschlossen hat, entwischt ihr ein erleichtertes Keuchen, trotzdem kann sie das bedrückende Gefühl aus ihrer Brust nicht verbannen.

Galene streckt die Hand nach ihr aus, um ihr flüchtig über die Schulter zu streichen und setzt sich anschließend an den Tisch neben Edward, die Augen neugierig auf die beiden gerichtet. Pandora ist nur recht, dass sie hierbleibt, sie will auf gar keinen Fall mit dem Thronfolger alleine sein.

„Also?“ Sie setzt einen hochmütigen Blick auf und wendet sich ihm wieder zu. „Ich verspreche dir meine Hand und du sagst mir dafür, wer mich umgebracht hat?“

Edward nickt. Am liebsten würde Pandora ihm angewidert erklären, was für ein Bastard er ist, aber sie zwingt sich dazu, ruhig zu bleiben. Sie lässt sich auf den nächstliegenden Stuhl sinken, legt den Kopf in die Hände. Ihr Herz rast. Ist es ihr das wirklich wert? Zu wissen, wer für ihr Schicksal verantwortlich war, dafür aber einen so abscheulichen Menschen heiraten, wo sie doch Kaemon hat? Andererseits ist jetzt bereits zu spät, sobald dieser ein weiteres Mal die Kontrolle verliert, wäre ihr Ende besiegelt. Und als Prinzessin würde sie immer hin in der Lage sein, ein Leben zu führen, wie sie es sich erhofft hat und wie die Königin selbst eine Affäre haben.

Pan beißt sich in die Lippe und hebt ihren Kopf. „In Ordnung.“

Diese Worte kommen hervor, ohne dass Pandora sich darüber Gedanken gemacht hat, ob sie mit ihrer Antwort nicht noch etwas warten sollte. Kaum ausgesprochen schleicht ein zufriedenes Grinsen über Edwards Gesicht, während Galene stirnrunzelnd zur Tür starrt. Sie wirkt nicht begeistert, und das, obwohl sich die Sympathie Pandora gegenüber in Grenzen hält.

Fordernd starrt sie Edward in die funkelnden Augen. „Also?“

Vielleicht würde sie sich am Ende noch herausreden und sagen können, Edward habe sie nur falsch verstanden – Galene würde ihr möglicherweise sogar den Rücken stärken. Nervös streicht sie über die Oberfläche ihrer Fingernägel.

„Fernando, ein Auftragskiller“, Edwards glatte Stimme ist nicht mehr als ein Flüstern, „wurde von deiner Tante angeheuert. Sie hat sich so sehr für dich geschämt.“

Pan kann nicht beschreiben, wie sie sich fühlt, nachdem diese Worte die Lippen des jungen Mannes vor ihr verlassen haben. Eine unangenehme Leere breitet sich in ihr aus und sie starrt einfach nur vor sich hin, unfähig dazu, etwas anderes zu tun. Ihre eigene Tante also. Wie konnte sie nur so blind sein und es nicht vorher schon erkennen? Es macht alles Sinn, wahrscheinlich ist die Erkenntnis deshalb so unglaublich … schmerzhaft? Weil es ihr eigenes Fleisch und Blut ist? Weil es nur deshalb so kommen musste, weil sie nicht wie jedes andere Mädchen ist?

Edwards Blick ruht auf ihr, aber er ist klug genug, nichts zu sagen. Er beobachtet sie nur schweigend, genau wie Galene. Pandora drückt beide Hände gegen ihren Kopf, unterdrückt ein Schluchzen, dann wiederrum will ein Lachen ihrer Kehle entfliehen. Sie keucht leise auf, versucht, sich zu beruhigen, eine logische Konsequenz aus der Sache zu ziehen. Was ist jetzt zu tun?

Doch dann realisiert sie noch etwas – Fernando ist die Affäre der Königin. Sie schließt die Augen, ballt die Hände zu Fäusten. Er ist ihr so nah, so unglaublich nah, es wäre ein Leichtes für sie … Nein. Fernando muss verschwinden, bevor ihr oder Kaemon ein Fehler unterläuft. Aber wie zum Teufel soll sie es Königin Jennifer beibringen? Soll sie zu ihr laufen, alles erklären und das Beste hoffen? Oder die Nixen einfach beauftragen, sich darum zu kümmern? Hauptsache der Mann, den Pandora liebt, erfährt nichts von alldem.

Zögerlich wendet Pan sich Galene zu.

„Hat Kaemon schon mit euch geredet?“, fragt sie in der Hoffnung, die Nixe würde diese vage Aussage verstehen und zu ihrer Erleichterung nickt sie.

„Es gibt bereits einen Plan“, erwidert sie und Pandora ist überrascht darüber, dass ihre Stimme so weich klingt.

„Und ändert sich etwas daran, dass es ausgerechnet …“ Sie stoppt, steht auf und flüstert Galene ganz leise ins Ohr, was sie über Fernando weiß.

Galene hebt überrascht die Augenbrauen, zuckt aber mit den Schultern.

„Kriegen wir schon hin", sagt sie und auch, wenn Pandora nicht ganz davon überzeugt ist, dass sich das Problem so leicht lösen würde, fühlt sie sich schon ein wenig leichter.

Tatsächlich ist es ihr egal, wie die Nixen das Ganze in die Hand nehmen, Hauptsache Fernando kann nichts passieren. Sie tritt einen Schritt zurück und lässt sich wieder auf einen der Stühle gleiten. Die schwarzen Haare fallen ihr kraftlos auf die schmalen Schultern und das Zeichen des Codex pocht unangenehm an ihrem Arm, was sie verwundern würde, würde sie genug Kraft dafür haben, darüber nachzudenken.

Sie schluckt, versucht angestrengt, sich wieder auf den Grund zu konzentrieren, weshalb sie überhaupt in London gelandet ist. Augenblicklich fällt ihr wieder ein, welchen Vorschlag der Professor ihnen gemacht hat, um das Übel zumindest etwas zu verringern: Die Artefakte aus dem Totenreich stehlen.

Pandora kneift die Augen zusammen. Sie weiß, dass Kaemon an ihrer Seite sein wird, weshalb es ihr um einiges leichter fällt, sich die dunklen Gänge in Erinnerung zu rufen. Edward und Galene beginnt sie zu vergessen, sie konzentriert sich einzig und allein darauf, zu überlegen, wo die Artefakte gelagert sind. Die Art, wie sie dort hinunterkommen, ohne zu sterben, würden sich schon die anderen überlegen – Pandora würde das nur recht kommen.

Ihr Atem geht schneller, als die in Gedanken durch das große Tor schreitet, welches in den Hof führt, auf welchem Helos' Anwesen liegt. Es türmt sich bedrohlich vor ihr auf, geht fließend in den schwarzen Himmel über, ein Unterschied ist kaum zu erkennen. Sie würden nach rechts huschen müssen, geradewegs an den großen, schwarzen Hunden, vorbei, hinunter in einen der vielen Kellerräumen. Sie sieht die vielen funkelnden Schätze deutlich vor sich, doch da reißt sie Kaemons Stimme aus den Gedanken.

Pandora schreckt hoch und muss aufpassen, ihm nicht um den starken Hals zu fallen, als sie sieht, dass er wieder normal zu sein scheint. Trotzdem schleicht sich ein erleichtertes Lächeln über ihre Lippen und mit einer eleganten Bewegung steht sie auf. Er ist so vertieft in seine hitzige Diskussion mit Galene und Eris, dass er nicht bemerkt, wie Edward sich vorsichtig erhebt und aus der Tür schleicht – nicht ohne Pandora ein letztes zufriedenes Grinsen zu schenken.

Sie versucht, ihn einfach zu ignorieren und greift nach Kaemons Hand. Er zuckt überrascht zusammen, nickt den Nixen kurz zu und zieht Pan wortlos in Richtung Ausgang.

„Wir müssen die Artefakte holen", sagt Pan, sobald das Tageslicht sie erfasst.

„Illeron und Attis sind schon dabei, einen Weg hineinzufinden, der für uns sicher ist", erwidert Kaemon, doch er wirkt etwas abgelenkt.

Pandora nimmt seine Aussage so hin, ohne weiter nachzufragen, sie folgt ihm stumm. Sie kann sich schwer vorstellen, wie dieser Weg wohl aussehen wird.

PANDORA

Straßen von London

Dunkle Wolken ziehen über den von hellen Blitzen überzogenen Himmel und schieben sich unheilvoll vor den halben Mond, dessen Licht verzweifelt versucht, hinab auf den Grund der Themse zu fallen. Die Wasseroberfläche glänzt mysteriös und Pandora muss dem Drang widerstehen, ihre Hände in das Nass zu tauchen, damit es ihre helle Haut umspielen kann.

Illeron und Attis haben ihr nicht gesagt, wohin sie gehen oder wie ihr Plan aussieht, aber Pan fragt sie auch nicht danach, denn so allmählich nimmt das Pochen an ihren Schläfen zu. Obwohl sie Kaemon vertraut, fühlt sie sich nicht so wohl bei dem Gedanken, in Helos Reich einzutauchen, aus dem sie doch so erfolgreich geflohen ist. Würde er sie erwischen, wären all die Opfer umsonst, dieser Gedanke bedrückt sie am meisten. Doch ohne sie geht es nicht, die anderen würden die Kammer niemals alleine finden. Pandora bleibt somit nichts anderes übrig, als sich ihren Ängsten zu stellen.

Kaemon streicht ihr beruhigend über die Schulter, er scheint ganz genau zu wissen, was in ihr vorgeht. Sie vergräbt ihre zitternden Hände in dem Stoff ihres Kleides, versucht, normal zu atmen, damit es niemandem sonst auffällt. Sie lässt ihren Blick unruhig zu Attis gleiten, welche einen schwarzen, langen Umhang unter ihren Arm geklemmt hat.

Pan weiß nicht so recht, wofür er sein soll, aber ihre Gedanken schweifen ab, sobald sie nach einem Grund sucht. Wahrscheinlich geht es sie auch überhaupt nichts an. Eine gefühlte Ewigkeit verstreicht, bevor Illeron, welcher die Gruppe anführt, stehen bleibt. Ein improvisierter Friedhof tut sich vor ihnen auf.

Augenblicklich überzieht eine Gänsehaut Pandoras Arme und sie rückt etwas näher an Kaemon heran.

„Und jetzt?“ Diese Frage kommt ihr nur über die Lippen, weil sie sich vor der Stille fürchtet, die ihren Ängsten Raum geben könnten. Illeron zückt ein langes, silbernes Messer, dessen Klinge sich in dem schwachen Licht, das auf sie fällt, spiegelt.

Pan zuckt zurück.

„Das hier“, beginnt Illeron, „ist ein spezielles Messer, das richtig angewendet die Weltenschichten durchschneiden und den Weg in die Unterwelt freigeben kann.“

Er greift nach Pans Arm und sie muss aufpassen, nicht panisch zurückzuzucken. Ihr Atem geht flach, aber dennoch bleibt sie bei Sinnen, was sie Kaemon zu verdanken hat, welcher seine Hand um ihre Taille gelegt hat.

„Nur ein Tropfen Blut – nichts Lebensgefährliches – von jedem, der Einlass begehrt, wird benötigt. So schaffen wir es schnell hinein und wieder hinaus.“

Pandora verkrampft sich. Ein stechender Schmerz durchfährt sie, als das kalte Material sich auf ihre Haut drückt und die Oberfläche mit einem sauberen Schnitt durchtrennt. Illeron hält ihr Handgelenk fest umklammert, um sie ja nicht entwischen zu lassen, während er die Tropfen des dunklen Blutes über die Klinge fließen lässt. Ein leises Wimmern entwischt Pandora, aber einen Wimpernschlag später ist es schon wieder vorbei.

Er lässt sie los und wendet sich an seine Schwester. Während der dasselbe mit ihr macht, bemerkt Pan ein leichtes Flimmern in der Luft. Sie legt den Kopf schief und verengt die Augen. Es scheint ein schmaler Spalt zu sein, welcher in der Luft neben einem vermoderten Holzkreuz erscheint und immer größer wird, je mehr Blut aus ihren Wunden hervorquillt.

Gespannt hält Pan den Atem an. Obwohl sie aufgeregt ist, glaubt sie zu wissen, dass sie bereit für diese Reise ist. Es ist ein merkwürdiges Gefühl, das sich nicht so recht beschreiben lässt. Sie wirft Kaemon, welcher sich das Messer gerade selbst über den Unterarm gleiten lässt, einen vorsichtigen Blick zu. Er wirkt angespannt, schaut ihr immer wieder unruhig in die Augen. Ein sanftes Lächeln stiehlt sich auf ihre Lippen, um ihm zu zeigen, dass sie bereits ist. Und sobald Kaemon das Messer sinken lässt, erstrahlt der Spalt vor Pandora so hell, dass sie einen Moment braucht, um sich daran zu gewöhnen.

Sie greift nach seiner Hand, aber da räuspert Attis sich und streckt ihr den Mantel hin. „Damit kannst du dein Gesicht verhüllen."

Pan blinzelt überrascht, nimmt ihn dann aber dankbar entgegen und streift die Kapuze über.

Illeron wendet sich ihr zu. „Bereit?"

PANDORA

Helos Reich

Sie nickt und macht einen großen Schritt auf das Licht zu. Es umgibt sie wie ein warmer Mantel, doch dann, ganz plötzlich, wird es eiskalt. Die Luft wird aus ihrem Brustkorb gedrückt und wäre da nicht Kaemons Haut auf ihrer, würde sie panisch mit den Armen rudern und versuchen, der Schwärze zu entkommen, die sie so urplötzlich umhüllt. Doch Pan bleibt erstaunlich ruhig, nimmt das dumpfe, unangenehme Gefühl in ihrem Magen einfach so hin, da sie weiß, dass es nicht ewig so bleiben wird. Und dann schlagen ihre Füße bereits auf dem steinernen Boden auf. Sie kann sich gerade noch halten und zieht den Mantel enger um sich.

Eine Krähe sitzt auf der einzigen Laterne weit und breit, welche alleine kaum dazu in der Lage ist, die Dunkelheit zu vertreiben. Dunkelrote Rosen ranken sich um sie, schlingen sich um den Rost, als würden sie diese nicht gehen lassen wollen.

Mit einem lauten Keuchen kommen die Geschwister neben ihr auf. Pandora wirft ihnen nur einen sporadischen Blick zu. Sie drückt Kaemons Hand fester, um ihr rasendes Herz zu beruhigen, aber er beschwert sich nicht, im Gegenteil. Pan schließt die Augen und wendet sich dem lauten Bellen zu, das durch die eiskalte Luft dröhnt. Zum Glück ist es ein Dauerzustand für diese Köter, ansonsten wäre wohl jeder, der hier lebt, auf Anhieb alarmiert gewesen.

Mit einem Kopfnicken deutet sie in diese Richtung. „Da lang."

Attis schnaubt, will in die Tasche greifen, welche an der Innenseite ihres Mantels angenäht ist, aber Illeron hält sie zurück. „Wir freuen uns auch nicht, hier zu sein, aber es gibt wohl keinen anderen Weg und das wird dabei auch nicht helfen."

„Scheint so“, brummt seine Schwester und macht mutig den ersten Schritt.

Je weiter sie gehen, umso kälter wird es und umso mehr Erinnerungen kehren zurück. Allein Kaemon, der ihr leise aufmunternde Worte zuflüstert, ist der Grund, weshalb sie diese nicht an sich heranlässt.

Der Geruch verrotteter Gedärme schlägt ihr entgegen, aber sie schenkt ihm kaum Beachtung, hat sie schließlich so lange damit leben müssen. Die anderen verziehen zwar das Gesicht, beschweren sich aber nicht und so lassen sie die Höllenhunde hinter sich, ohne von ihnen aufgehalten zu werden. Sie rennen ihnen so weit wie möglich nach, schnappen hinter ihren Gittern mit lautem Knurren, aber sie können die Eisenstäbe nicht mit ihren breiten Schultern durchbrechen.

Zielstrebig läuft Pandora auf die Keller zu. Sie sind unscheinbar, die alten Holztüre scheinen jeden Moment auseinanderzubrechen – trotzdem täuscht dieser Anblick, das weiß Pan nur zu gut, hat sie es schließlich schon einmal nur sehr knapp geschafft, sie zu öffnen. Sie streckt ihre zitternde Hand nach dem kleinen Eisenschloss aus und will gerade zudrücken, als sie etwas zurückhält.

Pandora hebt den Kopf und verengt die Augen.

„Er wird diese Räume wohl kaum so unbeaufsichtigt lassen, wie er es getan hat, als ich das Amulett herausgeholt habe“, murmelt sie und ihre Gedanken gleiten zu dem Schmuckstück, das sicher verwahrt in ihrem Zimmer liegt. Wenn sie nur wüsste, ob Helos daran herankommen könnte, wenn er es will – sie atmet tief durch, es muss zerstört werden, so viel ist sicher. Sie würde Kaemon später darauf ansprechen.

Pan versucht sich wieder auf das wesentliche zu konzentrieren. Sie sieht, wie sich die anderen wachsam umschauen, darauf gefasst, eine Falle oder ähnliches zu entdecken, doch auch Pandora fällt nichts ins Auge. Ihr wird schlecht, als sie merkt, dass sie es einfach riskieren muss.

Der Riegel lässt sich ganz leicht lösen, zu leicht. Doch auch nach den ersten Schritten passiert nichts und wenig später umhüllt sie die Dunkelheit, allein der Schein der vergoldeten Laterne, die in einer der vielen Ecken ohne Ausgang steht, verbreitet einen leblosen Schein.

Langsam tastet Pandora sich durch die vielen Schächte. Die gewölbte Decke über ihnen ist an vielen Stellen rissig und sieht man genau hin, erkennt man die vielen kleinen Insekten, die sich dort eingenistet haben. Immer wieder wirft Pan einen sporadischen Blick nach hinten, um sich zu vergewissern, dass die Geschwister noch bei ihnen sind, Kaemon hingegen weicht ihr nicht von der Seite. Sein Atem geht überraschend ruhig, was automatisch auf sie übergeht.

Konzentriert achtet Pandora darauf, den richtigen Weg zu wählen. Ihre Schritte hallen von den Wänden wider, allerdings ist das weit und breit das einzige Geräusch, welches die Stille durchbricht. Ein eisiger Luftstoß pfeift durch die Gänge, wie ein leises, helles Wimmern. Der Staub, der sich auf dem Boden angesammelt hat, wird aufgewirbelt und trotzdem ist die Spur, die Helos' Füße hinterlassen haben, deutlich zu erkennen. Nirgends sonst blitzt der graue Steinboden so deutlich durch die weiße Schicht, wie in dieser dünnen, geraden Spur. Sie zeigt nur zu genau, wie wenig Wesen diese Gänge jemals betreten haben.

Urplötzlich überkommt Pandora so etwas wie Euphorie. Der Gedanke, wie Helos durch sein Anwesen tobt, wenn er merkt, dass seine Artefakte verschwunden sind, zaubert ihr ein Lächeln auf die Lippen. Sie würde auch die Amulette der anderen mit sich nehmen, an deren Seelen sie gebunden sind. Doch sie alle sind von einer glitzernden Energiekuppel umgeben, die so, fühlt es Pandora tief in sich, nur derjenige selbst durchbrechen kann, der daran gebunden ist, weshalb ihr das leider nicht möglich ist.

Die Gefahren, die auf sie warten könnten, vergessend bleibt Pandora vor der breiten Tür zur Kammer stehen. Sie atmet tief durch und Kaemon streckt die Hand nach der rötlichen Klinke aus. Ihr eigener Herzschlag dröhnt in ihren Ohren, während die Türe langsam aufschwingt, doch da wacht ihr Geist wieder auf und bevor einer einen Schritt nach vorne machen kann, schlägt Pan sie zu – gerade noch rechtzeitig.

Mit einem lauten Krachen bohren sich tausende, kleine Speere in das dicke Holz, durchbrechen es sogar. Eine Spitze bleibt haarscharf vor Attis Auge stecken, welche sich mutig näher herangewagt hat. Keiner sagt etwas, doch es scheint niemanden zu überraschen.

„Wir müssen uns wieder konzentrieren, solche Fehler dürfen nicht passieren“, stellt Pan nach einigen Minuten fest und ohne auf eine Antwort zu fragen, stupst sie das Holz ein weiters Mal an.

Haufen von Goldmünzen, verschlungenen Skulpturen und Juwelen blitzen ihnen entgegen. Pandora könnte sich in dieser Schönheit verlieren, das ist ihr klar, doch sie zwingt sich dazu, ihnen keine Beachtung zu schenken.

„Wir müssen uns beeilen, es kann sein, dass er schon etwas bemerkt hat“, warnt sie die anderen und bekommt ein bestätigendes Nicken, trotzdem sieht sie, wie Attis an einem kleinen, vergoldeten Baum stehen bleibt, dessen Rosenblüten aus rosanen Diamanten bestehen. Das schwache Licht der Kronleuchter fängt sich in ihnen und lässt sie faszinierend funkeln.

Illeron hingegen hat seinen Blick starr auf den Boden gerichtet – er stolpert jeden Meter über die vielen Münzen und goldenen Äpfel. Neugierig schnappt er sich einen von ihnen und wüsste sie es nicht besser, würde sie sagen, dass er seine Zähne jeden Moment in dem, soweit sie weiß, giftigen Fruchtfleisch versenken will.

Glänzende Säulen aus schimmerndem Glas erheben sich in regelmäßigen Abständen aus dem Boden und sind gesäumt von den verschiedensten, prachtvollsten Skulpturen. Sie haben Kaemons völlige Aufmerksamkeit, er kann sich nicht von ihnen lösen. Pandora kann es ihnen nicht verdenken, zog dieser Raum sie damals selbst so in den Bann.

Sie atmet tief durch und steuert auf eine große Truhe zu, deren goldene Beschläge kleine Löcher aufweist, aus denen ein helles Licht strahlt. Sie kniet sich auf den kalten Boden, ihre Knie versinken in dem Haufen Diamanten, die davor verstreut sind. Sie kann der Versuchung widerstehen, ein paar in die Taschen ihres Mantel zu stecken und gleitet mit den Fingern über die geschwungenen Beschichtungen der Truhe vor ihr, in welcher sich die Artefakte befinden müssten. Im Hinterkopf behaltend, dass bisher alles viel zu einfach ist, schlägt sie den Deckel auf.

Gleisendes Licht blendet sie und sie muss sich die Hand vor die Augen halten, um nicht zu erblinden. Wenige Sekunden später erlischt es und vor Pan liegen eine Handvoll Ketten und Armbänder, allesamt mit seltsamen Symbolen überzogen. Jedes von ihnen ist gesäumt mit einem grünen Smaragd und an einer der Ketten hängt ein Anhänger, welcher Pandora stark an die Flosse einer Nixe erinnert. Er pocht in einem hellen Blau, als würde etwas in ihm leben und darum kämpfen, nach außen zu kommen. Ein Schauder überkommt sie und schnell hebt Pan ihren Kopf. Sie sieht, dass das helle Licht auch die Aufmerksamkeit der anderen auf sich gezogen hat.

Kaemon kniet sich gerade neben sie, wirft einen Blick in die Truhe und platziert eine Hand auf ihrem Rücken. Er strahlt eine angenehme Hitze aus. Illeron hingegen hat sich an die Tür gestellt, um den Gang im Blick zu haben. Attis kramt einen ledernen Beutel hervor und reicht ihn Pan.

„Pack alles da rein, er ist mit einem Schutzzauber versehen, damit niemand außer uns spüren oder sehen kann, was wir transportieren", erklärt sie knapp und Pan nickt.

Sie ist überrascht, wie gut sich die Geschwister vorbereitet haben und greift in die Truhe. Sobald eines der vielen Lichter ihre Hand berühren, durchfährt sie ein schwacher Stromschlag und obwohl er nicht schmerzhaft ist, zuckt Pandora zurück.

„Alles okay?", erkundigt sich Kaemon sofort, aber sie winkt ab.

„Ja, ja, ich habe mich nur erschrocken", erwidert sie schnell und greift ein weiters Mal nach den Schmuckstücken. Diesmal ist sie vorbereitet und nimmt den Schlag sogar kaum noch wahr.

Ein Artefakt nach dem anderen verschwindet in dem Beutel rechts von ihr und sobald Pandora auch das letzte herausgenommen hat, schlägt sie die Truhe blitzschnell zu und erhebt sich.

Doch da beginnen die Lichter um sie herum zu fackeln, der Raum wird eiskalt und die Tür schlägt zu, bevor Illeron sie aufhalten kann. Sein Handgelenk knackt leise, als er sich dagegenstemmen will und mit einem leisen, erstickten Schrei stolpert er zurück. Sofort springt Kaemon auf und eilt zu ihm. Pandora ist unfähig, sich zu bewegen. Lähmende Angst schleicht sich durch ihren Körper, als sie bemerkt, wie sich die Atmosphäre um sie herum zu verändern beginnt.

Eine unheimliche Macht schleicht durch die Gänge dieser Keller, eine Macht, die sie nur zu gut kennt. Ihr Herz bleibt stehen und ihre Kehle schnürt sich zu. Panik überkommt sie, als sie sieht, wie etwas unter dem Türspalt hervorwabert. Sie weicht zurück, lässt ihren Blick verzweifelt durch die Kammer gleiten, in der Hoffnung, einen Ausweg zu finden.

Attis weicht vor der Wolke aus Staub und Licht zurück, in ihren Augen steht die Angst geschrieben, etwas, das Pan bei ihr noch nie gesehen hat. Ein kleiner Teil von ihr wäre überrascht, würde sich da nicht ein viel größeres Problem ergeben. Kaemon hämmert gegen die Tür, versucht sie irgendwie aufzukriegen, aber keine Chance.

Pandoras Augen sind auf die Wolke gerichtet, die sich allmählich zu formen beginnt. Ihr wird schlecht und als Kaemon sieht, wie ihre Beine zu wackeln beginnen, ihr Körper sich verkrampft, eilt er zu ihr und schlingt beruhigend seine starken Arme um sie.

Der Nebel nimmt die Form eines großen Menschen an, doch es ist ein Leichtes, durch ihn hindurchzuschauen und Pans Herz macht einen kleinen, erleichterten Sprung, als sie merkt, dass es nur eine Projektion ist, nicht Helos selbst.

Sie zwingt sich dazu, normal zu atmen und hebt den Kopf. Keine Schwäche zeigen, auch wenn sie nicht genau weiß, wie das hier funktioniert. Von Minute zu Minute nimmt die Wolke immer mehr die Gesichtszüge und Statur des Todes an und in dem blassen Grau wirkt er wie ein Rachegeist, der gekommen ist, um ihre Leben zu nehmen.

Die Lichter erlöschen und Pan kann in der Dunkelheit, die sie nun umgibt, nur noch deshalb schwach etwas erkennen, da Helos Staubgestalt ein wenig flimmert. Sie erkennt, wie Attis zu ihrem Bruder huscht, welcher in der unverletzten Hand einen Dolch hält. Sie klammert sich mit besorgtem Blick an ihm fest, lässt Helos dabei allerdings nicht aus den Augen. Man sieht ihr deutlich an, dass es ihr nicht gefällt, nicht zu wissen, was es mit alldem auf sich hat.

Pan schaut zur Tür, aber sie scheint immer noch verschlossen zu sein, also immer noch kein Weg, hier herauszukommen. Sie umschließt den Beutel mit den Artefakten fester. Bei Gott, sie hat das alles nicht auf sich genommen, um ihn am Ende wieder zu verlieren. All die Erinnerungen, all die Angst, die sie gerade empfindet, soll nicht umsonst gewesen sein. Hoffentlich basiert der Plan der Geschwister für den Heimweg nicht darauf, wieder an der frischen Luft zu sein, denn Pandora beschleicht das unangenehme Gefühl, dass Helos Projektion nicht einfach nur mit ihnen reden will und dass das der einzige Grund ist, weshalb er dafür gesorgt hat, dass die Türe verschlossen bleibt.

Die ersten Worte, die aus seinem Mund kommen, sind vollkommen unverständlich, aber dann scheint sich die Projektion aus Staub und Licht an ihre neue Form gewöhnt zu haben und selbst die Augen haben dasselbe, grausame Funkeln, wie Helos selbst.

„Es tut mir leid, dass ich nicht selbst hier sein kann, um mir eure Gesichter zu sehen, eure Angst zu spüren, aber da scheint es wohl wichtigeres zu geben." Seine unheimlich echt klingende Stimme hallt von den Wänden wider und Tränen sammeln sich in Pandoras Augenwinkeln.

Kaemon streicht ihr schützend über den Oberarm, aber sie fühlt sich so taub, dass sie seine Berührungen kaum wahrnimmt.

„Was für ein Glück, dass ich meine Sicherheitsvorkehrungen seit dem letzten Einbruch etwas verstärkt habe. Zugegeben, sie sind noch nicht ausgereift, aber zumindest sitzt ihr hier so lange fest, bis ich mich dazu erbarme, die Türe zu öffnen – ob ihr das wollt, ist allerdings eine andere Frage." Ein hässliches Grinsen zieht sich über sein schönes Gesicht und Pan muss sich anstrengen, die Schwärze, die sich vor ihren Augen ausbreitet, nicht gewinnen zu lassen.

All der schöne Schmuck um sie herum hat plötzlich an Schimmer verloren, bedenkt man, dass sie zwischen ihm gefangen sind.

„Es muss einen anderen Weg hinausgeben, er wird uns hier sterben lassen", wimmert Pandora und ihr wird klar, was das für sie bedeutet.

Er würde sie wieder in seiner Gewalt haben und diesmal wird es keine Möglichkeit für sie geben, zu fliehen. Sie springt auf, reißt sich von Kaemon los und hastet zu den Steinwänden. Mit rasendem Herzen tastet sie jeden Meter ab, auf der Suche nach einem Hebel, der zu einem Geheimgang führt, rüttelt an den Säulen, in der Hoffnung, einer von ihnen würde eine Tür öffnen, aber nichts bewegt sich. Ihre

Finger rutschen an den kühlen Materialien ab und schon bald zieren offene Wunden ihre Haut, aber sie nimmt es nicht einmal wahr. Die Angst vertreibt den Schmerz, die Erschöpfung, während sie immer weitersucht.

„Es muss einen Weg geben", murmelt sie immer wieder vor sich hin, „das darf nicht das Ende sein."

Pan stolpert über ihre eigenen Füße, rappelt sich hastig wieder auf, um weiterzusuchen, ihre Augen sind weitaufgerissen. Dass sich Helos' Projektion bereits aufgelöst hat, nimmt sie gar nicht mehr wahr, sie ist vollkommen in ihren eigenen Gedanken gefangen. Besorgte Blicke verfolgen sie, aber auch das bekommt Pandora nicht mehr mit, erst, als Kaemon sie an den Armen packt und zurückreißt, erwacht sie ein wenig aus ihrem Wahn. Zitternd lässt sie sich gegen seinen Brustkorb sinken.

„Bitte, bitte, mach, dass wir hier so schnell wie möglich rauskommen", wimmert sie und es ist ihr völlig egal, in welchem Zustand die anderen sie sehen, sie kann nicht anders.

Kaemon drückt sie an sich. „Wir schaffen das schon", murmelt er mit seiner tiefen, angenehmen Stimme, aber er dringt nur schwach zu ihr durch.

Pandora schließt einfach nur die Augen, versucht, das Pochen in ihrem Kopf zum Stillstand zu bringen. Dann räuspert Illeron sich. Als er vortritt, liegt sein Gesicht im Schatten, doch er ist erkennbar, dass seine Stirn sorgenvoll gerunzelt ist. Trotzdem ist sein Gang entschlossen. Seine Schwester hingegen stolpert ihm mit entsetzen Gesicht nach.

„Illeron, Nein! Das kannst du nicht tun!", schreit sie ihm entgegen und jeder Faser ihres Körpers zeigt das Entsetzen, das auch in ihrer Stimme liegt.

„Es gibt keine andere Möglichkeit. Der Zauber, der uns umschließt, ist zu stark, unser Messer kommt nicht dagegen an. Ich habe von solchen Fallen wie dieser hier gelesen, aber ich hätte niemals gedacht…“, Illeron verstummt mitten im Satz und verwundert wendet Pan sich ihm zu.

Ihr Blick fällt auf den Dolch, den er nun noch krampfhafter umklammert hält und auch, wenn er alles Mögliche dagegen tut, zittert sein Kiefer.

Jetzt bricht Attis in Tränen aus und sie wirft sich mit voller Wucht gegen ihren Bruder, versucht, ihm den Dolch aus der Hand zu schlagen.

„Illeron, bitte“, winselt sie und Pan kommt der Gedanke, dass er etwas wirklich Schreckliches vorhaben muss, sonst würde Attis sich niemals so verhalten.

Sie löst sich von Kaemon und versucht, sich aufzurichten.

„Es gibt nur dieser eine Möglichkeit, von hier unten zu entfliehen, das weißt du“, sagt Illeron leise und stößt seine Schwester von sich.

Bevor jemand von ihnen reagieren kann, rammt er sich die Spitze des Dolches ohne zu zögern in sein Herz. Für einen Moment scheint die Zeit stillzustehen, dann durchschneidet Attis fürchterlicher Schrei die Stille. Illerons Körper kommt mit einem dumpfen Geräusch auf dem goldenen Boden auf. Sofort wirft seine Schwester sich neben ihn, versucht wimmernd, ihren Bruder bei Bewusstsein zu halten. Sobald der erste Schock verglimmt, stolpern auch Pan und Kaemon zu ihm.

Mit vor Schreck weit aufgerissenen Augen gleiten Pandora neben seiner Brust auf die Knie und presst ihre Hände um seine Wunde, in der Hoffnung, die Blutungen zu stoppen. Das warme Lebenselixier, das seinen Weg über ihre Haut bahnt, tut schon beinahe weh.

„Mach mich stolz, kleine Schwester“, sind die letzten Worte, die Illeron über die Lippen kommen, dann beginnt alles um sie herum zu verschwimmen.

Während Attis sich mit herzzerreißenden Schreien an ihn klammert, ist Kaemon der Einzige, der sich einigermaßen darauf besinnen kann, was jetzt zu tun ist. Er reißt sie von dem leblosen Körper ihres Bruders los, packt Pandora am Handgelenk und wirft einen prüfenden Blick auf den Beutel, den sie fest an sich drückt. Sie kann noch nicht recht begreifen, was Illeron da getan hat. Der Schatten des Todes schwebt unheilbar über ihr.

Mit bebenden Händen schließt sie Attis in ihre Arme, welche inzwischen stumm in sich zusammengesunken ist. Allmählich verschwinden das Gold und die Skulpturen um sie herum, aber auch Illerons lebloser Körper verschwimmt vor ihren Augen. Pandora fühlt sich wahnsinnig schlecht dabei, ihn einfach dort liegenzulassen, aber es ist zu spät. Sie schließt die Augen, aber die Erleichterung darüber, Helos entflohen zu sein, erreicht sie einfach nicht, dafür war das Opfer zu groß.

Als sie festen Boden unter den Füßen spürt, sind ihre Gliedmaßen taub. Selbst wenn sie es gewollt hätte, kein Lächeln über ihren Erfolg kommt über ihre Lippen. Er hätte es nicht tun sollen. Pans Miene verzieht sich zu einem stummen Schrei.

Sie hat Illeron wahrlich nicht so gut gekannt, wie Kaemon oder Attis, trotzdem fühlt sie sich, als würde sie nicht mehr glücklich werden können.

Neben ihr sinkt Attis in sich zusammen. Obwohl Pandora sie gerne trösten würde, sie schafft es einfach nicht, sich zu ihr hinunterzubeugen. Auch Kaemon steht nur stumm da, den Blick in die Ferne gerichtet. In seinen Augen schimmert ein tiefer Schmerz.

Bedrückt starrt Pan auf den Boden vor sich. Sie will weinen, aber es lösen sich keine Tränen aus ihren Augen, die ihre Seele entlasten würde. Es dauert eine Ewigkeit, bis sie sich schwermütig aus ihrer Position erheben kann, aber ihr Kopf fühlt sich so wahnsinnig schwer an.

PANDORA

Straßen von London

„Wir sollten gehen, hier draußen erfrieren wir sonst noch“, haucht sie leise und presst die Lippen zu einem dünnen Strich zusammen. Kaemon nickt stumm und greift Attis unter die Arme, um sie nach oben zu ziehen.

„Lasst mich hier liegen“, wimmert sie und Pandora erkennt die Hoffnungslosigkeit in ihrer Stimme.

Nur zu gerne würde sie ihr sagen, dass es wieder besser wird, dieses schreckliche Gefühl, aber sie schafft es selbst nicht, irgendetwas aufmunterndes lange genug zu denken, dass es überzeugend wäre und so bedenkt sie das Mädchen mit dem roten Haar nur mit einem kurzen, traurigen Blick.

Keiner sagt ein Wort, während sie die Gassen Londons durchqueren. Selbst wenn Pan es wollte, sie schafft es nicht, sich auf ihre Umgebung zu konzentrieren. Die Häuser ziehen an ihr vorbei, doch sie wirken so trostlos, so verdammt trostlos. Erst als ihr Blick auf den Lederbeutel in ihrer Hand fällt, wird der Nebel in ihrem Kopf etwas klarer. Ein blauer Schimmer dringt durch ihn hindurch.

Verwundert bleibt Pandora stehen und hebt ihn ein wenig höher. Auch Kaemon verringert sein Tempo, obwohl Pan ihm ansieht, dass es ihm lieber wäre, Attis so schnell wie möglich in ein warmes Bett zu bringen, damit sie sich ausruhen kann.

„Was ist?“ Seine Stimme klingt so furchtbar trostlos.

Pan zögert einen Moment, dann zieht sie an einem der Schnüre. Augenblicklich entweicht das bläuliche Licht dem kleinen Spalt, der sich geöffnet hat und sie erkennt, dass er aus dem kleinen Anhänger stammt, der ihr schon in der Kammer aufgefallen war.

Das Licht schlängelt sich in Richtung Fluss, welcher wenige Meter entfernt neben ihnen fließt und sobald er auf der ruhigen Wasseroberfläche aufkommt, erstrahlt der Fluss so hell, dass Pandora stark blinzeln muss. Einen Wimpernschlag später ist alles wieder vorbei und die Dunkelheit legt sich wieder über sie.

„Was war das denn?", kommt ihr über die Lippen, aber sie bekommt keine Antwort, also schnürt sie den Beutel wieder fest zu und wendet sich ab.

Die Trauer in ihren Gemütern ist zu stark, um all dem die benötigte Aufmerksamkeit zu geben und so setzt Kaemon seinen Weg fort, ohne noch einmal zurückzublicken. Pandora schleicht ihm leise nach.

„Von Gott Geschaffenes muss beschützt werden."

KAEMON

London

Er macht das hier aus voller Überzeugung, bei klarem Bewusstsein, als sein wahres Ich. Sein Entschluss hat sich in der letzten Nacht verstärkt. Der Gedanke, sie zu verlieren …

Kaemon ballt die Hände zu Fäusten, während er unauffällig durch die Gassen Londons schleicht. Er würde es nicht verkraften, vor allem nicht, nachdem Illeron nicht mehr unter ihnen weilt. Er hätte das Schlimmste vielleicht noch verhindern können. Aber der junge Mann ist fest davon überzeugt, dass er Pandora schützen kann. Sein Plan ist ganz einfach. Das Treffen mit Edward ist bereits ausgemacht. Der Thron ist ein verlockendes Argument für ihn. Er würde ihn in die Kirche Nähe des Palastes locken, ein Ort, an dem er sich sicher sein kann, dass ihm nichts passiert und er dem vorlauten Prinzen ganz einfach die Kehle durchschneiden kann.

Kaemon presst die Lippen aufeinander. Nein, es muss unauffälliger sein. Nachdem Galene ihm alles erzählt hatte, war er einfach so unglaublich wütend, dass er nicht weiter über den Tathergang nachgedacht hat. Früher wäre ihm das nie passiert, doch Pandora macht ihn unvorsichtig. Genau wie Muriel damals.

Trotzdem, er muss Pan an seiner Seite haben, das hat er die letzten Tage immer stärker gemerkt. Die Art, wie sie ihm ein Lächeln schenkt, ihn mit diesem liebevollen Blick ansieht, als wäre er das einzig wichtige in ihrer Welt. Sie begibt sich in Gefahr, wenn er neben ihr liegt, aber seine tapfere Pandora versucht, es sich nicht anmerken zu lassen. Bei all dem, was sie bisher überstanden hat, ist Kaemon keinerlei Bürde für sie.

Das laute Wiehern eines Pferdes reißt ihn aus den Gedanken. Konzentration! Er schaut sich um. Obwohl er früh aufgestanden ist, ist auf den Straßen London bereits einiges los. Geschäftige Bürger eilen zur Arbeit, wenige von ihnen bauen bereits ihre Stände auf.

Der Auftragsmörder wirft einen Blick auf seine Taschenuhr und legt einen Schritt zu. Er darf nicht zu spät kommen. Er reibt sich die pochenden Schläfen. Gift. Hat er noch etwas Gift in seiner Manteltasche? Wenn ja, wie soll er Edward das einflößen? Kaemon runzelt die Stirn, beißt die Zähne aufeinander.

Wie er ihn verschwinden lässt, ist ihm allerdings schon klar. Die Kirche hat ein kleine Bodenklappe, in die ein Körper gerade so hineinpasst. Er würde Edwards Leiche so lange dort verstauen, bis er ihn in der Nacht in einem Fluss entledigen könnte. Dass die Klappe ein sicheres Versteck ist, weiß er ganz genau, hat sein Vater diesen Ort schon während seiner Aufträge benutzt. Diese Kirche wird kaum noch benutzt und ein Priester, der mit dem alten Gebäude vertraut ist, existiert schon lange nicht mehr.

Kaemon eilt weiter durch die Gassen und schon bald ist der Umriss der Kirche zu erkennen. Er strafft die Schultern. Alles für seine Pandora, um ihr ein sicheres Leben bieten zu können. Ein schwaches Lächeln huscht über sein Gesicht, dann wird er wieder ernst.

Mit schnellen Schritten steuert er auf die schwere Eichentüre zu. Das Knarzen der Scharniere hallt von den dunklen Wänden wider, verebbt nur langsam. Kaemons Augen brauchen einen Moment, bis sie sich an das fahle Licht gewöhnen, aber er erkennt Edwards karge Gestalt schon von Weitem.

Der Prinz sitzt mit überschlagenen Beinen auf einer der Bänke und starrt mit erhobenem Blick auf das schmale Fenster über dem Altar. Kaemon beobachtet, wie sich Edward bei seinem Anblick erhebt. Das hochnäsige Grinsen erkennt er schon von Weitem. Und da kommt ihm die beste Lösung – er würde ihn mit einer Stichverletzung im Bauchbereich aus dem Weg räumen.

Da die Blutgefäße hier nur sehr tief sitzen, tritt der Tod in kürzester Zeit ein, die Wunde blutet aber kaum. Also würde er sich keine Mühe machen müssen, den Tatort hinterher zu säubern. Ein siegessicheres Grinsen stiehlt sich auf Kaemons Lippen. Jetzt kann nichts mehr schiefgehen.

„Draper!", erhebt Edward seine Stimme und breitet die Arme aus, doch der Mörder schiebt sich nur an ihm vorbei und streicht über das Weihwasser in der Tränke neben sich.

Es kühlt seine erhitzten Hände und beruhigt sein pochendes Herz. Aber er fühlt sich normal – völlig normal.

„Kommen wir gleich zu Sache. Du meintest, es gäbe eine Möglichkeit, wie ich an den Thron komme?"

Gieriger Bastard. Kaemon tastet unauffällig nach dem kleinen Messer in seiner Manteltasche. Die Spitze sticht durch den festen Stoff und vorsichtig lässt er seine Finger um den Griff gleiten. Ein kurzer Blick zu seinen Füßen zeigt ihm, dass er direkt neben der kleinen Klappe steht.

Er strafft die Schultern.

„So ist es. Wenn du mich fragst, ist dein Vater schon längst nicht mehr dazu in der Lage, rationale Entscheidungen zu treffen", erwidert Kaemon und muss schon beinahe darüber lachen, wie naiv der Prinz ist.

Kein normaler Mensch würde ihm in solch einer Situation vertrauen, weiß Edward doch ganz genau, wie sehr Kaemon ihn verabscheut. Aber der Wunsch nach Macht hat selbst die klügsten Köpfe schon in den Untergang gerissen. Er winkt Edward zu sich.

Mit neugierigem Blick stolziert dieser auf ihn zu und zieht die Augenbrauen nach oben. „Also?"

Ein paar Meter noch. Kaemon zieht unauffällig das Taschenmesser hervor, verbirgt es noch zwischen den Falten seines Mantels. Pandora würde hiervon nichts erfahren. Er würde es ihr sicher nicht erzählen. Seiner Pandora. Er lässt sich ihren Namen auf der Zunge zergehen, bevor er seine Klinge mit präziser Genauigkeit in Edwards Bauchhöhle sinken lässt.

Das Messer gleitet mühelos durch seine Haut hindurch, verletzt das Gewebe ohne Widerstand. Edward erstarrt, seine Augen werden groß.

Kaemon muss grinsen. Während der Körper des Prinzen erschlafft, wischt der Mörder sein Taschenmesser an dessen Kleidung ab und verstaut es wieder sicher in seinem Mantel.

Er lässt die Leiche so geräuschlos wie möglich auf den Boden gleiten und beginnt, die Bodenklappe zu öffnen. Stickige Luft schlägt ihm entgegen. Mit geschickten Handgriffen verstaut er Edwards Körper dort unten und blickt ihm ein letztes Mal in die leblosen Augen.

Kaemon verschließt die Bodenluke und verlässt die Kirche mit einem leisen Lachen. Eine weitere Bedrohung ausgelöscht, eine weitere Bedrohung, die Pandora nun nichts mehr anhaben kann.

Doch trotzdem lasten die Ereignisse der letzten Stunden noch auf seinen Schultern. Und da kommt ihm noch etwas in den Sinn, dass er erledigen muss – Galene oder Eris können ihm sicher helfen, diese Flamme zu besorgen, mit der Pans Amulett zerstört werden kann. Er runzelt die Stirn. Beinahe hätte er das vergessen. Mit schnellem Schritt macht er sich auf zu den Nixen.

„Manchmal merkt man erst, wie viel einem ein Mensch bedeutet, wenn er nicht mehr da ist."

PANDORA

London

Die Sonnenstrahlen, die durch das Fenster scheinen, fühlen sich kaum so warm auf Pandoras Haut an, wie sie sein sollten. Ihre Beine sind unglaublich schwer, als sie sie über die Bettkante schwingt.

Sofort fällt ihr Blick auf Attis, deren Gesicht inzwischen genauso bleich ist, wie das ihre. Sie liegt zusammengerollt auf den Decken und Kissen, die Kaemon und sie gestern Abend noch hierhergeschleppt hatten, um Attis nicht allein zu lassen. Selbst im Schlaf sieht so unglücklich aus, dass Pan ihren Blick abwenden muss, um nicht weiter über den großen Schmerz, den sie empfinden muss, nachzudenken. Ihre Gedanken gleiten selbst oft genug zu Illeron, zu dem Moment, als er sich geopfert hat, um ihnen eine Perspektive zu geben und es tut jedes Mal so weh, als wäre er ebenfalls ihr Bruder gewesen, als würde zwischen ihnen die gleiche Verbindung bestehen, wie es bei Attis der Fall gewesen war.

Schwermütig erhebt Pandora sich und wirft einen Blick neben sich. Die Abdrücke an den Stellen, auf denen Kaemon lag, sind noch klar zu erkennen und es überrascht sie nicht, seinen Platz leer aufzufinden. Sie kann sich gut vorstellen, wie er sich aus dem Haus geschlichen hat, um zu beten, obwohl sie hofft, dass er gestern bereits überwunden und sich daran gemacht hat, weitere Überlegungen anzustellen, wie sie den Killer endgültig besiegen können – denn das sind sie Illeron schuldig, so viel ist Pan klar. Er soll nicht umsonst gestorben sein.

Pandora schluckt und schleicht auf Zehenspitzen zur Türe. Sie vergönnt Attis ihren Schlaf, hofft sie doch, dass er erholsamer ist, als es aussieht. Denn manchmal ist es besser, die Augen zu schließen und alles um sich herum vergessen zu können, der Realität entfliehen zu können. Sie gibt sich selbst einen Ruck und tapst langsam nach unten.

Ein Brotlaib liegt auf dem kleinen, runden Tisch und ohne wirklich zu wissen, wohin mit ihr, nimmt Pandora sich ein Stück. Sie atmet tief durch. Es muss weiter gehen, sie darf sich nicht ewig mit dem, was passiert ist, aufhalten.

Zorn über sich selbst überkommt sie und Pan wirft das Stück Brot in ihrer Hand stärker auf den Tisch zurück, als beabsichtigt. Sie fährt mit den Fingern durch ihr langes, schwarzes Haar, krallt sich an der Stuhllehne vor ihr fest, atmet tief durch. Nie hätte sie gedacht, dass ihre Reise solche Ausmaße annehmen würde – schnell richtet sie ihren Blick nach draußen, konzentriert sich auf die fröhlichen Gesichter der kleinen Kinder, die durch die Straßen tollen. Sie werden herzlich wenig zu lachen haben und trotzdem tun sie es, nehmen sich diese Zeit.

Die Tür öffnet sich und Kaemon tritt herein. Er hat den Mantelkragen hochgeklappt und die Hände tief in den Taschen vergraben „Du bist wach."

Pandora nickt leicht, tritt ihm einen Schritt entgegen. Der Kuss, der er ihr auf die bebenden Lippen haucht, sagt ihr, dass auch er noch nicht losgelassen hat. Wie auch, schon nach so einer kurzen Zeit.

„Sie schläft noch?"

Pan nickt ein weiteres Mal. Die bedrückte Atmosphäre gefällt ihr nicht, aber ihr ist klar, dass sie nichts dagegen tun kann. Mit einem leisen Seufzen lässt Kaemon sich auf einen Stuhl sinken.

Vorsichtig legt Pandora ihre Hände auf seine Schultern.

„Es wird ihr wieder besser gehen, nicht wahr?", haucht sie leise, doch es dauert ein wenig, bis er ihr antwortet.

„Vermutlich."

Pan beißt sich auf die Zunge. Vermutlich. Vermutlich nur mit einer Menge Opium.

Energisch wischt sie diesen Gedanken beiseite und versucht zu lächeln. „Wird schon werden – gibt es sonst etwas Neues?“

Kaemon nickt leicht. „Eine Nachricht vom Palast. Wir sollen so schnell wie möglich kommen.“

Pandoras Herz macht einen Sprung. „Aber wir wissen nicht, worum es geht?“

Er schüttelt den Kopf.

„Sollen wir Attis wecken und mitnehmen?“, erkundigt Pan sich vorsichtig.

Auch diesmal dauert es ein wenig, bis er sich entschieden hat. „Das sollte das Beste sein, sie sollte nicht allein hierbleiben.“

„Gut.“

Wenig später steht Attis neben ihr, die Augen verquollen, aber man sieht ihr an, wie sie versucht, stark zu sein. Zu gerne würde Pandora sie in den Arm nehmen, aber nach allem, was sie mitbekommen hat, würde Attis sie ohne zu zögern zu ihrem Bruder befördern.

Schnell betritt Pan die Straße. Der kalte Wind treibt ihr Tränen in die Augen, aber sie tut nichts dagegen. Kaemon stülpt seinen Mantelkragen weit hoch und schiebt die Schwester des Verstorbenen energisch vor sich her. Pan konzentriert sich auf die Neugierde, die irgendwo in ihr lauert.

Was der König ihnen wohl zu sagen hat? Es scheint wichtig zu sein. Vielleicht… nein. Sie verbietet sich den Gedanken daran, dass sich das Grauen allein durch ihren Einbruch beendet haben soll. Pandora schiebt die Erinnerungen beiseite, aber wie eine Gewitterwolke schweben sie über ihr und es fehlt der kalte Wind, der sie vertreibt.

Sie kaut energisch auf ihrer Unterlippe, lässt den Blick über die Dächer schweifen. Schemenhaft bilden sich dort die Umrisse kleiner

Vögel ab, die unruhig hin und her hüpfen, als würden auch sie bemerken, dass etwas Unheilvolles in der Luft liegt. Es fasziniert Pandora immer aufs Neue, wie feinfühlig manch Tiere sind, kriegen sie doch oft mehr mit als die Menschen, die mit verschlossenen Augen durch die Weltgeschichte laufen und all die Probleme anderer von sich wegstoßen. Oft kommt Pandora in Versuchung, sie mit Elstern zu vergleichen, so eingebildet – aber genug davon.

Ihr ist klar, dass nicht jeder gleich handelt, sie hat einfach nur Pech gehabt, wenn es um neue Bekanntschaften geht. Bisher zumindest, wie es scheint. Doch der Nebel in ihrem Kopf ist zu dicht und die Zweifel bahnen sich ihren Weg ungeachtet durch ihre Gedanken. Eigentlich ist ihr klar, dass sie nichts zu befürchten hat, dass Kaemon wirklich für sie da sein möchte, dass er bei ihr sein will, aber dieses unerklärliche Gefühl, sie würde sich alles nur einbilden, würde mehr an ihm hängen, als er an ihr, verankert sich in ihrem Herzen.

All die Dinge lassen ihren Gang schleppend wirken, als würde sie ihre Beine einfach nicht heben können. Die Schatten der Angst legen sich wie Fesseln um ihre Knöchel und halten sie zurück. Aber Pan weiß, dass all diese Gedanken nur vorübergehend sind, dass sie sich auflösen werden, sobald er seine Arme um sie legt oder sie küsst. Wahrscheinlich reicht sogar schon ein einfacher Blick oder ein kurzes Wort aus, um ihre Zweifel zu beseitigen, die Zweifel, die sich nur in ihren Kopf schleichen, weil Illeron ein so großes Loch hinterlässt. S

ie atmet tief durch. Es gibt weitaus schwerwiegendere Probleme als ihre verkorksten Gefühle. Pandora ist so in dem Zwiespalt mit sich selbst gefangen, dass sie gar nicht bemerkt, wie die Droschke vor dem königlichen Palast stehen bleibt. Die kalte Luft schlägt ihr voller Wucht entgegen und der sanfte Wind, der es schafft, sich in den kleinen Raum zu winden, pustet ihre schwarzen Locken ein wenig durcheinander.

Kaemon läuft energisch auf das glänzende Tor zu, wobei selbst dieses auf Pandora stumpfer wirkt, wie zuletzt, als sie es erblickt hat. Mit einem leisen Seufzen verlässt sie die Droschke und zieht Attis mit sich, welche trostlos am Rand der Straße steht, ohne zu wissen, wo hin mit ihr. Sie wirkt so derartig verloren, dass es Pandora das Herz bricht. Sie muss sich anstrengen, die Tränen, die in ihre Augen kriechen, so verdrängen. Zu Weinen hilft ihr auch nicht viel, im Gegenteil, es würde alles nur noch aufhalten. Sie presst die Lippen zu einem dünnen Strich zusammen.

In Momenten wie diesen verabscheut sie ihre Emotionen so sehr, so verdammt. Doch sie weiß, dass es ihr bald wieder besser gehen würde, diese Gedanken sind nur vorübergehend und nichts ist schlimmer als ihre Zeiten bei Helos. Pan geht sogar so weit, sich bei dem Mädchen unterzuhaken, obwohl es ihr vor wenigen Minuten noch unmöglich schien, ihr auch nur zu nahezukommen.

PANDORA

Palast, London

Stumm folgt sie Kaemon und dem Butler in den Palast. Auch diesmal verzichtet man darauf, sie einzukleiden, was dazu führt, dass sich ihr Herz aufgeregt zusammenzieht. Es muss ein sehr wichtiges Anliegen sein, bedenkt Pandora, was das letzte Mal der Grund für war, dass sie in ihren einfachen Klamotten zum König gelassen wurden. Ein nervöses Kitzeln frisst sich ihre Arme hinab in ihre Beine. Anders, als erwartet führt der Butler sie nicht in einen der großen Säle, sondern schlägt eine völlig andere Richtung ein.

Hier schwächt sich das Licht allmählich ab und immer mehr Bedienstete kommen ihnen entgegen. Pan vermutet, dass sie den Dienstboten Trakt betreten haben. Verwundert runzelt sie die Stirn. Weshalb würde der König wollen, dass sie hierherkommen? Er wird seine Besprechungen wohl kaum auf einen schäbigen Raum im Keller verlegt haben.

Hastig stolpert sie Kaemon, dessen Schritt sich beschleunigt hat, nach, bis er abrupt vor einer weit geöffneten Türe stehen bleibt. Als Pandora an ihm vorbeischaut, weicht ihr jegliche Farbe aus dem Gesicht.

Getrocknetes Blut hat sich in dem ganzen Raum verteilt. Es klebt an den weißen Fliesen, an den dunklen Regalen mit Tüchern in den verschiedensten Putztüchern und großen, mit Wasser gefüllten Eimern. Auf dem Boden liegt die angestellte Nixe, der sie schon bei ihrem ersten Besuch im Palast begegnet waren. Ihre Augen sind weit aufgerissen und ein verkrustetes Band aus Blut hat sich um ihren Hals gelegt. Doch sie muss sich gewehrt haben, denn ihre Finger zieren zahlreiche Wunden. Pan wird schwindelig und sie kann gar nicht anders, als ich abzuwenden. Attis zieht sie mit sich.

„Wir haben sie eben erst gefunden, aber sie muss schon seit gestern Mittag tot sein“, erklärt der Butler steif und Pan atmet erleichtert auf.

Das heißt, die Nixe war vor ihrem Ausflug in das Totenreich gestorben. Nichts wäre schlimmer gewesen als die Tatsache, dass das Stehlen der Artefakte rein gar nichts bewirkt hätte.

„Außerdem ist der junge Herr heute Morgen spurlos verschwunden.“

Ruckartig hebt Pandora den Kopf. Der Prinz ist nicht mehr auffindbar? Ihr Herz macht einen Sprung und aus dem Augenwinkel sieht sie, wie sich ein schwaches Lächeln auf Kaemons Lippen legt.

Augenblicklich schwindet die Euphorie und sie runzelt die Stirn. Er hat doch wohl nichts damit zu tun? Schnell wendet Pandora sich ab. Sie will erst gar nicht darüber nachdenken, ist es ihr schließlich nur Recht, wenn sie ein Problem weniger hat. Ist das immerhin etwas, das wirklich schwerwiegend wäre. Wie auch immer – soll Edward verschwunden bleiben, es wird ihn wohl kaum jemand vermissen.

Tief durchatmend schaut sie wieder zur Leiche, aber Kaemon hat schon Initiative ergriffen. „Beseitigt sie. Wir hoffen, dass sie die letzte gewesen ist, die ihr Leben in diesem Zusammenhang lassen muss.“

Er runzelt die Stirn, als würde er selbst nicht ganz daran glauben. Trotzdem hat sich die Hoffnung in Pandoras Herzen verankert, dass ihr Eingreifen Helos tatsächlich geschwächt hat und ihnen nun mehr Zeit bleibt, nach einer Lösung zu suchen. Nach einer dauerhaften Lösung.

Automatisch dringt ihr der altbekannte Gedanke in den Kopf, was danach wohl mit ihr werden würde und sie erinnert sich daran, dass Kaemon ihr noch beim Zerstören des Amuletts helfen muss, damit sie für ewig vor Helos sicher sein kann.

Langsam sieht sie zu, wie der tote Körper aus dem Raum geschafft wird. Leere macht sich in ihrer Brust breit. Wie soll es jetzt weiter gehen? Wenn sie ehrlich ist, gibt es nun keinerlei Hinweise mehr, mit denen sie etwas anfangen könnten, es existiert kein Plan, dem sie nachgehen könnten.

PANDORA

Straßen von London

Gedankenverloren macht Pandora sich auf den Weg nach draußen. Hier hält sie im Moment nichts mehr und dass Kaemon ihr nicht widerspricht, zeigt ihr nur zu deutlich, wie zerrissen auch er sein muss. Sie schluckt und schlingt den Stoff ihres Kleides enger um sich. Sie will gerade den Kopf heben und ihn verzweifelt fragen, was sie als Nächstes tun würden, als jemand auf sie zu gerannt kommt.

Je näher die Gestalt kommt, umso deutlicher erkennt Pan, dass es Galene ist, welche mit glänzenden Augen auf sie zustürmt. Ihr Herz macht einen großen Sprung – das Auftauchen der Nixe kann nur gutes bedeuten. Und tatsächlich, kaum ist Galene bei ihnen angekommen, wirft sie sich Kaemon schon freudestrahlend um den Hals.

„Ehrlich“, sie macht einen Schritt zurück, „was auch immer ihr in der Unterwelt getrieben habt, es war genial.“

Wäre da der Gedanke an Illeron nicht, könnte Pan sich über diese Worte vielleicht sogar freuen, doch sie lässt es sich nicht anmerken.

„Was meinst du?“, hakt Kaemon verwirrt nach und die Nixe klatscht grinsend in die Hände.

„Pandora, du kannst dich sicher an Nyx, die Meeresgöttin erinnern, die vor Jahren von ihrem Geliebten gebannt wurde und seitdem in einen ewigen Schlaf gefallen ist?“

Pan nickt leicht und es ist ihr auch klar, dass dieser Geliebte Helos war – er hatte schon immer eine Vorliebe für das außergewöhnliche. Augenblicklich kommt ihr das Artefakt mit dem blauen Funken in den Sinn, doch es ist ihr nicht möglich, die hellen Fäden, die allmählich entstehen, zu verbinden.

„Sie ist erwacht! Und sie verlangt nach euch. So weise wie sie sein muss, hat sie euch sicher etwas zu sagen, dass euer Problem hier oben löst."

Einen schrecklich langen Moment ist es still, dann atmet Kaemon hörbar erleichtert auf, Attis scheint ein wenig hochzuschrecken und in Pandora zieht sich alles zusammen. Eine wunderbare Nachricht, in der Tat, all der Schrecken könnte endlich ein Ende finden, aber sonderlich wohl ist ihr bei dem Gedanken, einen Fuß in die Nixenwelt zu setzen, nicht. Die Artefakte, die sie Helos gestohlen haben, müssen die Alte wieder zu sich gebracht haben.

„Wann?" Es sind die ersten Worte, die Attis spricht, seit sie heute Morgen erwacht war und sie klingen klarer denn je. Ihr muss bewusst geworden sein, dass Nyx der Schlüssel zu allem ist, der Schlüssel, der dem Tod ihres Bruders einen Sinn gibt.

„Sobald ihr wollt", erwidert Galene, zögert jedoch. „Du weißt, wie es funktioniert, euch für einige Zeit die Fähigkeit zu geben, in unserer Welt zu atmen?", erkundigt sie sich an Pandora gewandt, welche langsam nickt.

Langsam streicht sie über die Linien des Codex an ihrem Oberarm. „Aber ich weiß nicht, ob ich stark genug bin, um uns alle drei zu halten."

Das schwarze Zeichen auf ihrer Haut brennt leicht, als Galene es mit ihren zarten Fingern berührt. Sie zuckt mit den Schultern.

„Ich denke, es wird funktionieren, zumindest lange genug", beginnt sie, doch Kaemon unterbricht die beiden mit einem lauten Räuspern.

„Und wie", er deutet auf Pan, „soll das mit ihr gehen?"

Er hebt die Augenbrauen und verschränkt die Arme.

Galene winkt ab. „Erklären wir, wenn es so weit ist." Sie setzt sich in Bewegung. „Erstmal sollten wir zu einer Flussstelle, an der wir ungestört sind."

PANDORA

Weg zu Nyx, Unterwasserwelt Londons

Ihr Kuss schmeckt nach einer unerklärlichen Freiheit, die Pandora so plötzlich überkommt, dass ihr für einen Moment der Atem genommen wird. Galens Hand gräbt sich in den Schopf ihres Haares, ihr weiblicher Körper schmiegt sich an sie. Pandora ist die Gefahr, die hinter diesem Kuss steckt, bewusst und selbst als Serva kann sie sich dieser Magie nicht entziehen. Sie spürt, wie ihr Arm zu brennen beginnt, das Zeichen des Codex die Kraft der Nixe in sich aufsaugt. Sie weiß, dass es genau in diesem Augenblick eine bläuliche Farbe annimmt. Bisher hat Pan nur von diesem Ritual gelesen, den Kuss einer Nixe zu stehlen, um für einige Zeit ihre Kräfte zu teilen, aber sie hätte nicht gedacht, dass es ihre Sinne so stark benebeln würde.

Als Galene sich von ihr löst, schnappt Pandora erstmal nach Luft und räuspert sich – ihre Kehle fühlt sich staubtrocken an. Jeder Faser ihres Körpers schreit nach einer weiteren Berührung dieser blutroten Lippen, aber sie weiß, dass es nur die Magie ist, mit der die Nixen ihre Opfer in ihr Verderben reißen.

Ihr Blick wandert zu Kaemon und ein belustigtes Schmunzeln gleiten über ihre Lippen. Er ist sichtlich irritiert von dem, was er eben gesehen hat, kam es doch sehr plötzlich und unvorbereitet. Sie wendet sich ihm zu und deutet auf das Zeichen an ihrem Körper.

„Ihr müsst es berühren. Sobald es wieder seine ursprüngliche, schwarze Farbe annimmt, sind wir gezwungen, an die Wasseroberfläche zurückzukehren, weil sich die Verbindung abschwächt und schlussendlich ganz zerreißen wird. Verstanden?“, erklärt Pan was wesentliche und Kaemon nickt leicht.

Er deutet auf Attis. „Sie zuerst."

Überraschenderweise bewegt sich diese sofort selbst auf sie zu und legt ihre rauen Fingerkuppen auf Pandoras Arm. Sie zucken beide zusammen, als eine plötzliche Kältewelle durch ihre Körper rauscht, aber das Gefühl ist so schnell wieder verschwunden, wie es kam und so tritt Kaemon an sie heran.

Seine Handfläche legt sich auf ihre Haut und ein Schauder rinnt ihrem Rücken hinab. Sie verliert sich in seinen grauen Augen, die nur sie mustern, als wäre alles andere um sie herum eine Illusion.

Seine Hand verweilt sogar einen Hauch länger auf dem Zeichen – dann wendet er sich ab und zuckt mit den Schultern. „Ich fühle mich eigentlich nicht sonderlich anders."

Galene grinst. „Das ist normal", erwidert sie und nimmt Attis Hand „Ihr müsst mich berühren, sonst funktioniert die Überschreitung der Grenze zu unserem Reich nicht."

Schnell kommen Pan und Kaemon der Anweisung der Nixe nach. Sobald sich auch die letzten Finger um ihren Arm geschlossen haben, schließt Galene die Augen und lässt sich fallen. Das eisige Wasser des Flusses dringt tief in Pandoras Glieder und ihr Griff verstärkt sich kaum merklich. Sie sinkt unaufhörlich auf den schwarzen Grund zu und ihre Augen beginnen zu schmerzen, trotzdem hält sie diese weit offen, um die Magie, die sich gleich vor ihnen abspielen wird, nicht zu verpassen. Auch Attis und Kaemon sind so aufmerksam wie möglich.

Ein greller Lichtschein strömt von Galenes Körper aus, erhellt selbst die letzten Winkel des Flusses. Aufgescheuchte Fische schwimmen hastig an ihnen vorbei, andere Wasserbewohner kommen jedoch näher, um das Schauspiel, dass sich dort abspielt, genau zu begutachten. Die Umgebung scheint sich in kleine Scherben zu zerteilen und zwischen seinen Kanten schimmert ein türkises, noch nie gesehenes Licht. Erst als die Scherben in tausend Stücke zerschellen, erkennt Pandora, dass sich eine ganz andere Umgebung um sie herum befindet.

Sie schnappt nach Luft. Hoch gebaute Steinruinen, durchzogen von kryptischen Zeichen und bewuchert von den unterschiedlichsten Gewächsen umrahmen sie, doch sie wirken nicht heruntergekommen, ganz im Gegenteil, es ist, als würde hinter dem Verfall das Geheimnis zur Schönheit stecken. Fasziniert dreht Pandora sich um die eigene Achse, um möglichst viel Eindrücke in sich aufsaugen zu können. Auch Attis und Kaemon mustern ihre Umgebung ehrfurchtsvoll, allerdings zieht Galene sie sehr bald weiter.

„Wir müssen uns beeilen“, warnt sie zielstrebig und Pan kann ihr nur recht geben. Ein gewisses Risiko birgt ihr Dasein für jeden der drei, daran lässt sich nichts bestreiten. Schon bald stoßen weitere Nixen auf sie. Die meisten von ihnen werfen Pandora unweigerlich böse Blicke zu, welche sie daran erinnern, dass die Faszination nur eine Illusion ist, die diese Wesen schon längst nicht mehr erreicht.

Ein hübsches junges Mädchen mit schmalem Gesicht, hohen Wangenknochen und langem, blonden Haar, welches im Sonnenlicht, das auf den Grund hinab dringt, seidig glänzt, nickt Galene knapp zu. Ihre Schwanzflosse schimmert in einem hellen Orangeton und Pandora fallen die stechend blauen Augen auf, die jedem Seemann den Verstand rauben müssen. Sie schwimmt an ihnen vorbei und zum ersten Mal gleitet Pans Blick zu ihren eigenen Füßen – doch statt einer Flosse sind es ihre zwei eigenen Füße, die sie wie durch Zauberhand auf dem Boden halten. Auch ihr Atem geht normal, sie spürt keinerlei Unterschiede. Sie könnte sich beinahe daran gewöhnen.

Allmählich geht der sandige Untergrund zu grauen Steinstraßen über, zwischen denen ein helles, blaues Licht hindurchscheint. Es erleuchtet den Weg vor ihnen magisch, doch auch in der Luft schwimmen kleine Lämpchen. Pandora kneift die Augen zusammen. Bei genauerem

Hinsehen fällt ihr auf, dass es winzige Fische sind, die leuchtende Flossen an der Unterseite ihrer Bäuche tragen. Beinahe schon muss sie lachen – haben die zierlichen Geschöpfe ein wenig Schwierigkeiten damit, sich mit nur dieser einen Flosse fortzubewegen. Einige von ihnen sind sogar so rund und tollpatschig, dass sie bei jedem Meter nach vorne überkippen und eine Rolle machen. Ihre kleinen, glasigen Augen suchen dann verzweifelt nach einem Orientierungspunkt, um sich danach mit hocherhobenem Kopf weiter vorwärtszuschieben.

Je weiter sie dem Inneren der Stadt kommen, umso mehr Gebäude erheben sich vor ihnen. Pandora sieht Gestalten hinter dunklen Fenstern hin und her huschen und über den Ständen, die am Wegesrand aufgebaut sind, hängen bunte Tücher in kräftigen Farben. Sie passen zu den Flossen der Verkäufer – türkis, gelb, sogar ein dunkler Lilaton sticht Pan ins Auge.

Mit solch einer Schönheit und diesem Frieden, der auf den Straßen liegt, hat sie bei weitem nicht gerechnet und ihr kommt der Gedanke, dass die alten Geschichten der hinterlistigen Nixen vielleicht nur deshalb an ihre Ohren gedrungen sind, weil sie eine Serva ist. Trotzdem fühlt sie sich wie ein Fremdkörper und während Kaemon und Attis schon beinahe ein seliges Lächeln auf den Lippen tragen, tritt Pandora immer näher an Galene heran, in der irrwitzigen Hoffnung, sie würde sie vor den vielen misstrauischen Blicken verdecken. Ihr Blick fällt genauer auf ihre Informantin.

Statt den schmalen Beinen schwingt eine elegante, dunkelrote Schwanzflosse durch das Wasser und treibt sie vorwärts und ihre Brüste werden verdeckt von denselben Schuppen – sie ziehen sich über ihren flachen Bauch und verschlingen sich verspielt mit dem unteren Teil ihres Körpers.

Vorsichtig schiebt Pandora sich durch die Menschenmengen, bis ihr Blick auf ein riesiges, glänzendes Gebäude fällt. Seine Mauern bestehen aus einem milchigen Glas, durch welches man die ersten Meter schattenhafte Bewegungen erkennen kann, strengt man sich stark genug an. Es funkelt an jeder Ecke und die kleinen Türme erinnern Pan an die Schlösser aus manchen Märchen.

Sie lächelt und wirft Kaemon einen verträumten Blick zu. Wie es wohl wäre, in solch einem Gebäude zu wohnen? Mit ihm? Ein stummes Lachen dringt über ihre Lippen. Was für ein Gedanke. Sie schaut wieder vor sich und mit klopfendem Herzen durchtritt Pan den schimmernden Torbogen. Niemand hält sie auf, während Galene sie über den Hof führt. Ein paar neugierige Blicke verfolgen sie, aber mehr nicht und als Pandora den ersten Fuß in das Schloss setzt, verschlägt es ihr den Atem.

Die Möbel bestehen aus geflochtenen Algen, von der Decke hängen leuchtende Perlen, aufgefädelt an grünen, beinahe schon blauen Pflanzen. Geschäftige Nixen durchqueren mit konzentrierten Blicken die Halle. Vier verschiedene, geschwungene Treppen führen in die unterschiedlichsten Richtungen. Die Stufen sind beinahe durchsichtig und die Lichtstrahlen, welche auf sie fallen, veranstalten ein wunderschönes Schauspiel der Elemente.

„Hier lang“, Galene deutet auf die größte der Treppen, die sich andächtig in die Höhe schlängelt.

Andächtig schreitet Pandora den gezeigten Weg entlang. Ihre Hand verschränkt sich vorsichtig in Kaemons, welcher so nah neben ihr läuft, dass sie die Bewegungen seines Brustkorbes an ihrer Schulter spüren kann. Er wirkt aufgeregt, aber konzentriert. Das obere Stockwerk ist genauso prunkvoll wie bereits der Eingangsbereich. Auch hier hängen Perlen von der Decke, doch diesmal ist es ein klarer Blauton, welcher von ihnen ausgeht.

Galene zeigt auf eine breite Tür, dessen Klinke wunderlich glitzert. Sie ist aus einem tiefen Grünton und überzogen von den unterschiedlichsten Zeichen. Sobald die Nixe ihre Hand danach ausstreckt, schwingt die Türe mit einem leisen, hohen quietschen auf.

Vor Pan erstreckt sich ein runder, großer Raum. Der Boden besteht aus einem weißen, marmorartigen Material, gewaltige Fenster lassen Licht auf ein Himmelbett fallen – doch sie sind überzogen von Spinnweben, als hätte man sich schon seit langem keine Mühe mehr gemacht, sie zu säubern. Weshalb auch, niemand hätte erwartet, dass Nyx ihre Augen wieder einmal öffnen würde.

Und trotzdem liegt sie dort und starrt die Neuankömmlinge mit ihren strahlend blauen Augen gründlich an. Weißes, dünnes Haar erstreckt sich über ein dunkles Kissen und all die Zeit ist nicht spurlos an der Nixe vorbeigezogen. Sie wirkt schwach, hebt nicht einmal den Kopf. Obwohl ihr Gesicht makellos ist, sind ihre Hände überzogen von tiefen Falten und unter der dicken Decke schaut der Saum eines türkisen, funkelnden Kleides heraus. Es ist bestickt mit kleinen Diamanten und das Sonnenlicht fängt sich in den vielen glatten Oberflächen.

„Danke, Galene." Ihre Stimme ist heiser.

Vorsichtig treten Pandora, Kaemon und Attis näher. Ehrfürchtig senkt Pandora den Kopf. Sie fühlt sich, als würde er Blick der Nixe sie erdrücken und beginnt nervös über den Stoff ihres Kleides zu streichen. Anders als erwartet, fühlt er sich völlig trocken und schwerelos an.

„Weshalb rettet gerade ihr die Menschenwelt?", sind die einzigen Sätze, die über Nyx' Lippen kommen und Pandora bekommt das Gefühl nicht los, dass diese erst einmal ein Urteil über sie bilden möchte, bevor sie ihnen hilft.

Kaemon räuspert sich. „Ich bin Assassine am königlichen Hof, eine Aufgabe, die seit mehreren Generationen in meiner Familie liegt. Attis", er deutet auf sie, „ist eine gute Freundin, die mir hin und wieder hilft – ihr Bruder hat bei dem Unterfangen, Helos Artefakte zu stehlen, sein Leben gelassen."

Er scheint genau zu wissen, was er erwähnt, denn bei der Erwähnung des Todes zuckt Nyx zusammen.

Sie runzelt die Stirn. „Ihr habt ihm die Artefakte gestohlen, die ihn so mächtig werden lassen und in einem davon war meine Seele gebannt? Nun, so etwas habe ich mir bereits gedacht."

Sie schaudert. „Es ist bei weitem kein schönes Gefühl, wie eine leblose Hülle auf dem Bett zu liegen und sich nicht regen zu können. Und jetzt vergreift er sich also an euch Menschen?"

„So ist es", stimmt Kaemon zu und Pandoras Atem verlangsamt sich wieder, als ihr bewusst wird, dass Nyx nicht nach ihr fragen wird – trotzdem wirft ihr die Nixe so manchen Blick zu, bei dem sie vermutet, dass Galene wohl schon einiges erzählt haben muss.

Wie auch immer, ihr ist es nur Recht, muss sie ihre Geschichte nicht vortragen. Manches Vergangene sollte man unausgesprochen lassen, um die bösen Geister nicht noch einmal zu beschwören. Schnell wirft Pan ein Blick auf ihrem Arm, aber das Zeichen ist noch immer so blass, wie zu Beginn ihrer Reise.

Beruhigt schenkt sie Nyx wieder ihre volle Aufmerksamkeit.

„Du." Die Nixe zeigt auf Attis und winkt sie schwach zu sich.

Überrascht setzt Attis einen Schritt vor den anderen, bis sie ganz nah an dem Himmelbett steht. Sie beugt sich vorsichtig zu Nyx hinunter.

„Du bist etwas Besonderes, nicht wahr?"

Attis zögert einen Moment, dann nickt sie. „Könnte man so sagen, ja", erwidert sie mit gesenkter Stimme und ein schwaches Lächeln zuckt über ihre Lippen.

„Wir beide sind etwas Besonderes." Die Stimme der Nixe ist kaum mehr ein leises Flüstern.

Pandora runzelt die Stirn. Sie spürt etwas Ungewöhnliches zwischen den zwei, etwas, das sich schwer in Worte fassen lässt, jedoch behutsam auf die Personen im Raum niederschwebt. Es ummantelt ihre Schultern, dringt wie Sauerstoff durch ihre Adern. Pan kann nicht anders, als Nyx in die hellen Augen zu starren.

Sie bildet sich ein, in ihnen die Schatten anderer zu sehen, kurze Szenen von Streit oder Versöhnung, die zu einem letzten Schrei aufgerissenen Münder Sterbender, aber auch winzige Hände, die sich das erste Mal den warmen Strahlen der Sonne entgegenstrecken. Mag Nyx vielleicht das sein? Eine Seherin, die ihre Augen überall hat, zu jedem Zeitpunkt, jeder Stunde? Ihre Augen ein Spiegel zur Wirklichkeit? Damit würde sie gewissermaßen das übersteigen, was Pandora von ihr erwartet hat. Wenn sich alles in ihren Pupillen abspielt, wird es ihr nie möglich sein, zu lügen. Der Sieg ist ihnen somit sicher – sofern die Nixe es schafft, den passenden Augenblick, der, der weiterhelfen würde, zu erfassen.

Pan muss sich eingestehen, dass sie keine Ahnung davon hat, ob so etwas überhaupt möglich ist, als Attis ihre Pfeife hervorzieht. Pandora will schon verärgert vorspringen, als Kaemon sie zurückhält. Und da sieht auch sie es – Attis greift ein weiteres Mal in ihre Tasche und zieht einen kleinen Lederbeutel hervor.

Mit ruhigen Händen schüttet sie den Inhalt, welcher aussieht wie weiße, glänzende Staubartikel, zu dem anderen Zeug in der Pfeife hinzu. Langsam schiebt sie die Pfeife der Nixe vor ihr zwischen die Lippen und zündet sie an.

Verblüfft beobachtet Pandora all das. „Was tut sie da?"

Plötzlich muss Kaemon grinsen. „Sie ist wahrlich ein Genie."

Er räuspert sich. „Opium in Verbindung mit diesem Pulver soll magische Sinne schärfen und helfen, sie zu kontrollieren", erklärt er und Pandora beginnt zu verstehen.

„Wenn Nyx entscheiden kann, was sie sieht, ist es einfacher uns etwas zu zeigen, dass uns hilft."

Kaemon nickt leicht. Ein heiseres Husten ertönt, als die Nixe einen Zug nimmt.

Pan muss grinsen, reißt sich aber so schnell wie möglich wieder zusammen, will sie nicht daran denken, wie es ihr in diesem Moment gehen würde. Sie seufzt leise und wartet ab, doch die Ungeduld kribbelt wie kleine Stromstöße in ihren Fingerspitzen. Aus den Augenwinkeln beobachtet sie, wie Galene auf eines der Fenster zugleitet und es öffnet.

Ihre Haare schimmern gespenstisch und irgendwie kommt es ihr so vor, als würde so manche Ähnlichkeit zu Nyx hervorstechen – Pandora schüttelt den Kopf. Wie auch immer. Sie streicht sich die schwarzen Strähnen hinter das Ohr und hebt den Kopf.

Die Sekunden verstreichen quälend langsam, bis Nyx sich ein weiters Mal regt. Urplötzlich schießt sie in die Höhe, verkrampft sich und reißt den Mund zu einem lautlosen Schrei auf. Erschrocken zuckt Pan zusammen und sie kann gar nicht so schnell reagieren, wie Galene bereits zum Bett geglitten und Nyx wieder zurück nach unten gedrückt hat.

Ihr wird heiß und sie spürt, wie ihr Herz zu rasen anfängt. Was passiert hier? Doch sie scheint die einzige zu sein, die besorgt ist, denn Kaemon starrt nur stumm gerade aus und Attis ist viel zu konzentriert, um sich viele Gedanken zu machen. Sie hat ihren Blick fest auf die Augen der Nixe gerichtet, ihre Finger krallen sich in die Decke.

„Was siehst du?", durchbricht Kaemons tiefe Stimme nach einer Weile die Stille, aber es dauert ein wenig, bis Attis ihm antwortet.

„Nicht viel", sie zögert, streicht sich eine rote Strähne aus dem Gesicht, „nur uns. Wir stehen in einem Keller – nein, nein…"

„Palast", haucht Nyx so leise, dass Pandora sie kaum verstehen kann.

Sofort verkrampft sie sich. Sie spürt die Aufregung bis in ihre Zehenspitzen hinab und auch Kaemon horcht auf. Pan sieht, wie er von einem Fuß auf den anderen wippt, was sie bei ihm bisher noch nie beobachten konnte.

„Im Palast? Wir sind im Palast?“, wiederholt er zerknirscht und ballt seine Hände zu Fäusten.

Pan sieht, wie Nyx den Versuch macht, selbst darüber zu reden, was sich vor ihrem inneren Auge abspielt, was ihr gezeigt wird, von dem sie denkt, es würde weiterhelfen. Doch ihr gesamter Körper verkrampft sich dabei und kein einziges Wort kommt über ihre schmalen Lippen.

„Ja, im Palast“, übernimmt Attis diese Aufgabe daher und kneift ihre Augen angestrengt zusammen. „Aber nicht in den Räumen, die wir bisher gesehen haben, eher ein privates Schlafgemach …“

„Was tun wir dort? Wen siehst du noch?“, drängt Kaemon und Pandora greift beschwichtigend nach seiner Hand – sie spürt, wie er sich zurückhalten muss, weiß, dass seine Gedanken sich wild drehen müssen.

Attis zögert. „Ich weiß nicht genau. Ich glaube der König, ja – aber in einem Morgenmantel oder sowas“, ergänzt sie und angespannt schluckt Pandora.

Ihr wird bewusst, dass das der Hinweis sein könnte, der allem ein Ende bereitet, so unwichtig er auch scheint. Vielleicht funktioniert das Pulver bei Nyx auch gar nicht und sie sieht nicht nur die Dinge, auf die sie sich konzentriert, die, die wichtig sind. Wie auch immer, ihnen würde nichts anderes übrigbleiben, als abzuwarten.

Schnell begutachtet Pandora ihren Arm. Ein mulmiges Gefühl macht sich in ihr breit, als sie bemerkt, dass die schwarze Farbe allmählich zurückkehrt.

„Wir müssen bald gehen“, murmelt sie Kaemon leise zu, doch sie merkt, wie ihre Worte ihn nicht vollkommen erreichen. Verständlich, er wird darauf hoffen, eine Information zu bekommen, mit der er auch etwas anfangen kann, das, was sie bisher erfahren haben, ist noch nicht greifbar genug. Natürlich, es ist ein weiterer Schritt, trotzdem hat er sich vermutlich mehr erhofft.

Unruhig schweift Pandoras Blick zu den anderen Leuten im Raum. Sie alle achten gespannt auf Nyx und Attis, denken gar nicht daran, was Pandora so unruhig macht. Das Problem ist für sie nicht greifbar, aber trotzdem – sie wird ihren Willen durchsetzen müssen, ob es Kaemon, Galene oder Attis nun passt, oder nicht.

Sie räuspert sich laut, sieht, wie die Schwärze des Codex Zeichen in einem plötzlich unaufhaltsamen Tempo zurück in seine Linien läuft. „Wir müssen sofort gehen!“

Nur langsam bewegt Kaemon sich aus seiner Starre. Sein Blick schweift unruhig hin- und hergerissen durch den Raum, aber allmählich wird ihm klar, dass nicht mehr aus der Situation herauszuholen ist. Er packt Attis am Arm und zieht sie zurück. Sie wehrt sich nicht, greift nur noch schnell nach ihrer glühenden Pfeife. Stumm entfernt sie sich von der Nixe und Galene folgt ihr. Sie nickt den beiden Dienern, die die ganze Zeit über regungslos in der Ecke standen, zu, worauf hin die beiden sich daran machen, Nyx mit allem zu versorgen, was sie in diesem Moment brauchen könnte.

Pandora kann nicht mehr genau erkennen, welche Pflanzen sie ihr vorsichtig an den Mund führen, oder ob noch Rauch zwischen ihren Lippen hindurchwabert. Wie paradox es ist, dass Feuer in dieser Welt überhaupt funktioniert, kommt ihr erst in den Sinn, als sie die Räume der Nixe eilig verlassen haben, aber es ist ein nur sehr flüchtiger Gedanke, welcher sofort wieder von Panik vertrieben wird.

Es beunruhigt Pandora, wie schnell Galenes Zauber sich in Luft auflöst, wie schnell er nachlässt, aber sie weiß, dass es keine Möglichkeit gibt, ihn hier unten zu erneuern – wenn sie nicht sterben wollen, müssen sie rechtzeitig zurück an ihren Ausgangspunkt gelangt sein.

Ihr Tempo verdreifacht sich und sie hat keine Augen mehr für die schönen Gebäude, welche nun an ihr vorbeiziehen. Galene führt sie selbstsicher durch die Stände, entschuldigt sich nicht bei den Körpern, die sie anrempelt, um Platz zu schaffen. Auch Pan schaut nicht zurück, ist sie viel mehr darauf konzentriert, vorwärtszukommen.

Es überrascht sie immer wieder aufs Neue, wie schnell sich Hektik in den Herzen der Wesen einnisten können, die in der Lage sind, zu fühlen. Ein Wimpernschlag reicht aus, um sie zum Zerreißen zu bringen. Sie nimmt einen schwachen, klopfenden Schmerz an ihrer Schläfe war, wischt ihn aber so gut wie möglich beiseite. Ein Blick vor sich lässt Zuversicht durch Pandoras Adern gleiten.

Sie erkennt die Umrisse der Ruinen, die sie bei ihrer Ankunft empfangen haben und obwohl Schätzen nicht zu ihrer Stärke gehört, ist sie sich ziemlich sicher, dass der Zauber noch so lange anhält, bis sie die alten Mauern erreicht haben. Danach sollte alles ohne Probleme vorangehen. Ihre Füße tragen sie wie von selbst über den sandigen Boden, wirbeln Muscheln und kleine Meerestiere auf.

Und während sie nach Galenes Hand greift, schwört sie sich, diesen Ort wieder einmal zu besuchen.

PANDORA

Straßen von London

Warme Regentropfen fallen auf ihr schwarzes, dünnes Haar und eine leichte Brise des Londoner Windes empfängt Pandora, als ihre Beine wieder auf festem Boden stehen. Attis sitzt neben ihr auf dem Boden, die Hand an ihr Herz gepresst, tief atmend. Sie scheint auf den letzten Metern etwas Wasser geschluckt zu haben. Auch Kaemon wankt ein wenig, doch er hält sich noch auf den Beinen.

Die einzige, für die diese Reise ohne Überraschung kein Problem war, ist Galene. Sie steht mit verschränkten Armen vor den drein und mustert sie streng. „Was werdet ihr jetzt unternehmen?"

Kaemon zuckt schwach mit den Schultern.

„Wohl dem König einen Besuch abstatten", erwidert er und wirft einen Blick in den dämmernden Himmel. „Obwohl er sich über den späten Besuch wohl kaum freuen wird", fügt er noch hinzu, doch Pandora winkt verärgert ab.

„Es kann sein, dass wir ihm hier unwissend den Durchbruch liefern, sollte er damit wirklich ein Problem haben, stimmt da etwas nicht."

Kaemon legt den Kopf schief und muss grinsen. „Ja, da hast du vermutlich recht", sagt er belustigt, aber über eine Stirn ziehen sich nachdenkliche Falten.

Pandora will sich nicht ausmalen, was wohl gerade in seinem Kopf vorgeht. Sie kann selbst nicht in geringster Weise einschätzen, was Nyx Visionen wirklich zu bedeuten haben und ihm wird es wohl genauso gehen – nur, dass sein Herz daran hängen mag. Sie presst die schmalen Lippen aufeinander, als ihr das königliche Amulett wieder in den Sinn kommt, das neben einer der Leichen lag. Schnell versucht sie, es zu verdrängen, um nicht auf irgendwelche absurden Gedanken zu kommen.

Beim Palast angekommen würden sie schon erfahren, was es mit alldem auf sich hat – hoffentlich. Denn um ehrlich zu sein, fällt Pandora kein Weg ein, den sie einschlagen könnten, um dem Kreis von Enttäuschungen zu entkommen. Das hier muss etwas ergeben, sonst wären sie aufgeschmissen, so viel ist klar und es macht auch keinen Sinn, das Ganze zu beschönigen. Zu gerne würde sie wissen, ob Attis und Kaemon genauso denken, oder ob die beiden etwas optimistischer an die Sache rangehen. Allerdings bezweifelt sie es ein wenig.

Stillschweigend beobachtet Pan, wie sich Attis eine Pfeife anzündet, sagt aber nichts dazu, da es vermutlich das Einzige ist, was dem rothaarigen Mädchen durch diese Zeit hilft. Sie muss ja nicht von jetzt auf gleich aufhören, doch für Illeron vorsichtiger damit umzugehen, wäre ein guter Anfang. Bei dem Gedanken an diesen verspürt Pandora einen leichten Stich. Seine fehlende Anwesenheit hat ein schwarzes Loch in die Atmosphäre gerissen, es fällt nun mal auf, dass er nicht mehr hier ist, um sie alle zu motivieren.

Sie seufzt leise. „Wir sollten los."

Kaemon nickt entschlossen.

„Dann überlasse ich den Rest euch", verabschiedet sich Galene und verschwindet mit einer angedeuteten Verbeugung in Richtung Häuser. Pandora schaut ihr noch einen Augenblick nach, dann wendet sie sich wieder an die anderen. Schnell schlagen auch Kaemon und Attis den richtigen Weg ein. Pan folgt ihnen mit einem unbeschreiblichen Gefühl. Sie denkt darüber nach, was genau es ist und nach einer Weile stellt sie fest, dass es Angst ist, die durch ihre Adern wabert. Sie lähmt ihren Schritt, lässt ihre Hände zittern. Schnell presst sie ihre Finger an den Stoff ihres Kleides, doch selbst durch den Saum spürt sie die zuckenden Bewegungen an ihrer Haut. Es scheint, als würden all die Sorgen, die dieses Ende angehen, aber bisher noch nicht an die Oberfläche gedrungen sind, ihren Körper in Besitz nehmen.

Langsam tritt Kaemon auf sie zu und verschränkt ihre Hand mit ihrer. Sie strahlt eine angenehme Kühle aus und augenblicklich weiß Pandora, dass egal, wie es ausgeht, er an ihrer Seite sein wird. Sie hebt den Blick, sieht ihm dankbar in die Augen. Nur flüchtig, doch er versteht. Ein schwaches Lächeln erscheint auf seinen Lippen, verschwindet jedoch sofort wieder, als die Umrisse des Palastes in Sicht kommen. Ein Schatten schleicht sich auf sein Gesicht, der Pan wanken lässt.

„Du schaffst das." Sie drückt aufmunternd seine Hand und obwohl ihre Worte nur halbherzig sind, versucht sie, so überzeugend wie möglich zu sein.

„Ja." Seine Erwiderung ist barsch und Pandora zuckt zurück, obwohl sie weiß, dass er es nicht so meint und es nicht gegen sie geht. Trotzdem verunsichert sie dieser Ton.

Sie atmet tief durch. Es macht keinen Sinn, zu viel zu denken, allerdings kann sie es nicht verhindern, sich all die grausamen Situationen vorzustellen, die auftreten könnten. Dass sie in den königlichen Gemächern auftaucht, ohne wirklich zu wissen, was sie erwarten wird, macht es nicht besser. Vielleicht interpretieren sie auch viel zu viel in das eben gesehen herein, es gibt nichts, was eindeutig sagt, was das alles zu bedeuten hat. Nervös schluckt sie.

PANDORA

Palast, London

Sie nimmt die Wachen, die sie durch das Tor winken, kaum wahr. Ihre Glieder fühlen sich schwer an, als wären die Eisenketten der Sklaventreiber um ihre schmalen Gelenke gelegt worden. Bei jedem Schritt wiegen sie schwerer auf ihren Armen und Beinen, bis sie das Gefühl hat, nachgeben zu müssen. Das Ende kann so nah sein. Was wohl danach mit ihr passiert? Sie hasst Überraschungen. Schon als kleines Kind – eine Eigenschaft, die sich nicht geändert hat.

Pandora atmet schwer aus. Ihr Kopf beginnt, sich zu drehen. Und dann fällt ihr etwas sehr Wichtiges ein.

„Wann ist der nächste Vollmond?“, stößt sie plötzlich hervor und erntet einen verwunderten Blick von Kaemon und Attis.

Kaemon runzelt die Stirn. „Morgen.“ Dann kommt es auch ihm wieder in den Sinn. „Wir zerstören es. Versprochen.“

Pan nickt schwach. Vermutlich wäre es besser, wenn man den Bann jetzt schon brechen könnte, aber ihr bleibt nichts anderes übrig.

„Was zerstören?“, mischt Attis sich sein.

Pandora lächelt entschuldigend. „Mein Amulett, mit dem ich an Helos gebunden bin. Ist es vernichtet, wird er nicht mehr in der Lage dazu sein, mich in seine Dienste zu holen, sollte ich sterben.“

Die Rothaarige nickt schwach. Ihr Haar ist zerzaust und tiefe Schatten zieren ihre Augen – die Geschehnisse der letzten Tage sind nicht unbeachtet an ihr vorbeigezogen. Trotzdem schreitet sie so motiviert wie noch nie vorran. Illeron hat das verdient, so viel ist Pandora klar. Sein Opfer soll nicht umsonst gewesen sein und das ist, was Attis antreibt. Pandora atmet tief durch, drückt Kaemons Hand fester. Die nächsten Schritte, die sie wagt, sind voller Unbehagen, aber manchmal gibt es keinen anderen Weg nach vorne.

„Der König kann sie derzeit nicht empfangen, er befindet sich gerade in seinen privaten Gemächern, um …"

Kaemon unterbricht den Butler mit einer barschen Handbewegung und schiebt ihn grob beiseite.

„Er hat sicher trotzdem Zeit für uns", erwidert er und Pandora schlängelt sich geschickt zwischen ihn und den kleinen, blassen Butler, welcher die Hand gerade ein weiteres Mal nach Kaemons Mantel ausstrecken will.

Als er Pans Haut berührt, zuckt er zurück. Sein Blick verändert sich ein wenig, doch gerade so viel, dass sie die Angst darin erkennen kann. Ein stechender Schmerz breitet sich in ihrer Brust aus. Er sieht ein Monster in ihr, dem das Töten in die Wiege gelegt wurde – nach alldem würde sie zumindest das ablegen können. Schnell konzentriert sie sich wieder auf den Weg vor ihr.

Der Butler bleibt zurück, starrt ihnen nur mit hohlem Blick nach. Vermutlich überlegt er, ob er es wagen sollte, die Wachen zu holen. Wenn er aufmerksam genug ist, nimmt er allerdings die unheilvolle Ausstrahlung Kaemons zur Kenntnis und unterlässt es. Pan schaut kurz zu dem jungen Mann neben ihr auf. Schritt für Schritt kommt es ihr so vor, als würde dieser entschlossener werden und sie versteht.

Nachträglich betrachtet laufen viele Anhaltspunkte auf das Königshaus zurück. Dass Kaemons Vertrauen geschwächt ist, sollte niemanden mehr wundern.

Pandora verbannt die vielen Gedanken, die ihr durch den Kopf schwirren und konzentriert sich auf eine angenehme Leere, welche ihr Herz ruhiger schlagen und ihre Hände weniger zittern lässt. Allmählich findet sie ihre Situation nur noch verwirrend, ihr fällt es wahnsinnig schwer, nicht den Fanden zu verlieren. Was auch immer vor ihr liegen mag, es ist ihr nicht möglich, sich darauf vorzubereiten.

Wachsam starrt sie auf den dunklen Teppich vor sich, welcher sich elegant den schmalen Gang entlang schlängelt. Bei jedem Schritt scheint er sich dunkler zu färben, als würde er das über die Jahre vergossene Blut der unschuldigen in sich aufnehmen. Ja, wie unschuldig ist das Königshaus? Zeigt der Plan Königin Jennifers nicht bereits, wie durchtrieben hier alle sind? Wie viel Unheil in diesen Mauern nur darauf warten, dass sie jemand freisetzt, nicht wissend, mit welcher Macht sie über einen kommen werden? Aber so sind sie, die Menschen, so sind sie schon immer gewesen.

Pandoras Herz verkrampft sich und sie muss aufpassen, nicht zu stolpern. Woher kommen diese Gedanken? Ein Hass auf die menschliche Spezies hat sich noch nie ihren Charakterzügen gezeigt, es kommt ihr beinahe so vor, als würde etwas ihre inneren Stimmen verpesten. Ist es schwarzer Nebel, der dort über die Dielen wandert, nur darauf wartet, sich einen Wirt suchen zu können? Sie schüttelt verwirrt den Kopf. Schwindel überkommt sie und ungewollt krallt sie sich an Kaemons Arm fest.

„Alles in Ordnung?“, seine tiefe Stimme dringt nur schwach zu ihr hindurch und je weiter sie gehen, umso schwerer fällt es Pandora, ihren Mund zu öffnen.

„Ich weiß nicht, ich …“, beginnt sie, doch als Attis eine prunkvolle Tür aufstößt, scheint es, als würde man Pan ihre Worte nehmen.

Sie verkrampft sich. Der ganze Raum ist voller schwarzem, dicken Nebel, welcher sich um die Beine eines der Dienstmägde schlängelt, doch was ihr viel mehr Angst macht, ist König George, welcher in weißem Nachtgewand vor einem der riesigen Fenster steht.

Das schwache Licht, welches auf ihn fällt, lässt die Nebelschwaden, die sich um seinen Körper winden, gespenstisch funkeln. Sie scheinen ihn fest im Griff zu haben und seine Finger krallen sich fest an etwas, dass Pan nicht richtig erkennen kann. Sie kneift die Augen zusammen, strauchelt, versucht, etwas zu sagen.

„Der Nebel …"

Kaemon greift ihr unter die Arme, während Attis auf den König zutritt.

„Pandora, hier ist kein Nebel", murmelt er sanft, aber besorgt und da wendet König Georg ihnen sein Gesicht zu.

Kaemon verkrampft sich, Attis stolpert hastig zurück, rempelt die Magd an, welche sich jedoch keinen Meter bewegt und Pandora fühlt sich, als würde die Schwärze sich auf ihren Brustkorb legen und sie ersticken. Die Augen des Königs sind in ein tiefes Rot getaucht und ein verzerrtes Grinsen ziert sein unrasiertes Gesicht. Pandoras Blick wandert zu seinen Händen, und da trifft es sie wie ein Schlag, all ihre Ängste brechen über sie hinein.

Auf den ersten Blick eine einfache Messingschüssel, doch sieht man genauer hin, erkennt man die verworrenen Symbole, die in die Oberfläche geritzt wurden. Diese Symbole sind ihr Albtraum, sie waren all die Zeit in ihrem Kopf verborgen. Pandoras Herz fühlt sich an, als würde es jeden Augenblick versagen, so viel Schmerz flutet in diesem Moment durch es hindurch. Diese eine, ganz bestimmte Nacht taucht vor ihren Augen auf, diese Nacht, deren Geschehnisse aus ihrem Gedächtnis gelöscht wurden, obwohl sie sich so sehr dagegen gewehrt hat. Als sie ihn bei etwas gesehen hat, dass sie auf keinen Fall wissen sollte.

„Helos' Messingschale", haucht sie und ihre Beine geben nach.

„Verdammt, Pandora!", zischt Kaemon panisch und zieht sie wieder nach oben. „Was zum Teufel ist hier los!"

Ein Wimmern weicht über ihre Lippen, doch Kaemons Stimme hilft ihr, nicht in dem dunklen Nebel zu ertrinken, der über sie hineinbricht.

„Schlagt ihm die Schale weg, sie macht ihn zu einem Monster!", bringt Pan hervor und Attis springt todesmutig nach vorne.

Als das Messing mit lautem Scheppern auf dem Marmorboden aufkommt, sinkt der König stumm in sich zusammen, doch der Nebel legt sich nicht. Er weicht von ihm, aber anstatt sich zu verflüchtigen, verdichtet er sich zu schier zwanzig Gestalten. Geschockt über das, was gerade passiert, drückt Kaemon Pans Hand fester, was sie zurück in die Realität holt. Auch die Magd rührt sich wieder – ihr lauter Schrei hallt von den Wänden wider.

„Er hat sich jeden Morgen mit ihr gewaschen, habe ich recht?", wendet Pandora sich ihr blitzschnell zu. All ihre Sinne sind nun geschärft und ihr Kopf schwirrt vor Aufregung, während sich die Nebelgestalten verdichten.

Die Magd nickt schwach, man sieht ihr an, dass sie nicht die geringste Ahnung hat, was gerade passiert. Schnell schnappt Pan sich den kleinen Dolch, der sich unter ihrem Kleid verbirgt und wendet sich an Attis und Kaemon.

„Die Messingschale wurde früher von Helos verwendet, um menschliche Seelen zu unterwerfen, bis er gezwungen war, das Buch zu vernichten, das nötig ist, um sie mit bestimmten Zaubern zu belegen, weil seine Untertanen dessen Geheimnis entdeckten. Jegliches Wasser, das diese Oberfläche berührt, wird augenblicklich verseucht. Berührt es deine Haut, ist dein Verstand benebelt. Helos muss es irgendwie geschafft haben, die Zauber trotzdem aufrecht zu halten und schlussendlich ist die Schale dem König in die Hände gefallen, der so zu seinem Diener wurde und für ihn all diese Morde ausgeführt hat", fasst Pandora hastig zusammen.

„Ja, ich rieche eine starke magische Kraft, aber die Nixe, die in seinen Diensten stand, ist nicht mehr am Leben", murmelt Attis und ungeheure Wut keimt in Pan auf. Warum hat sie sich nicht eher an diese Schale erinnert? Selbst in dem Glauben, sie kann nicht mehr funktionieren, hätte man sich darüber Gedanken machen können.

„Okay." Unterbricht Kaemon sie, zieht sein Schwert und streckt den Rücken durch. Urplötzlich ist er der Ruhepol, der sie alle an die Erde bindet und verhindert, dass ihr Verstand sich den Schatten Helos hingibt.

„Und was sind das für Dinger?" Er deutet mit der Spitze seines Schwertes auf die Nebelgestalten, die sich unheilvoll vor ihnen aufrichten.

„Das sind die Seelen der Toten, die unter Helos Dienste gestellt wurden, seine Grausamkeit jedoch nicht ertragen oder ihren Nutzen nicht erfüllen konnten", flüstert Pandora voller Schmerz. Sie erkennt einige der Verlorenen wieder und sie bedauert ihr Schicksal nach wie vor.

Kaemon hebt das Schwert. „Und jetzt?"

Mit einer zögerlichen Geste deutet Pan auf ihr Herz. „Ihr müsst sie genau hier treffen, dort, wo eigentlich das Herz sein müsste."

Tränen sammeln sich in ihren Augen. Sie muss sie vernichten, manche davon waren sogar ihre Freunde – sie erkennt ein paar von ihnen wieder, ein paar der Mädchen, deren Untergang sie miterlebt hatte, weil Helos es für nötig gehalten hatte, sie zusehen zu lassen.

Sie weiß nicht, ob sie es über sich bringt, aber als Attis ihr Schwert als erste schwingt und die schwarze Gestalt sich mit einem gellenden Schrei auflöst, weiß sie, dass ihr nichts anderes übrigbleibt. Verzweiflung macht sich in ihr breit, aber sie versucht sich daran zu erinnern, dass es das letzte Mal sein wird, dass sie jemandem weh tun muss. Sobald die Schale vernichtet oder sicher verwahrt ist, wird Helos nicht mehr dazu in der Lage sein, jemanden durch sie zu steuern. Ganz aufhalten wird man ihn nie können, das ist Pandora klar, doch sie würde damit nicht wieder in Berührung kommen.

Sie beißt die Zähne zusammen.

„Du schaffst das", haucht Kaemon ihr ins Ohr – er scheint ihr Zögern mitbekommen zu haben. Pan muss lächeln. Nie hätte die gedacht, dass solche Worte sie einmal anspornen würden. Mutig stürzt sie sich einer der Nebelgestalten entgegen. Sie meidet ihr Gesicht, sondern lässt ihre Klinge ohne Rücksicht durch sie hindurch gleiten. Mit einem lauten Zischen fällt der Nebel in sich zusammen und verschwindet.

„Ich fürchte, später musst du mir alles nochmal erklären!", ruft Attis ihr während einer schnellen Drehung zu und Pandora verzieht das Gesicht.

„Salome wird es auch hören wollen", erwidert sie verbissen und vernichtet die nächste Gestalt. Flink bewegt sie sich zwischen ihnen hindurch, darauf bedacht, sie nicht an ihre Haut zu lassen – eine bloße Berührung lässt deine tiefsten Albträume augenblicklich wahr werden. Nicht, dass es für Pandora noch viel schlimmer werden könnte, aber ausprobieren will sie es wahrlich nicht.

Sie arbeitet schnell, die Neugierde, was mit dem König passieren wird, brennt ihr im Nacken. Sie riskiert einen kurzen Blick, doch König George liegt immer noch bewusstlos auf dem Boden seiner Gemächer. Tot ist er nicht, sein Brustkorb hebt und senkt sich unregelmäßig, aber Pan sieht, wie schwer es ihm fällt. Was nicht sonderlich verwunderlich ist, besessen zu sein ist nicht unbedingt eine risikolose Erfahrung. Pandora überlegt einen Moment – besessen ist vielleicht nicht das richtige Wort, wohl eher wahnsinnig. Helos Geister haben ihn in mit den Morden in den Wahnsinn getrieben – die Schale hat ihn in den Wahnsinn getrieben.

Hastig durchtrennt sie die Glieder der Nebelgestalt vor sich und kneift die Augen zusammen, als sie den Verdacht hat, bereits einmal mit diesem Mädchen geredet zu haben. Obwohl man ihre Gesichtszüge nur schwach erkennt, fällt es Pan nicht schwer, sie zu identifizieren. Ihr Herz zieht sich schmerzvoll in ihrer Brust zusammen. Wäre da nicht Kaemon, würde sie sich wie ein Monster fühlen, wie sie es früher tat, doch mit ihm an ihrer Seite schafft sie es, einigermaßen ruhig zu bleiben.

„Attis!", ruft sie über ihre Schulter hinweg, „hol bitte die Königin und wenn du es schaffst, vielleicht sogar Salome."

„Ja, wir brauchen jemanden, der entscheidet, wie es weitergeht, wenn wir die Situation unter Kontrolle haben", stößt Kaemon zwischen zusammengepressten Zähnen hervor. Mit einer schwungvollen Drehung vernichtet er eine weitere Nebelgestalt, welche sich gefährlich nah an ihn herangetastet hatte.

Attis nickt hastig und stürmt zur Tür, während Pandora es knapp schafft, den Klauen einer Gestalt zu entgehen, die ihre langen, dunklen Finger bereits nach ihr ausgestreckt hatte. Sie streicht sich tapfer eine lange Strähne aus dem Gesicht und sieht sich um. Allmählich beginnt der Nebel sich zu verflüchtigen, der Raum wird etwas klarer. Pan kann erkennen, wie der König versucht, sich von dem kalten Boden aufzurappeln. Er hält sich den vermutlich schmerzenden Kopf.

Sie runzelt die Stirn. Wie es wohl mit ihm weitergeht? Ihr Dolch versinkt in dem Herzen eines weiteren irrationalen Gegners. Eigentlich kann es ihr ja egal sein, ihr Soll ist erfüllt – und sie ist sich so verdammt sicher, dass Kaemon sie nicht verlassen wird, dass die Erleichterung schleichend ihren Körper einnimmt.

Pan schafft es, die toten Seelen zu vernichten, ohne jedes Mal an die Person zu denken, die sich einmal hinter ihr versteckt hat. Sie umhüllt ihren Geist mit dem Schutz, der ihr auch bei Helos hin und wieder eine Narbe erspart hat, aber versteht, dass es diesmal etwas anderes hat. Es ist nicht ihre Schwäche, sondern eine Art Stärke, eine Stärke, die sie gelernt hat, zu akzeptieren. Ein völlig anderes

Gefühl. Als Pandora aus ihren Gedanken wieder auftaucht, sind nur noch zwei Nebelgestalten übrig, doch Kaemon erledigt sie mit einem einzigen Schlag.

Schwer atmend stützt er sich auf sein Schwert und auch Pan merkt, wie anstrengend dieses kurze Gefecht für sie war. Wenn man noch aufmerksamer darauf aufpassen muss, nicht berührt zu werden, als es normalerweise, hinterlässt das Spuren, mit denen kaum jemand rechnet.

Langsam richtet sich Kaemon auf und kommt auf sie zu. „Alles in Ordnung?"

Pandora runzelt die Stirn. „Ja, ich denke schon. Bei dir?", erwidert sie zögerlich und greift nach seiner Hand.

Er nickt leicht. „Ja, ja." Sein Blick gleitet zum König. Schmerz flackert in seinen Augen auf. „Er ist also für alles verantwortlich."

Pan streicht über seine glatte, kalte Haut.

„So ist es", haucht sie leise, „aber er konnte nichts dafür. Niemand ist dazu in der Lage, sich gegen einen solch mächtigen Zauber zu wehren."

Sanft zieht Kaemon sie in seine Arme. Sein angenehmer Duft steigt Pandora in die Nase, jeder einzelne Muskel scheint sich an ihren schmalen Körper zu schmiegen. Ein wohliges Gefühl breitet sich in ihr aus und mit geschlossenen Augen genießt sie diesen erholsamen Moment. Seine Hand streicht vorsichtig über ihren Rücken und lässt ihre Atmung flacher gehen. Sie hebt den Kopf. Viel zu gerne würde Pandora ihre Lippen nun auf seine legen, doch er lässt seine Finger nur schwach über ihre Wange gleiten und wendet sich dann zum König.

Kaemons Gesichtszüge verhärten sich, während er George nach oben zieht und grob an den Armen packt. Ratlos starrt der König ihn an, bevor ein zorniger Schatten über sein Antlitz huscht.

„Du wagst es, mich zu anzufassen?“, donnert er, verstummt aber sehr bald, als Kaemon keinen Finger rührt.

„Erinnert er sich an etwas?“, wendet er sich an Pandora. Pan zuckt mit den Schultern.

„Nein“, beginnt sie vorsichtig, „tut er nicht.“

Macht ihn das weniger zu einem Mörder? Pan weiß es nicht. Sie kann nicht sagen, ob es unverzeihlich ist, wo er es doch nicht aus eigenem Willen getan hat. Trotzdem schwang seine Hand das Schwert…

Sie seufzt leise. Es ist nicht ihre Entscheidung, darüber zu urteilen und das wird es auch nicht sein, warum also diese Gedanken? Kaemon drückt König Georg auf das dunkle Himmelbett nieder.

„Woran erinnern?“, ruft dieser unwirsch aus und will sich erheben, doch Kaemon drückt ihn augenblicklich zurück auf seinen Platz. Pandora senkt den Blick und auch Kaemon antwortet nicht auf diese Frage. Sie sieht ihm an, wie schwer ihm das ganze fällt. Er muss stark mit sich hadern, scheint sich allerdings im Griff zu haben. Schweigend wartet Pan auf die erlösenden Schritte am Gang und als sie endlich ertönen, zuckt sie erleichtert zusammen.

Obwohl ihr klar wird, dass ihre Aufgabe damit abgeschlossen ist, fühlt sich ihr Herz befreit an. Mit einem lauten Krachen werden die Türen aufgeschlagen und herein tritt Königin Jennifer – an ihrer Seite Fernando. Bei seinem Anblick zuckt Pandora erschrocken zusammen, doch Kaemon schenkt ihr ein beruhigendes Lächeln.

„Die Nixen haben ihm einen Trank gegeben, der ihn vor einem Tod durch zweiter Hand bewahrt. Niemand kann ihn umbringen“, flüstert er ihr zu und ihre Muskeln entspannen sich wieder.

„Gut“, erwidert sie leise, obwohl sie sich gleichzeitig fragt, ob es das richtige ist, einem Mann wie Fernando solch einen Schutz in die Hände zu spielen. Schnell wischt sie diesen Gedanken beiseite und richtet sich voller Erwartungen an die Königin, welche sich mit gerunzelter Stirn an ihren Gatten wendet.

„Auf Mord steht die Todesstrafe – du wirst hängen“, sagt sie ohne Bedauern und ohne zu zögern.

Kaemon zuckt zusammen. „Er konnte nichts dafür!“, erwidert er heftiger als vermutlich beabsichtigt, doch Pandora zieht ihn sanft zurück, als sie erkennt, wie praktisch es für Jennifer sein muss.

„Es spielt in ihre Hände, akzeptier ihr Urteil einfach“, murmelt sie leise und schließt ihre Arme um seinen sich schnell heben und senkenden Brustkorb.

Kaemon ballt die Hände zu Fäusten, aber bleibt ruhig. Seine Loyalität gilt dem König, doch sein Herz hängt an der Königin, er wird nicht für ihn kämpfen.

„Er kann sich an nichts erinnern, sei wenigstens ehrlich zu ihm“, ist die einzige Bitte, die ihm über die Lippen kommt und mit einem sanften Lächeln nickt Jennifer ihm zu. Bevor George den Mund aufmachen kann, zieht Fernando ihn aus dem Zimmer.

„Ich möchte nicht, dass du seiner Hinrichtung beiwohnst, Kaemon“, wendet sich die Königin an Kaemon, „aber ich bitte dich, bei meiner Hochzeit in vorderster Reihe zu sein.“

„Hochzeit?“, wiederholt Kaemon argwöhnisch und schiebt Pan beiseite, um einen Schritt nach vorne zu machen.

Leise seufzend bewegt sich Pandora auf die Messingschale zu, welche seit einigen Minuten regungslos auf dem Boden liegt. Mit höchster Vorsicht greift sie nach ihr und hebt sie in die Höhe, darauf bedacht, keinen Wassertropfen auf ihre Haut zu lassen. Säuberlich wischt sie sie mit dem Stoff ihres Kleides trocken und will sie Kaemon gerade entgegenstrecken, als die Tür ein weiteres Mal aufgeht.

Diesmal tritt Attis herein, gefolgt von Salome. Ihre Haare liegen ihr gelockt auf den zierlichen Schultern und ihr Körper ist gehüllt in ein hellgrünes, leichtes Kleid, dessen Schärpe eine Reihe weißer Diamanten aufweist. Sie ähneln Jennifers, jedoch sitzen sie bei der Königin auf den Ärmeln des dunkelroten Kleides auf. Ohne zu zögern, schreitet Salome auf Pandora zu und reißt die Messingschale furchtlos an sich.

„Das hier werde ich in Venedig sicher verwahren", sagt sie nur und starrt Pan in die Augen. Es scheint, als würde sie mit sich hadern, nicht genau wissen, was sie nun mit ihr tun soll.

„Wir unterhalten uns, wenn die wichtigsten Angelegenheiten geklärt sind", durchbricht sie irgendwann die Stille und ein hastiges Nicken entweicht Pandora.

Ein aufgeregtes Kribbeln macht sich in ihren Fingerspitzen breit. Wie es jetzt mit ihr weitergehen wird? Sie schließt für einen kurzen Moment die Augen, hört auf ihren eigenen Herzschlag. Es ist vorbei. Helos ist besiegt.

Sie muss lächeln und wendet sich Kaemon zu. Zögerlich streckt er die Hand nach ihr aus und zieht sie zu sich. Zufrieden schmiegt Pan sich an seine Brust und beobachtet still, wie Salome und Jennifer zusammen mit der Magd den Raum verlassen. Attis zögert einen Moment, dann wendet sie sich den beiden ein letztes Mal zu.

„Ich werde gleich nach Irland aufbrechen. Zu meinen Eltern", entweicht es ihr und Pandora weiß nicht, was genau es ist, aber es scheint, als würde Attis sich für diese Worte schämen.

Sie lächelt ihr aufmunternd zu. Obwohl sie es nicht zugeben mag, muss Pan gestehen, dass dieses Mädchen auf ihre eigene Weise faszinierend ist. Wahrlich hat sie nicht so viel Zeit mit ihr verbracht, wie manch anderer, doch hinter dieser abweisenden, uninteressierten Fassade steckt so viel.

Sie merkt, wie Kaemon zögert, aber dann zieht er Attis in eine schnelle, feste Umarmung. „Bleib stark."

Ein verzerrtes Grinsen schleicht sich über Attis Gesicht. „Versprochen.“

Kaemon nickt und tritt einen Schritt zurück, die Augen fest auf den Boden gerichtet.

Attis schluckt. „Wir – ich würde mich freuen, dir wieder einmal zu begegnen, Pandora.“

Pandora blinzelt überrascht, dann streicht sie sich schüchtern eine paar Haare aus dem Gesicht.

„Mir geht es ebenso“, erwidert sie erfreut und ihr Lächeln wird etwas breiter.

Einen Moment bleibt Attis noch vor ihnen stehen, dann nickt sie ein letztes Mal und verschwindet durch die großen Türen hinaus auf den Gang.

Langsam lässt Pan ihren Blick aus dem Fenster gleiten. Tiefste Nacht hat sich auf sie niedergelegt und die kräftigen Strahlen des Mondes scheinen auf den hellen Boden vor ihnen. Einen Augenblick lässt Pandora diese Schönheit nur auf sich wirken, doch dann kommt ihr ein Gedanke.

Sie zuckt heftig zusammen und greift nach dem Schmuckstück, das sie sich in einem der letzten Momente in ihrer Unterkunft um den Hals gelegt hatte. Kaemon scheint zu wissen, was ihr in den Sinn gekommen ist, denn er zieht sie sofort in Richtung Ausgang.

„Ich habe schon Vorkehrungen getroffen“, gesteht er und muss grinsen.

Pan wirft ihm einen aufgeregten Blick zu. Ihr Herz schlägt bei dem Gedanken daran, was gleich passieren wird, höher. Kaemon führt sie durch leer gefegten Gänge, wird von Türe zu Türe schneller, bis Pandora schließlich kalte, frische Luft entgegenweht.

PANDORA

Straßen von London

Ohne zu wissen, wo er überhaupt hinmöchte, stolpert sie Kaemon blind nach, aber sie zweifelt nicht daran, dass es der richtige Weg ist. Zügig reißt sie das Amulett von ihrem Hals und sobald ihre Füße einen runden, mit weißem Kies ausgelegten Platz erreichen, bleibt Kaemon stehen.

Er deutet auf eine kleine Stelle. „Leg es dahin."

Nickend platziert Pan das Amulett auf dem verstaubten Boden und beobachtet gespannt, wie ihr Begleiter eine kleine, flache Box aus seiner Tasche holt. Sie ist pechschwarz und überzogen von verschiedensten, Pandora unbekannten Zeichen. Sobald sie Kaemons Haut berühren, glimmen sie in einem weißen, unheilvollen Licht auf.

Pan zuckt zurück und runzelt die Stirn. „Was ist das?"

Kaemon lacht leise. „Das", er fährt über die Oberfläche der Box, „ist zur Aufbewahrung des alles zerstörenden Feuers."

Das Amulett kann zerstört werden, wenn Vollmond auf es scheint und eine spezielle Flamme es zum Schmelzen bringt.

Es scheint, als würde dem Amulett ein stummer Schrei entweichen, als die Flammen des blauen Feuers sich langsam um die Kerben und Zeichen schlängeln. Das helle Mondlicht glänzt auf der glatten Oberfläche des Schmuckes, der Pandora so manche schlaflose Nächte beschert hat. Eine Träne rollt ihr über die blassen Wangen.

„Warum weinst du?", haucht Kaemon ihr leise ins Ohr und verstärkt den Griff um ihr Taille. Seine Hände sind völlig regungslos, nicht so wie Pans, welche wie verrückt zittern.

Ein Lächeln umspielt ihre Lippen und sie zuckt mit den Schultern. „Ich bin endlich frei“, erklärt sie dem jungen Mann sanft, der ihr eine so große Stütze ist und schüttelt kaum merklich den Kopf. „Mir steht nichts mehr im Weg. Ich kann endlich glücklich sein.“

Kaemon haucht ihr einen Kuss auf die Schulter und sie kann nicht anders, als sich zurückzulehnen, die Hitze des magischen Feuers auf ihrer Haut spürend, und diesen magischen Moment einfach zu genießen. Funken tanzen um sie herum, als wären sie Gestalten aus einer alten Sage, die zum Leben erweckt wurden und Frieden ankündigen.

Alles, was sie bisher erlebt hat, alles ist es wert, für diesen Augenblick. Die Schmerzen scheinen wie ausgelöscht, das einzige, was Pandora fühlt, ist Geborgenheit in seinen Armen und diese Freiheit, nach der sie sich so lange gesehnt hat. Die Freiheit, die sie nun endlich erlangt hat. Eine weitere Träne löst sich aus ihrem Augenwinkel und erlischt zwischen den Flammen.

Ganz vorsichtig dreht Kaemon sie zu sich herum. Seine kühlen Finger streichen über ihre schwarzen Haare, hinab zu ihrer Wange, wo sie verweilen. Ein verträumter Ausdruck huscht über sein Gesicht, als er sich zu ihr hinunterbeugt und seine rauen Lippen auf ihr legt.

Pandora drückt sich näher an ihn, um jede Faser seines Körpers an ihrem zu spüren und schließt die Augen, mit dem einzigen Wunsch, ihn nie wieder loszulassen. Sein Mund verschmilzt magisch mit ihrem, seine Hand gräbt sich in den Stoff ihres Kleides, während Pandora ihre Hände in seinen Nacken legt und alles um sie herum vergisst, wenngleich das Gefühl von Geborgenheit immer stärker wächst.

Je länger der Kuss dauert, umso klarer wird ihr, dass sie endlich angekommen ist. Ohne darüber nachdenken zu müssen, was sie tut, öffnen sich ihre Lippen immer und immer wieder. Fordernd schiebt sich seine Zunge ihre entgegen, doch Pan bereut es nicht, als sie ihn die Kontrolle übergibt. Sie lässt sich einfach nur fallen, fallen in diesem himmlischen Moment. Seine Berührungen fühlen sich so unglaublich gut an, seine Lippen scheinen allein für ihre erschaffen worden sein. Die Welt könnte untergehen und das Einzige, was Pandora wollen würde, wäre seine Haut auf ihrer zu spüren.

Sie saugt Kaemons Duft in sich auf, als wäre es ihre Droge, streicht über seinen Nacken, als würde sie nichts anderes spüren können. Seine Körperwärme lässt ihre Wangen erglühen und selbst als das Feuer vor ihr erstickt und das Amulett verflossen ist, krallt Pan sich immer noch an ihm fest und begehrt das Gefühl seiner Lippen ein weiteres Mal auf ihren.

Schmunzelnd hebt er seinen Kopf, lässt seine Hände trotzdem auf ihrer Hüfte verweilen.

„Es ist zerstört", haucht er kaum wahrnehmbar und legt den Kopf ein wenig schief.

„Ja, das ist es", erwidert Pandora leise. Sie fühlt sich leicht wie eine Feder.

„Wir sollten wieder reingehen", schlägt Kaemon vor, bewegt sich allerdings keinen Meter vom Fleck.

Ein Glucksen entweicht Pan.

„Verstand und Körper sind sich nicht einig, habe ich recht?", zieht sie ihn auf und ehe sie sich versieht, liegen seine Lippen wieder auf ihren.

Sie merkt, wie er sich zurückhalten muss, seine Hand nicht auf ihren Oberschenkel zu legen oder den Stoff ihres Kleides nach oben zu schieben. Irgendwie fühlt es sich gut an, solch eine Macht über ihn zu haben und Pan schmiegt sich an ihn, gibt dem Rausch der Gefühle vollends nach. Nach einer Weile schiebt er sie sanft von sich und versichert sich mit einem letzten Blick, dass das Amulett wirklich zerstört wurde, dann nimmt er ihre Hand und zieht sie in Richtung Palast zurück.

Dass Salome und Königin Jennifer dort auf sie warten würden, hat Pandora aus dem kurzen, leisen Gespräch herausgehört, welches Kaemon mit den beiden geführt hat. Ein wenig nervös macht sie es schon, es gibt keinen Grund, diese Tatsache zu verheimlichen, trotzdem bleibt sie unwahrscheinlich ruhig – die größte Bedrohung kann ihre Finger schließlich nicht mehr nach ihr ausstrecken.

Gemütlich durchqueren sie den königlichen Garten, genießen den hellen Mondschein und diese ganz besondere Stimmung zwischen ihnen. Pandora fühlt sich, als würde sie über den Boden schweben, so leicht wirkt ihr Körper auf sie. Die Strähnen ihres schwarzen Haares kitzelt in ihrem Nacken und wüsste sie es nicht besser, würde sie glauben, eine kleine Fee säße auf ihrer Schulter und hilft ihr, zu fliegen. Sie muss über ihre kindlichen Gedanken lachen und drückt Kaemons Hand fester. Er führt sie durch Blumen und Rosenbüsche hindurch, den kleinen Pfand entlang in Richtung Türe.

PANDORA

Palast, London

Als sie den warmen Raum betritt, indem bereits auf sie gewartet wird, reckt sie den Kopf. Königin Jennifer steht mit verschränkten Armen am Fenster und starrt mit gerunzelter Stirn in die klare Nacht hinaus. Ihre Schleppe verdeckt einen großen Teil des dunklen Holzbodens. Sie wirkt unzufrieden, obwohl sie keinen Grund dazu haben könnte – zumindest kommt Pandora kein plausibler in den Sinn. Salome hingegen scheint äußerst zufrieden mit sich. Sie sitzt mit gestrecktem Rücken auf einem der mit dunkelgrünem Samt überzogenen, goldenen Stühlen. Eine Strähne ihres hellen Haares hat sich aus ihrer Frisur gelöst und umspielt ihre weiblichen Gesichtszüge.

Als sie die beiden eintreten sieht, deutet sie auf das kleine Sofa vor sich. „Setzt euch doch. Wir haben einiges zu bereden."

Gespannt lässt sich Pandora nieder, Kaemon dicht neben ihr. Er umfasst ihre kühle Hand und wirft Salome einen düsteren Blick zu, gerade so, als würde er mit etwas rechnen, das weder seine noch Pans Einverständnis haben wird. Schweigend beobachtet Pan die zierlichen Bewegungen der Herrscherin und versucht aus ihrem Blick etwas zu deuten.

Doch Salome lässt nicht lange auf sich warten. „Ich muss ehrlich gestehen, du hast mich überrascht, Pandora Morel."

Als Pan erschrocken zusammenzuckt, lächelt sie nur.

„Ja, Edward hat mich über deine Vergangenheit umfassend aufgeklärt", erklärt Salome, „bevor er … nun ja, verschwunden ist."

Pandoras Herz macht einen erfreuten Sprung und sie sieht Kaemon neben sich zufrieden grinsen, aber sie kommt nicht dazu, weiter über das gesagte nachzudenken, denn Salome fährt bereits fort. „Ich hatte nicht gedacht, dass du so nützlich für dieses Team sein würdest. Jill wäre stolz auf dich gewesen."

Ein trauriges Lächeln ziert Salomes schmales Gesicht und es überrascht Pandora, wie viel Persönliches sie dadurch preisgibt.

„Das freut mich zu hören. Ich wollte diese Aufgabe um jeden Preis zur Zufriedenheit abschließen", erwidert sie höflich und senkt ein wenig den Kopf.

„Wahrlich, mit deinen Kräften bist du eine Bereicherung für die Assassinen, weshalb ich beschlossen habe, dich in meine Dienste zu stellen", sagt Salome euphorisch und schließt die Augen.

Doch Pandora schüttelt sofort den Kopf. Sie wird nie wieder töten, dieser Wunsch hat sich tief in ihr Herz gegraben und auch Kaemon scheint wenig begeistert. Er verkrampft sich augenblicklich als die letzten Worte Salomes Lippen verlassen und zieht seine Augenbrauen grimmig zusammen.

„Das Angebot ehrt mich, aber ich werde ablehnen", erwidert Pan mit fester Stimme – nichts würde sie davon abbringen.

„Das war kein Angebot, Pandora Morel." Salomes Tonlage ist schneidend und als sie die Augen öffnet, durchbohrt ihr Blick Pan eisig. Ihr Herzschlag setzt für einen Moment aus und Kaemon will protestierend aufspringen, doch Pan drückt ihn sachte zurück.

„Weigerst du dich, lasse ich dich unverzüglich hängen." Mit dieser Drohung wird es schlagartig still.

Pandoras Lunge weigert sich, frische Luft in sich aufzunehmen, ihr ganzer Körper fühlt sich wie gelähmt an, die Sicht verschwimmt vor ihren Augen. Sie schluckt schwer, als sie spürt, wie sich etwas in ihrem Inneren verändert. Nein, verändern ist nicht das richtige Wort dafür. Sie hebt den Kopf, aber Kaemon ist bereits aufgesprungen.

„Das kannst du nicht tun, Salome!“, ruft er und Pan sieht, wie sein Kiefer wütend zittert.

Die heftige Diskussion, die zwischen den beiden ausbricht, bekommt Pandora nicht mit. Ihre eigenen Gedanken hämmern in ihren Ohren wieder und sie krallt die schweißnassen Hände in ihrem Schoß zusammen. Trotzdem, je mehr Sekunden verstreichen, umso klarer wird ihr etwas, so bedauerlich sie es auch findet.

Kaemon und Salome verstummen augenblicklich, als Pandora sich erhebt und mit hocherhobenem Kopf auf Salome zutritt.

„Häng mich.“

Die Überraschung in Salomes Augen ist klar erkennbar und auch der Königin entweicht ein verblüffter Laut.

Zornig packt Kaemon sie an den Schultern und rüttelt heftig daran.

„Wie kannst du so etwas nur sagen!“, brüllt er, doch Pan legt ihm nur eine Hand auf die Wange und lächelt betrübt.

„Es tut mir so leid, Kaemon“, haucht sie, „aber ich kann nicht mehr töten. Ich will einfach nicht mehr.“

Sie wendet sich ab, versucht, sich aufrecht zu halten. „Wenn es vorbei sein soll, dann ist es nun mal so. Die Toten möchten mich zurück, vielleicht war dieses kurze Leben nur dafür da, um den geschürten Groll gegen mich selbst zu mildern. Ich hatte eine letzte Aufgabe, die nun vorbei ist.“ Sie zuckt traurig mit den Schultern. „Es soll eben so sein.“

Fassungslos starrt Kaemon sie an. Pandora kann ihm förmlich ansehen, wie sein Herz in tausend Splitter zerbarst und sein verletzter Gesichtsausdruck lässt Tränen in ihr aufsteigen. Sie rinnen ihr wie ein kleiner Wasserfall über die blassen Wangen und sie kann nicht anders, als ihre Hände nach ihm auszustrecken. Ein letztes Mal seine Lippen auf ihren spüren, ihn das letzte Mal berühren.

„Vergiss mich niemals, in Ordnung?“ Ihre Stimme bricht.

Kaemon zieht sie in seine Arme.

„Bleib stark. Für mich."

Er versucht zu nicken, drückt ihren Körper fest an sich. Wie unfair, ihn für sich zu gewinnen, nur um ihn wieder zu verlieren. Sie fährt fahrig durch seine Haare, versucht, sich jegliche Details seines Wesens einzuprägen, um im Tod ewig von ihnen begleitet zu werden. Wie er wohl sein wird? Der normale Tod? S

ie spürt, wie ihre Tränen seine Haut benetzt, doch da reißt Salome sie zurück. „Gehen wir."

Sie schiebt sie zur Türe zu, aber Pan verspürt keine Angst. Die junge Frau spürt nur Zufriedenheit und vielleicht so etwas wie Glück, Glück darüber, Kaemon kennengelernt zu haben. Sie hofft, ihn bei ihrer Hinrichtung erspähen zu können, aber weiß auch, dass sie dies nicht von ihm verlangen kann. Bevor ihre Füße die Schwelle übertreten, sieht Pandora sich noch ein allerletztes Mal um. Da ist noch diese eine Sache, die sie unbedingt aussprechen muss, um sich zu erlösen.

„Ich liebe dich." Es ist nicht mehr als ein Luftstoß, der ihre Worte zu ihm treiben, aber sie sieht, dass er versteht. Er versteht alles und versucht nicht, sie zu überreden.

PANDORA

Hinrichtung, Venedig

Als Pandora anmutig das hölzerne Podest erklimmt, senkt sich die Sonne gerade auf ihr geliebtes Venedig nieder. Sie hätte sich wohl nie an die Zeitverschiebung bei der Benutzung der Portale gewöhnt. Der Torre dell´Orologio erhebt sich prächtig vor ihren Augen und jeder Schlag seiner prächtigen Uhr lässt ihr Herz ein Stück ruhiger werden. Es überrascht sie, doch ihre negativen Gefühle scheinen sich mit dem Geräusch des Wassers der Lagune hinter sich aus ihrer Seele zu lösen. Links und rechts ragen die Säulen des Markus Platzes neben ihr auf und Pandora fühlt sich beinahe wie ein Teil eines großen Ganzen.

Hunderte Menschen haben sich auf dem Platz versammelt und selbst Salome wohnt ihre Hinrichtung bei. Sie dreht sich nicht weg, als Pans Blick sie streift, nicht wie Sir Donavan, der sich augenblicklich abwendet. Pan muss Lächeln. So viel Güte in einem Herzen zu tragen, wie er es tun muss, ist kein leichtes Los.

Sie reckt den Kopf, lässt sich die Henkersschlinge ohne sich zu wehren um den Hals legen. Die Worte der grölenden Menge unter ihr erreichen ihr Ohr nicht. Sie bedenkt sie nur mit einem milden Blick. Pandora fühlt sich, als würde sie schweben. So unfassbar leicht, obwohl ihr Leben in wenig Minuten erlöschen wird. Doch Kaemon macht ihr diesen Abschied leicht. Seine Stimme hat sich in ihren Kopf gebrannt und auch, wenn sie sterben wird, ihn zurücklassen muss, weiß sie, dass sie ihm eines Tages wieder begegnen wird. Er hat ihr das Glück gezeigt, etwas, dass sie ruhig werden lässt.

Das Material des Seiles zieht sich fester um Pandoras Hals und schließt die Augen, bereit, an diesem Galgen zu baumeln. Sie nimmt ihren letzten Atemzug, vernimmt ein letztes Mal das Rauschen des Meeres, das Ticken der Uhr, spürt ein letztes Mal den warmen Lufthauch Venedigs, die Sonnenstrahlen auf ihrer Haut. Sie ist bereit, zu sterben. Mit Kaemon vor ihren Augen macht sie sich darauf gefasst, den Boden unter den Füßen zu verlieren, als plötzlich lautes, unruhiges Gemurmel in der Menge ausbricht.

Plötzlich zischt etwas nur knapp über ihrem Kopf vorbei und die Schlinge um ihren Hals verliert ihre Spannung. Auch das straffe Seil um ihre Handgelenke löst sich wie von Zauberhand. Überrascht reißt Pandora die Augen auf, doch sie muss sich nicht umsehen, um zu wissen, wer hinter ihr steht. Ein Keuchen kommt über ihre Lippen und sie kann nicht verhindern, dass Tränen auf ihren Wangen glänzen.

„Kaemon!", sie fährt herum, will nach ihm greifen, doch da zieht er sie bereits grob von dem Podest hinunter.

„Was tust du hier!", bringt sie hervor, während er sich schon daran macht, die Menschen beiseitezustoßen. Aufgebrachte Rufe werden laut, Pandora vernimmt die schnellen Schritte der Wachen.

„Dich retten natürlich, oder wonach sieht es hier aus?", ruft Kaemon ihr mit seiner tiefen Stimme zu und Pan ist versucht, daran zu glauben, dass sie bereits tot ist und dies nur sein Schatten, der sie in die ewigen Jagdgründe führt. Doch der starke Griff um ihr Handgelenk ist Beweis genug dafür, dass es keine Einbildung ist.

Ein freudiges Schluchzen lässt ihren Körper erbeben und Pandora kann gar nicht sagen, wie sehr sie gut sie sich fühlt. Ihr Herz scheint vor Hochgefühl zu platzen und sie hilft ihrem Retter eifrig dabei, ihnen den Weg freizuschlagen. Sein Schwert glänzt in der untergehenden Sonne und da fällt Pandora auf das riesige Schiff, das unruhig auf der See hin und her schaukelt.

Euphorisch stürmt sie auf den Bug zu, lässt Kaemons Hand nicht los. Die Wachen greifen verzweifelt nach ihren Kleidern, Salomes frustrierter Schrei hallt über den ganzen Platz, aber da haben Pandoras und Kaemons Füße bereits den Steg erreicht.

Beschwingt hechtet Pan auf das Schiff und sobald auch ihr Begleiter sicher neben ihr steht, lösen ein paar eifrige Männer bereits die Seile. Mit einer atemberaubenden Schnelligkeit werden die tobenden Menschen immer kleiner. Die Wachen eilen die Lagune entlang, auf der Suche nach einem schnellen Schiff, dass es mit dem diesen hier aufnehmen kann, doch sie merken bald, dass es bereits zu spät ist.

Mit einem zufriedenen Grinsen zieht Kaemon Pandora zum leeren Rumpf des Schiffes. Fasziniert beobachtet Pan, wie es das glänzende Wasser teilt, dessen Oberfläche die untergehende Sonne verschwimmen lässt, als wäre sie gemalt.

Kaemons Hände schmiegen sich fest um ihre Taille und sein warmer Atem entfacht eine Gänsehaut auf ihrem Nacken.

Pandora legt ihren Kopf auf seine Schulter und lächelt. Sie kann noch gar nicht richtig begreifen, dass er tatsächlich gekommen ist. Gekommen, um sie zu retten.

„Was passiert jetzt mit uns?", flüstert sie sachte und streicht über den Stoff seines Hemdes.

„Wir reisen ein wenig, bleiben da, wo es uns gefällt und irgendwann können wir zurück nach London – natürlich nur, wenn du möchtest. Jennifer empfängt uns herzlich", erwidert er ruhig und Pandoras Mundwinkel beginnen vor lauter Lächeln bereits zu schmerzen.

„Danke."

„Wofür?"

„Du gibst mir alles, was ich mir gewünscht habe", haucht Pandora und genießt den leichten Luftstoß, der über ihre Wange gleitet.

Sie weiß, dass er lächelt, doch er bleibt stumm und so richtet Pandora ihren Blick ausschließlich auf das große, weite Meer vor sich.

TRIGGERWARNUNG:
Themen- und Szenenauflistung

Dazu zählen:

- Gewaltdarstellungen
- Mord
- Tod als Person und übergeordnetes Thema
- Drogenkonsum